# Cuadernos de lógica, epistemología y lenguaje

Volumen 11

# El fundamento y sus límites
## Algunos problemas de fundamentación en ciencia y filosofía

Volumen 1
Gottlob Frege. Una introducción
Markus Stepanians. Traducción de Juan Redmond

Volumen 2
Razonamiento abductivo en lógica clásica
Fernando Soler Toscano

Volumen 3
Física: Estudios Filosóficos e Históricos
Roberto A. Martins, Guillermo Boido y Víctor Rodríguez, editores

Volumen 4
Ciencias de la Vida: Estudios Filosóficos e Históricos
Pablo Lorenzano, Lilian A.-C. Pereira Martíns, Anna Carolina K. P. Regner, editores

Volumen 5
Lógica dinámica epistémica para la evidencialidad negativa. Las partículas negativas lā/ʾal en ugarítico
Cristina Barés Gómez

Volumen 6
La Lógica como Herramienta de la Razón. Razonamiento Ampliativo en la Creatividad, la Cognición y la Inferencia
Atocha Aliseda

Volumen 7
Paradojas, Paradojas y más Paradojas
Eduardo Barrio, editor

Volumen 8
David Hilbert y los fundamentos de la geometría (1891-1905)
Eduardo N. Giovannini

Volumen 9
Henri Poincaré. Del Convencionalismo a la Gravitación
María de Paz

Volumen 10
Innovación en el Saber Teórico y Práctico
Anna Estany y Rosa M. Herrera

Volumen 11
El fundamento y sus límites. Algunos problemas de fundamentación en ciencia y filosofía.
Jorge Alfredo Roetti y Rodrigo Moro, editores

Cuadernos de Lógica, epistemología y lenguaje
Series Editors                    Shahid Rahman and Juan Redmond

# El fundamento y sus límites
## Algunos problemas de fundamentación en ciencia y filosofía

Editores
### Jorge Alfredo Roetti
y
### Rodrigo Moro

© Individual author and College Publications 2016. All rights reserved.

ISBN 978-1-84890-210-7

College Publications
Scientific Director: Dov Gabbay
Managing Director: Jane Spurr http://www.collegepublications.co.uk

Cover produced by Laraine Welch
Printed by Lightning Source, Milton Keynes, UK

All rights reserved. No part of this publication may be reproduced, stored in a retrieval system or transmitted in any form, or by any means, electronic, mechanical, photocopying, recording or otherwise without prior permission, in writing, from the publisher.

A la Universidad Nacional del Sur, el CONICET y la
Academia Nacional de Ciencias de Buenos Aires,
que hicieron posible esta obra,
y a nuestros familiares.

*Principia essentialia rerum sunt nobis ignota*
Tomás de Aquino, *An.* I, 1,15.

*Se trata de hombres de diversas estirpes, que profesan/*
*diversas religiones y que hablan en diversos idiomas./*
*Han tomado la extraña resolución de ser razonables./*
*Han resuelto olvidar sus diferencias y acentuar sus afinidades.*
Jorge Luis Borges, *Los conjurados*, 1985.

# Índice

Listado de autores ................................................................. XIII

Prólogo .................................................................................. XVII

I. Parte general: Teoría del fundamento y lógica ....................... XXI

## Capítulo 1: Elementos – Jorge A. Roetti ........................... 3

1.1. *Verdad*. ........................................................................... 3
1.1.1. La verdad como coherencia. ......................................... 3
1.1.2. La verdad como adecuación o correspondencia. ......... 4
1.1.3. *La verdad como consenso.* .......................................... 7
1.1.4. *Relaciones entre las tres concepciones de la verdad.* ... 8

1.2. *Verosimilitud.* .................................................................. 9

1.3. *Situaciones retóricas.* ...................................................... 12
1.3.1. *Oradores y audiencias.* ................................................. 12
1.3.2. *Los discursos.* ............................................................... 15

1.4. *Algunos símbolos.* ........................................................... 16

1.5. *El discurso oracular.* ....................................................... 17

1.6. *La polémica.* ................................................................... 18

1.7. *El diálogo.* ...................................................................... 20

1.8. *Las especies de la estructura oracular.* ........................... 21

1.9. *Especies de la estructura polémica.* ................................ 23

1.10. *Especies entre polémica y el diálogo.* ........................... 26

1.11. *Referencias.* ................................................................... 28

## Capítulo 2: Desarrollos – Jorge A. Roetti ........................ 31

2.1. *Condiciones de posibilidad.* ........................................... 31

2.2. *Condiciones de posibilidad retóricas de naturaleza pragmática.* ............ 32
2.2.1. *Universalidad perceptiva o universalidad en la experiencia de lo individual.* ... 32
2.2.2. *Universalidad abstracta o absoluta.* ............................. 33
2.2.3. *Universalidad relativa.* .................................................. 34
2.2.4. *Univocidad, precisión, isocontextualidad.* ................... 35

2.2.5. *Veracidad (casi universal).* ............................................................. 37
2.2.6. *Necesaria posibilidad de expresar o exponer las tesis.* ................. 39
2.2.7. *Tiempo suficiente de exposición.* ..................................................... 39

2.3. *Una condición necesaria peligrosa del discurso oracular.* ................ 40

2.4. *Condiciones necesarias en la polémica.* ............................................ 41
2.4.1. *Reglas de juego necesarias.* ............................................................. 41
2.4.2. *La incompatibilidad en los discursos de la polémica.* ................. 42
2.4.3. *Persuasión y victoria (un juego de suma, a lo sumo, cero).* ........ 42
2.4.4. *Simetrías cuantitativas y cualitativas.* .......................................... 44

2.5. *Condiciones necesarias en el diálogo cooperativo.* ........................... 46
2.5.1. *Brajylogía o brevedad del discurso.* ............................................... 49
2.5.2. *Relevancia o ceñimiento al tema.* ................................................... 50
2.5.3. *Homología.* ........................................................................................ 50

2.6. *El "ascenso dialéctico".* ........................................................................ 52

2.7. *Referencias.* ........................................................................................... 53

# Capítulo 3: Sistema – Jorge A. Roetti ............................................. 55

3.1. *Las formas de la creencia.* ................................................................... 55

3.2. *El fundamento y nociones afines.* ....................................................... 55

3.3. *El grado de fundamento.* ...................................................................... 58

3.4. *Principio del fundamento del silogismo.* ........................................... 65

3.5. *Silogismos dialécticos y silogismos científicos.* ................................. 65

3.6. *Clasificación de la ciencia según su grado de fundamento.* ............. 68

3.7. *Reglas falaces.* ....................................................................................... 71

3.8. *La ciencia popperiana empírica como forma débil de razón suficiente.* ..... 72
3.8.1. *Una generalización de la ciencia popperiana.* ............................... 76

3.9. *La abducción y su generalización.* ...................................................... 79

3.10. *La razón insuficiente y la correlación.* ............................................. 85

3.11. *Referencias.* ......................................................................................... 89

**Capítulo 4: La fundamentación relativa a una comunidad de dialogantes − Gustavo A. Bodanza** .................................................. 91

4.1. *Introducción.* ........................................................................................... 91

4.2. *Aspectos de la teoría del fundamento según Roetti.* ............................. 92

4.3. *Consideraciones para modelar un marco de fundamentación.* ............. 93

4.4. *Fundamentos. Tipos.* .............................................................................. 95
4.4.1 *Fundamento suficiente e insuficiente.* .............................................. 95
4.4.2 *Creencia racional y buen fundamento. El concepto de aceptabilidad.* ....... 97
4.4.3. *Comparabilidad entre fundamentos.* ............................................. 100

4.5. *Juegos de fundamentación.* .................................................................. 101

4.6. *Conclusiones.* ........................................................................................ 105

4.7. *Referencias.* ........................................................................................... 105

## II. Algunos problemas de fundamentación en ciencias ............ 107

**Capítulo 5: Algunas objeciones arendtianas a la analogía orgánica de Rousseau − Rebeca Caclini** ...................................................... 109

5.1. *La analogía y lo orgánico en el pensamiento arendtiano: consideraciones preliminares* ........................................................................................... 109

5.2. *La analogía: cuestiones generales* ......................................................... 111

5.3. *La analogía orgánica en la tradición premoderna* ................................ 113

5.4 La analogía orgánica en *Du contracto social* de Rousseau ..................... 114

5.5. *La lectura arendtiana de la analogía orgánica en Rousseau* ................. 117

5.6. *Primera objeción: una prolongación posible* ........................................ 119

5.7. *Segunda objeción: los conceptos de voluntad y soberanía* .................. 123

5.8. *Consideraciones finales* ......................................................................... 125

5.9. *Referencias.* ........................................................................................... 126

**Capítulo 6: Experimentos mentales: la imaginación como auxiliar crucial en la fundamentación de un argumento filosófico – Jorge Mux** .................................................................................. 129

6.1. *Resumen.* ..................................................................................................129

6.2. *La naturaleza de los experimentos mentales.* ..........................................129

6.3. *La estructura de un experimento mental.* ................................................134

6.4. *Experimentos mentales en filosofía.* ........................................................139

6.5. *Moralejas de los experimentos mentales en filosofía.* .............................145

6.6. *Fundamentación y conclusiones.* ............................................................146

6.7. *Referencias.* ..............................................................................................147

6.8. *Apéndice: Modelos científicos y experimentos mentales.* ........................148

**Capítulo 7: Fundamentación en economía experimental: el caso de la validez externa de los estudios sobre corrupción – Rodrigo Moro** ......................................................................................................151

7.1. *Introducción.* ............................................................................................151

7.2. *Estudios experimentales sobre corrupción.* .............................................152

7.3. *El problema de la validez externa.* ..........................................................155

7.4. *Conclusión.* ..............................................................................................161

7.5. *Referencias.* ..............................................................................................162

**III. Algunos problemas de fundamentación en filosofía** ........... 165

**Capítulo 8: Sobre el fundamento y su alcance en la investigación cognitiva: los enfoques postcognitivistas y sus intentos por resolver el problema de marco – María Inés Silenzi** ................................. 167

8.1. *Introducción.* ............................................................................................167

8.2. *Los enfoques postcognitivistas.* ................................................................168

8.3. *La crítica postcognitivista.* .................................................................. 172

8.4. *El problema de marco y su principal dificultad.* ........................................ 174
8.4.1. *La Teoría de la Cognición Corporizada y Situada.* ........................... 176
8.4.2. *La hipótesis de los marcadores somáticos.* ...................................... 178
8.4.3. *Fundamentación de las propuestas postcognitivistas.* .................... 182

8.5. *Comentarios finales.* ................................................................................. 184

8.6. *Referencias.* ............................................................................................... 185

## Capítulo 9: La verdad y la teoría crítica, un cuestionamiento a la metafísica – Susana R. Barbosa ..................................................... 189

9.1. *Importancia del método para una teoría de la verdad.* ........................... 190

9.2. *Criterios de verdad.* .................................................................................. 194

9.3. *Prueba.* ..................................................................................................... 196

9.4. *Verificación.* .............................................................................................. 197

9.5. *La verdad como 'momento de la praxis correcta'.* .................................. 198

9.6. *Conclusiones.* ........................................................................................... 200

9.7. *Referencias.* .............................................................................................. 202

## Capítulo 10: El problema del fundamento, la verdad y sus límites en la tradición filosófica occidental a partir de la lectura heideggeriana – Juan Pablo Esperón ............................................. 205

10.1. *Introducción.* ........................................................................................... 205

10.2 *La disolución de la filosofía en metafísica y su identificación con la historia occidental en el pensamiento de Martin Heidegger.* ..................... 205

10.3. *El principio de identidad: la constitución del fundamento y la verdad.* ....213

10.4. *La constitución onto-teo-lógica de la metafísica.* ..................................218

10.5. *Más allá del fundamento y la verdad. Camino hacia un nuevo modo de pensar en la filosofía de Martin Heidegger.* ................................................... 225
10.5.1. *El otro comienzo del pensar.* ............................................................ 225

10.5.2. *Diferencia e identidad. Pensar el "entre" de las oposiciones metafísicas.* .......... 228

10.6. *Conclusión: algunos problemas derivados de la reflexión heideggeriana* 233

10.7. *Referencias.* .......... 234

## Capítulo 11: La explicación por analogía y el tiempo musical – Marianela Calleja .......... 237

11.1. *La analogía y la fundamentación de tesis en filosofía de la música.* .......... 237

11.2. *Un experimento en la musicología empírica.* .......... 240

11.3. *La tesis de la homología estructural en la musicología teórica. Descripción de análisis.* .......... 243

11.4. *Conclusiones.* .......... 250

11.5. *Referencias.* .......... 251

## Capítulo 12: La razón en filosofía. Algunos ejemplos – Jorge A. Roetti .......... 255

12.1. *El cuadro general de la fundamentación.* .......... 255

12.2. *Primer ejemplo: el test de Turing.* .......... 256

12.3. *Un segundo ejemplo: el cuarto chino de Searle.* .......... 258

12.4. *Un tercer ejemplo: El argumentum ad verecundiam y la existencia de Dios.* .......... 261

12.5. *Un cuarto ejemplo: El argumento ontológico y la fundamentación suficiente.* .......... 269
12.5.1. *Algunas peculiaridades de la versión de Leibniz.* .......... 269
12.5.2. *Una versión goedeliana del argumento ontológico.* .......... 273
12.5.3. *Comentarios al sistema axiomático propuesto.* .......... 274
12.5.4. *La demostración de Gödel.* .......... 277

12.6. *La semántica de la demostración de Gödel.* .......... 279

12.7. *Las formas de la existencia en teología racional.* .......... 280

12.8. *Referencias.* .......... 285

**Capítulo 13: Algunos comentarios – Jorge A. Roetti** .................... 287

**13.1.** *Generalidades*............................................................................... 287

**13.2** *Precisiones.*.................................................................................... 288

**13.3.** *Comentarios finales.* ................................................................... 290

**13.4.** *Epílogo.* ......................................................................................... 299

**13.5.** *Referencias.* ................................................................................... 299

# Listado de autores

**Barbosa, Susana Raquel**, Doctora en filosofía por la Universidad del Salvador, Buenos Aires (USAL), Investigadora Independiente del Conicet. Miembro del Instituto de Derecho Público, Ciencia Política y Sociología de la Academia Nacional de Ciencias de Buenos Aires, profesora en las Universidades Nacional de Mar del Plata y USAL. Publicó los libros Contrahistoria y Poder, Buenos Aires: Leviatán, 1999, y Max Horkheimer, la utopía instrumental, Buenos Aires: Fepai, 2003. Editora de Antropología y cultura filosófica en veinte ideas (2011), El bicentenario ante el transhumanismo y la cultura cyborg (2010). Coautora de Teoría social y praxis emancipatoria. Lecturas críticas sobre Herbert Marcuse a 70 años de Razón y Revolución (2011), La crítica en la filosofía contemporánea: su función, sus límites y sus antecedentes (2011), Propuestas para una antropología argentina (2011), Deception. Essays from the Outis Project on Deception, Society for Phenomenology and Media (2010), Constelaciones éticas (2009), Miradas contemporáneas sobre la sociedad futura (2008), Esplendor y miseria de la filosofía hegeliana (2007), Lecturas sobre Pensadores Sociales Contemporáneos (2006), entre otros. Es autora de numerosos artículos y capítulos de libros.

**Bodanza, Gustavo Adrián**, Doctor en Filosofía por la Universidad Nacional del Sur, Bahía Blanca (UNS). Profesor Asociado de Lógica en la UNS e Investigador Independiente del CONICET. Investiga sobre razonamiento y argumentación, principalmente en el desarrollo de modelos formales relacionados con Inteligencia Artificial. Ha publicado trabajos en revistas internacionales de las editoras Springer, Elsevier, Oxford University Press, IOS Press, y Taylor and Francis, entre otras.

**Calleja, Marianela**, Doctora en Filosofía por la Universidad de Helsinki, Licenciada en Filosofía por la UNS. Instrumentista en Guitarra por el Conservatorio Provincial de Música, Bahía Blanca. Participó de diversas reuniones científicas en Argentina, Francia y Finlandia sobre temas de filosofía de la música y filosofía del tiempo. Investigadora Asistente del CONICET sobre Creatividad: bases, procesos, dimensiones y métodos en el arte, la ciencia y la filosofía.

**Canclini, Rebeca**, Doctora en filosofía por la UNS, Bahía Blanca. Profesora en esa universidad y en la USAL. Autora del libro Un mundo para la acción. Subjetividades políticas y ley en Hannah Arendt, Bahía Blanca: Ediuns, 2015, artículos y capítulos de libro.

**Esperón, Juan Pablo**, Profesor y Doctor en Filosofía por la Universidad del Salvador, Investigador Adjunto del CONICET. Docente en la Universidad Nacional de La Matanza y USAL. Director de la Revista Académica de Filosofía "Nuevo Pensamiento", Instituto de Investigaciones Filosóficas, USAL, área San

Miguel. Miembro del Centro de Estudios Filosóficos de la Academia Nacional de Ciencias de Buenos Aires. Coautor con Juan Carlos Scannone y Roberto Walton del libro Trascendencia y Sobreabundancia. Fenomenología de la Religión y Filosofía Primera, Buenos Aires: BIBLOS, 2015, y Nietzsche, ¿Filósofo Metafísico? Diálogo entre Nietzsche y Heidegger en torno a pensar lo dionisíaco y el Ereignis como Zwischen: movimiento, apertura y diferencia. Acabamiento de la metafísica y tránsito hacia otro modo del pensar, La Matanza: Prometeo, 2015. Numerosos capítulos de libros y artículos en revistas nacionales y extranjeras sobre Nietzsche, Heidegger y Deleuze.

**Moro, Rodrigo**, Doctor en Filosofía por la Universidad de Carolina del Sur, EE.UU, Licenciado en Filosofía por la UNS. Profesor adjunto de dicha universidad y Investigador Adjunto del CONICET. Trabaja en el Instituto de Investigaciones Económicas y Sociales del Sur (IIESS - CONICET). Su área de investigación general es Filosofía de la Ciencia, subárea de disciplinas particulares como psicología cognitiva y economía conductual.

**Mux, Jorge**, Doctor en Filosofía por la UNS, Bahía Blanca. Profesor adjunto y Subsecretario de Cultura en esa universidad. Su interés se enfoca en el problema de la mente entendida como una máquina virtual mémica cuya arquitectura está basada en el lenguaje y cuya característica definitoria es la capacidad intencional.

**Roetti, Jorge Alfredo**, Doctor en filosofía por la USAL, Buenos Aires. Estudios post-doctorales con Paul Lorenzen, en Erlangen, Alemania. Investigador Principal del CONICET. Académico correspondiente de la Academia Nacional de Ciencias de Buenos Aires, miembro de la Academia Scientiarum et Artium Europaea y de la Académie Internationale de Philosophie des Sciences (Bruselas). Fue profesor en universidades argentinas, nacionales y privadas, y extranjeras de Uruguay y Chile. Publicó más de ciento cuarenta artículos y capítulos de libro en alemán, inglés, español e italiano, y seis libros. Los más recientes: Curso de lógica clásica (desde un punto de vista no clásico), Mar del Plata: Centro de Estudios Filosóficos y Sociales, 2012; Cuestiones de fundamento, Buenos Aires: Academia Nacional de Ciencias de Buenos Aires, 2014, Reglas y diálogos. Una discusión lógica, Buenos Aires: Academia Nacional de Ciencias de Buenos Aires, 2016 (e-book).

**Silenzi, María Inés**, Doctora en filosofía por la UNS, Bahía Blanca. Beca Postdoctoral de CONICET. Investigadora Asistente del CONICET. Jefa de trabajos prácticos en la UNS. Publicó el libro El problema de marco: alcances y limitaciones de los enfoques postcognitivistas, Bahía Blanca: Ediuns, 2014. Principales artículos: "¿En qué consiste el problema de marco? Confluencias entre distintas interpretaciones", Eidos 22 (2015), p.49-80; "Enfoques postcognitivistas: rótulos, presupuestos y posibles lecturas", Ludus Vitalis 43 (2015), p.277-288; "Sobre el uso de heurísticas como posible solución del problema de marco" (en colaboración con Rodrigo Moro), Crítica 47 (2015), pp. 65-91, y "La dualidad del Problema de marco: Sobre interpretaciones y resoluciones", Revista Tópicos 47 (2014) p. 83-112, entre otros.

# Prólogo

Al tratar de convencer a un canciller argentino de que el estado prohibiera la construcción de una torre junto a la Nunciatura Apostólica de Buenos Aires, el otrora secretario de estado de la Santa Sede, cardenal Angelo Sodano, argumentó con elocuencia, pero el diplomático le explicó que no había razones jurídicas para evitarlo, a lo que el cardenal respondió: "*Mi querido ministro, usted sabe que el derecho es un acordeón*".

Ésta es una experiencia frecuente: el derecho se manifiesta como una actividad con dificultades de fundamentación en sus argumentos y en sus sentencias. Desde la antigüedad el derecho se presentó como una de las fuentes principales de ejemplos de sofística, pero también de crítica a la sofística. La lógica tiene uno de sus orígenes en la actividad legal. Recordemos que los orígenes de la filosofía parecen ser cuatro. Los tres primeros tienen su origen en los dominios de lo humano, de la naturaleza y de la trascendencia. De esos tres dominios materiales surgen la teología racional –y la metafísica–, la ciencia natural y las humanidades. El cuarto dominio surge de la propia reflexión sobre esas actividades de búsqueda del saber en todas esas materias. Ésta es la "gnoseología": la lógica formal y la teoría del conocimiento –antiguamente conocida como lógica material– son las formas históricas de nuestra reflexión sobre esas actividades reflexivas y son una parte crucial de los estudios que llamamos filosofía. Sobre esas actividades reflexivas retornamos en este libro, pero lo hacemos con algunos métodos contemporáneos que nos parecen adecuados para dar mayor claridad a algunas discusiones y doctrinas tradicionales. Aquí sólo subrayamos que esas ramas fundamentales de las humanidades que son el derecho y la reflexión política han sido esenciales para el desarrollo de la filosofía. De su crítica y enseñanza surgió una parte inicial de la lógica y la teoría del conocimiento.

El libro se articula en tres partes. La parte general trata de la teoría del fundamento y algunos de sus aspectos gnoseológicos y consta de tres capítulos.

El autor de los tres primeros es Jorge Alfredo Roetti. El primero, denominado "*Elementos*", trata de las situaciones retóricas, los oradores, las audiencias y los discursos, y también de sus especies: el discurso oracular, la polémica y el diálogo.

El segundo, llamado "*Desarrollos*" estudia las condiciones de posibilidad de esos tres tipos de situaciones retóricas, y especialmente de las especialmente las condiciones necesarias del diálogo cooperativo, que son la *brajylogía* (o brevedad del discurso), la *relevancia* (o ceñimiento al tema) y la *homología* (o el "decir lo mismo"), y pone de relieve un fenómeno esencial del diálogo, que es el "ascenso dialéctico".

El tercero, denominado "*Sistema*", estudia las formas de la creencia, el fundamento y sus grados, cierto principio del fundamento del silogismo, la estructura de los silogismos dialécticos y científicos, y una clasificación de la ciencia según su fundamento. A esto se agrega un estudio sobre la concepción de la ciencia según Popper y una propuesta de generalización de la misma, junto a una caracterización de la abducción, su generalización y la noción de correlación.

El cuarto capítulo, "*Críticas y propuestas sobre la teoría del fundamento*", debido a la pluma de Gustavo Bodanza, trata de caracterizar las nociones relativas al fundamento suficiente e insuficiente en términos puramente pragmáticos, al menos parcialmente, y hace el fundamento relativo a una comunidad de dialogantes y un momento histórico determinados. Con esto no se puede capturar la forma más general de las nociones de los dos primeros capítulos, pero se tiene la ventaja de ganar precisión respecto de las ideas relativas a la superación de objeciones y a la comparación de fundamentos. Bodanza también extrapola desde la teoría de la argumentación abstracta algunos resultados que ponen en correspondencia los distintos tipos de fundamento con las estrategias ganadoras de un proponente en un juego dialógico, de acuerdo a protocolos específicos para cada tipo.

La segunda parte considera algunos problemas de fundamentación en algunas ciencias y consta de cuatro capítulos.

El capítulo 5, titulado "*Algunas objeciones arendtianas a la analogía orgánica de Rousseau*" y escrito por Rebeca Canclini, estudia la interpretación de Hannah Arendt de la analogía orgánica en Du contract social de Rousseau y propone organizar los objetos y relaciones que contiene este recurso argumentativo para dar cuenta de algunas objeciones planteadas por Arendt. En primer lugar, presenta brevemente las nociones de analogía y de lo orgánico en el pensamiento arendtiano. Luego, menciona algunos elementos de la analogía como recurso argumentativo y algunos hitos del uso de la analogía orgánica en el pensamiento premoderno. Posteriormente, analiza la lectura arendtiana de la analogía orgánica en Rousseau e intenta una sistematización de dos objeciones. Por un lado, se presenta una prolongación de esta analogía que justificaría la violencia en el ámbito público; por otro, se indaga en las nociones de voluntad y soberanía que estarían supuestas por la misma concepción de lo político bajo la imagen de lo orgánico.

En el capítulo 6, de Jorge Mux, titulado "*Experimentos mentales: la imaginación como auxiliar crucial en la fundamentación de un argumento filosófico*", nos recuerda que los experimentos mentales han sido usados tanto en ciencia como en filosofía. Sin embargo, mientras ciertos experimentos de la ciencia han servido para elaborar conceptualizaciones útiles y fructíferas, en la filosofía (y en particular en filosofía de la mente) han sido objeto de múltiples objeciones, tanto en lo que respecta a la construcción de los mismos como al tipo de conclusiones que se han extraído de ellos. En su análisis examina los tipos de experimentos mentales a partir de la clasificación de Brown (1991) y, utilizando la teoría de la fundamentación de los primeros capítulos, evalúa hasta qué punto es posible concederles fundamento.

El capítulo 7, *"Fundamentación en economía experimental: el caso de la validez externa de los estudios sobre corrupción"*, debido a Rodrigo Moro, es sobre la fundamentación en el área de la economía experimental. Se trata de experimentos sobre corrupción que algunos economistas experimentales comenzaron a realizar hace poco más de una década. El problema principal que se ha planteado sobre estos estudios es el de su validez externa, es decir, si los resultados que se obtienen en el laboratorio son extrapolables a situaciones de corrupción reales. El objetivo del capítulo de Moro es evaluar, usando la Teoría de Fundamentación presentada en los primeros capítulos y la evidencia empírica disponible, el fundamento de la tesis que afirma que los resultados hallados en el área tienen validez externa. Moro argumenta que, aunque algunos resultados parecen haber sido validados, más evidencia empírica es necesaria para evaluar la tesis en cuestión.

En el capítulo 8 de María Inés Silenzi, *"La fundamentación en las Ciencias Cognitivas: enfoque cognitivista versus enfoques postcognitivistas"*, trata sobre fundamentación en el área de Ciencias Cognitivas. La crítica postcognitivista que objeta no pensar al agente como corporizado y situado en un contexto a la hora de resolver viejos problemas de las ciencias cognitivas acusa a los enfoques cognitivistas de no ofrecer una explicación bien fundamentada acerca de cómo realmente operan nuestros procesos dinámicos. Pero ¿las explicaciones que proponen los enfoques postcognitivistas logran superar la objeción que ellos mismos postulan? La cuestión clave de este capítulo atiende al fundamento de las explicaciones postcognitivistas en su intento por explicar nuestros procesos dinámicos. Como estrategia para abordar esta cuestión, examinaremos un problema fundamental para ciencias cognitivas, el problema de marco, y dos propuestas postcognitivistas que intentan resolverlo. Silenzi argumentará que, aunque las explicaciones postcognitivistas son relevantes a la hora de resolver el problema de marco, éstas no resultan estar bien fundamentadas ni son suficientes para desechar las propuestas cognitivistas; es necesaria más evidencia empírica que las respalden.

El capítulo 9, debido a Susana Raquel Barbosa y titulado *"La verdad de la teoría crítica, un cuestionamiento a la metafísica"* explora algunos defectos de constitución de la metafísica y el tratamiento crítico que hace de ella Max Horkheimer. Ella muestra cómo ese autor rechaza la metafísica occidental y propone un eje para dar razón de sus creencias con el principio de no clausura que opera en la base de su dialéctica. Barbosa recorre fragmentos de la teoría temprana de Horkheimer y muestra cómo dicho autor nos dejó una teoría de la verdad. Desde su "impulso a la verdad" interpreta su aporte en clave positiva y selecciona puntos relevantes para una teoría de la verdad: la importancia del método, los criterios utilizados y las polémicas "prueba" y "verificación". En sus *Consideraciones finales* sistematiza brevemente los puntos tratados y expone tres de las razones por las cuales el autor en estudio rechaza todo fundamento para los principios que puedan constituir su moral materialista. Horkheimer intenta fundar enunciados teóricos, y lo hace usando una fundamentación desde enunciados a veces simplemente fundados, pero Horkheimer también pretende fundar enunciados prácticos, los cuales, de acuerdo con la propuesta roetteana son insuficientemente fundados porque dependen de criterios históricos. Finalmente, como la crítica del discurso metafísico es emprendida desde el principio de no contradicción, Barbosa hace referencia a la lógica paraconsistente, lógica que intenta ser una estructura racional capaz de manejar inconsistencias sin trivializar las teorías que las sostengan.

Por su parte Juan Pablo Esperón en el capítulo 10, titulado "*El problema del fundamento, la verdad y sus límites en la tradición filosófica occidental a partir de la lectura heideggeriana*" se propone mostrar por qué Heidegger sostiene que la filosofía occidental se ha constituido como onto-teo-logía sobre la base del principio de identidad. Esto conlleva a explicitar ciertos límites tanto en la comprensión del fundamento como en la comprensión de la verdad que deben ser puestos en cuestión y discutidos. Entonces, Esperón expone y analiza esta problemática en su artículo de la siguiente manera: en primer lugar, brinda elementos que permiten responder qué es el principio de identidad; y, en segundo lugar, busca comprender cómo y por qué el pensamiento occidental se ha configurado onto-teo-lógicamente. Para finalizar, el autor plantea, a partir de la propuesta filosófica heideggeriana, algunos caminos que puedan posibilitar o abrir otro modo de pensamiento, alternativo al onto-teo-lógico.

En el capítulo 11, llamado "*La fundamentación en estética, con especial consideración de la filosofía de la música*", Marianela Calleja considera la analogía como regla de fundamentación imperfecta, considerándola un problema relativo a la fundamentación en filosofía de la música. Más específicamente, analiza el estatus de la analogía estructural entre las diversas concepciones del tiempo en general y el tiempo de la música, es decir, entre las diversas maneras de utilizar el tiempo en las formas musicales y las teorías u ontologías del tiempo filosóficas. Allí defiende el carácter ampliatorio o de aumento de conocimiento de la analogía. La música deviene por medio de esta analogía una forma significativa, no vacía, una reflexión temporal que se sirve de medios sonoros. Se logra así superar la tesis formalista difundida en el ámbito musicológico, atribuyendo sentido a las formas, que adquieren una interpretación más allá de su estricta realización técnica. El recurso a la analogía acerca así una mirada más completa sobre los objetos de arte y reivindica para los mismos su legítimo valor cognitivo.

A Jorge Alfredo Roetti se deben los dos últimos capítulos. El primero de ellos, el capítulo 12 titulado *"La razón en filosofía. Ejemplos"*, trata los fundamentos de algunos problemas habitualmente considerados filosóficos, aunque varios de ellos, como el del test de Turing y el del cuarto chino de Searle son también problemas típicamente científicos. Esto muestra una vez más del carácter vago de los límites entre lo que llamamos filosofía y lo que llamamos ciencia, dominios que en muchos casos se presentan como un continuo de problemas y argumentos. El tercero ejemplifica con un par de *argumenta ad verecundiam* en el problema de Dios y sus dificultades. El cuarto trata un ejemplo clásico de la historia de la filosofía: el del *argumento ontológico y su fundamentación*. Se considera especialmente la versión de Leibniz, la crítica kantiana a la misma y la crítica a esa crítica. Luego se expone la demostración de Gödel y su semántica, y una variante constructiva de la misma, con alguna interpretación de qué es lo que realmente demuestra el argumento ontológico. A esto se agregan algunos comentarios sobre las *formas de la existencia*.

El libro se cierra con el capítulo 13, *"Precisiones y comentarios"*, que intenta precisar algunos aspectos de las discusiones anteriores y agrega algunos comentarios que se consideran pertinentes.

El repertorio de problemas considerados no es exhaustivo. Es claro que no nos hemos ocupados con los problemas de fundamentación de la física, la química y la biología, que tanto se han estudiado en el pasado siglo XX, muchas veces de manera ejemplar. Y en el resto de los dominios teóricos tampoco se han considerado muchísimas dificultades de sus argumentos. La tarea de la crítica y reconstrucción de la fundamentación es de una extensión enorme e indefinida y queda como una tarea pendiente que el grupo que ha escrito este libro aspira a desarrollar a lo largo de sus tareas de investigación en tiempos futuros. A todos nosotros la búsqueda de la verdad mediante el diálogo racional se nos presenta como una tarea infinita.

Jorge A. Roetti
Rodrigo Moro
Bahía Blanca, junio de 2016.

# I. Parte general: Teoría del fundamento y lógica

# Capítulo 1

## Elementos

Jorge Alfredo Roetti

1.1. *Verdad.*

Los temas de la verdad y la verosimilitud, junto con el de la defendibilidad, son tratados especialmente en capítulos como el de Gustavo Bodanza de más abajo. Nuestro tratamiento actual es sólo instrumental, pues hay estudios muy eruditos y elaborados sobre el tema, por eso aquí nos bastará distinguir tres concepciones de la verdad que corresponden a las tres dimensiones de la semiótica general y que expondremos a continuación.

1.1.1. *La verdad como coherencia.*
La verdad como coherencia se puede denominar también *verdad dianoética*[1]. Es la noción que concibe a la verdad – muy generalmente – como una relación de, al menos, compatibilidad de una expresión bien formada con una colección de expresiones bien formadas y, a lo sumo, como una relación deductiva entre una expresión bien formada y las restantes expresiones bien formadas de esa colección.

Consideremos las especies de verdad por coherencia. La primera es una condición necesaria de compatibilidad – en cualquier "mundo posible" – y es la que también podríamos denominar "verdad coherente débil". La segunda expresa una condición suficiente de deducibilidad de una expresión en una teoría saturada, que podríamos llamar "verdad coherente fuerte". La definición de *verdad coherente débil* es la siguiente:

*Def.* 1.1.1. El enunciado '$a$' en el lenguaje '$L$' es débilmente verdadero por coherencia en una teoría '$t$' deductiva consistente de enunciados (que puede no ser ni saturada ni completa), sí y sólo sí '$a$' se puede agregar en forma consistente a la teoría '$t$'. En caso contrario '$a$' no es débilmente verdadero por coherencia en '$t$'.

Esta verdad coherente débil recuerda la idea de "mundo posible" de Leibniz. La coherencia de '$a$' con '$t$' produce una *extensión coherente* de la teoría y corresponde a lo que Leibniz llamó un "mundo posible". Si tenemos una teoría '$t$' completa o no, pero no saturada, en la que sus teoremas describen la parte necesaria de

---

[1] Cf. p. ej. Raspa 1999, I, 44 ss, donde se la considera fundamental respecto de la negación. Nosotros ampliamos aquí su aplicación de una manera natural.

un mundo, una ampliación consistente no trivial '$t + a$' determina un mundo posible.

La definición de *verdad coherente fuerte* es siguiente:

*Def.* 1.1.2. El enunciado '$a$' en el lenguaje '$L$' es fuertemente verdadero por coherencia en la teoría '$t$' deductiva consistente y saturada de enunciados (además de completa), sí y sólo sí '$a$' es un teorema en '$t$'. En caso contrario '$a$' no es fuertemente verdadero (e. d. no es teorema) en '$t$'.

La diferencia entre la verdad coherente débil y la fuerte es obvia: la saturación o no saturación de un saber. No puedo agregar un enunciado a una teoría saturada, porque se torna inconsistente; por eso todos los enunciados de una teoría saturada son sus teoremas y su verdad coherente es fuerte. En cambio puedo agregar un enunciado que no es teorema a una teoría no saturada, sin tornarla inconsistente y la verdad del enunciado agregado es coherente débil.

Las definiciones propuestas suponen una teoría lógica mínima. Los filósofos más importantes que han sostenido concepciones semejantes de verdad por coherencia han sido Spinoza[2] y Leibniz. La *Def.* 1.1.1. da la condición necesaria de la verdad por coherencia, en tanto que la *Def.* 1.1.2. da su condición suficiente, que requiere que '$a$' sea teorema en '$t$', es decir, que sea una teoría saturada.

Podríamos agregar que, cuando una teoría '$t$' no es saturada – aunque sea completa – y '$a$' no es teorema, tenemos una situación que podemos considerar como característica de los mundos posibles de Leibniz diferentes al mundo real. Esto es lo característico de una verdad coherente débil en sistemas no saturados. Pero en ese caso tampoco sería saturada la teoría que corresponda al mundo real en Leibniz. Esto es importante porque la no saturación del mundo real permite la libertad, lo que no parece posible en un mundo real saturado.

1.1.2. *La verdad como adecuación o correspondencia.*
La noción de verdad como *adecuación* es "*noética*", pues postula una "proporción" entre una representación subjetiva (en griego '*phántasma*', '*repraesentatio*' en latín) – que consiste en una organización conceptual en un *sujeto*, conciencia o inteligencia – y lo que muchos llaman su *objeto* intencional (es decir, un hecho, suceso, o estado de cosas), y que ambos están en una relación de semejanza que es aprehendida por la inteligencia mediante algún "acto intencional unitario".

---

[2] Spinoza 1675, II, prop. VII: "Ordo et connexio idearum idem est, ac ordo et connexio rerum.", cuya demostración se funda en el axioma 4 de la primera parte: "Effectus cognitio a cognitione causae dependet et eamdem involvit." (El conocimiento del efecto depende del conocimiento de la causa y supone la misma).

Pasemos ahora a la forma de esta noción que aparece en casi todos los trabajos de lógica: la definición semántica de verdad de Tarski – o 'definición **T**', que abreviamos '**DT**' –, que se suele presentar en una forma simple en la que '$a$' es un enunciado de un dominio teórico determinado:

'$a$' es verdadero sí y sólo sí $b$.

El ejemplo clásico de Tarski es:

Ej. 1. '*La nieve es blanca*' es verdadero si y sólo si *la nieve es blanca*.

**DT** no exige que el nombre de enunciado '$a$' sea idéntico a su condición de verdad, que abreviamos '$b$', como se ve en los siguientes ejemplos:

Ej. 2. '*La neige est blanche*' es verdadero si y sólo si la nieve es blanca.
Ej. 3. '*La nieve es blanca*' es verdadero si y sólo si *ser blanco conviene* (por ejemplo como "*proprium*") *a la nieve*. [O '*ser blanco*' se dice como accidente propio de la nieve.]

En el ejemplo 2, el nombre '$a$' de aquello de lo que se predica 'es verdadero' está escrito en francés y su condición semántica $b$ en español. En el ejemplo 3, ambos están escritos en español aunque en diferente forma. Es habitual definir la verdad por correspondencia **DT** de la siguiente manera:

*Def.* 1.1.3. (**DT**) El enunciado '$a$' es verdadero si y sólo si existe al menos un enunciado $b$ que es una condición suficiente de verdad de '$a$'. En caso contrario '$a$' no es verdadero.

De **DT** y de los ejemplos surge inmediatamente que:

(1) El enunciado definido por **DT** es "'$a$' es verdadero', que en la clasificación de lenguajes de Tarski es un enunciado del lenguaje $L_{n+1}$, de nivel $n+1$.
(2) El sujeto del enunciado definido, '$a$', es un nombre del lenguaje $L_{n+1}$, que nombra a un enunciado del lenguaje $L_n$, de nivel $n$.
(3) La condición de verdad '$b$' aparece en **DT** en el lenguaje $L_n$ y
(4) Puede no haber ninguna condición suficiente de verdad de '$a$', o puede haber exactamente una, o más de una.

De este modo la definición semántica de verdad **DT** se presenta como una estructura lingüística entre los lenguajes $L_{n+1}$ y $L_n$, de dos niveles lingüísticos sucesivos, $n+1$ y $n$, y aquello de lo que se predica la verdad o la falsedad no es un enunciado, sino el nombre de un enunciado. Esto acontece corrientemente en la semántica formalizada, en la que en las expresiones bien formadas no se separan estrictamente los distintos "niveles lingüísticos", como que era obligatorio en la sintaxis.

De la definición de anterior surge el predicado 'es falso':

*Def.* 1.1.4. '¬*a*' es falso si y sólo si '*a*' es verdadero (e. d. si existe al menos un enunciado *b* tal que es una condición suficiente de verdad de '*a*'). En caso contrario '¬*a*' no es falso.

Aquí no se admite que un enunciado a y su negación puedan ser simultáneamente verdaderos, como acaece con ciertos enunciados de los cálculos "*dialéticos*" (no confundir con cálculos "*dialécticos*"). Aquí la negación de un enunciado verdadero es falsa y la negación de un enunciado falso es verdadera, lo que no significa que éstos sean los únicos predicados semánticos admisibles de esta especie, ya que agregamos el predicado de enunciado indeterminado:

Def. 1.1.5. '*a*' es indeterminado si y sólo si ni es verdadero y ni es falso.

La existencia de enunciados indeterminados es obvia en las ciencias matemáticas, donde numerosos enunciados de una teoría, por ejemplo de la teoría numérica elemental, son tales porque no existe una demostración *b*, es decir una condición suficiente de verdad, ni un contraejemplo, es decir una condición suficiente de su falsedad, o sea de la verdad de su negación. El ejemplo más conocido es el de la conjetura fuerte de Goldbach en su versión fuerte.

Si $v, f, \sim v, \sim f$ e $i$ son los predicados 'es verdadero', 'es falso', 'no es verdadero', 'no es falso' y 'es indeterminado' respectivamente, entonces podemos simbolizar del modo siguiente las relaciones fundamentales que hay entre los cinco predicados semánticos mencionados:

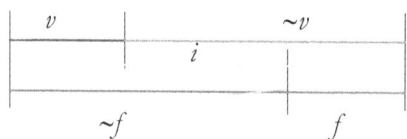

El complemento semántico de la verdad es la no-verdad, no la falsedad, y el complemento semántico de la falsedad es la no-falsedad, no la verdad. La situación semántica general en esos dominios de enunciados no es la relación de complemento de las lógicas bivalentes. Esta última vale sólo para dominios limitados de enunciados que no corresponden a las clases de enunciados efectivamente existentes en las teorías científicas, tanto de las ciencias sobre sistemas simbólicos, como lógica y matemática, como de las ciencias sobre el mundo empírico.

Predicados análogos a los anteriores que debemos distinguir rigurosamente, son predicados pragmáticos como 'es mentira' y 'es erróneo', que evitaremos en este trabajo.

Algunos consideran a **DT** una "concepción eliminacionista" o "reduccionista" de la verdad, es decir, que admitiría la posibilidad de prescindir de predicados semánticos como 'es verdadero', 'no es verdadero', 'es falso', etc. Esa interpretación es defendible, pero tiene sus dificultades. Algunas dificultades de la definición **DT** y ciertas soluciones propuestas, como la de Donald Davidson, las hemos discutido en Roetti 2014, § 1.6. a § 1.10., obra citada en la bibliografía a la que enviamos.

### 1.1.3. *La verdad como consenso.*

La noción de verdad como consenso es pragmática y esencialmente vinculada con la noción de diálogo cooperativo y con la *homología* platónica. Una versión cuestionable de la verdad como consenso es la siguiente:

El enunciado '*a*' es verdadero sí y sólo sí cada [posible] experto bien intencionado está de acuerdo acerca con él.

Es la versión que recuerda a la idea de verdad de Peirce, que supone un "paso al límite" del fundamento que "satura" o "clausura" el proceso de fundamentación sucesiva y correctiva de una tesis, pues para él "... *la opinión que está destinada a ser finalmente acordada por todos aquellos que investigan es lo que llamamos la verdad, y el objeto representado por esta opinión es lo real*".[3]

Una opinión intermedia obtenida por consenso, pero sin ese paso al límite, es decir "no saturada", no podría garantizar la permanencia de la verdad en el tiempo o en el desarrollo teórico. El proceso completo de fundamentación, en caso de que sea alcanzable, es lo que aparentemente garantizaría la verdad por consenso en el sentido de Peirce, aunque esto no es totalmente seguro, pues se podría objetar que, si bien esos procesos de consenso con esos pasos al límite podrían garantizar tal vez la coherencia (o al menos la "utilidad"), no es seguro que constituyan la única solución posible, como nos lo muestran los procesos de clausura en las lógicas adaptativas, que no son necesariamente únicos.[4]

---

[3] Peirce 1931-1958, 5.407: "The opinion which is fated to be ultimately agreed to by all who investigate, is what me mean by the truth, and the object represented in this opinion is the real."
[4] Otra variante pragmática más débil que la de Peirce es la del utilitarismo de Henry James (1907), quien equipara lo verdadero con lo teóricamente útil, pero no exige explícitamente el "paso al

Una variante más adecuada de la verdad por consenso es la versión dialógica de la escuela de Erlangen, que dice:

*Def.* 1.1.6. Un enunciado 'a' es verdadero si y sólo si, en un juego de reglas de diálogo, existe para él un método de victoria contra toda objeción posible. En caso contrario 'a' no es verdadero.

Utilizaremos esta versión dialógica de verdad por consenso.

### 1.1.4. *Relaciones entre las tres concepciones de la verdad.*

Además de las tres concepciones anteriores hay otras más complejas, pero las estructuras de las concepciones consideradas son las que nos interesan. Las tres admiten concepciones intermedias con aspectos de uno y otro tipo, en forma explícita o implícita. Las tres concepciones mencionadas no son extrañas entre sí, si se consideran los siguientes argumentos:

1. Es fácil advertir que las teorías de la verdad coherentistas pueden interpretarse siempre, al menos parcialmente, desde un punto de vista correspondentista, pues suponen al menos una correspondencia entre la estructura perceptiva y/o intencional de los metaenunciados que pretenden ser verdaderos y lo que mientan las estructuras del sistema simbólico del que hablan. La tesis subcontraria, de que las teorías correspondentistas tienen aspectos coherentistas, también es defendible. Esto significa que *toda concepción coherentista de la verdad supone una verdad por correspondencia metalingüística*, pues el enunciado que afirma la coherencia de un sistema, o de un enunciado en un sistema, es una metaverdad por correspondencia cuyo "pragma" es el sistema simbólico.

2. Tanto la fundación de los enunciados sobre la verdad como coherencia, como la de enunciados sobre la verdad como correspondencia, reclaman previamente el reconocimiento individual y un acuerdo intersubjetivo entre los participantes del diálogo respecto de las entidades simbólicas de las que están hablando. Y estos son enunciados verdaderos por correspondencia sobre al menos la "materia" (ya altamente universalizada y abstracta) del sistema simbólico del que se habla. Ésta es una materia casi obvia.

---

límite" de aquél, con lo que la torna más "inestable". Cf. Pragmatism, New York/London, 1907, 222: [The true] "is only the expedient in the way of our thinking, just as 'the right' is only the expedient in the way of our behaving"). El marxismo presenta una concepción semejante a la de este utilitarismo, y también otras concepciones de la ciencia contemporánea, especialmente las que aparecen en la práctica de la ciencia de los científicos "empíricos".

3. Además cualquiera de las formas de la verdad como coherencia o correspondencia se presenta en un proceso dialógico de consenso u *homología*. Las formas de verdad que se dan en el consenso son la de coherencia o la de correspondencia.

4. Sin embargo la noción de consenso puede ser más amplia que la de verdad: por consenso también se puede alcanzar la verosimilitud, la utilidad, la corroboración y otras formas más débiles de predicaciones semánticas o semántico-pragmáticas.

## 1.2. *Verosimilitud.*

¿Qué es verosímil? Definirlo requiere poseer una definición de verdad. El diccionario dice que verosímil es 'lo que tiene apariencia de verdadero' y, en segunda acepción, 'lo creíble, por no ofrecer carácter alguno de falsedad'. Es decir, caracteriza a lo verosímil mediante lo verdadero y lo no falso, no a la inversa. Definir la verosimilitud requiere definir previamente la verdad. Revela así la primacía de la verdad respecto de la verosimilitud.

Con excepción de los sistemas llamados 'dialéticos' (no 'dialécticos'), que admiten enunciados simultáneamente verdaderos y falsos, la verdad y la falsedad son predicados contrarios: si un predicado es verdadero, no es falso, y si es falso, no es verdadero (ver las relaciones entre los predicados $v$, $f$, $\sim v$, $\sim f$ e $i$ en la sección § 1.1.2.). No ocurre lo mismo con los enunciados verosímiles e inverosímiles. Un enunciado puede ser simultáneamente verosímil e inverosímil, ya que la verosimilitud y la inverosimilitud tienen grados, algunos próximos a la verdad o a la falsedad, otros más alejados. Esto nos da un cuasi-continuo graduado entre verdad y falsedad que representamos simplificadamente del modo siguiente:

| Enunciado | Verdadero | |
|---|---|---|
| | Muy verosímil | Poco inverosímil |
| | Medianamente verosímil | Medianamente inverosímil |
| | Poco verosímil | Muy inverosímil |
| | Falso | |

La verosimilitud se presenta como un defecto de verdad. Si un enunciado se propone como verdadero pero no se justifica como tal, aunque pueda parecer verdadero, entonces podemos decir que es verosímil.

Tarski introdujo nociones conjuntistas más amplias que la de verdad, como "satisfacción" y "satisfacibilidad". Por su parte Lorenzen y Lorenz introdujeron otro par de nociones también más amplias, las nociones de "*defendible*" y "*defendibilidad*" en un diálogo regulado o 'juego dialógico'.[5]

En un diálogo un enunciado es "*defendible*" de un ataque o cuestionamiento del oponente, cuando las reglas del diálogo, comunes a todos los jugadores, admiten al menos una defensa para ese ataque o cuestionamiento. La defendibilidad, como la satisfacibilidad de Tarski, no implica aún la verdad.

Para que un enunciado sea "verdadero" en un diálogo es menester que sea defendible de todo posible ataque del oponente. De ese modo 'defendible' y 'defendibilidad' son efectivamente predicados con un aspecto semántico y uno pragmático, que se utilizan tanto con enunciados que aspiran a ser verdaderos por correspondencia, como con los que aspiran sólo a la verdad por coherencia.[6]

La '*defendibilidad*' es una especie de un género semántico y pragmático más general: el de '*fundabilidad*'. Reservamos la 'defendibilidad' para el caso especial de fundabilidad en los diálogos en que el fundamento de los enunciados es suficiente, tanto en una versión correspondentista como en una coherentista de la verdad. Cuando el fundamento de una tesis sea insuficiente usaremos el término genérico amplio de 'fundabilidad'. Un enunciado es "fundable" *sensu lato*:

(1) Cuando, ante un cuestionamiento a su tesis, el orador que la propuso puede presentar a la audiencia al menos una(s) entidad(es) exterior(es) al lenguaje de la tesis que logra persuadir a la audiencia. Esta es una noción de *verosimilitud por correspondencia*.

(2) O bien cuando, ante un cuestionamiento a su tesis, el orador que la propuso puede ofrecer a la audiencia un argumento que parta de enunciados previamente admitidos por esa audiencia y permita sostener la tesis, aunque dicho pasaje no sea seguro (e. d., no suponga una demostración). Esto es una forma de *verosimilitud por coherencia*.

---

[5] Estos conceptos corresponden a una "semántica" de fundamento pragmático y reemplazan a los conceptos tarskianos de "satisfacible" y "satisfacibilidad", que resultan inadecuados fuera de una teoría de modelos conjuntista, como es la suya, la que corresponde a una estructura metafísica limitada.

[6] La "defendibilidad" corresponde en los juegos de diálogos a la noción de "satisfacción" en los modelos conjuntistas de Tarski.

Los temas relativos a la verosimilitud son demasiado extensos para tratarlos en detalle en este capítulo. Por eso haremos sólo una breve incursión en algunos aspectos y para un tratamiento más detallado enviamos al libro de Roetti 2014.[7]

La física, construida como un sistema científico casi perfecto cuando culminaba la mecánica clásica newtoniana, se presentaba muy convincentemente como sistema coherente, aunque ciertas interpretaciones del formalismo (como la teoría del éter) diesen origen a enigmas. Hoy en cambio carecemos de unidad teórica en la física, tenemos fragmentos teóricos muchas veces difíciles de integrar, en constante mutación, sobre todo en las diversas interpretaciones, que muchas veces son incompatibles. También es difícil asegurar la coherencia interna de esos fragmentos de teoría y de ellos entre sí. Un ejemplo contemporáneo difícil es el de la mecánica cuántica con sus paradojas, para la cual es problemático presentar una versión coherente, lo que no obsta a que se presente como el instrumento teórico más útil y fructífero en la investigación y el desarrollo técnico, junto con la mecánica relativista.

Un caso interesante, de tipo extralingüístico, es el de enunciados que tratan de "las cosas mismas" para las que no se pueden dar fundamentos suficientes que aseguren su verdad por correspondencia. Tratan de *objetos dados* no creados por los sujetos de la comunidad dialogante.

La mayoría de los enunciados de la vida cotidiana, de las ciencias en general y de la filosofía son sólo verosímiles. Y lo mismo ocurre en parte de la matemática, cuando sus objetos son insuficientemente cognoscibles, pues, aunque sus objetos simbólicos o extralingüísticos sean construidos, tienen enunciados para los que no hay justificación indudable, incluso en teorías tan "simples" como la de los números naturales: recordemos aquí el antiguo caso de la conjetura de Goldbach.[8] Ya sabemos que las teorías de conjuntos padecen también de esa limitación: teorías de conjuntos diferentes, como ZF y NBG, tienen axiomas y teoremas que son compatibles dentro de cada sistema, pero incompatibles respecto de otros sistemas.[9]

En el caso del conocimiento cotidiano y de las ciencias "mundanas" predominan los enunciados verosímiles. Una de las formas de fundamentar tradicionalmente más usada es la de la inducción incompleta e incompletable, que es un caso ejemplar de fundamentación falible. Lo mismo acaece en todas las ramas de la filosofía, incluida la teología racional.

---

[7] Ver datos editoriales en la bibliografía.
[8] Un tratamiento detallado de dicha conjetura, especialmente en su variante fuerte, se puede encontrar en Meschkowski 1978, 62 y 74, Meschkowski 1981, 32-34, Polya 1966, 27-28, etc.
[9] Ejemplos de teoremas con estas características se encuentran en cualquier exposición cuidada de los sistemas mencionados ZF y NGB.

El predominio de la verosimilitud ocurre tanto en la filosofía como en las ciencias "mundanas", con lo que desaparece una diferencia cualitativa entre "metafísica" y ciencia que Kant enfatizaba, pues el fundamento de muchas tesis insuficientemente fundadas de la filosofía no es de menor calidad que el de numerosas tesis de las ciencias mundanas, incluida la física.

1.3. *Situaciones retóricas.*

La noción de retórica es ambigua. Registra en su historia muchos sentidos, no todos compatibles entre sí. Consideremos la definición aristotélica de en su *Retórica*, donde dice que ella es la "*capacidad de hacer visible para cada uno lo posiblemente persuasivo.*"[10] Así la caracteriza en la última redacción de esa obra. La novedad consiste en que une la facultad retórica con los principios lógicos, con lo que la aproxima a los *Analíticos*. Para nuestro propósito actual basta la concepción de retórica que da Platón en los diálogos *Gorgias* y *Protágoras* como "*arte de la persuasión*", una caracterización aquí ampliamos considerando la dialéctica en sus formas fundamentales (filosofía y ciencias) como actividades retóricas especiales en sentido amplio.

Comencemos con las posibles *situaciones retóricas*, entre las que distinguiremos el género de las situaciones retóricas "dialécticas" o de diálogo cooperativo. Las estructuras retóricas se definen por sus componentes, "materiales" y "simbólicos". Los componentes materiales son de dos especies, los **oradores**, que en los juegos dialógicos se diferencian entre el "proponente" (o "respondente") **P** y el "oponente" (o "cuestionante") '**O**', y las **audiencias** (o públicos). Por su parte los componentes "simbólicos" son los **discursos**, que suelen contener una o más **tesis**, de índole teórica, o práctica, o técnica, o estética. Nuestro interés se restringe a los *problemas de la persuasión y el acuerdo respecto de tesis* por lo que nos limitamos a discursos cuyo núcleo son tesis. A continuación diremos algo sobre los aspectos materiales y simbólicos de una situación retórica.

1.3.1. *Oradores y audiencias.*

Los oradores se caracterizan "funcionalmente" por los *fines* que persiguen con sus actividades retóricas (y los *medios* de esos fines). Por su "naturaleza" serán *empíricos* o *funcionales*. Preferiremos la caracterización funcional, que considera a dos oradores empíricamente distintos (incluso cuando pronuncien sus discursos en lenguas diferentes), como un solo orador funcional, si coincide el contenido

---

[10] Aristóteles: Rhetorica ad Alexandrum I, 2, 1355 b 26: "δύναμις περὶ ἕκαστον τοῦ θεωρῆσαι τὸ ἐνδεχόμενον πιθανόν".

de sus discursos iniciales y derivados. Por lo tanto *la identidad y unidad funcional del orador se determina por su discurso*, por lo que en muchos casos simbolizaremos sólo a este último, que determina al orador funcional. En cambio, cuando un orador empíricamente único pronuncie dos discursos incompatibles (o discuta consigo y critique sus propias posiciones), lo consideraremos como dos oradores funcionalmente diversos. En resumen, *dos oradores empíricamente distintos pero con un discurso único son un solo orador funcional, y un orador empíricamente único pero con dos discursos diversos es dos oradores funcionales*.

La "naturaleza" de una audiencia, como en el caso de los oradores, puede ser empírica o funcional. Dos miembros empíricamente diferentes de un público serán funcionalmente uno, si el efecto del discurso del orador, o de los discursos de los diversos oradores, es idéntico sobre ellos. Consideraremos a dos efectos idénticos, si la conducta posterior de los miembros de la audiencia es idéntica a los ojos de sus observadores, según los criterios de identidad acordados. Si luego de los discursos la conducta de cada uno de los miembros de la audiencia fuese idéntica, de acuerdo a los criterios de identidad de los observadores del fenómeno retórico, diríamos que se trata de una audiencia con un solo miembro funcional. Es decir, una audiencia empíricamente plural puede ser funcionalmente una audiencia unitaria. Esto se ve especialmente en los diálogos lógicos, donde un público comunidad retórica plural se manifiesta funcionalmente como un público, un orador y un oponente unitarios, cuando presenta todas las objeciones y cuestionamientos posibles a una tesis. Esto es lo que posibilita la finitud del diálogo, de ser ello posible. El reemplazo de la pluralidad empírica por la funcional en oradores y públicos es lo que permite simplificar la estructura de los procesos de fundamentación.

Una audiencia puede ser individual, particular o universal. Aquí nos referiremos en general a las audiencias *universales*, que abreviamos $A_u$. Universal es el público que consta de *todos los oyentes posibles para el fin del discurso en cuestión*. Ni siquiera la humanidad agota *a priori* a todo sujeto posible de una situación retórica, aunque por el momento no conozcamos otros miembros posibles de esa audiencia. Una $A_u$, en caso de discursos para audiencias no acotadas, como los de las religiones, las filosofías, las ciencias o las artes, es la que consta de *todo sujeto empírico o funcional posible*, en todo espacio y todo tiempo (o aun fuera del espacio y del tiempo). Una $A_u$ empírica puede ser de imposible realización, pero no obstante es una idea regulativa para la filosofía y la ciencia, pero puede tornarse dominable cuando se utiliza su correspondiente audiencia funcional.

Muchos autores han insistido en la universalidad del público, aunque de diversa manera. En tiempos recientes se han ocupado de él autores como Chaim Perelman, Paul Lorenzen y Carl-Otto Apel. Respecto de Perelman debemos advertir que *ni siquiera la universalidad empírica del público y su persuasión completa por el orador garantiza la fundación suficiente o perfecta de una tesis, o su verdad*, aun si dicha persuasión universal fuera posible y en la medida en que no incluyera a un entendimiento perfecto o divino, pues como tal la persuasión universal sin otras condiciones sería compatible incluso, tanto con una retórica polémica, como con un diálogo cooperativo y, en este último caso, también con la mera persuasión insuficiente.

La universalidad *empírica* del público es una condición relativamente fuerte, pero no es una idea regulativa suficiente para la "retórica racional" que buscaban Chaim Perelman y Louise Olbrecht-Tyteca. Tampoco basta para armar una dialéctica en sentido platónico, pues veremos que un diálogo cooperativo requiere:

(a) un *cambio del fin*, tal vez no realizado aún, y

(b) un *cambio del criterio de universalidad de la audiencia*, a veces inadvertido, de la universalidad empírica a la funcional.

Tanto la historia de algunas formas de argumentación – como la lógica, la matemática y la de algunos fragmentos científicos y filosóficos – nos muestran que la *universalidad funcional* de la audiencia es suficiente y permite completar en ocasiones en forma finita y controlada una mejor fundamentación que la que permitiría la condición casi siempre irrealizable de la persuasión de un público empíricamente universal.

Luego del cambio de la universalidad empírica a la funcional y un cambio del fin del diálogo polémico se constituirá un diálogo que reúne las condiciones de la dialéctica platónica. Esto es lo que acontece en la defensa de ciertas tesis en los juegos dialógicos de Lorenzen, Lorenz y de otros autores. Por eso tenemos dos formas de universalidad de la audiencia:
(1) la *universalidad empírica*, ya caracterizada, que tratamos de utilizar sólo en la discusión informal sobre situaciones retóricas, y
(2) la *universalidad funcional* de la audiencia, que consiste de todos los cuestionamientos que se puedan hacer a una tesis aseverada por el orador: ésta es la universalidad adecuada para el desarrollo formal de los diálogos cooperativos.

Carece de sentido hablar de situaciones retóricas con públicos vacíos. La retórica verbal requiere la simultaneidad temporal de orador, discurso y audiencia. Y un escrito se puede considerar una situación retórica que dirige un discurso a un público universal de algún tiempo futuro indeterminado.

Además, por su cualidad una audiencia puede ser un *público stricto sensu* $A_{ss}$, que es el que *escucha y calla*, que *no es simultáneamente orador*, o un *público lato sensu* $A_{ls}$, que es el que *escucha y puede hablar*, es decir *ser también orador*.

## 1.3.2. *Los discursos*.

Éstos son la parte simbólica de las situaciones retóricas, las constituyen como tales y determinan cuáles son sus partes empíricas, oradores y audiencias. Los discursos pueden no contener aserciones: pueden consistir de meras figuras retóricas y recursos emocionales, de base lingüística, gestual o de alguna otra naturaleza escénica. Aun no aseverando nada, o casi nada, pueden ser capaces de embelesar a los oyentes – sobre todo cuando hay espíritu crítico – y ganar así la simpatía y la adhesión de la audiencia hacia el orador, es decir, subordinar en algún grado la voluntad de los oyentes al orador. El orador busca que la audiencia obedezca sus órdenes presentes o futuras. Estos son los fines de muchos discursos, frecuentemente políticos, a veces estrafalarios, cargados de metáforas oscuras, frases emotivas, ritmos (por ejemplo tambores) y músicas (marchas, etc.), flamear de banderas, bosques de carteles, etc., todos artificios para someter la voluntad de los oyentes, aunque carezcan de contenido informativo, pero sean emocionalmente seductores. El sujeto desaparece en la masa. Un ejemplo tradicional caricaturesco de respuesta retórica donde no se contesta lo preguntado lo da Polos en su respuesta a Jairefón acerca de la naturaleza del arte que practica Gorgias (la retórica):

"JAIREFÓN. *Pero, de hecho, ¿qué arte ejerce él [Gorgias] y entonces qué nombre debemos darle?*
POLOS. *Jairefón, existe entre los hombres una multitud de artes diferentes, sabias creaciones del saber; pues el saber dirige nuestra vida conforme al arte y la ausencia de arte la entrega a la suerte. Entre las diferentes artes algunos eligen unas, otros eligen otras, y los mejores eligen las mejores. Gorgias está en el número de estos últimos y su arte es la más hermosa de todas.*
SÓCRATES. *Veo, Gorgias, que Polos descuella en los discursos, pero no hace aquello que le había prometido a Jairefón.*" (448 c-d)

Jairefón pide la definición de la retórica. Polos la encomia con ornamentos, pero no la define, que es lo que prometía hacer, por lo que su respuesta no es aceptable para Sócrates.

La mayoría de los demagogos de todos los tiempos han obrado de este modo, a lo largo de la historia, en todo el mundo, sin distinción de partidos o ideologías.

Los discursos no informativos abundan, pero no nos interesan mucho, incluso si son muy persuasivos. Aquí nos importan los discursos que *informan*, que proponen tesis de cualquier naturaleza. De estos nos interesará la forma en que consiguen la adhesión del público y en qué medida lo hacen. Por eso las situaciones retóricas que nos interesarán serán aquellas en las que la adhesión de la voluntad de la audiencia a la del orador depende de un proceso que tiene por objeto la *persuasión* de la audiencia mediante alguna forma de *coincidencia* (*homología*) en las creencias de las partes.

La compatibilidad y la incompatibilidad de discursos y tesis, aparentemente incompatibles, admiten subcasos. La incompatibilidad *stricto sensu* será la contradicción, y la incompatibilidad *lato sensu* la contrariedad en sus diversas formas. La compatibilidad real que se presenta como incompatibilidad aparente admite también varias formas, entre las cuales una clásica, que constituye un error muy frecuente, es el caso de la subcontrariedad. En el desarrollo de una situación retórica, seguirán a las tesis sus cuestionamientos, y a estos sus posibles defensas. Estos movimientos los simbolizaremos de la manera habitual en los juegos de diálogos.

1.4. *Algunos símbolos.*

Además de los signos de la notación lógica introducimos aquí unos pocos símbolos específicos que nos parecen especialmente importantes. Los restantes se explican en el lugar de su introducción.

Los signos ':' y '|' entre oradores indican, respectivamente, la relación genérica entre ambos y el desinterés por persuadir *también* al oponente. '⇒' indicará la dirección del intento de persuasión de un orador y '⇑' indicará que un orador no busca persuadir a su público (*en sentido amplio*), ya que considera discutible el contenido de su discurso, sino que propone a ese público amplio el contenido y la tarea *cooperativa* de someterlo a escrutinio para ponerlo a prueba y alcanzar, de ser posible, un discurso con nuevas tesis que sean aceptables para todas las partes.

Vayamos a los signos compuestos: '⇔' es el signo compuesto que dice que ambos oradores se intentan persuadir mutuamente, '⇒|' dice que el primer orador intenta persuadir el segundo, pero éste sólo intenta persuadir al público *en sentido estricto*, y '⇒⇑' dice que el primer orador intenta persuadir al segundo, pero él adopta una actitud cooperativa. Los signos '⇑' y '|' se pueden usar como signos compuestos, el primero cuando ambos dialogantes adoptan una actitud cooperativa, el segundo cuando a ningún orador le interesa persuadir al otro.

La persuasión del público en al menos una tesis será aquí la finalidad esencial en las actividades retóricas, desde el discurso oracular a la polémica. Es posible un discurso sin tesis, pero aquí consideramos sólo discursos que contienen al menos una tesis más o menos bien establecida y precisa, lo que simbolizamos con '$d(t)$'. En los casos de polémica, con al menos un oponente, el intento de persuadir a una audiencia en sentido estricto implica el propósito de derrotar a los posibles oponentes. En cambio en el caso de la 'dialéctica' o 'diálogo cooperativo' la persuasión del público es sólo **una** finalidad accidental.[11] A continuación estudiaremos las tres estructuras retóricas que nos interesan: el discurso oracular, la polémica y el diálogo cooperativo.

### 1.5. *El discurso oracular*.

La primera situación retórica es el *discurso oracular*, una estructura *ternaria* con dos aspectos reales, un orador y su audiencia, y un aspecto simbólico, el discurso del orador. Lo simbolizamos así:

(1) $$\mathbf{O}(d) \Rightarrow \mathbf{A}_{ss},$$

donde '$\mathbf{O}$' es el orador, '$\mathbf{A}_{ss}$' la audiencia en sentido estricto (es decir, el público que escucha pero no habla), '$d$' el discurso del orador real, que identifica al "orador funcional"[12], y '$\Rightarrow$' la relación de persuasión. (1) se lee: '$\mathbf{O}$ intenta persuadir a $\mathbf{A}_{ss}$ acerca de $d$'. Como el orador funcional es determinado por el discurso, podemos simplificar (1) del modo siguiente:

(2) $$d \Rightarrow \mathbf{A}_{ss}.$$

Discurso, audiencia y relación de persuasión constituyen el núcleo de un discurso oracular, con independencia del orador real que lo pronuncie e intente persuadir. Un discurso religioso o político frente a una audiencia permanece el mismo aunque cambien los oradores. El componente más importante es el discurso $d$, pues si lo eliminamos desaparece la situación retórica. Es su "mediación" entre las partes reales la que constituye la relación oracular, pues es por el discurso que se determinan el orador $\mathbf{O}$ y la audiencia $\mathbf{A}_{ss}$. Ya Aristóteles reconocía esta situación ternaria inicial de todo discurso:

---

[11] La otra diferencia entre polémica y dialéctica es el cambio del fin de la situación retórica.
[12] Dos oradores reales que dicen el mismo discurso determinan un único orador funcional.

"*En efecto, a partir de tres cosas se compone el discurso: del que hace uso del discurso, también acerca de qué y para quién hace discurso, y el fin está también en relación a éste, y me refiero al oyente.*"[13]

Aristóteles ya advierte aquí sobre la pluralidad de fines del discurso, lo que permitirá especificar las situaciones retóricas. Pero antes de toda especificación, en el género sólo se encuentra la intención persuasiva típica de la situación oracular. Como ya lo dice Aristóteles esta estructura oracular, pese a su simplicidad, presenta subcasos interesantes según los públicos. Por otra parte Aristóteles criticaba la retórica que buscaba excitar emociones extrañas a las apropiadas del caso, como cuando el acusado presentaba a su familia en el juicio para provocar misericordia[14], pues el argumento *ad misericordiam* dificultaba al juez fallar sólo conforme a los hechos del caso (*Rhet.* I, 1). Por eso sólo admitía en un discurso las emociones que surgían de la sola consideración de los hechos, pues en ese caso se promoverían las emociones adecuadas o proporcionadas al hecho, y se evitarían las inadecuadas.

El discurso oracular abunda en religiones y movimientos políticos, también en algunas filosofías – o en fragmentos de filosofías – y caracteriza lo que denominamos pseudociencia, discurso que pretende revelar verdades para ser meramente creídas y no sometidas a control crítico. Éste no es un tema que nos vaya a ocupar especialmente en este trabajo.

1.6. *La polémica.*

La segunda situación retórica fundamental es la *polémica*, que aparece cuando hay al menos dos oradores que buscan persuadir a una audiencia respecto de tesis que al menos parecen incompatibles. En ella al fin primordial de cada orador de persuadir al público, se agrega un segundo fin que es un medio para el primero: vencer a su oponente.

Una máxima medieval expresa un principio de la guerra: "*mors tua vita mea*". En la polémica ella se transforma en "*tu derrota es mi victoria*", por lo que la deseo sin culpa. Esto es coherente con el viejo principio "*homo homini lupus*". En una competencia, o en la tentativa de alcanzar una meta, el principio indica que habrá un solo vencedor. Éste es también esencial en la polémica, una guerra de palabras.

---

[13] Aristóteles, Rhetorica ad Alexandrum A, 3, 1358 a 35 – b 1. Ver el texto griego en Roetti 2014 (Cuestiones de Fundamento), § 3.7.
[14] Recuérdese la primera parte del discurso de Sócrates en la Apología que escribiera Platón.

La estructura de la polémica más simple tiene cinco partes, con tres partes reales (dos oradores, $\mathbf{O}_1$ y $\mathbf{O}_2$, y una audiencia común $\mathbf{A}_{ss}$) y dos partes simbólicas (los discursos de los oradores $d_1$ y $d_2$), que se suponen al menos aparentemente incompatibles y caracterizan a los dos oradores funcionales diferentes. Su esquema es el siguiente:

(3)     $\mathbf{O}_1(d_1) \mid \mathbf{O}_2(d_2) \Rightarrow \mathbf{A}_{ss}$    (donde '$\mathbf{A}_{ss}$' es una audiencia *stricto sensu*, la que escucha pero no habla)

La estructura necesaria de una polémica simple es pentádica porque, si eliminamos uno de los dos discursos, que deben ser percibidos por la audiencia al menos como incompatibles, desaparece la polémica: una incompatibilidad al menos aparente, no necesariamente real, entre los discursos $d_1$ y $d_2$ es la que constituye a los oradores en funcionalmente diferentes. Naturalmente, una incompatibilidad sólo percibida da lugar a una disputa engañosa, con consecuencias que pueden ser falaces. Por eso una de las primeras tareas que están en el origen de la lógica es descubrir el engaño inicial que producen las falsas incompatibilidades, lo que la conecta con la crítica de los oráculos y las polémicas sofísticas.

Si, como en el discurso oracular, reemplazamos los oradores reales por los oradores funcionales determinados por los discursos, obtenemos el esquema funcional siguiente:

(4)         $d_1 \mid d_2 \Rightarrow \mathbf{A}_{ss}$

Las relaciones posibles entre los oradores son varias, pero lo que nos interesa aquí es que en la polémica los oradores no necesariamente buscan persuadirse mutuamente, sino persuadir a la audiencia, lo que señalamos con la barra '|' entre oradores. El triunfo de las tesis de un orador exige la derrota de la tesis de su oponente (en el caso de la pseudo-incompatibilidad de los discursos, al menos la pseudo-derrota). Por eso la polémica es un juego de suma cero desde el punto de vista de los oradores: los resultados posibles son tres: que el primero gane al segundo, o viceversa, o que ninguno logre derrotar al otro. Desde el punto de vista de la audiencia el juego puede ser incluso de suma negativa: los argumentos opuestos de los oradores pueden lograr que ninguna de las tesis persuada a nadie.

El problema siguiente es el de los medios para alcanzar la victoria – o evitar la derrota – que puede poner en juego cada orador. Los sofismas son recursos para vencer, muchos conocidos desde tiempos preclásicos. Ellos están en la cuna de la lógica, porque, si bien cada orador puede usarlos para derrotar el oponente, también quiere evitar ser derrotado por ellos. Es así como entre los sofistas surgieron estudios sobre la estructura de cada sofisma y la manera de evitarlos. Esto es crucial en el género retórico judicial ("*génos dikanikón*" de los griegos o "*genus iudiciale*" de los romanos), que juzga el pasado, y el género deliberativo ("*génos symbuleutikón*" griego o "*genus deliberativum*" romano), que se refiere al futuro.[15] Éste es uno de los comienzos de la lógica, pues un buen polemista, antes de aprender a deducir correctamente, pretende evitar que lo engañen a él y que engañen a su audiencia.

Aunque el fin de la polémica sea una forma de persuasión en la que la victoria de las propias tesis depende de la derrota de las tesis del oponente, el escudriñar cada orador los ataques del oponente para evitar ser derrotado tiene como consecuencia el establecimiento de una serie de reglas a las que se obligan ambas partes, para que la polémica sea aceptable para cada una de ellas. Así comienza a establecerse en la sofística y al servicio del derecho y la política, un sistema de reglas de juego que anticipan la lógica. Nadie necesita ser lógico para vencer, pero debe ser capaz de cierto pensamiento lógico para no ser vencido.

1.7. *El diálogo.*

La tercera estructura es la del *diálogo cooperativo*, cuyo fin es *fundar* enunciados en un diálogo. En ella los oradores ya no buscan convencer a una audiencia sobre la verdad o la justicia de sus afirmaciones, sino que ellos mismos dudan de sus propias tesis. Esa es la situación en que usualmente nos encontramos los seres humanos, cuando *creemos y dudamos simultáneamente de nuestras creencias* y por ello las presentamos al escrutinio público.

En el diálogo cooperativo cada tesis es presentada por un orador, llamado el proponente **P**, no para persuadir con ella, sino para criticarla con la ayuda al oponente **O**. Aparece entonces una peculiar división del trabajo intelectual: quien propone tendrá a su cargo aportar los argumentos en favor de su tesis, y quien se opone propondrá todas las objeciones posibles. Aquí ya no importa que exista una audiencia en sentido estricto $A_{ss}$, que calle, pues los oradores ya no buscan convencer inicialmente a un público y para ello vencer derivadamente al otro orador, sino que buscan colaborar en la puesta a prueba de la tesis. El juego puede ser entonces de suma positiva, pues ambos dialogantes pueden ganar: si el proponente desbarata todas las objeciones del oponente y logra además que todos sus fundamentos sean aceptados por él, entonces ambos habrán fundado la tesis. Y por lo tanto ambos habrán aumentado su conocimiento. Y si el proponente no logra dar cuenta de alguna objeción del oponen-

---

[15] Aristóteles agrega el "génos epideiktikón", o "genus demonstrativum" o "laudativum" en latín), que se refiere al presente.

te, entonces la tesis no estará plenamente acreditada, pues no responde al menos a una objeción, con lo que ambos se habrán desembarazado de un error. Y si ni el proponente ni el oponente logran hacer creíbles todos sus argumentos a favor o en contra de una tesis, entonces la creencia en una tesis será infundada. El nuevo fin de la situación retórica, el *fundar*, es el que ocasiona la suma positiva de la suma del juego.

La estructura general del *diálogo cooperativo* es tetrádica y la esquematizamos como sigue:

(5) $\quad\quad\quad\quad\quad\quad\quad\mathbf{O}_1(d_1) \Uparrow \mathbf{O}_2(d_2).$

Ya no hay audiencia en sentido estricto y la flecha '$\Uparrow$' indica que el fin de los oradores ya no es ni el fin inicial de persuadir a los posibles oyentes, ni el fin derivado de derrotar al oponente, sino colaborar con el oponente en la búsqueda de un fundamento para sus discursos: es decir, la auto- y la hétero-corrección. Como los discursos caracterizan a los oradores funcionales, podemos esquematizar la estructura de la siguiente manera:

(6) $\quad\quad\quad\quad\quad\quad\quad d_1 \Uparrow d_2.$

La audiencia suele ser más amplia que los meros oradores, pero aquí sólo nos interesa la audiencia mínima: cada orador es el público residual del otro orador. La estructura (5), que carece de audiencia en sentido estricto, es la estructura más propicia para la manifestación de la forma cooperativa de la dialéctica, pues la minimización del público contribuye a disminuir las vanidades y obstinaciones de los oradores, aunque no las haga desaparecer.

## 1.8. *Las especies de la estructura oracular.*

Las tres estructuras retóricas anteriores admiten especies. Éstas se pueden producir por las diversas relaciones posibles de los oradores entre sí, o bien por las diferentes relaciones de ellos con sus audiencias, con sus discursos, o con sus fines.

En un discurso oracular no hay relación con otros oradores. Independientemente de que su discurso tenga algún otro fin, lo que seguramente busca un orador oracular es persuadir. Por eso sólo interesan las relaciones posibles entre el orador, su audiencia y su discurso. La estructura del discurso oracular tiene especies. Consideramos las más interesantes:

(1.8.1) $\mathbf{O}(d) \Rightarrow \mathbf{A}_1,\quad \{ \mathbf{A}_{es} = \mathbf{A}_1 \cup \mathbf{A}_2 \quad\quad$ (1.8.2) $\mathbf{O}(d) \Rightarrow \mathbf{A}_1 \quad \{ \mathbf{A}_{es} = \mathbf{A}_1 \cup \mathbf{A}_2$

22/ Elementos

$$\mathbf{O}(d) \Rightarrow \mathbf{A}_2 \qquad y\ \mathbf{A}_1 \cap \mathbf{A}_2 = \varnothing.\qquad \mathbf{O}(d) \Rightarrow \mathbf{A}_2 \qquad y\ \mathbf{A}_1 \cap \mathbf{A}_2 \neq \varnothing.$$

$$(1.8.3)\ \begin{array}{l}\mathbf{O}(d_1) \Rightarrow \mathbf{A}_1 \\ \mathbf{O}(d_2) \Rightarrow \mathbf{A}_2\end{array}\left\{\begin{array}{l}\mathbf{A}_s = \mathbf{A}_1 \cup \mathbf{A}_2 \\ y\ \mathbf{A}_1 \cap \mathbf{A}_2 = \varnothing.\end{array}\right. \qquad (1.8.4)\ \begin{array}{l}\mathbf{O}(d_1) \Rightarrow \mathbf{A}_1 \\ \mathbf{O}(d_2) \Rightarrow \mathbf{A}_2\end{array}\left\{\begin{array}{l}\mathbf{A}_s = \mathbf{A}_1 \cup \mathbf{A}_2 \\ y\ \mathbf{A}_1 \cap \mathbf{A}_2 \neq \varnothing.\end{array}\right.$$

Los subcasos (1.8.1) y (1.8.2) tienen un sólo orador funcional ($d$), los (1.8.3) y (1.8.4) dos oradores funcionales ($d_1$) y ($d_2$). En todos los casos se trata de un solo orador real. Éstas son variantes de las situaciones que denominamos de "doble discurso", sea porque el orador funcionalmente uno pronuncia *el mismo discurso* ante diferentes subpúblicos disjuntos en (1.8.1) o ante subpúblicos diferentes pero con oyentes comunes en (1.8.2) y ese único discurso, en razón de su anfibología, es interpretado por los subpúblicos parciales de modo diferente, o bien los oradores funcionalmente diversos pronuncian discursos diferentes, incluso incompatibles entre sí, ante públicos espacial y/o temporalmente separados, totalmente disjuntos (1.8.3) o parcialmente tales (1.8.4).

El subcaso (1.8.1) ocurre cuando subculturas diferentes y disjuntas decodifican de formas diversas un mensaje anfibológico materialmente idéntico, y (1.8.2) cuando subculturas diferentes lo decodifican diversamente, pero el fragmento intersección $\mathbf{A}_1 \cap \mathbf{A}_2$ del público común es capaz de hacer ambas interpretaciones. (1.8.3) y (1.8.4) acaecen cuando un orador, que puede ser empíricamente uno, no confía en una decodificación diferente de un discurso único y por lo tanto prepara dos o más discursos variantes adecuados a subpúblicos con creencias, hábitos, deseos y fines diferentes, por lo que se convierte en dos oradores funcionalmente diferentes. Estos sub-públicos pueden ser disjuntos (1.8.3) o tener elementos comunes (1.8.4).

El doble discurso, en cualquiera de sus variantes, es un importante recurso de la retórica oracular, sea política, jurídica, o de otra índole, y es uno de los instrumentos fundamentales de la persuasión sofística sobre fragmentos de población que difícilmente compartirían tesis, deseos o lealtades comunes. Como tal es un recurso tradicional de todo demagogo. Un caso especial es aquél en el que el discurso común logra la adhesión de una parte del público $\mathbf{A}_1$ en razón de su contenido emocional, por simpatía, entusiasmo o fascinación emocional, que el orador produce por medios frecuentemente no lingüísticos, sino teatrales (como puesta en escena con banderas, procesiones, cánticos, letanías repetidas indefinidamente, agresión simbólica al "enemigo", en definitiva una "fiesta"), y la adhesión de otra parte $\mathbf{A}_2$ por los fundamentos que el orador da a las tesis que enuncia.

Para que se produzca el doble discurso las partes del público no tienen que ser necesariamente disjuntas como en (1.8.1); puede haber, como en (1.8.2), una parte común ($\mathbf{A}_1 \cap \mathbf{A}_2 \neq \varnothing$) a la que cautive tanto la simpatía, el entusiasmo o la fascinación del orador, como sus fragmentos de argumentación más o menos fundada. Otros casos interesantes de (1.8.1) y (1.8.2) son aquellos en que el orador pone menor interés en la persuasión emocional y diseña un discurso suficientemente ambiguo y vago como para que los distintos subpúblicos, por sus diferentes subculturas o deseos, decodifiquen el discurso de diversas maneras, y adhieran a esas decodificaciones diversas y a veces incompatibles.

Un quinto subcaso de la estructura (1) es el siguiente:

(1.8.5)    $O(d) \Rightarrow A_{ssp}$,  con $A_{ssp} \subset A_{ssu}$,

donde $A_{ssp}$ es una audiencia particular estricta y $A_{ssu}$ la audiencia universal estricta.

Éste es habitual en la política, cuando para alcanzar sus fines el orador sólo debe conseguir la persuasión y la adhesión de una parte propia de su público universal estricto. Habitualmente un político no busca persuadir a todos los miembros de su universo político, sino sólo a una cantidad suficiente como para alcanzar sus fines, por ejemplo lograr alguna mayoría regularmente establecida. A un abogado le podría bastar convencer a la mayoría de los miembros de una corte o de un jurado cuando, para fallar, no se requiera la unanimidad de los miembros del mismo. Estos procedimientos de persuasión son usuales en los sistemas electorales, donde la persuasión unánime de $A_{ssu}$ es prácticamente imposible de alcanzar y en general ni siquiera se busca. En los sistemas legales esta posibilidad (1.8.5) es muy problemática: el fallo por mayoría es peligroso, incluso en el caso de una cámara de jueces, y mucho más en el de un jurado de legos. Por eso en este último caso es frecuente en el sistema jurídico exija que la persuasión se logre sobre toda la $A_{ssu}$. Pero ni siquiera esto no garantiza un buen fallo, por motivos ya mencionados, como la persuasión emocional, la fascinación, etc.

Un ejemplo de la peligrosidad de (1.8.5), cuando basta sólo la mayoría, es el juicio y la condena de Sócrates. También los juicios populares de la revolución francesa y los de las diversas revoluciones comunistas, socialista-nacional, etc. En todos estos casos los jurados multitudinarios, formal o informalmente constituidos, son manipulados por uno o pocos oradores que consiguen así la condena preestablecida. En general no se busca la justicia.

1.9. *Especies de la estructura polémica.*

La situación polémica también tiene especies. Algunas se originan en las diferentes relaciones de los oradores entre sí y con su *audiencia*, y son las que trataremos a continuación:

(1.9.1) $\quad \mathbf{O}_1(d_1) \mid \mathbf{O}_2(d_2) \quad \Rightarrow \quad \mathbf{A}_1 = \mathbf{A}_{ss}$
$\hspace{4.7cm} \Rightarrow \quad \mathbf{A}_2 = \mathbf{A}_{ss}$

(1.9.2) $\quad \mathbf{O}_1(d_1) \Rightarrow \mid \mathbf{O}_2(d_2) \quad \Rightarrow \quad \mathbf{A}_1 = \mathbf{A}_{ls} = \mathbf{A}_{ss} \cup \mathbf{O}_2$
$\hspace{4.7cm} \Rightarrow \quad \mathbf{A}_2 = \mathbf{A}_{ss}$

(1.9.3) $\quad \mathbf{O}_1(d_1) \Leftrightarrow \mathbf{O}_2(d_2) \quad \Rightarrow \quad \mathbf{A}_1 = \mathbf{A}_{ls} = \mathbf{A}_{ss} \cup \mathbf{O}_2$
$\hspace{4.7cm} \Rightarrow \quad \mathbf{A}_2 = \mathbf{A}_{ls} = \mathbf{A}_{ss} \cup \mathbf{O}_1$

(1.9.2) tiene una variante conversa, que no explicitamos por ser estructuralmente idéntica. No consideramos aquí subespecies que resultan cuando se toman en cuenta las relaciones de incompatibilidad aparente y efectiva entre discursos. La incompatibilidad aparente está frecuentemente relacionada con las actitudes de engaño que caracterizan a las polémicas sofísticas, pero puede también corresponder a una etapa inicial de una polémica o incluso de un diálogo cooperativo. Por ejemplo en un diálogo pueden polemizar las partes acerca de las condiciones que promueven el delito: uno puede insistir en que la pobreza promueve el aumento del delito, otro puede insistir en la condición de impunidad o de baja probabilidad de castigo. Posteriormente ambos pueden advertir que estas condiciones no son incompatibles sino concurrentes. También se puede advertir que sólo ciertos delitos están relacionados con la pobreza – el más obvio es el hurto famélico –, en cambio no lo están los delitos de violencia contra las personas, sobre todo en su forma dolosa. Luego se podría discutir acerca de la influencia relativa o proporcional de esas condiciones compatibles de promoción del delito, que a su vez dependen de situaciones históricas y culturales (la moralidad media, el respeto por la ley en una comunidad, etc.). La incompatibilidad efectiva caracterizaría entonces un paso posterior de desarrollo del diálogo, en el cual se hayan eliminado las incompatibilidades aparentes, pero no reales, y las que queden sean sólo estas últimas.

En (1.9.1) cada orador tiene el mismo público (*en sentido estricto* $\mathbf{A}_{ss}$, particular o universal. Los fines de ambos oradores son cuantitativa y cualitativamente equivalentes: ambos oradores buscan persuadir a la audiencia $\mathbf{A}_{ss}$ y ninguno de ellos tiene interés en convencer a su contrincante. Sus discursos $d_1$ y $d_2$ al menos deben parecer incompatibles, aunque no necesariamente deban serlo. De todos modos un instrumento importante para persuadir al $\mathbf{A}_{ss}$ es buscar destruir la virtud persuasiva del discurso del contrincante.

En cambio en (1.9.2) $\mathbf{O}_1$ tiene un público *lato sensu* $\mathbf{A}_{ls} = \mathbf{A}_{ss} \cup \mathbf{O}_2$ sea éste universal o particular, en tanto que $\mathbf{O}_2$ sólo tiene un público estricto (universal o particular). Este caso nos presenta una situación frecuente: aquella en la que *los fines de los oradores difieren* y tal vez son incompatibles y en consecuencia los medios que están dispuestos a emplear pueden ser también diferentes, incluso incompatibles. Sin embargo aquí la diferencia de los fines puede ser sólo *cuantitativa*, cuando se refiere sólo a la *extensión del público que se intenta persuadir* ($A_{ss} \neq A_{ss} \cup O_2$), pero no cualitativa, ya que ambos pueden continuar buscando la persuasión del público en el propio discurso. Mientras acordemos en que el fin de nuestra actividad es la persuasión, permanecemos, con diversas extensiones y estructuras, en el dominio de la retórica oracular o polémica y no ingresamos en un diálogo cooperativo. Cuando, además del cambio cuantitativo del fin, se dé un cambio cualitativo específico en el propósito de las actividades retóricas de los oradores, podremos ingresar en los dominios de lo que solemos denominar dialéctica, y que aquí designamos "diálogo cooperativo".

En (1.9.3) ambos oradores $O_1$ y $O_2$ tienen un público *lato sensu* $A_{ls} = A_{ss} \cup O_i$ (i = 1 ∨ i = 2) sea éste universal o particular. Esta situación puede ser también frecuente y como en el caso anterior esta situación simétrica puede significar un mero cambio cuantitativo del fin persuasivo de la retórica no dialéctica. Vale pues lo declarado en el subcaso anterior.

Un subcaso aparente de (1.9.1) es el siguiente:

(1.9.1.1) $\quad O_1(d_1) | O_2(d_2) \Rightarrow \quad A_1 \subset A_{ss}, \quad$ con $A_1 \cup A_2 \subseteq A_{ss}$
$\qquad\qquad\qquad\qquad\quad\; \Rightarrow \quad A_2 \subset A_{ss} \qquad A_1 \cap A_2 = \emptyset.$

En esta polémica los dos adversarios tienen aparentemente el fin de persuadir a una audiencia en sentido estricto $A_{ss}$, pero en realidad se dirigen a dos subaudiencias disjuntas $A_1$ y $A_2$. Esto puede ocurrir incluso en el caso en que las audiencias disjuntas no sean distinguibles ni temporal ni localmente, como ocurre frecuentemente en la política y la religión. En consecuencia los subcasos del tipo (1.9.1.1) son sólo aparentemente subcasos ternarios polémicos, pues se reducen a estructuras binarias oraculares $O_i \Rightarrow A_i$ y los discursos $d_i$ que cada orador dirige a su audiencia $A_i$ son independientes. Por lo tanto en tales casos no se requerirá ninguna relación argumentativa real o aparente entre ellas. Casos grave con esta estructura pueden surgir en ámbitos forenses, cuando audiencias disjuntas forman parte de un jurado y no se requiere unanimidad. El juicio a Sócrates, y muchos otros, tuvieron también una estructura semejante.

Otros subcasos de (1.9.1) son los siguientes:

(1.9.1.2) $\quad O_1(d_1) | O_2(d_2) \Rightarrow A_1 \subset A_{ss} \quad$ con $A_1 \cup A_2 \subseteq A_{ss}$
$\qquad\qquad\qquad\qquad\;\, \Rightarrow A_2 \subset A_{ss} \quad$ y $A_1 \cap A_2 \neq \emptyset$

En este caso parte del auditorio de ambos dialogantes es común, a saber la intersección no vacía $A_1 \cap A_2$, pero además cada uno de ellos puede tener su "coto de caza" persuasivo propio para el discurso oracular, posiblemente no vacío, a saber $A_1 - A_2$ para $O_1$ y $A_2 - A_1$ para $O_2$. Este caso es una mezcla de polémica (1.9.1) y discurso oracular (1).

(1.9.1.3) $\quad O_1(d_1)\,|\,O_2(d_2) \quad \Rightarrow \quad A_1 \subset A_{ss} \quad$ con $A_1 \subset A_2$
$\qquad\qquad\qquad\qquad\qquad \Rightarrow \quad A_2 = A_{ss} \quad$ y $A_1 \cap A_2 = A_1$.

En este subcaso las audiencias también son diferentes (pues $A_2 - A_1 \neq \varnothing$) y $A_1$ es de hecho parte propia de $A_2$. En este caso el propósito de $O_1$ será convencer a la parte $A_1$ de la audiencia $A_2$ y el de $O_2$ convencer a esa totalidad $A_2$. Aquí la incompatibilidad aparente o real de los discursos se limita a las tesis contenidas en el discurso $d_1$ dirigidas por $O_1$ a $A_1$, de modo que, si $O_2$ trata de persuadir a $A_2$ de $d_2$, intentará persuadir también a $A_1$ de que $d_1$ es incompatible con $d_2$.

(1.9.1.4) $\quad O_1(d_1)\,|\,O_2(d_2) \quad \Rightarrow \quad A_1 \subset A_{ss}$ con $A_{ssp} = A_1 \cap A_2 \neq \varnothing$,
$\qquad\qquad\qquad\qquad\qquad \Rightarrow \quad A_2 = A_{ss}$ y $A_1 - A_2 \neq \varnothing \neq A_2 - A_1$.

Aquí ambos polemistas intentan persuadir a la intersección no vacía $A_{ssp}$ de sus públicos en sentido estricto $A_1$ y $A_2$. También este caso es frecuente: en él el auditorio no vacío $A_{ssp}$ al que se dirige la persuasión es común, pero de todos modos es particular y cada parte conserva su "coto de caza" oracular.

1.10. *Especies entre polémica y el diálogo.*

Podemos estudiar también las relaciones posibles de dos oradores entre sí, con sus fines y sus discursos. De los diversos subcasos que surgen de los diferentes fines de los oradores[16] nos interesan especialmente los dos siguientes:

(1.9.4) $\quad O_1(d_1) \Rightarrow\!\Uparrow O_2(d_2) \quad \Rightarrow \quad A_1 = A_{ls} = A_{ss} \cup O_2,$
$\qquad\qquad\qquad\qquad\qquad\quad \Rightarrow \quad A_2 = A_{ls} = A_{ss} \cup O_1.$

(1.9.5) $\quad O_1(d_1)\,\Uparrow O_2(d_2) \quad \Rightarrow \quad A_1 = A_{ls} = A_{ss} \cup O_2,$
$\qquad\qquad\qquad\qquad\qquad \Rightarrow \quad A_2 = A_{ls} = A_{ss} \cup O_1.$

La situación retórica dialéctica (5) de diálogo cooperativo presenta varias especies intermedias entre ella y las que aún podemos considerar polémicas. Puesto que en los diálogos cooperativos no es esencial la presencia de una audiencia en sentido estricto, lo que más nos interesará aquí serán las diferencias entre los fines de los oradores, como vemos a continuación:

(5.1) $\quad O_1(d_1) \Leftrightarrow O_2(d_2) \quad \Rightarrow \quad A_1 = A_{lsi} = O_2,$

---

[16] Los casos en los que los oradores tienen las relaciones '$\Rightarrow\!\Uparrow$' y '$\Uparrow$' los consideraremos específicamente más abajo, en las secciones (5.2) y (5.3).

$$\Rightarrow \quad \mathbf{A}_2 = \mathbf{A}_{\text{lsi}} = \mathbf{O}_1.$$

En esta estructura retórica la audiencia *lato sensu individual* $\mathbf{A}_{\text{lsi}}$ de cada orador es el otro orador. Por eso es que en lo sucesivo no hablaremos de audiencias, pues la audiencia *sensu stricto* es vacía. En (5.1) la única audiencia de cada orador es el otro orador y el discurso de uno se dirigirá forzosamente al otro, aunque esto no signifique cada uno busque necesariamente la persuasión del oponente en la propia tesis y que esta no se cuestione.

En (5.1) tenemos aún en ambos oradores ese fin retórico de la convicción acrítica del público, que aquí coincide con el otro orador. Ninguno pone en duda ni declina inicialmente sus tesis, sino que intenta convencer al otro en su propio discurso. Este juego dialógico será entonces de suma cero, cuando haya victoria de uno de los participantes que convence al otro, para lo que debe hacer abandonar a la otra parte sus propias tesis, lo que es su derrota, y será de suma cero o negativa, si nadie triunfara, lo que podría interpretarse como una derrota de ambas partes. Lo que no puede haber en este caso es victoria simultánea de ambas partes, es decir un juego de suma positiva.

La segunda especie es importante incluso en sentido histórico:

(5.2) $\quad \mathbf{O}_1(d_1) \Rightarrow \Uparrow \mathbf{O}_2(d_2).$

Es una situación asimétrica. Un orador sostiene su tesis sin críticas y se propone convencer con ella al otro orador; en cambio el segundo orador es crítico respecto de la suya propia y busca que el otro orador lo acompañe en una discusión cooperativa de sus fundamentos, para ponerla a prueba. Una de las cuestiones a explorar en esta situación es la de quién vence más fácilmente. El dialogante autocrítico, por su propio carácter escéptico, puede ser poco influenciado por los esfuerzos retóricos del orador acrítico, aunque de todos modos podría ser convencido: un *pathos* retórico a veces convence hasta a los más escépticos. En cambio el orador acrítico no se deja convencer sino excepcionalmente por cualquier otro orador, menos aún por uno dubitativo; además para el orador acrítico usualmente no se trata de convencer a alguien sobre un enunciado considerado verdadero, sino lograr la adhesión del otro a enunciados que favorecen sus fines o los de sus defendidos. En consecuencia en esta situación retórica la probabilidad de que un orador convenza al otro es mayor para el orador acrítico. Esta situación se acentúa en el caso de la situación retórica (5.2) mencionada arriba.

La presencia de un público *stricto sensu*, al cual hay que persuadir en interés de una de las partes, promueve el carácter acrítico de los actores. Además un orador escéptico y dubitativo es menos convincente que un orador acrítico, seguro de sí mismo, provisto de simpatía y cargado de recursos retóricos efectistas, como ya señalaba Aristóteles. De modo que en esta situación ternaria apostaríamos a que gana el favor del público, a veces incluso en sentido lato, quien sostiene acríticamente su tesis. Ésta situación retórica (5.2) es una situación dramática habitual en los encuentros de Sócrates con los sofistas. Pero en esos casos no se trata ni de una situación retórica polémica ni dialéctica o cooperativa, sino de una estructura dramática intermedia, usada por Platón para exponer su concepción de la retórica y la dialéctica, y sus diferencias.

La última estructura que nos importa es la (5), ya mencionada arriba:

(5) $\quad\quad\quad O_1(d_1) \Uparrow O_2(d_2)$.

Es la que llamamos *dialéctica* o *diálogo cooperativo*, en la que se despliega la razón. La razón se puede dar también en una situación polémica, pero en ella es más difícil la cooperación entre las partes. Ésta se manifiesta especialmente en un diálogo filosófico o científico sólo interesado en la verdad – o al menos la verosimilitud –, o en la justicia – o al menos sus semejanzas. La estructura (5) es la que está en la base de todos nuestros intereses.

1.11. *Referencias*.

Aristóteles [1965] : *Rhetorica ad Alexandrum, with an english Translation by H. Rackham*, M.A., William Heinemann, Cambridge (Mass)/ London.
Føllesdal D., Walløe L. & Elster J. [1988] : *Rationale Argumentation. Ein Grundkurs in Argumentations- und Wissenschaftstheorie*, Walter de Gruyter, Berlin.
Goethe J. W. [1972] : *Faust, der Tragödie erster und zweiter Teil. Urfaust*, Herausgegeben und kommentiert von Erich Trunz, Verlag C. H. Beck, München.
Immermann K. L. [1906] : *Münchhausen. Eine Geschichte in Arabesken* (1838-9): en Mayne, Harry (ed.): *Immermanns Werke*, vol 1, Bibliographisches Institut, Leipzig/Wien.
James H. [1907] : *Pragmatism*, New York/London.
Küppers B. O. [1986]: *Der Ursprung biologischer Information. Zur Naturphilosophie der Lebensentstehung*, Piper, München/Zürich.
Leibniz G. W. [1960] : en Gerhardt, C. I. (ed.): *Die philosophischen Schriften von G. W. Leibniz* IV, 422, Berlin 1875-90 (reimpreso en 1960).
Lorenzen P. [1987] : *Lehrbuch der konstruktiven Wissenschaftstheorie*, Bibliographisches Institut, Manheim/Wien/Zürich.
Meschkowski H. [1978] : *Richtigkeit und Wahrheit in der Mathematik*, Bibliographisches Institut, Mannheim/Wien/Zürich.
Meschkowski H. [1981] : *Problemgeschichte der Mathematik*, Band I-II, Bibliographisches Institut, Mannheim/Wien/Zürich.

Mittelstraß J. (ed) [1995] : *Enzyklopädie Philosophie und Wissenschaftstheorie*, Band 1, Verlag J. B. Metzler, Stuttgart/Weimar.
Peirce Ch. S. [1931-1958] : *Collected Papers of Charles Sanders Peirce*, vols. 1-8 (C. Hartshorne, P. Weiss y A. W. Burks, eds), Harvard University Press, Cambridge (Mass).
Platón [1998] : *Apología*, traducción, análisis y notas de Alejandro G. Vigo, Editorial Universitaria, Santiago de Chile.
Platón [1923] : *Oeuvres completes*, tome III, 2e. partie, *Gorgias–Menon*, Les belles lettres, Paris.
Platón [1962] : *Protágoras, Plato with an english translation*, William Heinemann, The Loeb Classical Library, Londres.
Polya G. [1966] : *Matemáticas y razonamiento plausible*, Tecnos, Madrid.
Raspa V. [1999] : *In-contraddizione. Il principio di contraddizione alle origini della nuova logica*, Edizioni Parnaso, Trieste.
Roetti J. A. [2011] : "Acerca del fundamento", *Anales de la Academia Nacional de Ciencias de Buenos Aires*, tomo XLV, año 2011, primera parte, pp. 39-69, Buenos Aires.
Roetti J. A. [2014] : *Cuestiones de fundamento*, Academia Nacional de Ciencias de Buenos Aires, Buenos Aires.
Spinoza B. [1934] : *Ethica ordine geometrico demonstrata et in quinque partes distincta* (1675), versión latina y "*traduction nouvelle avec notice et notes*" al francés, 2 vols., de Charles Appuhn, *Éthique*, Garnier, Paris.

# CAPÍTULO 2

## Desarrollos

Jorge Alfredo Roetti

*2.1. Condiciones de posibilidad.*

La historia de las fundamentaciones muestra variantes "desde arriba", desde principios reconocidos inmediatamente como verdaderos, y "desde abajo", desde sus consecuencias, las experiencias a ser contrastadas. Justificar principios y consecuencias más allá de toda duda, es una tarea parcialmente fracasada, y lo mismo se ocurre con los fundamentos que dependen de ellos. Estas eran las formas de fundamentación establecidas desde Aristóteles y su teoría de la ciencia. Pero ellas son inevitablemente unsuficientes. Afortunadamente nos queda un estilo de fundamentación que, con una licencia retórica de tipo geométrico, usual en lógica y filosofía, podemos llamar "desde el centro". De ese estilo fue el intento kantiano de reconstrucción de la razón y de los límites del conocimiento – que se fundó en una metafísica del conocimiento que pretendía describir la estructura de todo sujeto posible, el llamado sujeto trascendental –, o el intento husserliano de una descripción eidética, y todas las versiones de trascendentalismo que desde entonces se han sucedido: por ejemplo las del recurso a las condiciones de posibilidad pragmáticas, que exigen la admisión plena del principio de identidad, la admisión parcial del principio de no contradicción en una forma débil y la determinación de la vigencia sólo "materialmente condicionada" del principio de tercero excluido. Estos temas los hemos tratado en trabajos anteriores, el último de ellos *Cuestiones de fundamento*.

Aquí nos preguntamos si sólo son posibles fundamentos imperfectos, con a lo sumo el carácter de los "éndoxa" aristotélicos. Nos preguntamos si es verdad que no hay resquicios para *"fundamentos últimos"* de alguna especie, es decir si no hay lugar para el fundamento suficiente.

Nuestro propósito es doble: primero queremos mostrar con ejemplos que la filosofía y las ciencias de ella derivadas han logrado, desde la antigüedad y hasta hoy, la fundamentación suficiente en regiones especiales del conocimiento. Luego, y dejando de lado desarrollos difíciles de esclarecer y exponer, como los de la fenomenología, queremos rescatar un método de fundamentación suficiente que está íntimamente emparentado con procedimientos de autofundación, como el de la *"consequentia mirabilis"*, y con los de la pragmática trascendental. De ese modo se obtiene una pequeña región de fundamentación suficiente y una amplia de fundamentación insuficiente, pero lo que realmente interesa es encontrar un núcleo pragmático-gnoseológico fundado suficientemente. Esta vía de acceso a una *"fundamentación última"* no se presenta como excluyente. No negamos la posibilidad de otras formas de acceso a regiones de fundamentación definitiva, sea en el ámbito de las "protociencias", sea en el de la propia metafísica o incluso en el de la ontología fundamental, fenomenológica y hermenéutica.

Como advirtió Platón, la retórica no es esencialmente dialógica, pues se manifiesta en cualquiera de las tres estructuras básicas arriba consideradas. Su fuerza persuasiva se facilita enormemente cuando la estructura es *retórica oracular*, por lo tanto *sin control formal*, cuando sólo hay un *orador* O *activo* frente a un *público* estrictamente *pasivo*, al que se intenta persuadir.

2.2. *Condiciones de posibilidad retóricas de naturaleza pragmática.*

En sentido lato la retórica busca comunicar. No es su único fin, pero es común a toda situación retórica. Además en una situación retórica de cualquier especie hay condiciones sin las que simplemente no existirían, como las siguientes.

2.2.1. *Universalidad perceptiva o universalidad en la experiencia de lo individual.*
Se suele decir que la experiencia es siempre individual y la teoría siempre universal. Debemos matizar esa tesis. Para comenzar, toda experiencia ya está complejamente construida o "constituida", como dicen los fenomenólogos. Las construcciones tienen algunos aspectos esenciales. Como lo expresara Konrad Lorenz: *"la percepción es percepción de formas"*.[17] Pero las formas son siempre universales.

La percepción del individuo incluye aspectos universales previamente conocidos: veo y escucho un mosquito en mi habitación en una noche de verano. La percepción del mosquito tiene un núcleo individual, pero el mosquito individual es sólo la manifestación empírica de un universal. No siento un zumbido separado de una mancha negra que se nueve sobre el fondo de mi habitación; el zumbido y la forma visual se me presentan como aspectos de una unidad a la que remiten. Además la forma oscura que se desplaza está constituida de un número indefinido de "momentos" que constituyen la estructura unitaria de la figura que vuela en esa trayectoria, y el zumbido consta de un número indefinido de unidades sonoras que remiten al fenómeno del zumbido. No percibimos esas hipotéticas unidades sonoras constituyentes, sino la totalidad del zumbido constituido. El individuo zumbido contiene una multiplicidad en lo individual. Y cuando decimos 'mosquito' damos un paso universal más, porque percibimos

---

[17] "Wahrnehmung ist Gestaltwahrnehmung", en el Prólogo (Vorwort), p. 14, de Carl Friedrich von Weizsäcker al libro de Küppers 1986.

el individuo ya complejamente constituido en una síntesis para el sujeto que percibe, en el que todo se constituye y es el centro y condición de posibilidad de toda percepción (la apercepción trascendental), pero ahora lo percibimos bajo la forma universal del concepto 'mosquito'. En este nivel de la percepción no hay experiencia sin conceptos. Es decir, no hay experiencia pura de lo individual, sin universalidad. Lo individual supone de muchos modos lo universal, eso que Platón llamaba 'idea', Aristóteles '*eidos*' y que los latinos tradujeron con '*species*'.[18]

2.2.2. *Universalidad abstracta o absoluta.*

Cualquier lenguaje requiere *universalidad*. Carece de sentido hablar de la aparición concreta, única e irrepetible de un fonema. Un fonema es siempre "típico" o "esquemático": para que los hablantes reconozcan *una aparición* fonética de un fonema es preciso que sea una entre múltiples *apariciones* del mismo fonema. Pero esto implica que en cada aparición fonética se *realiza* algo *idéntico*, que es precisamente el fonema universal que se manifiesta diversamente, con sus accidentes y determinaciones espacio-temporales, en cada aparición fonética. Lo mismo acaece con las unidades léxicas. No existe un signo (habitualmente formado por una sucesión concreta de fonemas) que consista de una única e irrepetible aparición fonética. Lo no repetido o lo irrepetible no es signo: la aparición de un signo presupone la *generación regular* – es decir conforme a una regla de generación – de una multiplicidad de apariciones en la que se manifiesta de modo accidentalmente diverso un núcleo idéntico universal, tanto en su aspecto material (o fonológico: un aspecto de su *suppositio materialis*) como en al menos algún aspecto de su sentido (en algún aspecto de su *suppositio formalis*).

Lo mismo ocurre con las estructuras morfológicas y sintácticas: sin generación regular de una pluralidad de manifestaciones concretas y accidentalmente diversas de algo idéntico universal, no hay lengua, no hay sistema simbólico. ¿Cómo es posible dicha universalidad, esa presencia de lo mismo en lo diverso? Esto, que constituye el núcleo de la *cuestión de los universales*, puede ser un problema difícil y parcialmente insoluble, o bien soluble pero sobre un fondo siempre borroso, vago o "crepuscular", como ocurre con la cuestión de la verdad como correspondencia, en la que las dificultades residen precisamente en los detalles de esa relación. Es decir que tal noción de verdad podría considerarse como clara pero confusa en los detalles, para utilizar la distinción en su forma leibniziana. Leibniz trata esa noción cartesiana en "*Meditationes de cognitione, veritate et ideis*" de 1684.[19] Por ejemplo, el uso de un predicado es 'claro' cuando se pue-

---

[18] Y que en alemán se suele traducir con las palabras 'Gestalt' y 'Aussehen'.
[19] La versión más conocida es la de Descartes (Princ. Phil. I, § 45), pero aquí adoptamos la versión de Leibniz de 1684 que aparece en Die philosophischen Schriften von G. W. Leibniz IV, 422 (ed. C. I. Gerhardt, Berlin 1875-90, Hildesheim 1960). En ella 'claridad' es 'reconocibilidad' –

den reconocer para él ejemplos y contraejemplos de modo que sea posible atribuirlo y negarlo correctamente, y es 'distinto' cuando disponemos de una determinación de sus características. Por lo tanto la presencia de lo idéntico en lo múltiple diverso, incluso si no pudiéramos resolverlo en sus detalles metafísicos, ya es condición de posibilidad, tanto de la subjetividad, como del mundo y sus fenómenos. Disponemos entonces, ya desde el comienzo, de al menos un "esquema" o "regla universal" en la constitución y reconocimiento de los individuos *sub specie universali*.

*A fortiori*, la universalidad inmanente de los signos y de las reglas estructurales de los sistemas de signos es una condición de posibilidad de todo sistema simbólico. Por eso es imposible sostener formas extremas de nominalismo, pues desde la constitución del sujeto, desde las estructuras originarias del "tener mundo" y de la percepción, la imaginación y la variación imaginativa, desde la constitución de lo abstracto, y desde las primeras manifestaciones de signos, nos encontramos con el *factum* inevitable de la universalidad, eidéticamente inevitable, porque al eliminarlo eliminamos también el objeto mentado. Por ello es que, independientemente de si intentamos dar una razón de la relación entre el individuo y lo universal o no, y cualquiera sea la doctrina de los universales que adoptemos, lo universal está presente *en la manifestación de lo individual representado y lo lingüístico*. Son "condiciones irrebasables" (Apel decía "*unhintergehbare Bedingungen*"), cuya negación por un oponente implica una autocontradicción pragmática.[20] En este sentido limitado y esencialmente descriptivo de las condiciones de existencia del signo, podemos sostener un lema insolente para un nominalista extremo, que dice *in principio erant universalia*.

### 2.2.3. *Universalidad relativa.*

Una situación retórica general tiene otras condiciones de posibilidad, triviales pero imprescindibles para constituir la situación retórica misma. Recordemos el famoso coloquio en el diálogo platónico *Menón*, 82 b, cuando Sócrates pregunta al dueño de casa acerca de las habilidades del esclavo a quien interrogará:

Sócrates: *"¿Sin duda es griego y habla griego?*
Menón: *"Muy ciertamente, nacido en la casa"*[21]

---

cuando algo es diferente de toda otra cosa, también es reconocible – y la 'distinción' es 'analizabilidad', una claridad más perfecta que la claridad sin distinción. Un conocimiento claro, pero no distinto, es conocimiento 'confuso' para Leibniz.

[20] En esta cuestión y en desarrollos siguientes no podemos dejar de reconocer nuestra deuda con Apel y su noción de una "comunidad trascendental de comunicación" (transzendentale Kommunikationsgemeinschaft, ver p. ej. Mittelstraß I, 141).

[21] Platón, Menón 82 b.

Ese fragmento expresa una condición sin la cual ninguna situación retórica, ni oracular, ni polémica, ni dialéctica cooperativa, se puede constituir: los oradores y la audiencia deben compartir un lenguaje, un sistema simbólico, una "comunidad trascendental de comunicación", en la terminología de Apel. Aun un lenguaje privado y una criptografía personal se construyen a partir de los lenguajes públicos, comunes para dos hablantes, o para al menos dos momentos del mismo hablante. Los lenguajes públicos sirven para la "comunicación" (informar sobre estados de cosas, dar órdenes, hacer preguntas, expresar sentimientos entre hablantes, o de un hablante consigo mismo en el tiempo), que es la función esencial del lenguaje. Por eso se requiere la *universalidad relativa* de los sistemas simbólicos, tanto del signo respecto de su usuario (como en el lenguaje privado), cuanto del mismo respecto de su destinatario (en el originario lenguaje público): lo propio de la universalidad absoluta se realiza efectivamente en la relación del signo con sus usuarios, emisores o receptores: sin ella no hay lenguaje. Por lo tanto la *universalidad relativa es trascendental en el sentido de condición de posibilidad pragmática* del mismo y es condición de posibilidad de la comunicación en todas sus dimensiones: desde la *emisión* de una *unidad fonética* que *supone al fonema universal* tanto para el emisor cuanto para los receptores de la comunidad simbólica, pasando por el *uso aquí y ahora de una unidad léxica* que *presupone*, para poder ser reconocida como tal y ser usada, *al universal de la palabra*, tanto en su aspecto material o fonológico (*suppositio materialis*) como en (al menos algún aspecto de) su sentido (*suppositio formalis*). Y esto en al menos alguna forma idéntica y universal para cada uno de los miembros de la comunidad lingüística. Y lo mismo ocurre con las estructuras morfológicas y sintácticas: la ausencia de universalidad para el individuo y el grupo implica la ausencia de lengua. La universalidad trascendental de los signos y de las reglas estructurales de un sistema simbólico es una condición de posibilidad pragmática de todo sistema simbólico.

Lo dicho por Platón en el citado fragmento 82 b se repite en todas las leyendas relativas al don de lenguas que aparecen en muchas tradiciones. Para difundir una "buena nueva" (o evangelio) se requiere de un código común. Por ello esta condición trivial de universalidad es inevitable hasta en la situación retórica más simple, que es la oracular. Lo que generalmente no se advierte es qué implica esto de estructuras universales de la constitución del Dasein, el mundo, los objetos y el otro, lo que remite a la filosofía primera.

### 2.2.4. *Univocidad, precisión, isocontextualidad.*

Estas condiciones también son de posibilidad respecto de los significados. Los signos suelen tener múltiples sentidos, lo que denominamos *ambigüedad* o *equivocidad*. Esto puede ocurrir de muchas maneras, con relaciones entre los sentidos, que genéricamente llamamos *polisemia*. Muchas expresiones complejas adquieren diversos sentidos por defectos de la sintaxis que construye sentidos complejos a partir de los sentidos elementales, lo que llamamos *anfibología*, que produce *contextualidad sintáctica*. Los límites de la referencia de un discurso pueden ser más o menos imprecisos, lo que llamamos *vaguedad*. Además la aparición de una expresión en contextos fenoménicos o prácticos aprehendidos como diferentes por distintos usuarios de los signos puede producir determinaciones incompatibles de sus sentidos, en cuyo caso se puede hablar de una equívoca *contextualidad fenoménica y práctica*. Todos estos fenómenos discursivos pueden provocar el fracaso de la transmisión y comprensión del discurso: el orador pretende decir $A$ y su audiencia entiende $B$, diferente de $A$, y esto puede ser incluso peligroso. El éxito de la transmisión del sentido de un discurso requiere así eliminar estos defectos semánticos y la instauración de la univocidad, la precisión y la isocontextualidad. Estas propiedades de unicidad semántica se obtienen habitualmente, y al menos parcialmente, por convención.

La eliminación de la ambigüedad finita, como ya enseñaba Aristóteles, es dominable mediante un número finito de palabras distintas a las que se les asignan los distintos significados. La eliminación convencional de la vaguedad suele ser más difícil, precisamente en aquellos casos en que se da un número al menos indefinido de referencias de diversas expresiones. Su eliminación se simplifica en el caso de pasos finitos, cuando se puede alcanzar la precisión referencial. En los casos de infinitos pasos las convenciones no son jamás perfectas (un tratamiento más exhaustivo conduce a las lógicas de la vaguedad). Respecto de la ambigüedad es interesante un caso especial considerado por Aristóteles en *Met.* 4, 1006ª28-b11: si una expresión pudiese tener infinitos significados y por lo tanto posibilitase infinitas intenciones diferentes de los usuarios, entonces todo discurso se tornaría imposible.[22] Aquí parece que tenemos que tratar, no sólo con un problema de infinitud actual, sino con un problema de elección. El axioma de elección afirma que es posible elegir un sentido de una infinitud dada. Supuesto el mismo, lo que es discutible, tendríamos que uno de los usuarios de la expresión, por ejemplo un orador, elige un sentido, y que otro de los usuarios, por ejemplo el único de una audiencia singular, elige también un sentido. ¿Cómo podemos estar seguros de que ambos eligieron el mismo sentido? Si el número de sentidos fuese enumerable ($\aleph_0$), el número de pares ordenados de selecciones posibles de los dos usuarios sería $2^{\aleph_0}$, de las cuales sólo habría $\aleph_0$ pares con primeros y segundos elementos idénticos, es decir una cantidad infinitesimal del conjunto de pares ordenados de selecciones posibles. El caso sería diferente si dispusiéramos de una buena ordenación del conjunto infinito de sentidos. En ese caso el orador podría determinar un subíndice para la selección del sentido, el que, en la medida en que fuese accesible a todos los participantes, permitiría la coincidencia de sentido para todos. Este es un caso constructivo de

---

[22] Cf. Raspa 1999, 52.

selección de sentido unívoco para los participantes, que Aristóteles no conoció. En cambio, en el caso general de ausencia de reglas de buena ordenación para una pluralidad infinita de sentidos de una expresión, no hay solución constructiva al problema de elección. Aristóteles probablemente habría rechazado el axioma elección, por la imposibilidad de construirlo de modo finito, lo que justificaría plenamente su afirmación de que, en el caso considerado, se torna imposible toda determinación y transmisión unívoca de un discurso.

### 2.2.5. *Veracidad (casi universal)*.

Otra condición de posibilidad, incluso para el lenguaje oracular, es la de que la audiencia presuma, fundada en la experiencia, la veracidad del orador, tanto antes de su discurso como durante el mismo, veracidad que requiere ser al menos casi universal, aunque luego se desengañe de ello. El orador debe *al menos parecer universalmente veraz*. Si careciera de esa propiedad y fuese reconocido de antemano como alguien que falta a la verdad adrede y sistemáticamente, no podría convencer a quienes conozcan su carácter mentiroso. Un ejemplo tradicional es el del cuento del pastorcito mentiroso. Otro, de la literatura alemana, da comienzo al *Münchhausen* de Immermann, que citamos a continuación:

"*¡Qué vergonzoso vicio es el mentir! Pues en primer lugar se descubre fácilmente cuando uno falta demasiado a la verdad, y en segundo lugar, alguien que se ha acostumbrado a ello, también puede decir una vez la verdad, y entonces nadie le creerá. Que mi antepasado, el barón de Münchhausen en Bodenwerder, dijera una vez en su vida la verdad y nadie quisiera creerle, eso le costó la vida a trescientas personas.*"[23]

La mentira sólo es posible sobre un fondo de veracidad. Por eso el famoso supuesto de la antinomia del mentiroso es técnicamente imposible. Ella es sólo un buen ejercicio lingüístico-lógico. Mentir *siempre* es imposible. Eso ya no es mentir, pues destruye la función comunicativa esencial del lenguaje, ya que sobre un supuesto fondo universal de mentira la aserción de un estado de cosas no informa, la expresión de un sentimiento no conmueve, la emisión de una orden no manda, la formulación de una pregunta no pide respuesta, porque ninguna forma de comunicación es creíble: de ese modo la comunicación y el lenguaje mismo se torna imposible.[24] De modo que todo orador que pretenda persuadir,

---

[23] Immermann, 1838-9, Erster Teil, Erstes Buch, Münchhausens Debüt, Eilstes Kapitel: "Was für ein schändliches Laster ist das Lügen! Denn erstens kommt es leicht heraus, wenn einer zu arg flunkert, und zweitens kann jemand, der sich's angewöhnt hat, auch einmal die Wahrheit sprechen, und keiner glaubt sie ihm dann. Daß mein Ahnherr, der Freiherr von Münchhausen auf Bodenwerder, einmal in seinem Leben die Wahrheit sagte und niemand ihm glauben wollte, das hat bei dreihundert Menschen das Leben gekostet."

[24] Eso ocurre en estos comienzos del siglo XXI con el Instituto Nacional de Estadísticas y Censos (INdEC), de Buenos Aires, que era un instituto prestigioso, pero que a partir de enero de 2007 comenzó a falsear sistemáticamente los índices de inflación y, por lo tanto, sus índices deri-

incluso un oráculo, si quiere mentir persuasivamente alguna vez, debe ser habitualmente veraz.

La principal especie de discurso compatible con la mentira es una forma de la falacia de énfasis llamada falacia de media verdad. La media verdad debe ser prudentemente dosificada si quiere ser persuasiva, y se la puede complementar con la mentira ocasional bien disimulada. Hasta el político, el periodista y el historiador (y a veces los maestros), que suelen ser hábiles con esta falacia, deben dosificarla cuidadosamente. Así una "historia oficial" – éstas cambian constantemente con el tiempo, el lugar y los vencedores –, para ser efectiva, debe consistir en una mayoritaria dosis de información veraz, más un conveniente olvido de otra información pertinente, pero inconveniente para los fines propagandísticos del historiador oficial, a lo que se puede agregar una moderada dosis de mentira, más admisible cuanto más difícil sea contrastar los enunciados falsos. El arte del engaño aconseja ocultar información antes que mentir, salvo que la documentación que permita descubrir la mentira sea inaccesible para la mayoría de los destinatarios del discurso propagandístico, histórico, periodístico, etc. Esta técnica de la *media verdad* es una de las falacias más poderosas entre todas las descubiertas por el ingenio falaz de los humanos.

¿Cómo es posible sostener esas falacias? Por la *asimetría* en el acceso y control de los medios de difusión de opinión. La reiteración permanente y sin consecuencias de esas falacias es permitida por esa asimetría, con lo que pasamos a otro problema: el de la simetría o asimetría en el acceso a los medios de difusión de las creencias de las masas, u 'opinión publicada'. No agregamos aquí otros componentes importantes, como el aspecto emocional del discurso, porque se puede tratar en otros aspectos de actividades retóricas falaces.[25]

Podemos preguntarnos ¿cuánta mentira admite un discurso sin dejar de ser creíble? Es exagerado decir que todo el mundo miente todo el tiempo sobre todo. Como hemos visto, esto no es posible, pero la respuesta a nuestra pregunta no es fácil, pues dependerá de los tiempos y de las técnicas informativas. Como "pístis", es decir como enunciado fundado, pero insuficientemente, se puede sostener sin mucho riesgo que *un discurso creíble soporta tanto más cantidad de mentira y por mayor tiempo, cuanto más se dominan los sistemas de difusión de creencias llamados "medios de información"*. Por eso interesa a los totalitarismos el control de

---

vados. A partir de entonces nadie cree en sus índices, porque ha mentido demasiado frecuentemente durante demasiado tiempo.

[25] Un ejemplo perfecto de recurso a la media verdad es un pasaje de la película de Chaplin "El gran dictador". Allí se ve como Hitler juega con el mundo como si fuera el objeto de su deseo (o voluntad de poder). El control hegemónico del mundo podía ser ciertamente un fin de la política alemana socialista-nacional de entonces, pero en eso no era la primera ni estaba sola: Alemania estaba imitando con medios brutales lo que otros imperios europeos ya habían realizado y parcialmente logrado previamente.

todos los medios de comunicación, pues eso aumenta sus posibilidades de imponer una narración por más tiempo, aunque difiera mucho de la realidad.

2.2.6. *Necesaria posibilidad de expresar o exponer las tesis.*
Se trata de garantizar que cada parte pueda hablar al público. Ésta es una condición de posibilidad pragmática de toda retórica, tanto oracular como polémica o dialéctica: la situación retórica debe *asegurar* que todos los oradores *puedan exponer sus tesis*. Nadie entra de buen grado a una conversación frente a una audiencia, si no se le permite exponer sus tesis, su discurso al menos aparentemente incompatible con los de los otros oradores. El uso de la doble modalidad '*necesariamente posible*' no es superfluo ni retórico, sino que refleja la estructura modal requerida en esa situación retórica para aceptar de buen grado participar de ella. La *necesidad* se refiere a la estructura retórica general: un conjunto de reglas y un arbitraje de la situación retórica que aseguren que se concederá la palabra a cada una de las partes involucradas. Y la *posibilidad* de que hablamos es la contingencia o posibilidad bilateral que tiene el orador de hacer o no hacer uso de ese derecho. Si un orador ingenuo participase de una situación retórica en la que su árbitro no le garantizara la palabra, los numerosos recursos de la deshonestidad retórica podrían no permitirle expresar su pensamiento. Esos recursos van desde el uso de la violencia, a no permitirle participar por no concederle el uso de la palabra, abuchearlo, burlarse, interrumpirlo, desviarlo del tema con preguntas, con acusaciones, calumnias, insultos, etc. Son muchos los medios para impedir o dificultar la expresión de un orador. De ese modo sería al menos en apariencia derrotado, que es lo que importa al retórico cuyo fin profesional es la persuasión, o a la mayoría de los políticos que usan la persuasión como medio para ganar o conservar el poder, y a casi todo abogado, que necesita persuadir para ganar el caso. Por eso para garantizar el derecho a la palabra de un orador que requiere que el público calle y escuche mientras el orador esté en uso de la palabra de acuerdo con las reglas empíricas del juego retórico convenido, es decir, se requiere que durante ese período la audiencia se comporte como un público en sentido estricto.

2.2.7. *Tiempo suficiente de exposición.*
La cuestión del tiempo es un aspecto importantísimo para la *expresión del discurso o la exposición de tesis*. Para que un orador considere "justas" las condiciones de su participación en una situación retórica, es preciso que, de acuerdo a las reglas empíricas del juego retórico del caso, el orador reclame, obtenga y consienta un tiempo que todas las partes acuerden como suficiente para la exposición de su discurso y sus tesis. El tiempo suficiente de exposición es una determinación específica del género anterior: la necesaria posibilidad de expresión del discurso.

Este tema se vincula con la discusión platónica sobre la "makrología" y la "brajylogía", a la que volveremos.

### 2.3. *Una condición necesaria peligrosa del discurso oracular.*

Todas las condiciones de la sección anterior valen para una situación retórica cualquiera. Veamos brevemente algunas condiciones necesarias del discurso oracular.

En general los oradores prefieren el *monólogo*, porque éste no limita sus medios. La estructura del discurso oracular aparece en la religión y en la política, pero pueden aparecer también en la filosofía y en la ciencia – que se transforma así en pseudofilosofía y pseudociencia. Quien sólo quiera persuadir procurará ubicarse en situación oracular, si es necesario mediante la eliminación o minimización de un posible oponente, como ocurre en los regímenes totalitarios o en los sistemas de manipulación de información y desinformación.

Si el fin del orador oracular es persuadir de cualquier modo, sin límites en los medios de buena o mala ley, entonces:

i. *No siquiera es necesario que crea en lo que predica*, pues lo que se trata es de persuadir, no de mostrar la defendibilidad de sus tesis[26].

ii. *Será tentado de usar "estratagemas"*[27], de mala ley, que son el comienzo de la sofística.

No hay controles en la estructura oracular, por lo que surge una tentación siempre presente para todo oráculo:

La *"necesaria posibilidad"* *de la sofística* en la retórica oracular ocurre por no estar controlada por la duda propia, ni por un oponente que exija la restricción de medios, ya que el fin del oráculo es la persuasión. La "modalidad iterada", que mencionamos arriba, se explica de la siguiente manera: la necesidad de un enunciado $A$ se define sintácticamente como la deducibilidad del mismo dentro de un sistema teórico T, e.d. $\Delta A \Leftrightarrow {}_T\vdash A$, y su posibilidad como la no deducibilidad de la negación de $A$ en T, e.d. $\nabla A \Leftrightarrow {}_T\nvdash \neg A$.

---

[26] No se pide de un abogado defensor que crea en la inocencia de su defendido, sino sólo que sea capaz de persuadir al juez o a los jurados de su no culpabilidad.
[27] Schopenhauer 1997, 31, los llama "Kunstgriffe".

De acuerdo con ello, la "necesaria posibilidad" de la sofística corresponde entonces a la expresión

$$\Delta\nabla A \Leftrightarrow {}_T\vdash {}_T\nvdash \neg A.$$

Por la ausencia de controles, sus fines y medios irrestrictos, la estructura de la situación retórica oracular permite deducir que el orador puede usar instrumentos sofísticos, como afirma el enunciado con modalidad iterada:

$\Delta\nabla$(el orador argumenta sofísticamente).

Esta necesaria posibilidad de la sofística en la retórica oracular parece ser compartida por la situación retórica polémica, pero en ella los intereses contrapuestos de los oradores los llevan a limitar su aparición mediante reglas, aunque no la eliminan como posibilidad.

La situación oracular no es estrictamente un juego, salvo cuando se considera como jugadas a las consecuencias sobre el público. En ese caso, si el orador convenciera al público, él ganaría, pero podría ocurrir que el público pierda, o gane, o ni pierda ni gane, según que lo perjudique, lo favorezca, o le sea indiferente seguir los fines del orador. Si el orador no convenciese a la audiencia, él perdería, y la audiencia tendría nuevamente las tres posibilidades anteriores. De modo que en la estructura oracular $O(d) \Rightarrow A$ el resultado de ese juego retórico de ambas partes sería contingente y podría ser de suma negativa, o cero, o positiva. Con independencia de cuál sea el resultado para el público, la política y la religión nos enseñan, que un orador oracular suele conseguir el favor de su público.

2.4. *Condiciones necesarias en la polémica.*

La necesaria posibilidad de la sofística sólo se da en la retórica oracular, que por su estructura sin controles, permite necesariamente la sofística. Con la polémica comienza el control y éste se perfecciona y hasta se puede eliminar la sofística en el diálogo cooperativo. En la polémica se dan condiciones necesarias, como las siguientes:

2.4.1. *Reglas de juego necesarias.*
La realización de una polémica o un diálogo requiere reglas – al menos sobreentendidas – que sean obligatorias y respetadas por las partes. Las formas específicas de las situaciones retóricas requieren reglas de juego específicas, pero aún

una situación genérica inespecífica requiere al menos la obediencia habitual de reglas de desarrollo del proceso retórico. Al antiguo principio "*contra principia negantem non est disputandum*" lo podemos interpretar de modo hipotético trascendental pragmático así: "*si no se admiten las reglas iniciales que tornan posible al diálogo (polémico o de fundamentación), no hay diálogo*".

2.4.2. *La incompatibilidad en los discursos de la polémica.*

Si al menos dos personas se presentan ante una audiencia queriendo convencerla, y no se trata de una representación, entonces podríamos hablar de un conflicto real – no simbólico – de doble atracción en que cada persona pugna por la simpatía de la muchedumbre. Pero en las situaciones retóricas éstas se determinan por el papel esencial que cumplen en ellas los discursos de las partes para obtener persuasiones y adhesiones. Por ello la atención se deriva a la relación entre los discursos de los oradores. Es claro que, si los oradores no son capaces de presentar sus discursos como incompatibles, al menos para la audiencia, entonces no es posible escenificar la polémica. En una polémica en sentido lato no se exige que los discursos sean realmente incompatibles, sino que al menos parezcan tales a los oyentes, que éstos los perciban de tal suerte que su adhesión a uno de ellos parezca excluir al menos su adhesión al otro. Ésta condición no es empírica, sino que pertenece a la esencia de la situación retórica polémica, pues si eliminamos imaginativamente la condición de incompatibilidad al menos aparente entre los discursos de los oradores, entonces desaparece la situación polémica.

Es habitual confundir incompatibilidades aparentes con incompatibilidades reales cuando tenemos tesis meramente subcontrarias. Un ejemplo habitual es el de la discusión sobre las causas del aumento de la delincuencia. Entre varias otras causas posibles unos la atribuyen a la impunidad y otros al aumento de la pobreza, y no se suele advertir que dichas causas no son incompatibles: no se excluyen y pueden ser complementarias, ya que la criminalidad es pluricausal. Además hay sociedades con altas tasas de criminalidad y de violencia con baja pobreza y otras con bajas tasas de criminalidad y violencia con gran pobreza. Lo que sí puede ser incompatible – y por ello realmente discutible – es el porcentaje atribuido a cada causa en la criminalidad y su aumento. Las falsas refutaciones en discusiones de este tipo son claros ejemplos de falacias de *ignoratio elenchi*.

2.4.3. *Persuasión y victoria (un juego de suma, a lo sumo, cero).*

La situación retórica predilecta, que es la oracular, se debilita en la estructura *polémica* (o *forense*) orador-orador-público. En ella aparecen nuevas condiciones pragmáticas necesarias, aún cuando la intención de ninguno de los polemistas se haya modificado y no difiera de la del orador oracular: convencer al público, conducirlo a adoptar sus creencias o a secundar sus fines. Pero la unicidad de la audiencia junto a la pluralidad de oradores obliga a éstos a complementar su fin: ya no basta buscar persuadir al público, pues en la polémica eso implica que los restantes oradores no lo consigan. Y esto denomina "victoria" en un diálogo polémico: el orador $O_1$ gana, si al final él persuade al público, lo que sólo es posible si el orador $O_2$ no lo persuade, lo que equivale a ser derrotado. El juego es entonces a lo sumo de suma cero. ¿Por qué "a lo sumo" cero? Porque en la polémica puede ocurrir que ambos oradores sean tan eficientes en la tarea de destruir los argumentos de la otra parte, que la audiencia finalmente no sea persuadida por ninguno de los contendientes.

En consecuencia un juego retórico polémico puede ser para los oradores de suma negativa o cero, pero no puede ser de suma positiva: ambos pueden perder el favor del público, o puede ganar uno su favor y en consecuencia perderlo el otro. Lo que no puede suceder es que ambos ganen su favor, por el fin del juego: persuadir en la propia tesis, para lo cual uno debe derrotar la tesis del otro.

Pero ¿qué significa "convencer a su público" y que implica? ¿Hay que convencer a cada uno de los miembros del público o basta con convencer a algunos de ellos? Algunas posibilidades de persuasión son: persuadir a todos, persuadir a una mayoría numérica calificada, persuadir a una mayoría absoluta, persuadir a una minoría (al menos uno), o persuadir a una parte calificada (mayoritaria, minoritaria, o incluso unitaria) que sea la "que cuente" cualitativamente.

Las primeras cuatro posibilidades son cuantitativas, y cualitativa la quinta y sus variantes. La condición pragmática genérica de victoria de un orador sobre los demás, es la de *persuasión con victoria*.

La condición de totalidad del público es la que Chaim Perelman y Louise Olbrecht-Tyteca consideran característico de la "retórica racional". Sin embargo esta condición, junto a otras que agregamos, como las simetrías argumentativas, no nos introducen en el ámbito de la razón en sentido estricto, porque no superan la retórica polémica y no alcanzan por eso el diálogo cooperativo: para llegar a éste se requiere además un cambio en el fin del juego retórico que lo convierta en tal.

La retórica racional de Perelman y Olbrecht-Tyteca, con ciertas universalidades y simetrías argumentativas, caracteriza bien ámbitos como el del derecho, en el que, aunque no se haya modificado el fin de la victoria de la propia tesis por medio de la derrota del adversario, lo que permite hablar de racionalidad en sentido amplio. Sin embargo este sentido amplio de razón no basta para la filosofía y las ciencias, que requieren una razón en sentido estricto según su fin.[28]

Supongamos un juicio con dos litigantes, un juez y un jurado, con condiciones de victoria asimétricas. En los juicios penales las condiciones de victoria de ambas partes son reguladas "material-analíticamente" por el legislador (lo que significa que el legislador impone una norma que prohíbe ataques – o aseveraciones – relativos a varios predicados determinados ejemplarmente hasta ese momento)[29]: así puede regularse que el fiscal sólo ganará si persuade a la totalidad de los jurados de la culpabilidad del reo, en tanto que la defensa ganará si consigue convencer al menos a un jurado de la no culpabilidad del acusado. Esa situación asimétrica produce una alta garantía para la defensa en juicio, al establecer dos criterios cuantitativos asimétricos de victoria límites para las partes: el *criterio de universalidad* para el fiscal y el *de singularidad* para el defensor. Sin embargo ni siquiera esta asimetría garantiza la justicia en un sentido elemental: la de que no sea condenado un inocente. Que todos los jurados sean convencidos no demuestra la culpabilidad, pues puede ocurrir por (a) una mayor habilidad del fiscal que del defensor en la instrucción y en los alegatos, o (b) por la complicidad del defensor con el fiscal, o (c) por asimetría de información de las partes, casual o premeditada, o (d) por la selección de un jurado enemigo del procesado por diversos motivos (políticos, religiosos, raciales), etc. Cada uno de estos motivos pueden ocurrir y producir la condena de un inocente, aunque la probabilidad de que ello ocurra es bastante baja en la mayoría de los sistemas jurídicos honestamente regulados.

Las situaciones jurídicas incitan a las partes a adoptar una retórica polémica, porque buscan imponer su voluntad. En un juicio el fin esencial de las partes no es alcanzar la verdad y la justicia, que serían los fines de un juez imparcial. Por eso el derecho es naturalmente un campo propicio para que cada parte ejerza todas las artes del engaño de que disponga y que las reglas del proceso admitan, pero al mismo tiempo que su contraparte intente impedir esas artes de engaño, también mediante reglas de procedimiento, convencionales o necesarias como las de la sección siguiente.

### 2.4.4. *Simetrías cuantitativas y cualitativas*.

Aunque un orador pueda exponer, no estará satisfecho, si la difusión de su discurso no fuese *cuantitativamente* (en espacio y tiempo) *y cualitativamente* (respecto de los medios utilizados) *equivalente a la de los otros oradores*, pues sería perjudicado

---

[28] Las dos formas básicas de la razón que distinguiremos serán estrictas respecto del fin, pero diferirán en los fines derivados y por lo tanto en los medios admitidos.
[29] Para los enunciados "material-analíticos" cf. Lorenzen 1987, 182. La preferimos a una caracterización semejante de Bunge con su noción de enunciados "analíticos a posteriori".

por esas asimetrías en su propósito de alcanzar el fin: persuadir al público. Por eso, si percibiera asimetrías, trataría de exigir en un metadiálogo que se adoptaran condiciones simétricas para la exposición de las partes.

Las reglas de *simetría cuantitativa y cualitativa en la exposición*, o en el uso de esos canales de comunicación, no son reglas empíricas contingentes, sino reglas necesarias para que la situación de retórica polémica sea *aceptable* para sus participantes (o, como se suele decir, para que sea "justa").

Supongamos que no se den estas simetrías. En el siglo XX hubo muchos procesos en que no se respetaba la *posibilidad de expresarse y exponer sus tesis*, como en los "juicios populares" de regímenes comunistas, socialistas-nacionales, etc. Esos "juicios" no se consideran tales en estados liberales, sino meras "*mises en scène*" de la propaganda política con una retórica oracular ilimitada al servicio del poder. Las asimetrías expositivas son características de todos los totalitarismos.

Hemos mencionado la condición de Perelman y Olbrecht Tyteca de la retórica racional *sensu lato* de *convencer a todos*. Si el fin de la retórica es persuadir, convencer a la totalidad de la audiencia puede ser un medio para alcanzar el fin, aunque no sea necesario: puede bastar con una mayoría, calificada o no, según la estructura de la situación en que se desarrolla la situación retórica. Así la retórica política para alcanzar o conservar el poder muchas veces no busca la unanimidad del consenso, incluso porque buscarlo puede ser incompatible con conseguir la mayoría que la regla del juego político exige para el fin del político. Entonces el político obrará para conseguir la mayoría o incluso la minoría necesaria para su fin (por ejemplo impedir una acción de la otra parte que necesita una mayoría calificada). No se trata entonces de persuadir a todos, ni siquiera a una mayoría; eso dependerá de las reglas empíricas de juego establecidas en el sistema político del caso.

Cada uno desarrolla sus habilidades retóricas e intenta usar los medios de convicción que pueda, En la polémica aparece un control del oponente, quien, aunque no busque ni la verdad ni la justicia, al menos quiere vencer y por lo tanto trata de desmoronar las artes de convicción de su contradictor. Así es posible que cada parte intente convencer a la audiencia de que algunos argumentos del oponente son erróneos y por eso inaceptables. Ésta es la razón por la cual en la polémica se comienza a controlar los excesos retóricos, pues la lucha por el favor del público requiere el control mutuo de los medios de convicción, lo que implica acordar reglas de juego.

Reglas de juego *pragmáticamente necesarias* para que el desarrollo de la discusión sea aceptable para cada parte que quiera persuadir y convencer al público (y tal vez también al oponente), requieren que cada parte pueda exponer totalmente su tesis. Lo que obliga a que:

1. El público calle y escuche, como en la estructura oracular;

2. Las partes no hablen simultáneamente, pues en tal caso no sería posible que expongan sus tesis ni que las defiendan, con lo que no se constituirían ellas mismas como dialogantes, ni se constituirá la audiencia como tal.

3. Cada dialogante tenga tiempo *suficiente* para exponer sus tesis, para criticar las tesis del oponente y para defender sus tesis previas. "*Suficiente*" es un término vago. Esa vaguedad se resuelve por convención previa al diálogo, con un acuerdo y consecuente obligación de las partes, que elimine del diálogo a quien no la respete. Esa convención está regulada por una condición de posibilidad del diálogo: que sus reglas, aunque no aseguren, al menos posibiliten su finalización.

4. No se lo interrumpa a un orador, de modo que conserve la ilación del discurso y el público no se distraiga, escuche todas sus tesis y argumentos y pueda comprender su conexión.

2.5. *Condiciones necesarias en el diálogo cooperativo.*

¿Por qué alguien defiende lo que no cree? Esto se contesta según cuál sea la estructura medio-fin del discurso. Por ejemplo, si el fin del orador no es ni la verdad ni la justicia, entonces el discurso puede ser *afirmar la voluntad del orador - o de aquellos cuyos intereses el orador defiende*. Si en cambio uno o ambos polemistas están al menos inicialmente convencidos de la verdad o el bien de lo que sostienen, entonces el fin – al menos parcial – de su argumentación será manifestar esa verdad o ese bien al público; y esto suele acontecer también cuando manifestar la verdad o el bien no beneficie materialmente al orador. Incluso puede ocurrir que la victoria de la verdad o la justicia sean una desventaja para quien las defienda. No es lo habitual, pero puede ocurrir. Esto se discute en la última estructura retórica: la dialógica.

La situación retórica (5) $O_1(d_1)\Uparrow O_2(d_2)$ de § 1.7., llamada diálogo cooperativo, elimina la actitud polémica. En ella cada orador somete su discurso al otro orador para su escrutinio y crítica, aunque pueda albergar otros fines. En (5) hay tesis opuestas y cada orador es un proponente-respondente de su propia tesis y un oponente-cuestionador de la tesis del otro orador. Al considerar la polémica nos preguntamos si las tesis de los oradores debían ser realmente incompatibles. Ahora nos preguntamos si en un diálogo cooperativo no sería posible que ambos proponentes-respondentes presentaran la misma tesis. La respuesta que dimos para la polémica fue que no, por el fin que persiguen las partes. Por lo tanto, en la polémica las tesis debían diferir al menos exteriormente, de modo de despertar en el público la creencia de que una tesis $d_1$ puede atacar a otra $d_2$. Las tesis pueden no ser incompatibles, pero deben parecerlo. En tal caso el intento de refutación de una tesis con otra cometería una falacia de *"ignoratio elenchi"*.

Si en la polémica bastaba que las tesis parecieran incompatibles, eso ya no basta para el diálogo cooperativo, porque ha cambiado el fin de la situación retórica: ya no se trata de convencer a una audiencia en una tesis que, en principio no se cuestiona, sino de someter las propias tesis, dudosas, al escrutinio de la otra parte. En el diálogo cooperativo las reglas marco de la polémica se vuelven insuficientes, pues con ellas un dialogante puede ganar aún por simple habilidad retórica y no por mejor defensa de su tesis (es decir, por manifestar mejor lo verdadero, o lo más verosímil, o lo bueno o justo, o de lo que parece serlo). Quien sostiene una tesis verdadera siempre puede perder la discusión. Los malos argumentos pueden ser muy convincentes, en tanto que muchos buenos argumentos no son convincentes, especialmente si son tan complicados que la mayoría no los puede comprender. Es frecuente que los malos argumentos sean simples y los buenos complejos; los malos argumentos suelen no exigir muchos conocimientos ni capacidad intelectual, en tanto que los buenos los suele poder entender sólo quien tiene formación suficiente y suficiente inteligencia. Un ejemplo clásico es el de la comprensión de las teorías del infinito matemático, o de los problemas de la continuidad matemática, que van a dar lugar a desarrollos como los del análisis hoy llamado "no estándar". Otro ejemplo ya antiguo es el de la discusión entre el geocentrismo y el heliocentrismo. Desde el punto de vista perceptivo y del "sentido común" la tesis geocéntrica es más natural y convincente que la tesis heliocéntrica. Incluso desde el punto de vista de su estructura matemática la tesis heliocéntrica era más compleja y por lo tanto menos comprensible para la inmensa mayoría de los humanos. Sin embargo la tesis menos convincente era verdadera y la más convincente falsa.

En la estructura $O_1(d_1) \mathbin{\updownarrow} O_2(d_2)$ de los diálogos cooperativos desaparece la situación oracular y *debería* desaparecer el aspecto polémico, aunque esto no sea seguro. El público en sentido estricto – el que calla y escucha – puede no existir, pues por definición esa parte no es necesaria en su estructura: cada oponente-cuestionante es un público residual en sentido lato, que escucha y argumenta, para su proponente-respondente.

En el capítulo 1 consideramos las especies intermedias entre la situación polémica y la cooperativa, y vimos tres variantes determinadas por los fines y puntos de partida de los dialogantes, que recordamos:

(5.1) $O_1(d_1) \Leftrightarrow O_2(d_2)$ es la estructura en que cada orador advierte que su oponente no comparte sus creencias teóricas o sus intereses prácticos, pero su fin es sin embargo persuadirlo y ganar su voluntad. Este es un caso degenerado de estructura polémica en la que ha desaparecido la audiencia *stricto sensu* y sólo queda el oponente como audiencia residual *lato sensu*.

(5.2) $O_1(d_1) \Rightarrow\Uparrow O_2(d_2)$ es una estructura intermedia entre la polémica y el diálogo cooperativo, donde un orador advierte la debilidad de sus propias creencias teóricas o prácticas (y tal vez sospecha que el oponente se halla en la misma situación) e intenta colaborar con su oponente en la búsqueda de una crítica de sus propias tesis. Por su parte su oponente cree en la verdad o justicia de sus propias tesis y sólo intenta persuadir y ganar la voluntad de su oponente. Ésta es la situación dialógica habitual en los encuentros de Sócrates con los sofistas. Su asimetría consiste en que *los puntos de partida y los fines de los agentes son diferentes* y ello determina su estructura dramática. Así tenemos:

(a) que el punto de partida de uno de los dialogantes es la percepción del fundamento deficiente de sus creencias junto al fin es buscar un fundamento mejor.
(b) el punto de partida del otro dialogante es la mera conciencia del conflicto de las tesis y su fin es persuadir al oponente en sus propias tesis y ganar su voluntad.

En esta estructura los puntos de partida, los fines y los medios son inconmensurables, lo que hace de la situación un pseudodiálogo. Esto es un recurso literario de Platón que revela la inconmensurabilidad esencial entre retórica polémica y dialéctica o diálogo cooperativo. Aquí no sólo *los medios de ambos oradores son incomparables*, también lo son las reglas de juego, por lo que no se desarrolla un diálogo. Para el polemista siguen abiertos todos los medios, entre ellos el "hablar mucho" o *makrología,* cuya forma se podría sintetizar en la estratagema 36 de Schopenhauer, como un *"desconcertar y aturdir al adversario con absurda y excesiva locuacidad"*[30]. También la *pluralidad de testimonios* en el discurso forense, que muchas veces coincide con la pluralidad de mentiras, etc. Como dice Platón, un orador cree refutar a su adversario cuando puede producir en su favor numerosos testimonios, mientras el otro no tiene sino uno o tal vez ninguno. Este género de investigación no sirve para alcanzar la verdad: puede ocurrir que un inocente sucumba bajo muchos testimonios falsos que parecen autorizados.[31]

---

[30] Y la comenta con los siguientes versos de Goethe, Faust, I, 2565-6: "Por costumbre cree el hombre, cuando sólo escucha palabras, que también allí debe haber algo en que pensar" (Gewöhnlich glaubt der Mensch, wenn er nur Worte hört, Es müsse sich dabei doch auch was denken lassen).
[31] Platón, Gorgias, 471d-472a.

Sócrates en cambio se aferra al "hablar poco" o *brajylogía*, y al "decir lo mismo" u *homología*, como componentes esenciales del diálogo, como veremos a continuación.

(5) $O_1(d_1) \mathbin{\hat{\Uparrow}} O_2(d_2)$ es la estructura que nos interesa, porque en ella el punto de partida de ambos oradores es advertir la debilidad o falibilidad de sus propias creencias, y también la debilidad de las tesis del otro orador. A partir de ello ambos oradores se proponen hallar tesis comunes que superen las tesis iniciales, y fundamentarlas. Así Sócrates y Platón llegan a la dialéctica o diálogo cooperativo, en cuya estructura:

(a) El *punto de partida* es la *incertidumbre compartida* por ambos oradores respecto de la verdad de sus creencias sobre (aspectos de) la realidad o sobre la admisibilidad de los fines a perseguir o de los medios a utilizar, etc.

(b) El *fin común* de ambos dialogantes es colaborar en la búsqueda de fundamentos para poner a prueba esas tesis teóricas o prácticas, e. d. *discutir y resolver problemas teóricos o prácticos*.

La decisión de las partes por este fin es la decisión inicial por la razón que llamamos diálogos cooperativos. De ella se desprenden como medios algunas decisiones derivadas necesarias. Aquí consideraremos un par de condiciones de posibilidad pragmática: un *medio*, que Platón llama *brajylogía*, y un *síntoma* necesario para que se manifieste la razón: la *homología*.

### 2.5.1. *Brajylogía o brevedad del discurso.*

La brajylogía o brevedad del discurso, es un máxima formal relativa a la duración del discurso que tiene aspectos empíricos vagos y de incierta solución. Sin embargo hay al menos un aspecto que podemos considerar pragmático-trascendental: que una vez que *se ha tomado la decisión común que constituye a la razón*, por la que el *fin del diálogo* no ha de ser, como en la polémica, la mera persuasión del público – en sentido estricto o amplio –, sino *resolver un problema*, entonces se advierte que, *para alcanzar dicho fin es menester*, como condición marco regulativa, *que el diálogo pueda ser finito, que pueda terminar luego de un número finito de preguntas y respuestas*. Esta condición exige que las intervenciones de las partes por cantidad, contenido (no reiteración) y duración sean tales que *hagan posible* que el diálogo concluya (aunque esto en muchos casos no pueda ocurrir). Las reglas del diálogo deben posibilitar su conclusión por acuerdo de partes, y la superación de las discrepancias en un número finito de pasos. Ese es el sentido trascendental pragmático de la brajylogía platónica: una máxima del diálogo que permite la exposición suficiente pero no excesiva de las tesis, permite la crítica y la fundamentación de las dos partes, pero exige que sea posible la finitud del diálogo.

2.5.2. *Relevancia o ceñimiento al tema.*

Es otra condición de posibilidad para fundar una tesis, conectada con la brajylogía socrática-platónica. Hay que recordar que uno de los recursos de sus oponentes sofísticos era la makrología o técnica de las digresiones sin límite, que no se ceñían a tema alguno y se deslizaban hacia otros, conservando a lo sumo la ilusión de argumentar en forma relevante; éste era uno de los varios modos en el que el discurso no sólo se podía convertir en indefinidamente extenso, sino que podía incurrir en falacias de irrelevancia, como la *ignoratio elenchi*, etc. Frente a ello la exigencia socrática, con su técnica de preguntas y respuestas que pretendían ser contestadas con un sí o un no, en su extrema brevedad, aseguraba la relevancia por un ceñimiento estricto de la respuesta a la pregunta. Así la brajylogía de las respuestas mínimas a preguntas lo más simples posibles pretendía asegurar que efectivamente se discutiera lo que se había acordado discutir.[32] Este ideal de preguntas simples con respuestas ínfimas no es siempre realizable, pero apunta a ceñirse al tema y busca eliminar los últimos restos posibles del "encantamiento retórico", que fascina al público por la forma del discurso, que lo halaga, y que desacredita o se mofa del oponente en su persona o en sus dichos.[33]

2.5.3. *Homología.*

El criterio de homología, el "decir lo mismo" ambas partes, es fundamentalmente un *síntoma* de la victoria dialógica en el diálogo cooperativo y del cumplimiento parcial o total de su fin. Como dice Sócrates en el Gorgias: "*si no obtengo **tu** propio testimonio, y sólo él, en favor de mi propia afirmación, estimo no haber hecho nada para solucionar nuestro debate, no más que tú, por otra parte, si no obtienes el apoyo de **mi** testimonio, sólo entre otros, y si no desdeñas los otros testimonios*".[34]

---

[32] Platón, Protágoras 334c-338e. Ceñirse al tema, no fascinar con digresiones irrelevantes, es uno de los métodos para impedir los procedimientos retóricos más usados: escapar del tema in indefinitum. Obsérvense muchos casos de políticos a los que pregunta sobre algún tema y comienzan a contestar generalidades y luego se van apartándose paulatinamente del tema, hasta que el cuestionador y la audiencia ya pierden el hilo y pasan a otro tema.

[33] Esta condición rechaza la makrología, exige la micrología y esta conectada con la máxima pragmática de relación de Grice: "Di sólo aquello que sea relevante para ..." (Føllesdal-Walløe-Elster 1988, 231). Ver Gorgias, 476a-484b.

[34] Platón, Gorgias, 472b-c; las negritas en los pronombres son nuestras. Ver también 474a y 487d-e: "Nuestro acuerdo, en consecuencia, probará realmente que habremos alcanzado la verdad".

La homología ocurre cuando ambas partes del diálogo defienden la misma tesis, lo que puede ocurrir de varias maneras. Si ocurre, ya no es esencial persuadir a un tercero – el público –, porque ha cambiado el fin del diálogo para ambos dialogantes, que ya no es la persuasión de un tercero, sino la *resolución del problema* que impulsa al diálogo. Una *condición necesaria*, aunque no suficiente, de que se ha alcanzado ese nuevo fin es *que ambas partes concuerden en la tesis final*. El fin de persuadir admitía múltiples testimonios, incluso de perjuros, como suele ocurrir en causas judiciales. El fin del diálogo es alcanzar la verdad y la justicia, y éste tiene como síntoma necesario la concordancia final de los oradores.

En el diálogo cooperativo ninguna de las partes está inicialmente segura de que su discurso es plenamente defendible, de modo que si un oponente muestra a un proponente que hay motivos para cambiar o al menos para corregir su tesis, entonces la parte corregida gana, porque es liberada del error. Es por eso que al corregirnos mutuamente de nuestros errores nos "socorremos" por lo "más verdadero", como se dice en el Filebo 14 b. Aquí debemos recordar la relación que existe para Sócrates entre error y autoengaño y en cómo precisamos de la crítica del oponente para liberarnos del error: el oponente, al corregirnos nos libera del error y la injusticia. De este modo el juego dialógico se transforma en uno en el cual ambas partes dialogantes ganan: quien critica y destruye una tesis errónea y quien es criticado y liberado de ella. La suma del diálogo es entonces positiva. Y ello no es casual, sino consecuencia del cambio de fines del mismo: *el fin mínimo del diálogo cooperativo es liberarse paulatinamente del error y de la injusticia y alcanzar poco a poco un creciente grado de verosimilitud y justicia*. La plenitud de ese fin, o su "entelejeia", es alcanzar la verdad y la justicia plenas. Pero esa plenitud es difícil de alcanzar. Sólo se la logra para tesis de regiones limitadas de problemas, como en buena parte de las ciencias simbólicas (lógica y matemática), algunas regiones de la filosofía, y en fragmentos protocientíficos de ciencias empíricas. En el resto de las regiones de problemas estamos limitados a una liberación paulatina, aunque siempre imperfecta, del error y la injusticia en un camino posiblemente infinito. Y en todos los casos, así como para Sócrates el castigo es condición necesaria para la salud del alma, así la crítica es necesaria para la liberación del error. Si lo peor que nos puede pasar en la vida práctica es no ser castigados por nuestras faltas, lo peor que nos puede ocurrir en la vida teórica es no ser corregidos de nuestros errores.[35] La homología ya se manifiesta en el principio de identidad, que es un principio universal para toda lógica y es el axioma genérico de los cálculos secuenciales.

Un juego retórico dialéctico es siempre reducible a uno de dos jugadores, con suma variable (de suma no cero). En el mejor de los casos es de información completa y es cooperativo (ya que cada parte tiene más posibilidades de ganar si

---

[35] Platón, Gorgias 476a-484b.

comparte toda su información con la otra parte). Tiene además, dentro de los juegos de suma variable una propiedad adicional interesante: al colaborar se obtiene la ganancia máxima para cada una de las partes, de manera que no restan intereses contrapuestos o conflictos. Es decir, en los diálogos cooperativos – que son los juegos retóricos nos interesan –, cuando se llega a la homología, se alcanza lo más parecido a lo que podemos denominar en ellos una "*armonía ilimitada*".

Debemos precisar lo siguiente: cuando aparece una homología formal para una tesis, es decir cuando aparece sólo por seguir las reglas de desarrollo de un diálogo, ésta es un criterio de una verdad formal, no controvertible en el diálogo. En cambio cuando la homología es concedida no por razones formales, sino sólo por parecer defendible la tesis, entonces es material y controvertible; es decir, es una condición necesaria, pero no suficiente de la verdad de la tesis.

## 2.6. El "*ascenso dialéctico*".

Con la aparición de la homología u opinión común de las dos partes del diálogo se da un "ascenso dialéctico", que va de la pluralidad de opiniones a la opinión común u homología. El esquema de este proceso es el siguiente:

(7) $\quad\quad\quad O_1(t_1) \Uparrow O_2(t_2) \quad \Rightarrow \quad O_1 \cup O_2(t) \Uparrow,$
$\quad\quad\quad\quad\quad$ conflicto $\quad\quad\quad\quad\quad\quad$ síntesis

En el momento "sintético" hay una tesis común '$t$', que reemplaza a las opiniones iniciales, y un solo orador sintético, que es la unión '$O_1 \cup O_2$' de los dos oradores iniciales. La presencia de '$\Uparrow$' en la síntesis indica que el orador sintético '$O_1 \cup O_2$' permanece abierto a las posibles críticas al nuevo discurso común por parte de otros oradores. Puesto que los oradores funcionales se caracterizan por sus discursos, podemos simplificar el esquema de ascenso dialéctico del modo siguiente:

(8) $\quad\quad\quad t_1 \Uparrow t_2 \quad\quad \Rightarrow \quad\quad t \Uparrow.$

Estos "ascensos dialécticos" caracterizan la razón en todas sus formas, en la filosofía, las ciencias y en toda actividad racional. La dialéctica platónica expresó estas ideas en lenguaje coloquial, mostrando la esencial estructura dialéctica de toda la actividad racional. Platón descubrió la estructura de la razón, aunque careció de las notaciones que hoy usamos.

2.7. *Referencias.*

Aristóteles [1965] : *Rhetorica ad Alexandrum, with an english Translation by H. Rackham*, M.A., William Heinemann, Cambridge (Mass)/ London.
Aristóteles [1990] : *Retórica*, Gredos, Madrid.
Föllesdal D., Walløe L. & Elster J. [1988] : *Rationale Argumentation. Ein Grundkurs in Argumentations- und Wissenschaftstheorie*, Walter de Gruyter, Berlin.
Goethe J. W. [1972] : *Faust, der Tragödie erster und zweiter Teil. Urfaust*, Herausgegeben und kommentiert von Erich Trunz, Verlag C. H. Beck, München.
Immermann K. L. [1906] : *Münchhausen. Eine Geschichte in Arabesken* (1838-9): en Mayne, Harry (ed.): *Immermanns Werke*, vol 1, Bibliographisches Institut, Leipzig/Wien.
Küppers B. O. [1986]: *Der Ursprung biologischer Information. Zur Naturphilosophie der Lebensentstehung*, Piper, München/Zürich.
Leibniz G. W. [1684] : en Gerhardt, C. I. (ed.): *Die philosophischen Schriften von G. W. Leibniz* IV, 422, Berlin 1875-90 (reimpreso en 1960).
Leibniz, G. W. [1965] : *Opuscules métaphysiques – Kleine Schriften zur Metaphysik*, Insel-Verlag, Frankfurt/Mn.: , herausgegeben und übersetzt von Hans Heinz Holz.
Lorenzen P. [1987] : *Lehrbuch der konstruktiven Wissenschaftstheorie*, Bibliographisches Institut, Manheim/Wien/Zürich.
Mittelstraß J. (ed) [1995] : *Enzyklopädie Philosophie und Wissenschaftstheorie*, Band 1, Verlag J. B. Metzler, Stuttgart/Weimar.
Platón [1972] : *Philebus*, Cambridge University Press, Cambridge.
Platón [1962] : *Gorgias*: en Platon, Oeuvres completes, tome III, 2e. partie, Gorgias - Menon, Les belles lettres, Paris, 1923.
Platón [1962] : *Protágoras, Plato with an english translation*, William Heinemann, The Loeb Classical Library, Londres.
Raspa V. [1999] : *In-contraddizione. Il principio di contraddizione alle origini della nuova logica*, Edizioni Parnaso, Trieste.
Schopenhauer, A. [1997] : *Eristische Dialektik*, en Der handschriftliche Nachlaß in fünf Bänden, vol. 3, Berliner Manuskripte (1818-1830), Deutscher Taschenbücher Verlag, München, 1985.

# CAPÍTULO 3

## SISTEMA

Jorge Alfredo Roetti

3.1. *Las formas de la creencia*.

Aquí consideraremos los diálogos cooperativos, cuya forma es $\mathbf{O}_1(d_1) \mathbin{\Uparrow} \mathbf{O}_2(d_2)$. En ella tenemos oradores y discursos, que consisten de enunciados o hipótesis, que abreviamos '$h_m$', o en general tesis, que abreviamos '$t_m$'. La teoría platónica del conocimiento distingue tres formas de creencias:

1. La *creencia simple*, o creencia en un enunciado, conjunto de enunciados o teoría sin fundamentos: $\mathbf{O}$ cree que '$h_m$', pero no propone ningún fundamento para ello. Se trata de la "eikasía" platónica.

2. La *creencia fundada*, o creencia en un enunciado, conjunto de enunciados o teoría con algún fundamento. El orador $\mathbf{O}$ cree que $h_m$ y presenta al menos un fundamento para creerlo, aparentemente satisfactorio. Se trata de la "pístis" platónica, o también de las "koinài éndoxa" aristotélicas.

3. El *saber* o *conocimiento*, que es creer en un enunciado, conjunto de enunciados o teoría, para lo que $\mathbf{O}$ presenta un fundamento que garantiza su verdad. Corresponde a la "epistéemee" platónica y aristotélica en sentido estricto.

Esta clasificación tripartita se desarrolla, con variantes, en el diálogo Teeteto de Platón. Ella y sus problemas han sido uno de los temas más estudiados en la historia de la filosofía, con una bibliografía enorme que aconsejamos consultar.

Dentro de la creencia fundada más o menos satisfactoria se pueden establecer límites entre fundamentos "buenos" y "no buenos", y dentro de ellos grados, como "muy buenos", "buenos", "mediocres", "malos" y "muy malos", y otras clasificaciones semejantes. Algunos de esos límites son borrosos, discutibles, cambiantes con el tiempo y con la disciplina de la que se trate. Frecuentemente con aspectos convencionales que pertenecen a cuestiones de lógica borrosa.

3.2. *El fundamento y nociones afines*.

¿Qué intentamos fundar? Enunciados, que pueden ser teóricos o prácticos. Estos últimos son de varias especies: enunciados morales, técnicos y estéticos. Cuando intentamos fundar, buscamos garantizar la verdad, o al menos la verosimilitud, de enunciados que solemos llamar tesis. El fundamento de una tesis cualquiera consiste siempre de dos partes:

1. Una "base", que puede consistir de "fenómenos" o "representaciones" (en alemán *Vorstellungen*) de algún tipo, o de otros enunciados, o de una mezcla de ambas cosas.

2. Una "regla de paso", generalmente compleja, que permita sostener la tesis a partir de la base mencionada.

La '*fundabilidad*' o '*defendibilidad*' de las tesis tiene dos géneros: la *fundabilidad* (o *defendibilidad*) *suficiente* (o *perfecta*), cuando toda objeción posible es respondida en el diálogo, y la *fundabilidad* (o *defendibilidad*) *insuficiente* (o *imperfecta*), cuando eso no ocurre. El fundamento suficiente o perfecto es lo que desea alcanzar toda fundación insuficiente o imperfecta. Por simplicidad consideraremos fundamentos cuyas bases son enunciados, pero comenzaremos con una definición de fundamento en sentido lato.[36]

*Def.* 3.1. Un *fundamento* **f** *en sentido lato* para una tesis $t$ (**f**($t$)), en un lenguaje L común a los que dialogan, es un par que consta de una "base" $\mathbf{b}_t$ y una "regla de paso" $\mathbf{r}_t$ para $t$, en una ecuación $\mathbf{f}(t) = \{\mathbf{b}_t, \mathbf{r}_t\}$, tales que es $\mathbf{b}_t$ es el par $\mathbf{F}_t$, $\mathbf{H}_t$, donde $\mathbf{F}_t$ es un conjunto de fenómenos $f_i$ con $0 \leq i \leq m$, $\mathbf{H}_t$ es un conjunto de hipótesis $h_j$ con $0 \leq j \leq n$ y $\mathbf{r}_t$ es una regla de paso de la base $\mathbf{b}_t$ a la tesis $t$. Los conjuntos $\mathbf{F}_t$ y $\mathbf{H}_t$ de la base pueden ser vacíos, uno o ambos, o no serlo.

*Def.* 3.2. (1) Si $\mathbf{F}_t = \emptyset$ y $\mathbf{H}_t \neq \emptyset$, la base es $\mathbf{b}_t = \mathbf{H}_t$ (un conjunto de hipótesis) y el fundamento es sintáctico.
(2) Si $\mathbf{F}_t \neq \emptyset$ y $\mathbf{H}_t = \emptyset$, la base es $\mathbf{b}_t = \mathbf{F}_t$ (un conjunto de fenómenos) y el fundamento es semántico.
(3) Y si $\mathbf{F}_t \neq \emptyset$ y $\mathbf{H}_t \neq \emptyset$, la base es $\mathbf{b}_t = \mathbf{H}_t, \mathbf{F}_t$ (un conjunto de fenómenos e hipótesis) y el fundamento es mixto, sintáctico-semántico.

La tarea de quien argumenta en favor de $t$ consiste en lograr que todos los participantes del diálogo admitan el fundamento **f**($t$), es decir, sus fenómenos, enunciados y regla de paso. Si lo logra, habrá alcanzado la aceptación de la tesis $t$ por parte de todos los dialogantes. Un fundamento también puede ser vacío. Eso ocurre cuando no hay regla de paso, ya que sin ella nada se puede constituir en base. Por eso podemos afirmar que:

---

[36] Definiciones similares aparecieron en Roetti 2011, en p. 47 y 54, y Roetti 2014, 5.2. y 5.3., p. 144-153.

Tesis 3.1. Un fundamento $\mathbf{f}(t) = \{\mathbf{b}_t, \mathbf{r}_t\}$ es vacío, si y sólo si no hay regla de paso $\mathbf{r}_t$, en símbolos $\mathbf{r}_t = \emptyset$. Sin regla de paso tampoco hay base, es decir $\mathbf{b}_t = \emptyset$.

Según el fundamento que tengan los componentes de $\mathbf{f}(t) = \{\mathbf{b}_t, \mathbf{r}_t\}$ será el fundamento de la tesis $t$ del caso. En lo que sigue, en razón de nuestros intereses teóricos, nos limitamos casi siempre a los fundamentos sintácticos definidos en *Def.* 3.2. (1) y agregamos las definiciones siguientes:

*Def.* 3.3. Una tesis $t$ es (*simplemente*) **fundada**, si su fundamento $\mathbf{f}(t) = \{\mathbf{b}_t, \mathbf{r}_t\}$ no es vacío. El género de estos enunciados es el de lo *simplemente fundado*.

Podemos expresar *Def.* 3.3 en términos dialógicos del modo siguiente:

*Def.* 3.3'. Una tesis t es (*simplemente*) **fundada**, si ha superado **al menos un** cuestionamiento que se le ha hecho.

Las principales especies de fundamentación son las siguientes:

*Def.* 3.4. Sea $\mathbf{f}(t) = \{\mathbf{b}_t, \mathbf{r}_t\}$ un fundamento sintáctico. La tesis $t$ estará **suficientemente** (o **perfectamente**) **fundada** ($_{sf}t$), si $\mathbf{f}$ satisface las siguientes condiciones:
(1) todas las hipótesis de la base $\mathbf{b}_t = \mathbf{H}_t$, son verdaderas;
(2) la regla de paso $\mathbf{r}_t$ conserva esa verdad.

A una regla '$\mathbf{r}_t$' que conserva el grado de fundamento '$g$' de su hipótesis menos fundada la simbolizamos con el símbolo de Frege '$\vdash_t$'. En el caso de la *Def.* 3.4 tenemos que, como todas las hipótesis de la base $\mathbf{b}_t = \mathbf{H}_t$ son verdaderas, por la regla $\mathbf{r}_t$, que es una regla $\vdash_t$, la conclusión $t$ conservará la verdad.

En términos dialógicos expresamos el fundamento perfecto o suficiente del modo siguiente:

*Def.* 3.4'. Sea $\mathbf{f}(t) = \{\mathbf{b}_t, \mathbf{r}_t\}$ un fundamento sintáctico. La tesis $t$ estará **suficientemente** o **perfectamente fundada** ($_{sf}t$) cuando los enunciados de la base $\mathbf{b}_t = \mathbf{H}_t$ y la regla de pasaje $\mathbf{r}_t$ *han superado* **todas** *las objeciones posibles*.

El universo de los enunciados $t$ suficientemente fundados es el de la "epistéemee" platónica y aristotélica. Vayamos ahora a los fundamentos imperfectos.

*Def.* 3.5. Una tesis fundada $\mathbf{f}(t)$ es **insuficientemente o imperfectamente fundada** ($_{if}t$), cuando:

(1) O bien su fundamento $\mathbf{f}(t)$ tiene al menos una premisa en su base $\mathbf{b}_t$ que, si bien ha superado al menos una objeción, no las ha superado todas, por lo que decimos que esa premisa sólo es verosímil.
(2) O bien su regla de paso $\mathbf{r}_t$ es imperfecta, es decir, no conserva el grado de fundamento $\mathbf{g}$ de su hipótesis menos fundada, aunque sí su verosimilitud.
(3) O bien ocurren ambas cosas.

A una regla de paso $\mathbf{r}_t$ imperfecta, como en *Def.* 3.5. (2), la simbolizamos con '|~?'.

La *Def.* 3.5 es también de tipo sintáctico. En adelante enfatizaremos los aspectos dialógicos en nuestras definiciones y tesis, salvo cuando nos convenga otra aproximación al problema. En términos dialógicos expresamos la definición anterior del modo siguiente:

*Def.* 3.5'. Una tesis fundada $\mathbf{f}(t)$ es **insuficiente fundada** ($_{if}t$), cuando los enunciados de $\mathbf{b}_t$, o la regla $\mathbf{r}_t$, o ambos, *no han superado todas las objeciones posibles*.

El universo de los enunciados insuficientemente fundados es el de la "pístis" platónica.

3.3. *El grado de fundamento.*

A partir de las definiciones anteriores distinguimos grados de fundamento $\mathbf{g}$. Los grados básicos de fundamento son el fundamento suficiente o perfecto $_{sf}t$ y el fundamento insuficiente o imperfecto $_{if}t$. En general los discursos cotidianos son a lo sumo imperfectamente fundados, pero no sólo ellos. La mayoría de las tesis de casi todas las ciencias empíricas son sólo insuficientemente fundadas. Aquí daremos algunas definiciones de tipo dialógico:

*Def.* 3.6. Una tesis insuficientemente fundada $_{if}t$ es **bien fundada**, o tiene un *fundamento bueno*, que escribimos $\mathbf{g}(t) = \mathbf{bt}$ y abreviamos $_{bf}t$, cuando su fundamento $\mathbf{f}(t) = \{\mathbf{b}_t, \mathbf{r}_t\}$ ha *superado todas las objeciones que surgieron* **hasta el presente**, pero no podemos excluir que haya otras objeciones que aún no fueron presentadas. En caso contrario la tesis no será considerada como bien fundada, es decir $\mathbf{g}(t) = \sim\mathbf{bt}$, que abreviamos $_{\sim bf}t$.

El fundamento bueno $_{bf}t$ y el fundamento no bueno $_{\sim bf}t$ son los grados básicos del fundamento imperfecto. La noción de buen fundamento se puede considerar una versión actual de la *agathée pístis* o buena opinión de la antigüedad.

*Def.* 3.7. Una tesis insuficientemente fundada $_{if}t$ que ha superado hasta el presente sólo **una** de las objeciones a las que se la ha sometido se denomina '**mínimamente fundada**' o $g(t) = mf$, brevemente $_{mf}t$.

*Def.* 3.8. Una tesis *t* es no fundada $\sim f(t)$ cuando el fundamento es vacío, es decir $f(t) = \{b_t, r_t\}$ tiene $r_t = \emptyset$ (y por lo tanto $b_t = \emptyset$). Podríamos decir también: $g(t) = \emptyset$, o $_{\emptyset}t$, pero preferimos $g(t) = \sim f$ o $_{\sim f}t$. *Def.* 3.8. es una definición adecuada de las "***meras opiniones***", o "*eikasía*" platónicas.

Hay que advertir que una tesis insuficientemente fundada puede no ser sostenida por una comunidad teórica:
(1) Puede ocurrir que haya otras tesis sobre el mismo tema que se consideren mejor fundadas respecto de la colección de objeciones presentadas (y las respuestas exitosas no tienen por qué ser a las mismas objeciones de la colección).
(2) También puede ocurrir que, aunque haya una sola tesis sobre esa cuestión, la comunidad teórica considere que la fundamentación ofrecida hasta el momento no basta para considerarla un enunciado científico.

Esto nos lleva a avanzar en el tema de los grados de fundamento con definiciones que caractericen cuándo los fundamentos son extensionalmente o intensionalmente comparables o incomparables.

*Def.* 3.9. Dos fundamentos $f_1(t_m)$ y $f_2(t_n)$ para dos tesis $t_m$ y $t_n$ (que pueden ser la misma tesis) son *extensionalmente comparables*, en símbolos ($f_1(t_m)_e\text{comp}f_2(t_n)$), si ocurre que, o bien $f_1(t_m) \subseteq f_2(t_n)$, o bien $f_2(t_n) \subseteq f_1(t_m)$, o ambas cosas. En caso contrario diremos que son extensionalmente incomparables, es decir ($f_1(t_m)_e\text{incomp}f_2(t_n)$).

En términos dialógicos esto significa que dos tesis $t_m$ y $t_n$ son *extensionalmente comparables* cuando el conjunto de las objeciones superadas por una de ellas, es un subconjunto de las objeciones superadas por la otra tesis. La comparabilidad extensional de los fundamentos es una relación de equivalencia, es decir, reflexiva, simétrica y transitiva.

Otras formas de establecer grados de fundamento entre tesis son de naturaleza intensional. Dos tesis $t_m$ y $t_n$ pueden ser intensionalmente comparables, brevemente $f_1(t_m)_i\text{comp}f_2(t_n)$, o incomparables, brevemente $f_1(t_m)_i\text{incomp}f_2(t_n)$. La comparación intensional no se determina por simple inclusión, como la comparación extensional, sino que se decide por acuerdo epistémico en una comunidad teórica. Obviamente la comparabilidad intensional de los fundamentos es también una relación de equivalencia.

La $_e$comp y la $_i$comp de los fundamentos de dos tesis – y de sus negaciones $_e$incomp y $_i$incomp – son cualidades independientes.

Un caso muy usual de comparación intensional de fundamentos de tesis se da cuando se considera a la probabilidad de ocurrencia de una tesis como su grado fundamento.[37] Sean $p_1(t)$ y $p_2(\neg t)$ las probabilidades (o los grados de fundamento) de dos tesis contradictorias $t$ y $\neg t$. Si $p_1(t) = p_2(\neg t)$, entonces no hay un motivo para preferir una tesis $t$ a su negación $\neg t$. En cambio si $p_1(t) < p_2(\neg t)$, parece razonable preferir la tesis $\neg t$ por ser mayor la probabilidad de su fundamento. La comparación probabilista de fundamentos extensionalmente incomparables es usual en las ciencias empíricas actuales y permite decidir *insuficientemente* entre tesis y teorías incompatibles. No obstante, fuera del ámbito de las probabilidades, la comparabilidad intensional es un problema *material* complejo e inagotable. Aquí seguimos en general con el tema de los grados de fundamento.

*Def.* 3.10. Si el $\mathbf{f}(t_m)_e\text{comp}\mathbf{f}(t_n)$, entonces el *grado de fundamento* **g** de $t_m$ es *mayor o igual* que el de $t_n$, *en sentido extensional*, y si y sólo si $t_m$ supera todas las objeciones que supera '$t_n$'. Dicho de otro modo, cuando el conjunto de las objeciones superadas por $t_n$ es un subconjunto de las objeciones superadas por $t_m$:

$$\mathbf{g}(t_m) \geq_e \mathbf{g}(t_n) \leftrightarrow \mathbf{f}(t_n) \subseteq \mathbf{f}(t_m).$$

$\mathbf{f}(t_n) \subseteq \mathbf{f}(t_m)$ implica $(\mathbf{f}(t_n)_e\text{comp}\mathbf{f}(t_m))$, por lo que no es necesario escribir este término en la fórmula anterior. La definición *Def.* 3.10. *no supone que '$t_m$' haya superado al menos una objeción*, es decir, no supone que '$t_m$' sea una tesis ni siquiera mínimamente fundada. Sólo afirma que el fundamento de '$t_m$', si no es nulo, no es menor que el de '$t_n$'. Dos tesis '$t_m$' y '$t_n$' totalmente infundadas, o "meras opiniones", satisfacen trivialmente la *Def.* 3.10, pues un grado de fundamento vacío es mayor o igual que otro grado de fundamento vacío.

Cuando los fundamentos son extensionalmente comparables es fácil establecer relaciones de mayor o igual grado de los fundamentos. El problema se vuelve complejo cuando los dialogantes quieren definir estas relaciones entre tesis con fundamentos extensionalmente incomparables. En tal caso se necesitan grados de fundamento intensional. Esos grados son difíciles de establecer y habitualmente solo resultan por acuerdo de partes. Además esas convenciones pueden no ser definitivas, ya que en algún momento las partes las acuerdan y más tarde las pueden rechazar, si aparece alguna dificultad imprevista.

---

[37] Más generalmente se podría intentar comparar verosimilitudes, aunque es más difícil.

Supongamos que dos fundamentos son intensionalmente comparables. Entonces podemos caracterizar las diferencias de grado de fundamentación intensionales del modo siguiente:

*Def.* 3.11. Si $\mathbf{f}(t_m)_i\text{comp}\mathbf{f}(t_n)$, entonces el *grado de fundamento* **g** de una tesis '$t_m$' es *mayor o igual* al de '$t_n$', en sentido intensional, si y sólo si eso se sigue del criterio de comparación intensional que se haya *acordado* (tal vez provisoriamente) en la comunidad teórica dialogante. Lo simbolizamos del modo siguiente: $\mathbf{g}(t_m) \,_i\!\geq \mathbf{g}(t_n)$.

Los grados de fundamento se pueden expresar con expresiones del lenguaje coloquial, como 'suficientemente (o plenamente) fundado', 'insuficientemente fundado', 'bien fundado', etc., pero también se les puede asignar valores numéricos, por ejemplo números racionales '**q**' del segmento cerrado entre 0 y 1, como ocurre cuando una probabilidad mide el grado de fundamento, aunque no sea el único caso en el que se puede dar un valor numérico al grado de fundamento.

Los grados de fundamentos se pueden notar en forma de ecuación o inecuación. Por ejemplo, para indicar que una tesis '*t*' tiene el grado de fundamento suficiente o perfecto podemos escribir:

$$\mathbf{g}(t) = \mathbf{sf} \quad \text{o} \quad \mathbf{g}(t) = 1, \quad \text{brevemente} \quad _{\mathbf{sf}}t$$

Una ecuación con valor numérico es cómoda para el grado de fundamento, pero muchas veces usaremos una forma abreviada del tipo '$_{\mathbf{sf}}t$' y semejantes.

A continuación definimos la noción de 'mejor fundada', que abreviamos con '**ff**'.

*Def.* 3.12. Una tesis $t_m$ está *extensionalmente mejor fundada* (**ff**) que otra tesis $t_n$, si ambas son $_e$comp, $t_m$ supera todas las objeciones que supera $t_n$, pero $t_n$ no supera todas las objeciones hechas a $t_m$. Lo abreviamos:

$$_e\mathbf{ff}(t_m, t_n) \leftrightharpoons (\mathbf{g}(t_m) \,_e\!> \mathbf{g}(t_n) \leftrightarrow (\mathbf{f}(t_n) \subseteq \mathbf{f}(t_m)) \wedge \neg(\mathbf{f}(t_m) \subseteq \mathbf{f}(t_n)).$$

Esta definición de 'mejor fundado' para fundamentos $_e$comp implica el grado de fundamento no vacío ($\mathbf{g}(t) \neq \emptyset$) y no recurre explícitamente a la existencia débil de al menos un enunciado y una regla de paso. Es decir, es una versión dialógica de la lógica epistémica y doxástica que no recurre explícitamente a algunas definiciones de saber y creencia.

En el caso de fundamentos extensionalmente incomparables pero intensionalmente comparables, la relación de tesis mejor fundada se puede caracterizar así:

*Def.* 3.13. Una $t_m$ está *intensionalmente mejor fundada* que otra tesis $t_n$ – independientemente de si sus fundamentos son extensionalmente incomparables – si son intensionalmente comparables ($\mathbf{f}(t_m)_i\text{comp}\mathbf{f}(t_n)$) y hay un *acuerdo teórico* en la comunidad dialogante sobre el orden de sus grados de fundamento. Brevemente:

$$_i\mathbf{ff}(t_m, t_n) \rightleftharpoons \mathbf{g}(t_m) \,_i{>}\, \mathbf{g}(t_n).$$

Esta definición caracteriza una relación que es fruto de un acuerdo teórico revisable. Ya mencionamos la comparación de probabilidades como una forma de comparación intensional de fundamentos. En general, la comparación intensional de fundamentos se suele establecer por *acuerdos teóricos provisorios* en las comunidades teóricas.

Si todas las tesis de una colección tienen un grado de fundamento extensional o intensional, podemos definir sus grados de fundamento supremo e ínfimo.[38] Como las definiciones son idénticas para los dos géneros de fundamentos, no los explicitaremos en las siguientes definiciones.

*Def.* 3.14. Si el grado de fundamento de una tesis $t_m$ es mayor o igual que el grado de fundamento de otra tesis $t_n$ cualquiera de una colección, entonces decimos que su grado de fundamento es supremo en esa colección, que simbolizamos:

$$\mathbf{f}_{\text{sup}}(t_m) \rightleftharpoons \Lambda t_n(\mathbf{g}(t_m) \geq \mathbf{g}(t_n)).$$

En la *Def.* 3.14 y las siguientes el signo '$\Lambda$' en las fórmulas simboliza al cuantor universal.

*Def.* 3.15. Si existe una tesis $t_m$ tal que, para toda otra tesis $t_n$ de la colección, el grado de fundamento de esta última es mayor o igual que el grado de fundamento de la primera, entonces el grado de fundamento de la primera es ínfimo en esa colección. Lo simbolizamos así:

$$\mathbf{f}_{\text{inf}}(t_m) \rightleftharpoons \Lambda t_n(\mathbf{g}(t_n) \geq \mathbf{g}(t_m)).$$

---

[38] Puesto que se trata de conjuntos ordenados de fundamentos, podríamos distinguir entre fundamento maximal y supremo, y entre fundamento minimal e ínfimo, pero nuestro propósito actual no requiere que tomemos en cuenta esa clásica distinción matemática.

Las tesis suficientemente fundadas son ahistóricas o eternas. Sólo de ellas se dice la verdad (por correspondencia, coherencia o consenso) en sentido estricto. Por su parte las tesis insuficientemente fundadas sólo son históricas. De ellas no se dice la verdad, sino la verosimilitud, cuyo grado supremo es el de "buen fundamento". Éste admite frecuentemente muchos grados inferiores, hasta el de los enunciados simplemente fundados. En este momento nos podemos preguntar ¿cuál es el grado mínimo de fundación que debe tener una tesis para ser considerada una *creencia racional*? Puede haber más de una respuesta a esta cuestión, que es en parte convencional. Nuestra definición utiliza la *Def.* 3.14 de fundamento supremo y corresponde a la noción de *creencia racional en sentido extensional*:

*Def.* 3.16. Si hay al menos dos tesis fundadas $t_m$ y $t_n$ *extensionalmente comparables* sobre un mismo tema ($\mathbf{f}(t_m)_e\text{comp}\mathbf{f}(t_n)$), $t_m$ será una '*creencia racional*' (en sentido extensional) si su fundamento no es vacío y es supremo en esa colección. En símbolos:

$$_e\mathbf{cr}(t_m) \leftrightharpoons \Lambda t_n(\mathbf{f}(t_m)_e\text{comp}\mathbf{f}(t_n) \rightarrow \mathbf{g}(t_m) _e\!\geq \mathbf{g}(t_n) \wedge (\mathbf{g}(t_m) \neq \emptyset)).$$

El prefijo '$_e\mathbf{cr}$' indica que la tesis '$t_m$' es una creencia racional en sentido extensional.

En el caso de un conjunto de tesis $t_i$ (con $1 \leq i \leq n$) sobre un tema determinado, si $t_m$ fuese una tesis mínimamente fundada y las otras $t_i$ fuesen meras opiniones con fundamento vacío, entonces $t_m$ sería una creencia racional (es decir: $\mathbf{mf}(t_m) \wedge \Lambda t_i(\mathbf{f}(t_i) = \emptyset) \rightarrow {_e\mathbf{cr}}(t_m)$).

Si las tesis no son $_e$comp, pero si $_i$comp podemos caracterizar las creencias racionales en sentido intensional. Una definición posible de creencia racional con fundamentos $_i$comp es la siguiente *Def.* 3.17:

$$_i\mathbf{cr}(t_m) \leftrightharpoons \Lambda t_n((\mathbf{f}(t_m)_i\text{comp}\mathbf{f}(t_n)) \rightarrow \mathbf{g}(t_m) _i\!\geq \mathbf{g}(t_n) \wedge (\mathbf{g}(t_m) \neq \emptyset)).$$

Las creencias racionales se rigen por la "regla del supremo" o del mayor fundamento en su clase de tesis.[39] Cuando los fundamentos no son $_e$comp, carecemos de un criterio formal simple para establecer grados de fundamentos. Si se pueden dar criterios intensionales de comparación de fundamentos, por ejemplo las probabilidades, diremos que son $_i$comp. Los grados de fundamento intensional se suelen acordar por consenso en una comunidad científica. El

---

[39] Estas definiciones de "creencia racional" que se rigen por la regla del supremo son muy exigentes y no coinciden con nociones, también existentes pero más latas e informales, de creencia racional que se suelen usar en la ciencia y que son más vagas, sin límites precisos.

problema complejo de la medida no extensional del fundamento, del que depende la creencia racional en sentido intensional del tipo de la *Def.* 3.17, no tiene soluciones generales, aunque estas comparaciones ocurran frecuentemente en la ciencia empírica.

La diferencia platónica entre "epistéemee" y "pístis" es cualitativa, incluso cuando la última es bien fundada. Por su parte las diferencias entre los grados de fundamento insuficientes forman una estructura de orden. Si una tesis $t$ es $\text{bf}t$, entonces es una $\mathbf{cr}(t)$, en tanto que si es sólo $\text{if}t$, puede no serlo, como surge de las definiciones de '$\mathbf{cr}$'. Considerando sólo la extensión e ignorando el salto cualitativo entre fundamentación suficiente $\text{sf}t$ e insuficiente $\text{if}t$, resulta que un enunciado suficientemente fundado está bien fundado, uno bien fundado, lo está mínimamente y uno mínimamente fundado, lo está simple o insuficientemente fundado:

$$\text{sf}t \to \text{bf}t \to (\mathbf{g}_i \to \ldots \to \mathbf{g}_k) \to \text{mf}t \to \text{if}t \to \text{f}t.$$

(los grados entre paréntesis forman una estructura de orden)

Las implicaciones conversas no son válidas. Con los grados de fundamentación de las tesis como subscriptos, una clasificación género-especie platonizante toma el siguiente aspecto:

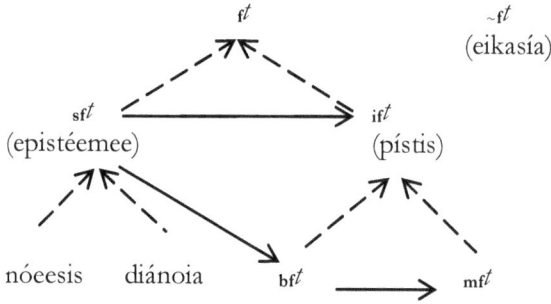

Las flechas de trazos muestran las relaciones entre especies y géneros, en tanto que las flechas enteras corresponden a relaciones entre los conceptos definidos arriba.

Para Platón la epistéemee tenía como referencia al dominio de los enunciados para los que se puede dar un fundamento suficiente, que se subdividía en dos géneros, según que el conocimiento fuera nóeesis o diánoia. La nóeesis era un conocimiento intuitivo cuyos objetos son ideas no accesibles mediante la sensibilidad (los noúmena), conceptos invariables de la razón. La diánoia correspondía al saber matemático, a cuyos objetos (los matheematiká) se accedía mediante un soporte sensible, por lo que eran "hipotéticos" en tanto construcciones simbólicas, y se conocían deductivamente. Esta célebre distinción de Platón sobre las formas de la ciencia es esencial para su pensamiento. Por otra parte el problema diacrónico de si un enunciado o teoría que es creencia racional puede llegar a ser un saber suficientemente fundado no tiene una respuesta general *a priori*.

3.4. *Principio del fundamento del silogismo.*

Aquí entendemos la expresión 'silogismo' en un sentido amplio, propio de la lógica actual, que se refiere tanto a la *forma* de las premisas y conclusiones admitidas y que no se limita a las formas categóricas tradicionales de la tradición aristotélica (y en general filosófica, hasta la aparición de la lógica matemática o simbólica), como a la *fortaleza de la fundamentación*. No nos limitamos a la fundamentación suficiente, sino que incursionamos en la fundamentación imperfecta o insuficiente. Antes de pasar a discutir los detalles de esos dos grandes géneros de silogismo, es conveniente contar con una caracterización general de lo que entendemos por 'silogismo' en el sentido amplio mencionado, como hacemos a continuación:

*Principio del fundamento del silogismo* (**ps**). Sea un conjunto de enunciados **E**. Consideremos al subconjunto de enunciados **H** $\subseteq$ **E** de premisas y al enunciado conclusión $c \in$ **E**. Consideramos que el "paso" de **H** a $c$ (**H** $\Rightarrow$ $c$) es un silogismo cuando, bajo el supuesto de que todas las premisas de **H** tengan algún fundamento (y en consecuencia también lo tenga **H**, lo que abreviamos **f(H)**), se siga que la conclusión $c$ también tenga un fundamento **f($c$)**. Es decir, si la existencia de un fundamento para **H** implica un fundamento para $c$, entonces el paso de **H** a $c$ (**H** $\Rightarrow$ $c$) es un silogismo en sentido amplio. Esto lo simbolizamos así:

(**ps**)  Si **f(H)** implica **f($c$)**, entonces **H** $\Rightarrow$ $c$.

Aquí el signo '$\Rightarrow$' simboliza un paso muy general de las premisas a la conclusión, que se especifica en los géneros del silogismo que trataremos a continuación.

3.5. *Silogismos dialécticos y silogismos científicos.*

En los cursos habituales de lógica se acostumbra pensar sólo en fundamentos suficientes, aunque los fundamentos insuficientes son mucho más abundantes que los suficientes, tanto en los discursos cotidianos como en las ciencias. Recordemos que la insuficiencia del fundamento puede tener dos causas:

(1) La imperfección de las reglas que fundan las tesis en sus hipótesis. Reglas imperfectas no pueden garantizar que la conclusión conserve, ni la verdad, ni el grado de verosimilitud de las hipótesis.
(2) La fundamentación insuficiente de al menos una de las hipótesis.[40]

Sabemos que estas insuficiencias se pueden dar juntas o por separado.

En las primeras etapas de la lógica simbólica se estudió fundamentalmente la razón perfecta, pero no fue así en toda la historia de la lógica: los libros de Aristóteles de los *Tópicos* y de la *Retórica* lo testimonian. En la actualidad ha renacido el interés por estudiar la fundamentación imperfecta.

El principio del silogismo **ps** tiene dos géneros que llamamos "reglas de fundamentación mínima". La primera de ellas es la siguiente:

*Def.* 3.18. Una regla de fundamento suficiente '⊢' es una "*regla fuerte de fundamento mínimo*"(**rffm**), pues su conclusión '$c$' conserva el mismo grado de fundamento **g** de la premisa $h_i$ menos fundada de su colección de premisas '**H**' ($_{mf}$**H**). En símbolos:

$$(\textbf{rffm}) \quad \textbf{H} \vdash c, \text{ donde } \textbf{g}(c) = {}_{mf}\textbf{H}.$$

La segunda es la siguiente:

*Def.* 3.19. Una regla de fundamento insuficiente '|~ ' es una "*regla débil de fundamento mínimo*" (**rdfm**), pues su conclusión '$c$' conserva un grado de fundamento **g** menor o igual al grado de fundamento de la premisa $h_i$ menos fundada de su colección de premisas '**H**' ($_{mf}$**H**). En símbolos:

$$(\textbf{rdfm}) \quad \textbf{H} \mathrel{|\sim} c, \quad \text{donde } \textbf{g}(c) \leq {}_{mf}\textbf{H}.$$

Las reglas del fundamento mínimo caracterizan toda lógica posible y por lo tanto toda fundamentación indirecta.

---

[40] Ambas imperfecciones se podrían admitir en la lógica tradicional. El silogismo dialéctico en la obra de Aristóteles parece corresponder sólo a la segunda imperfección.

Una diferencia inmediata entre la fundamentación perfecta y la imperfecta concierne a la regla de monotonía:

(Monotonía)    si $\mathbf{H} \subseteq \mathbf{I}$ y $\mathbf{H} \vdash c$, entonces $\mathbf{I} \vdash c$      .

Ella es una propiedad estructural de los sistemas de razón suficiente que no se conserva en los sistemas de razón insuficiente como los estudiados por la inteligencia artificial y las lógicas de condicionales derrotables. La relación de fundamento suficiente es necesariamente monótona, en cambio la relación de fundamento insuficiente puede no serlo, algo que se advirtió tardíamente. Es claro que, si sabemos que $\mathbf{H} \subseteq \mathbf{I}$ y $\mathbf{H}\ |\sim t$, ello no asegura que $\mathbf{I}\ |\sim t$. Los ejemplos abundan: la inducción usual (no matemática), la abducción, las analogías, las correlaciones, los cálculos de inteligencia artificial o IA, etc., son ejemplos de sistemas con reglas de fundamentación no monótonas.

Si especificamos los grados de fundamento de las premisas de las dos reglas genéricas **rffm** y **rdfm**, con sufijos '**if**' para 'insuficientemente fundado' y '**sf**' para 'suficientemente fundado', obtenemos cuatro reglas específicas de fundamento. La primera es un "silogismo dialéctico", según la denominación clásica:

(**sd1**)    $\mathbf{H}(_{if}h_i)\ |\sim\ _{if}c$, donde $\mathbf{g}(c) \leq\ _{mf}\mathbf{H}$.

Esta regla tiene las siguientes características:

(1) Al menos la premisa '$_{if}h_i$', que es la menos fundada en la clase de las premisas '**H**', está insuficientemente fundada.
(2) La conclusión '$_{if}c$' está fundada sobre las premisas de '**H**' mediante una regla de fundamento falible '$|\sim$'.
(3) El grado de fundamento de la conclusión '$_{if}c$' de **sd1** es insuficiente y, de acuerdo con **rdfm**, es a lo sumo tan fundada como, pero en general menos fundada que, la premisa menos fundada de la colección de premisas **H**.

Una argumentación como las de **sd1** *no es falaz*, pues *no promete más de lo que puede dar*. Ella admite una doble debilidad de sus fundamentos: no pretende, ni que las premisas sean enunciados cuya verdad esté demostrada (pueden ser premisas fundadas verosímiles), ni afirma que la conclusión conserve el grado de fundamentación de su premisa peor fundada. Una regla como **sd1** sólo asegura que las premisas fundan falibemente la conclusión. Por lo tanto **sd1** es una *metaregla general de razón insuficiente con fundamento suficiente*. Se compromete a tan poco, que pertenece a la (meta)teoría suficientemente fundada de la razón insuficiente.

Otra regla de fundamentación insuficiente es el silogismo dialéctico **sd2**, en el cual todas las premisas son enunciados suficientemente fundados (e.d. ya demostrados), pero su regla de paso '|~' es falible:

$$(\textbf{sd2}) \quad {}_{sf}\textbf{H} \ |\sim {}_{if}c, \ \text{ donde } \textbf{g}(c) < {}_{sf}\textbf{H}.$$

En **sd2** es inmediato que su conclusión $_{if}c$ tendrá un grado de fundamento necesariamente menor que el de cualquiera de sus premisas $h_i$.

Llamaremos "silogismos popperianos" a aquellos que tienen una regla de paso perfecta '⊢' y por eso satisfacen la regla fuerte de fundamento mínimo (**rffm**). Ellos tienen dos formas básicas: **sc3**, en la que hay al menos una premisa insuficientemente fundada ($_{if}h_i$), y **sc4**, en la que todas las premisas son suficientemente fundadas ($_{sf}h_i$). **sc3** corresponde a la deducción hipotética, que es un "silogismo científico" para nosotros, pero era la forma típica del silogismo dialéctico para Aristóteles, en cambio **sc4** es la forma que corresponde al silogismo "científico" aristotélico en sentido estricto. A estas formas corresponden los siguientes esquemas:

El primero que corresponde a los silogismos científicos "popperianos" en sentido estricto:

$$(\textbf{sc3}) \quad \textbf{H}(_{if}h_i) \vdash {}_{if}c \ , \qquad \textbf{g}(c) = \textbf{mf}(\textbf{H}) = \textbf{if}$$

Es decir, el grado de fundamento de **H** es insuficiente, por lo que el grado de fundamento de la conclusión $c$ también lo es y tiene el grado de fundamento mínimo de **H**.

El segundo, que corresponde a los silogismos científicos estrictamente aristotélicos:

$$(\textbf{sc4}) \quad {}_{sf}\textbf{H} \vdash {}_{sf}c, \text{ donde } \textbf{g}(c) = \textbf{mf}(\textbf{H}) = \textbf{sf}$$

Es decir, el grado de fundamento de **H** y de la conclusión $c$ es suficiente.

A partir de aquí podemos establecer una ordenación de las ciencias según su grado de fundamento.

3.6. *Clasificación de la ciencia según su grado de fundamento.*

Es fácil advertir que entre los cuatro esquemas arriba mencionados, de **sd1** a **sc4**, existen relaciones de consecuencia que permiten esquematizar las regiones posibles de un sistema de la ciencia y de sus alrededores. Es el esquema que damos a continuación:

### El sistema de la ciencia según el fundamento

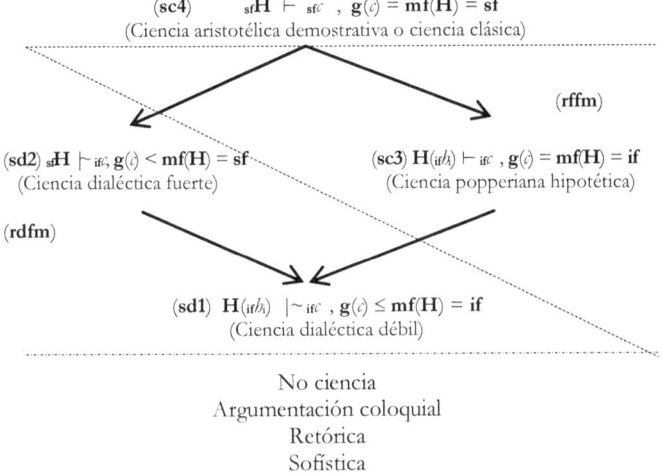

No ciencia
Argumentación coloquial
Retórica
Sofística

La relación deductiva va, como de costumbre de arriba abajo. Las relaciones deductivas conversas son obviamente inválidas.

Las fundamentaciones de los tipos **sc4** y **sc3** agotan las inferencias científicas en sentido popperiano. Cabe recordar que las reglas de tipo **sc4** caracterizan el modo de entender la ciencia de Aristóteles y son el caso especial fuerte de las fundamentaciones **sc3**, que hemos denominado "popperianas". Lo que denominamos "ciencia popperiana" es lo que Popper llamó ciencia en su libro clásico de 1934, *Logik der Forschung*, cuyos conceptos de contrastación, corroboración y falsación estrictos nosotros generalizaremos más abajo.

Las fundamentaciones de los tipos **sd2** y **sd1**, que admiten tesis con reglas de paso imperfectas, sobreabundan en las llamadas ciencias humanas, pero están presentes en todas las ciencias, incluida la matemática, y son numerosas en la física y otras ciencias naturales, donde abundan las inducciones no matemáticas, las argumentaciones probabilistas y estadísticas, las correlaciones, las analogías, etc. Muchas conjeturas matemáticas tienen fundamentos imperfectos del tipo **sd2**, como el caso clásico de la conjetura de Goldbach fuerte.

Más allá de las cuatro formas de fundamentación de arriba y sus especificaciones, hay muchas otras formas retóricas que parecen ser fundamentaciones, aunque no lo sean. En sus formas más groseras desembocamos en argumentaciones sofísticas. Por otra parte, a diferencia de las reglas para silogismos científicos **sc4** y **sc3**, que no se pueden debilitar, las reglas para silogismos dialécticos **sd2** y **sd1** admiten debilitamientos sucesivos que dan lugar a una zona vaga intermedia entre la ciencia dialéctica y la retórica no científica, por lo que en muchos casos es difícil precisar los límites de la ciencia actual, los comienzos de la argumentación retórica, e incluso los inicios de la sofística. En el esquema de arriba hemos colocado esa zona de vaguedad entre ciencia y no ciencia debajo de **sd1**. La "no ciencia" comienza con lo que hemos denominado 'argumentación coloquial', que incluye desde las argumentaciones cotidianas serias y de buena voluntad, hasta la retórica en general – como se suele dar en la política – y finalmente la sofística.

*La gran ventaja de la ciencia aristotélica y popperiana es que en ellas no hay grados entre la ciencia y la sofística, ya que las reglas de paso entre hipótesis y conclusión no tienen grados en la fundamentación, ni se admiten nuevas reglas que los tengan*. En cambio las ciencias dialécticas admiten grados de fundamentación en las reglas de los tipos **sd2** y **sd1**, con lo que puede llegar el momento en que ya tengamos poca confianza en la fundamentación y no podamos asegurar si aún nos encontramos en un dominio discursivo que merezca el nombre de 'ciencia' o fuera de ella. Ese es el destino de las ciencias dialécticas: que los límites entre ciencia, coloquio no científico, retórica y sofística no son precisos. Esta diferencia entre las ciencias popperianas y las dialécticas parece informar más que la imprecisa diferencia valorativa entre "ciencias duras" y "ciencias blandas". Esa diferencia parece más bien un eufemismo que no se atreve a decir explícitamente lo que se piensa, que es distinguir entre ciencias difíciles y ciencias fáciles. La clasificación por dificultad de una ciencia se suele asociar a las dificultades de los instrumentos matemáticos que esa ciencia utiliza, y eso suele ser una apreciación correcta. Pero aquí hay que hacer un par de salvedades. En primer lugar es cierto que muchos capítulos de la matemática son instrumentos teóricos cuyo aprendizaje requiere mucha inteligencia y esfuerzo, por lo que pocas personas son capaces de dominarlas, pero otros capítulos de la matemática no son difíciles, por lo que su aprendizaje está abierto a muchas personas menos capaces, a los que también se considera científicos. En segundo lugar los métodos habituales de muchas ciencias empíricas suelen ser precisamente instrumentos matemáticos de menor dificultad teórica, aunque sus practicantes, por esos instrumentos, las consideren "ciencias duras", en razón de su prestigio.

En la clasificación de la ciencia que propusimos, hemos evitado esas valoraciones y sólo la hemos fundado en las diferencias estructurales de sus procesos de fundamentación de las tesis científicas. De ese modo se torna manifiesto que las conjeturas matemáticas pertenecen a los tipos de fundamentación de las ciencias que hemos llamado dialécticas, lo que generalmente no se considera propio de las ciencias que se suelen llamar "duras".

### 3.7. *Reglas falaces*.

Además de las formas mencionadas, hay formas retóricas frecuentes de pseudofundamentación que intentan convencer por cualesquiera medios. Ellas prometen más de lo que son capaces, o bien porque proponen una conclusión cuyo grado de fundamento es mayor que el de al menos una de las premisas, o bien porque sus relaciones de fundamentación son reglas falaces que carecen de toda "*vis fundans*". Cuando alguna de esas cosas ocurre, hablamos de reglas falaces.

A continuación simbolizaremos como arriba con '$\sim f$' la ausencia de cualquier fundamento para los enunciados y con '$\sim$' las consecuencias falaces. La forma general de los pseudosilogismos erísticos (**pe**) que carecen de toda fundamentación, ni suficiente, ni insuficiente, es la siguiente:

$$(\textbf{pe}) \quad h_1, h_2, ..., \textbf{g}_1(h_i), ..., h_n \sim \quad \textbf{g}_2(c), \text{ con } \textbf{g}_1 < \textbf{g}_2,$$

donde $\textbf{g}_1$ y $\textbf{g}_2$ son grados de fundamentos.

Algunas formas específicas de pseudosilogismos erísticos son las siguientes:

| | | | | |
|---|---|---|---|---|
| (**pe1**) | $h_1, h_2, ..., h_i, ..., h_n$ | $\sim$ | if$c$ | , |
| (**pe2**) | $h_1, h_2, ..., h_i, ..., h_n$ | $\sim$ | sf$c$ | , |
| (**pe3**) | $h_1, h_2, ..., \sim_f h_i, ..., h_n$ | $\mid\sim$ | if$c$ | , |
| (**pe4**) | $h_1, h_2, ..., \sim_f h_i, ..., h_n$ | $\mid\sim$ | sf$c$ | , |
| (**pe5**) | $h_1, h_2, ..., \sim_f h_i, ..., h_n$ | $\vdash$ | if$c$ | , |
| (**pe6**) | $h_1, h_2, ..., \sim_f h_i, ..., h_n$ | $\vdash$ | sf$c$ | . |

Estos géneros de 'pseudosilogismos erísticos' amplían la caracterización aristotélica y admiten además numerosas formas específicas.

En cambio no son erísticos los siguientes tipos de fundamentaciones:

| | | | | |
|---|---|---|---|---|
| (**sd1'**) | $h_1, h_2, ..., \sim_f h_i, ..., h_n$ | $\mid\sim$ | $\sim_f c$ | , |
| (**sc3'**) | $h_1, h_2, ..., \sim_f h_i, ..., h_n$ | $\vdash$ | $\sim_f c$ | , |

porque no prometen más de lo que pueden garantizar. Es claro que existen silogismos dialécticos y científicos con conclusiones totalmente infundadas, en razón de que al menos alguna de sus premisas también lo es. Eso no nos debe asombrar, si recordamos que muchísimos ejercicios correctos de la lógica consisten precisamente de deducciones correctas a partir de premisas frecuentemente disparatadas, y esos ejercicios se usan tradicionalmente para mostrar la solidez del vínculo deductivo.

3.8. *La ciencia popperiana empírica como forma débil de razón suficiente.*

La razón suficiente no ha sido el tema principal de estos trabajos. La historia de la lógica principalmente, pero también la teoría de la ciencia, se han dedicado por largo tiempo principalmente de ella, como indicamos en varios pasajes. Aquí nuestro interés se centra especialmente en cuestiones de razón insuficiente, como ocurre en los últimos decenios de historia de la lógica y la ciencia. En las sección § 3.6. dedicada al sistema de la ciencia según su grado de fundamento, hicimos un resumen de las diversas formas de ciencia clasificadas por su forma de fundamentación. Ahora discutiremos un tipo de fundamentación en parte suficiente que denominamos "ciencia popperiana" y propondremos algunas de sus posibles generalizaciones.

Las fundamentaciones con reglas de los tipos (**sc4**) y (**sc3**) corresponden de la forma más aproximada posible a lo que denominamos "ciencia popperiana". Las del tipo (**sc4**) caracterizan la versión fuerte de ciencia popperiana que llamamos "ciencia aristotélica en sentido estricto", en tanto que las del tipo (**sc3**) corresponde a lo que denominamos "ciencia popperiana falsable", normalmente de ciencia empírica. A continuación proponemos generalizar la estructura de ciencia falsable que propusiera Carl R. Popper, ampliando su noción de falsación, pero respetando el núcleo de su concepción sobre la ciencia falsable e incluyendo algunas formas de fundamentación insuficiente que él no ha considerado. El resultado es una idea de ciencia empírica falsable bastante amplia, tal que uno de sus casos límite es la ciencia empírica falsable popperiana.

Arriba propusimos la *regla fuerte de fundamento mínimo* (**rffm**) $\mathbf{H} \vdash t$, donde $\mathbf{g}(t) = {}_{mf}\mathbf{H}$, regla que caracteriza bien la ciencia popperiana, tanto en su sentido originario, como en el sentido generalizado que proponemos.

Para Popper toda fundamentación científica debe tener una regla de paso suficiente como las de (**rffm**), la que garantiza que el grado de fundamento de la conclusión sea igual al mínimo grado de fundamento de las premisas. El grado de fundamento de la conclusión puede ser mayor que ${}_{mf}\mathbf{H}$, pero no en razón de esa regla de fundamento, sino por algún otro motivo externo, como puede ser otra deducción con premisas mejor fundadas o una contrastación empírica más favorable.

En las fundamentaciones de estilo popperiano estricto las premisas son conjeturales, es decir, son verosímiles, aunque no hayan contraejemplos por el momento. La contrastación comienza poniendo a prueba el grado de fundamento de la conclusión. Si ésta supera la prueba y el grado de fundamento es al menos bueno – en el sentido de la *Def.* 3.6. –, entonces es posible, aunque no seguro, que esa conclusión tenga fundamento suficiente. Si así fuese, las premisas continuarían siendo bien fundadas y hasta sería posible que tengan fundamento suficiente. Con eso la conclusión y las premisas quedan confirmadas = no falsadas. En cambio, cuando la contrastación empírica da a la conclusión el grado de fundamento '0' o 'falso', entonces el *modus tollens* trasmite esa falsedad a la conjunción de las premisas o "falsa" su conjunción. Y entonces comienza otra discusión sobre el carácter definitivo o provisorio de esas falsaciones.

La lógica de la ciencia popperiana original reposa sobre las reglas de condición suficiente y de condición necesaria. Las reglas más importantes de la condición suficiente son:

el *modus ponens* $\quad A \rightarrow B, A \vdash B \quad$,
y el *modus tollens* $\quad A \rightarrow B, \neg B \vdash \neg A \quad$.

Las reglas para la condición necesaria aparecen en primer lugar como dos falacias de afirmación del consecuente y de negación del antecedente (que simbolizamos aquí con un '*'):

la falacia de afirmar el consecuente en el *modus ponens*:
$\quad * A \rightarrow B, B \quad \vdash \quad A,$
la falacia de negar el antecedente en el *modus tollens*:
$\quad * A \rightarrow B, \neg A \quad \vdash \quad \neg B.$

Estas falacias se pueden transformar en reglas lógicas correctas al menos de dos maneras. La primera nos da dos reglas de paso de lógica modal con fundamento suficiente que dicen:

"La afirmación del consecuente es condición suficiente para la *posibilidad* de afirmar el antecedente".
"La negación del antecedente es condición suficiente para la *posibilidad* de negar el consecuente".

Si simbolizamos la posibilidad con '$\nabla$', esas reglas toman la forma siguiente:

*Modus ponens* modal para la posibilidad del antecedente:

$$A \to B, B \quad \vdash \quad \nabla A$$

*Modus tollens* modal para la posibilidad de la negación del consecuente:

$$A \to B, \neg A \quad \vdash \quad \nabla \neg B$$

La segunda manera es mediante reglas de paso de fundamento insuficiente '|~', que nos dan las siguientes reglas:

Regla de "confirmación indirecta de la afirmación del antecedente":

$$A \to B, B \quad |\sim \quad A$$

Regla de "confirmación indirecta de la negación del consecuente":

$$A \to B, \neg A \quad |\sim \quad \neg B$$

De estas últimas reglas, la regla de "confirmación indirecta de la afirmación del antecedente", es un *modus ponens débil*, que dice que una confirmación empírica directa del consecuente confirma débilmente el antecedente. Ésta regla de paso de fundamento insuficiente es la que Popper denominó 'confirmación'. La segunda, o regla de "confirmación indirecta de la negación del consecuente", es un *modus tollens débil*, que dice que la confirmación empírica directa de la negación del antecedente confirma débilmente la negación del consecuente. No recordamos que Popper haya usado explícitamente esta última regla fundamentación débil, pero ella es completamente compatible con su tratamiento de la confirmación indirecta. Podemos proponer entonces que estas dos últimas reglas de razón insuficiente esquematicen la confirmación popperiana.

Resumiendo, una teoría de la ciencia de estilo popperiano nos dice:

(1) En primer lugar, que la confirmación empírica directa del antecedente o de la negación del consecuente en una fundamentación suficiente son *condiciones suficientes* de la confirmación indirecta *deductiva* del consecuente o de la negación del antecedente.

(2) En segundo lugar, que la confirmación empírica directa del consecuente o de la negación del antecedente en una fundamentación igualmente suficiente sólo son *condiciones necesarias* de la confirmación indirecta *no deductiva* del antecedente o de la negación del consecuente.

Es obvio que la confirmación indirecta no deductiva es falible. De este modo aparece una asimetría lógica entre el *modus ponens* y el *modus tollens*, por un lado, que corresponden a la condición suficiente, y las reglas de confirmación indirecta no deductivas dadas luego, que son formas débiles de fundamento insuficiente y corresponden a la condición necesaria. Esto nos permite decir que, aunque Popper no lo haya expresado con estas palabras, él ha admitido tácitamente reglas de fundamentación débil en su teoría de la ciencia, más precisamente para la regla de confirmación indirecta no deductiva.

Es importante insistir en que en una ciencia empírica la confirmación popperiana de una conclusión individual tiene dos aspectos:

1. Debe existir una teoría con una regla de fundamentación suficiente '⊢' y con hipótesis universales bien fundadas – es decir que no tengan contraejemplos conocidos – que trasmita deductivamente ese buen fundamento a una conclusión individual.
2. En el momento de la contrastación empírica de esa conclusión, si los enunciados de experiencia no proponen objeciones, entonces la conclusión bien fundada adquiere una doble confirmación, la primera deductiva y la segunda empírica. Sobre esa base un científico puede sostener débilmente todo la base teórica y empírica de la teoría.

De lo anterior surge que, si nuestra fundamentación nos permite afirmar que una conclusión individual está bien fundada, eso implica modalmente que es posible su fundamentación suficiente mediante algún otro método de contrastación, lo que podemos simbolizar así:

$$_{bf}c \vdash \nabla_{sf}c, \text{ de donde surge obviamente: } _{bf}c \vdash {_{bf}c} \wedge \nabla_{sf}c.$$

Además sabemos que, si $_{bf}c$, eso es compatible con el buen fundamento de todas sus premisas. Y de ese buen fundamento podemos concluir modalmente:

$$_{bf}H \vdash \nabla_{sf}H, \text{ y de allí obviamente: } _{bf}H \vdash {_{bf}H} \wedge \nabla_{sf}H.$$

Estos fundamentos son suficientes y por lo tanto teoremas modales que expresamos con el signo '⊢'. Pero no son los que corresponden a la práctica científica del pasaje de la confirmación popperiana del consecuente a la confirmación de la conjunción de premisas. Esta se simboliza mejor con reglas de fundamentación insuficiente '|~', como las que ponemos a la derecha de los teoremas modales de la izquierda:

$1_m.\ _{bf}c \vdash \nabla_{bf}H,$     o     $1_{if}.\ _{bf}c \mathrel{|\sim} {_{bf}H}$

$2_m.\ \nabla_{sf}c \vdash \nabla_{sf}H$ y    o    $2_{if}.\ \nabla_{sf}c \mathrel{|\sim} \nabla_{sf}H$

$3_m.\ _{bf}c \wedge \nabla_{sf}c \vdash {_{bf}H} \wedge \nabla_{sf}H,$     o     $3_{if}.\ _{bf}c \wedge \nabla_{sf}c \mathrel{|\sim} {_{bf}H} \wedge \nabla_{sf}H$

Las reglas con una '$_m$' subscripta son reglas modales de fundamentación suficiente, y las que tiene un '$_{if}$' subscripto son reglas de fundamentación insuficiente. La regla '$1_{if}$.' es la que caracteriza precisamente a la confirmación popperiana de las premisas, que deduce débilmente un buen fundamento y es una consecuencia falible de la previa confirmación empírica del buen fundamento de la conclusión. Estas reglas se fundamentan en la lógica constructiva de primer orden con elementos de lógica modal y las definiciones dadas arriba.

Recordemos que la falsación popperiana nos permitía concluir la falsedad de la conjunción de las hipótesis después de confirmar la falsedad del consecuente. La falsación de la conclusión individual también tiene dos componentes: en primer lugar su supuesto buen fundamento, heredado deductivamente del buen fundamento de sus hipótesis; en segundo lugar su falsedad empírica. Como la falsedad domina, ella se trasmite por *modus tollens* al sistema de hipótesis. El esquema de la falsación clásica popperiana es el siguiente:

$$\text{Si } _{mf}\mathbf{H} = \mathbf{bf} \vdash \mathbf{g}(c) = \mathbf{bf},$$
$$\text{pero } \mathbf{g}(c) = 0,$$
$$\text{entonces } \mathbf{g}(c) = 0 \vdash _{mf}\mathbf{H} = 0.$$

En el caso de la contrastación popperiana en las ciencias empíricas no tenemos más grados de fundamento que el buen fundamento – confirmado, pero derrotable –, la presunción de fundamento suficiente, nunca demostrable, y la falsedad confirmada. La verdad no aparece como un grado de confirmación en la terminología popperiana para la ciencia empírica. No obstante parece bastante claro que Popper admitió, aunque con otra terminología, tanto que la confirmación directa de una conclusión es una fundamentación insuficiente, como que el paso de esa confirmación directa de la conclusión individual a la confirmación indirecta de la conjunción de sus premisas también es una fundamentación débil o insuficiente.

3.8.1. *Una generalización de la ciencia popperiana.*

Nos preguntamos ahora qué ocurre cuando se admiten otros grados de fundamento, además del par semántico 'verdadero' – 'falso' y el par sintáctico 'demostrado' – 'no demostrado', o 'teorema' – 'no teorema'. Por ejemplo, podemos agregar grados de origen pragmático como los que hemos mencionado arriba y sus combinaciones con los grados semánticos y sintácticos. Eso ocurre de hecho en las ciencias, especialmente en las empíricas, y sobre ello insistimos en este trabajo. Aquí debemos recordar que la regla básica de toda ciencia popperiana, aunque sea generalizada – como pretendemos hacer a continuación –, respeta la "*regla fuerte de fundamento mínimo*" (**rffm**) definida más arriba.

Veremos que en una ciencia popperiana generalizada se modifican tanto la noción de confirmación, como la de falsación. Comencemos con la noción de confirmación.

Como vimos, una fundamentación popperiana general satisfacía la ecuación típica:

$$(\textbf{rffm}) \quad \textbf{H} \quad \vdash \quad c, \text{ donde } \textbf{g}(c) = {}_{mf}\textbf{H} = \textbf{bf}.$$

A partir de allí se organizaba toda la teoría de la ciencia popperiana. Según la forma clásica de la ciencia popperiana, las premisas de una deducción hipotética en la ciencia empírica deben estar confirmadas, es decir, bien fundadas, ya que para aceptar una premisa no debía haber motivos para rechazarla. Además las deducciones en que pensaba Popper eran las plenamente confiables del tipo '$\vdash$', por lo que podíamos afirmar que la conclusión individual heredaba el buen fundamento de las premisas. Luego tenía lugar la contrastación empírica directa de esa conclusión. Si ella confirmaba ese buen fundamento, eso nos permitía concluir débilmente – o insuficientemente – que el buen fundamento es el fundamento mínimo de la conjunción de hipótesis. El silogismo que corresponde a la contrastación y confirmación popperiana en sentido estricto es el siguiente:

$$\text{Si } {}_{mf}\textbf{H} = \textbf{bf} \vdash \textbf{g}(c) = \textbf{bf},$$
$$\text{y } \textbf{g}(c) = \textbf{bf},$$
$$\text{entonces } \textbf{g}(c) = \textbf{bf} \mid\sim {}_{mf}\textbf{H} = \textbf{bf}.$$

¿Cómo podemos generalizar este silogismo popperiano? Supongamos que tenemos un conjunto linealmente ordenado de grados de fundamento a los que asignamos un valor numérico (el caso de conjuntos no lineales o no ordenados los consideraremos en otros estudios). Sea el grado de fundamento de una tesis $t$: $\textbf{g}(t) = \textbf{q}$, donde $\textbf{q}$ es un número racional tal que $0 \leq \textbf{q} < 1$. Generalizamos la **rffm** del modo siguiente:

$$(\textbf{rffm}) \quad \textbf{H} \vdash c, \text{ donde } \textbf{g}(c) = {}_{mf}\textbf{H} = \textbf{q}.$$

De ella surgen varias formas posibles de falsación. Sea una deducción hipotética que otorga a la conclusión individual el grado de fundamento $\textbf{q}_1$, pero su contrastación empírica le concede el grado de fundamento $\textbf{q}_2 < \textbf{q}_1$. A partir de aquí aparecen cuatro formas posibles de falsación generalizada, una "fuerte suficiente", una "fuerte insuficiente", una "débil insuficiente" y una "débil suficiente". La fortaleza y la debilidad se refieren aquí al grado de fundamento que concedemos a las hipótesis falsadas. Las simbolizamos así:

Falsación fuerte suficiente:

$$\text{Si } {}_{mf}\textbf{H} = \textbf{q}_1 \vdash \textbf{g}(c) = \textbf{q}_1,$$

78/ Sistema

$$\text{pero } \mathbf{g}(c) = q_2 \text{ (con } q_2 < q_1),$$
$$\text{entonces } \mathbf{g}(c) = q_2 \vdash {}_{mf}\mathbf{H} = q_2.$$

Falsación fuerte insuficiente:

$$\text{Si } {}_{mf}\mathbf{H} = q_1 \vdash \mathbf{g}(c) = q_1,$$
$$\text{pero } \mathbf{g}(c) = q_2 \text{ (con } q_2 < q_1),$$
$$\text{entonces } \mathbf{g}(c) = q_2 \mid\sim {}_{mf}\mathbf{H} = q_2.$$

Falsación débil insuficiente:

$$\text{Si } {}_{mf}\mathbf{H} = q_1 \vdash \mathbf{g}(c) = q_1,$$
$$\text{pero } \mathbf{g}(c) = q_2 \text{ (con } q_2 < q_1),$$
$$\text{entonces } \mathbf{g}(c) = q_2 \mid\sim {}_{mf}\mathbf{H} = 0.$$

Falsación débil suficiente:

$$\text{Si } {}_{mf}\mathbf{H} = q_1 \vdash \mathbf{g}(c) = q_1,$$
$$\text{pero } \mathbf{g}(c) = q_2 \text{ (con } q_2 < q_1),$$
$$\text{entonces } \mathbf{g}(c) = q_2 \vdash {}_{mf}\mathbf{H} = 0.$$

Las formas extremas de fortaleza y debilidad de estos esquemas de falsación son las de falsación fuerte suficiente y débil suficiente. ¿Son todas ellas admisibles en una teoría de la ciencia?

Las premisas son las mismas en todas las formas. Las diferencias están en las conclusiones y las reglas de paso. Las dos primeras conceden el grado de fundamento $q_2$ al mínimo fundamento del conjunto de hipótesis $\mathbf{H}$, pero difieren en la regla de paso, suficiente en la primera e insuficiente en la segunda. Las dos últimas conceden el grado de fundamento 0 a $\mathbf{H}$, pero difieren en su regla de paso.

Comencemos con la falsación fuerte suficiente. Su conclusión afirma que el grado mínimo de las premisas ${}_{mf}\mathbf{H}$ es necesariamente $q_2$. Esto no parece defendible sin limitaciones, pues ${}_{mf}\mathbf{H}$ podría ser inferior a $q_2$, podría ser incluso ${}_{mf}\mathbf{H} = 0$, lo que nos muestra que la pretendida regla de falsación fuerte suficiente es inadmisible.

La segunda forma de falsación generalizada, la falsación fuerte insuficiente, tiene una conclusión es más débil, pues atribuye como ${}_{mf}\mathbf{H}$ el mismo valor $q_2$, pero sólo mediante una regla de paso insuficiente o derrotable, con lo que es una implicación derrotable que admite que ${}_{mf}\mathbf{H}$ pueda tener un grado de fundamento menor a $q_2$, incluso ${}_{mf}\mathbf{H} = 0$. Esto la torna una regla de falsación generalizada aceptable.

La tercera forma, la falsación débil insuficiente, concluye el grado $_{mf}H = 0$ por una regla de paso '$|\sim$' de fundamentación insuficiente. Como es una regla derrotable admite que $_{mf}H$ puede mayor que 0, como de hecho puede ocurrir. Esto la hace una regla de falsación generalizada admisible.

La cuarta forma, que tiene la conclusión $\mathbf{g}(c) = \mathbf{\mathit{q}}_2 \vdash {}_{mf}H = 0$, afirma demasiado, ya que asegura que de $\mathbf{g}(c) = \mathbf{\mathit{q}}_2$ se sigue necesariamente $_{mf}H = 0$, lo que no es demostrable. No es entonces una regla generalmente admisible, aunque al menos no nos conducirá de un grado de fundamento menor a otro mayor, que es en lo que consisten en estos grados las falacias. Advirtamos sin embargo que si en la regla débil suficiente reemplazamos $\mathbf{\mathit{q}}_1$ por buen fundamento $\mathbf{bf}$ y $\mathbf{\mathit{q}}_2$ por 0, obtenemos el siguiente silogismo:

$$\text{Si } {}_{mf}H = \mathbf{bf} \vdash \mathbf{g}(c) = \mathbf{bf},$$
$$\text{pero } \mathbf{g}(c) = 0 \text{ (y } 0 < \mathbf{bf}\text{)},$$
$$\text{entonces } \mathbf{g}(c) = 0 \vdash {}_{mf}H = 0.$$

Y ésta es la regla de falsación popperiana clásica, que resulta así un caso extremo de la propuesta falsación débil suficiente.

En general cuando los científicos dispongan de grados de fundamento diferentes de $\mathbf{bf}$ y 0, se moverán entre las falsaciones insuficientes fuerte y débil, pero podrían preferir un grado de fundamentación intermedio $\mathbf{\mathit{q}}_1$, tal que $0 < \mathbf{\mathit{q}}_1 < \mathbf{\mathit{q}}_2$. Naturalmente una decisión requeriría un fundamento material que nuestras consideraciones formales no pueden determinar.

Por otra parte, si la confirmación empírica otorga a la conclusión un grado de fundamento numérico no menor a la confirmación deductiva inicial, entonces se generaliza la confirmación mediata popperiana de la siguiente manera:

$$\text{Si } {}_{mf}H = \mathbf{\mathit{q}}_1 \vdash \mathbf{g}(c) = \mathbf{\mathit{q}}_1,$$
$$\text{y } \mathbf{g}(c) = \mathbf{\mathit{q}}_2 \text{ (con } \mathbf{\mathit{q}}_1 \leq \mathbf{\mathit{q}}_2\text{)},$$
$$\text{entonces } \mathbf{g}(c) = \mathbf{\mathit{q}}_2 \mid\sim {}_{mf}H = \mathbf{\mathit{q}}_1$$

Es decir, la contrastación generalizada hace que, si la conclusión empírica confirma el grado de fundamento predicho por la deducción – o incluso lo aumenta –, eso confirma débilmente ese grado de fundamento menor inicial de $c$ como fundamento mínimo de las premisas.

3.9. *La abducción y su generalización.*

Tratemos una forma de fundamentación imperfecta que hoy tiene mucha notoriedad, la abducción. Luego de la síntesis *a priori* kantiana, que se presentaba como un tipo de conocimiento ampliativo pero suficientemente fundado, en el siglo XIX Charles Sanders Peirce agregó al par tradicional de análisis *a priori* y síntesis *a posteriori* otra forma de fundamentación que inicialmente denominó 'hipótesis', y luego 'abducción' o 'retroducción'. Se trata de un silogismo insuficientemente fundado, sintético y ampliativo, como la inducción, y que muchos confunden con ésta. Para Peirce es un *"proceso de inferencia hacia atrás"* que produce una hipótesis intermedia entre una ley universalmente conocida y admitida, que hace las veces de *premisa mayor* del silogismo, y una tesis, que hace las veces de la *conclusión* del mismo, pero que es también una consecuencia inesperada o sorprendente – aparentemente anómala – de la ley universal. La abducción consiste entonces en la invención de una *premisa menor* que conecte la premisa mayor conocida y la conclusión sorprendente, que le quite a ésta ese carácter de sorpresa y nos proporcione una forma silogística válida.

Peirce explicaba su idea de la abducción del modo siguiente: "*Se observa un hecho sorprendente C; pero si A fuese verdadero, C sería un hecho obvio (matter of course). Luego hay razones para sospechar que A es verdadero.*"[41] El hecho es aparentemente anómalo en el contexto de una teoría admitida; por lo tanto hay que eliminar la sorpresa mediante la invención de una ley intermedia entre la teoría admitida y el hecho sorprendente, que dé cuenta de la supuesta anomalía. Parece entonces que Peirce pensó la abducción como una invención en el "contexto de descubrimiento", en inglés *"context of discovery"*[42] (*"Entdeckungszusammenhang"* en alemán). Se trata entonces de un tema que pertenece, al menos parcialmente, a la "lógica de la invención", como ocurre con la inducción y la analogía, por ejemplo en el caso de Georg Polya, respecto del pensamiento matemático.

Aquí no consideramos el tema de la invención. Nos limitamos a la abducción como regla de fundamentación: estudiamos su estructura en el *contexto de justificación*, (en inglés *context of justification*, *Begründungszusammenhang* en alemán).

Peirce pensaba en general dentro de la tradición silogística, como lo testimonia el ejemplo de los "frijoles" (*beans*) con que muestra las diferencias estructurales entre la deducción, la inducción y la abducción. Para la exposición que sigue de estos temas proponemos algunas variantes sobre la versión dada por Jaime Nubiola en Nubiola 2000.[43] Comencemos por el ejemplo que se propone para la deducción silogística:

---

[41] Peirce 1931-1958, 5, 189, citado por Nubiola 2000, 556.
[42] Expresiones acuñadas por Hans Reichenbach en Reichenbach 1938, 1.
[43] Ver Nubiola 2000, 548-549.

*Deducción*: En una habitación hay una bolsa que sólo contiene frijoles blancos. Eso lo sabemos por "construcción", pues nosotros pusimos esos frijoles en la bolsa. A continuación extraemos un puñado de frijoles y sin mirarlos afirmamos ante nuestra audiencia que todos los frijoles que extrajimos son blancos. Se trata de un fundamento necesario que aplica una regla sin excepciones a un caso particular. El silogismo de la fundamentación es el siguiente:

| | |
|---|---|
| *Regla universal*: | Todos los *frijoles de esta bolsa* son frijoles blancos. |
| *Caso conocido*: | Estos frijoles son *frijoles de esta bolsa*. |
| *Resultado deducido*: | Por lo tanto estos frijoles son frijoles blancos. |

Esta fundamentación suficiente tiene una forma próxima a la del silogismo *Darii* (aii-1), por lo que la esquematizamos con esa forma silogística:

| | |
|---|---|
| *Premisa mayor* (*regla universal*): | Todos los $M$ son $P$, |
| *Premisa menor* (*caso conocido*): | Algunos $S$ son $M$, |
| *Conclusión* (*resultado deducido*): | Algunos $S$ son $P$. |

El ejemplo de Peirce se puede formular como un silogismo *Darii*, pero hubiésemos podido trabajar con ejemplos de cualquiera otra forma silogística válida, desde *Barbara* a *Fresison*, o con silogismos con alguna premisa y conclusión individuales, o con cualquiera otra forma deductiva que esté suficientemente fundada. La deducción presentada por Peirce es una fundamentación suficiente del tipo **sc3**, que hemos expuesto en la sección dedicada al sistema de la ciencia.

Su ejemplo para la inducción no difiere mucho de lo que ya sabemos de ella, pero para mejor entender la abducción peirceana conviene dar algunos detalles de los argumentos que Peirce y sus intérpretes hacen al respecto:

*Inducción*: Extraemos un puñado de frijoles de una bolsa y sólo sabemos que contiene frijoles, pero no conocemos su color. Extraemos un puñado y cuando los observamos advertimos que todos ellos son blancos. Entonces conjeturamos que hay una ley: que todos los frijoles de la bolsa son blancos. Aquí el esquema es:

| | |
|---|---|
| *Resultado conocido*: | Estos frijoles son frijoles de esta bolsa. |
| *Caso conocido*: | Estos frijoles son frijoles blancos. |
| *Regla inducida*: | Todos los frijoles de esta bolsa son blancos. |

Una ligera modificación nos permite esquematizar esta fundamentación como un silogismo de forma iia-3 que, como sabemos, es inválido:

| | |
|---|---|
| *Resultado*: | Algunos $M$ son $P$. |

*Caso*: Algunos *M* son *S*.
*Regla inducida*: Todos los *S* son *P*.

Este silogismo inválido lo podemos transformar en otro válido de la forma aii-1 donde lo desconocido es la regla universal que debemos conjeturar mediante el proceso de inducción:

*Regla*: ¿?
*Caso*: Algunos *M* son *S*.
*Resultado*: Algunos *M* son *P*.

El objetivo de la inducción es partir del resultado y del caso para inventar una regla inducida que sea la premisa mayor de un silogismo válido, que juntamente con el caso permita explicar el resultado. Un ejemplo de invención de premisa mayor sería "Todos los *S* son *P*", pero no es el único ejemplo posible. En efecto, cuando tenemos un enunciado que describe un resultado y otros enunciados más generales ya admitidos, podemos encontrarnos con que esos enunciados no dan cuenta del resultado. Entonces el procedimiento inductivo procede "*ad hoc*" y propone una ley universal que, junto con los enunciados disponibles más específicos, permite fundar el resultado que nos da la conclusión del silogismo. Sin embargo nadie puede asegurar que la nueva ley universal sea la única posible. Por el contrario, generalmente se pueden presentar varias leyes que sean candidatas a fundar una conclusión ya conocida. De ese modo la fundamentación inductiva tiene una forma que corresponde a la de una regla de fundamentación imperfecta de alguno de los tipos (**sd1**) o (**sd2**) que estudiamos más arriba. Si los enunciados que expresan el resultado y el caso fuesen por lo menos imperfectamente fundados, entonces nuestro proceso inductivo tendría para iia-3 la forma:

(**sd1**) Algunos *M* son *P*,
Algunos *M* son *S*    |~ $_{if}$(Todos los *S* son *P*).

Para la invalidez del silogismo iia-3 basta con que las premisas no sean un fundamento suficiente para la conclusión, por lo que estamos ante una adivinanza insuficientemente fundada sobre el contenido de la bolsa. Si resulta que todos los frijoles de la bolsa son blancos, hemos adivinado, si no resulta eso, abandonamos la conclusión, pero no el procedimiento inductivo. Esta forma es típica de la inducción y de los fundamentos falibles que pretenden pasar de lo particular a lo universal.

A las dos estructuras anteriores, que eran bien conocidas desde la antigüedad, Peirce pudo agregar con naturalidad una tercera clase de estructuras que designó con el nombre general de 'hipótesis' o 'abducción', que consideramos a continuación.

*Abducción*: Supongamos que tenemos varias bolsas. Examinamos las bolsas y encontramos una que sólo contiene frijoles blancos (regla universal). Además tenemos un puñado de frijoles blancos sobre la mesa (resultado). Entonces concluimos imperfectamente un caso: que los frijoles que están sobre la mesa provienen de la bolsa que sólo contiene frijoles blancos. El esquema de la inferencia es el siguiente:

*Regla universal*: Todos los frijoles de esta bolsa son frijoles blancos.
*Resultado*: Todos los frijoles que están sobre la mesa son frijoles blancos.
*Caso*: Todos los frijoles que están sobre la mesa son frijoles de esta bolsa.

Esta inferencia, que inventa un medio entre la regla y el resultado, lo esquematizamos como un silogismo de forma aaa-2, que obviamente es una forma de silogismo inválida:

*Regla universal*: Todos los $P$ son $M$
*Resultado*: Todos los $S$ son $M$
*Caso*: Todos los $S$ son $P$

Es decir, de los resultados empíricos, aquí todos los frijoles que están sobre la mesa, y bajo un principio general ya corroborado, que todos los frijoles de una bolsa inspeccionada son blancos, se inventa un "caso" o hipótesis explicativa que intermedia entre los dos.

Como se ve, la inferencia resultante es inválida en la lógica de la razón suficiente, pero es de todos modos un procedimiento sintético y refutable de fundamento insuficiente. Para Peirce este tipo de invenciones de hipótesis o "abducciones" son un instrumento fundamental para hallar conexiones legales en cualquier teoría científica. La abducción se presenta como una especie de invención de hipótesis intermedias en un cuerpo teórico preexistente y sería, como la inducción, un elemento fundamental en la actividad científica. Aquí sólo consideramos su aspecto de regla de fundamentación imperfecta. Esto también lo reconoce Peirce en el siguiente texto: "*Lo que hace la explicación es proporcionar una proposición que, si se hubiera sabido que era verdadera antes de que el fenómeno se presentase, hubiera hecho al fenómeno predecible. Así pues, hace al fenómeno racional, es decir, lo convierte en una consecuencia lógica, ya sea necesaria o probable.*"[44]

---

[44] Peirce 1931-1958, 7, 192, citado por Nubiola 2000, 555.

Está entonces claro lo común entre inducción y abducción: en ambos casos se trata de procesos de invención. En el caso de la inducción se trata siempre de un paso de lo particular a lo universal. En el caso de la abducción la hipótesis intermedia inventada puede ser en algunos casos un enunciado universal, pero en otros puede ser particular o incluso individual. Por otra parte la gran diferencia entre ambos modos de fundamentación es que la inducción produce una hipótesis que se propone como regla universal, en tanto que la abducción inventa una hipótesis que es intermedia entre la ley preexistente y el caso dado sorprendente.

Pero sigamos con el tratamiento silogístico que venimos considerando. En cada una de las reglas de fundamentación consideradas, deducción, inducción y abducción, hay un defecto de información que debemos superar. En la deducción tenemos las dos premisas y debemos encontrar la conclusión, en la inducción tenemos la conclusión y la premisa menor y debemos encontrar la premisa mayor, y en la abducción tenemos la conclusión del silogismo y la premisa mayor y debemos encontrar la premisa menor. Esto nos muestra una diferencia estructural relevante entre los tres tipos de fundamentación propuestos por Peirce.

Por otra parte es obvia la semejanza entre hallar el "caso" o la hipótesis menor en una abducción e la invención del término medio para formar un silogismo válido en la lógica escolástica (el problema del *pons asinorum* de Pietro Tartareto).[45] Peirce, que conocía la filosofía escolástica, puede haber encontrado en el tema de la *inventio medii* un antecedente desde el cual ampliar analógicamente su concepción de la lógica, hasta incorporar a la abducción entendida como mediación entre una regla universal y uno o más casos particulares que permite presentar una fundamentación, suficiente o insuficiente según los casos. Debemos advertir también que, así como no hay una sola forma de deducción válida o suficiente en la lógica epistémica, tampoco hay una sola forma de abducción en la lógica dialéctica: el término abducción designa una clase de inferencias ampliativas o sintéticas que difieren en sus formas, como ocurre con las formas silogísticas válidas.

También es fácil advertir que la práctica de la abducción como invención de una hipótesis que elimina la sorpresa de la conclusión respecto de la ley disponible consiste en la generación de un argumento *ad hoc*. Esto parece chocar con la supuesta regla popperiana de evitar los argumentos *ad hoc* en la lógica de la ciencia, pero el caso no es tan simple, porque para Popper el rechazo de ese tipo de argumentos sólo se da cuando evitan o disminuyen la contrastabilidad

---

[45] El problema se remonta a Aristóteles, Primeros analíticos, A, 5, 27 a – 8, 30 b, donde no se pregunta por la conclusión que se deduce de premisas dadas, sino de las premisas de las que se deduce un enunciado dado.

de una teoría o hipótesis. Cuando agregar una hipótesis tal no disminuye la contrastabilidad de una teoría, sino que la conserva o, mejor aún, la aumenta, no tendríamos argumentos para oponernos a introducir una hipótesis *ad hoc*. Como dice Peirce, la ciencia está llena de procedimientos de invención de hipótesis intermedias que eliminan anomalías, por lo que sería imposible practicar ciencia sin ellos. Y por otra parte esos procedimientos abductivos pueden aumentar la contrastabilidad de las teorías. Pensemos en la teoría atómica y su modelo estándar actual. Muchas de las partículas y subpartículas que hoy contiene ese modelo fueron introducidos como recursos intermedios para evitar anomalías entre la teoría preexistente y los resultados experimentales anómalos; es decir, hicieron uso de la abducción. Pero además las partículas y las subpartículas, con sus características y relaciones hipotéticas, no sólo eliminaban anomalías, sino que además aumentaban la contrastación de la teoría y con ello su fuerza predictiva y técnica. Entonces podemos concluir que la abducción es una estructura de fundamentación insuficiente o imperfecta, que amplía el conocimiento de modo *ad hoc*, pero que en los casos relevantes para la construcción de una ciencia – como en el caso paradigmático de la física – permite un aumento significativo de la contrastabilidad de una teoría, es decir, según Popper, de su cientificidad.

Un ejemplo ya clásico de teoría construida mediante abducciones es la mecánica cuántica de Max Planck, quien para salvar la teoría admitió en 1900 el carácter discreto de la emisión de "fotones". Para calcular la energía de un fotón propuso la constante fundamental $h$, cuyo valor es de $6,62 \times 10^{-34}$ julios por segundo. Pero entonces la radiación no cumplía el clásico principio "*natura non facit saltus*" y no era emitida ni absorbida de forma continua, sino en pequeñas cantidades denominadas cuantos o fotones. La energía de un fotón dependía de la frecuencia $v$ de la radiación, según la conocida ecuación $E = hv$, donde '$h$' es la constante de Planck. Un año después resolvió las anomalías de la radiación del cuerpo negro mediante su ley de radiación discontinua o "ley de Planck", que fue una de las bases de la mecánica cuántica. Ésta se desarrolló de la colaboración de Planck con Niels Bohr, Albert Einstein y muchos otros. Otro ejemplo clásico de abducción es el de Albert Einstein de 1910 sobre el comportamiento anómalo del calor específico a bajas temperaturas, fenómeno que desafiaba la explicación en la física clásica.

### 3.10. *La razón insuficiente y la correlación.*

La correlación corresponde a la categoría que Kant llamó "*Wechselbeziehung*", es decir "relación recíproca" o "acción recíproca". Hoy se la entiende como una relación entre los grados de dos o más clases de cualidades, acontecimientos o relaciones. Al ser una relación entre grados de variables se establece como relación métrica o al menos de orden.

El despliegue de una correlación como conjunto de puntos en un espacio $n$-dimensional (con $2 \leq n$) sugiere la existencia de una conexión causal, aunque eso no esté nunca asegurado. Aquí nos interesa la noción estadística de correlación, aunque hay otros dominios teóricos en los que se usa, como la teoría de la información, entre otros.

Una correlación se suele presentar como una nube de puntos en un espacio al menos bidimensional. Si la nube se distribuye en forma aproximadamente lineal se suele suponer una relación causal bastante simple. En cambio si la nube de puntos toma una forma elíptica más o menos ancha, decrecen nuestras esperanzas de que se trate de una relación causal, lo que se magnifica si la nube de puntos tiene formas más irregulares.

En resumen, una nube de puntos casi lineal, o una elipse muy excéntrica (casi "lineal") sólo sugiere una relación causal, y una forma más anárquica de nube de puntos suele denunciar la ausencia de una relación tal, pero no obstante un enunciado de la forma "Si la correlación es (casi) lineal entonces la relación entre las variables es causal" es un condicional derrotable, pero insuficientemente fundado y frecuentemente acertado.

Hay correlaciones positivas y negativas. Las correlaciones positivas son expresiones del tipo "cuanto más $A$, tanto más $B$", como por ejemplo:

"Cuanto más forraje, tanto más gordas las vacas".

Esta correlación sugiere una conexión causal, pero no la asegura, pues la abundancia de forraje es una condición necesaria para que las vacas engorden, pero no es suficiente. En cambio la gordura no enfermiza de las vacas es una condición suficiente de la abundancia de forraje. Sin embargo en estos ejemplos no podemos asegurar una conexión causal entre las variables: los procesos involucrados pueden ser más complejos que las relaciones entre las variables consideradas.

Por su parte las correlaciones negativas son del tipo "cuanto más A, tanto menos B". Un ejemplo tradicional es "Cuanto más camino recorro con el auto, tanto menos combustible me queda en el tanque" (si no hemos recargado en el camino). La correlación entre la longitud del camino y la cantidad de combustible remanente es lineal, por lo que la inmensa mayoría la considerará causal. Pero estos casos son más bien excepcionales.

Ser condición suficiente es una de las condiciones que tiene que cumplir un estado de cosas para poder ser causa de otro estado de cosas, pero no basta, porque:
(1) puede haber otras condiciones suficientes diferentes del mismo estado de cosas y porque
(2) también se habla de condición suficiente en dominios en los que no hablamos de "causalidad", como en una deducción matemática, donde un conjunto de teoremas basta para demostrar otro teorema.
De modo que la condición suficiente asegura la relación de fundamento, pero no la causalidad, que en sentido estricto es una relación entre estados de cosas. Más aún, ser condición necesaria no garantiza la causalidad entre fenómenos, aunque funda la posibilidad de una relación causal.

De ello se sigue que las correlaciones sólo son un indicio de conexión causal entre magnitudes estadísticas, y como tales un fundamento insuficiente de ella. Veamos ejemplos:

Ej. 1.   Un ejemplo claro de relación lineal entre variables que no establece una relación causal es la siguiente relación entre la temperatura global promedio T en °C y el número (estimado) de piratas P. Los puntos de la relación son indicados por los años en que se dieron esos valores:

```
T °C
_____

16,5
_____

16,0                                    2000
                                  1980
15,5                         1940
                       1920
15,0             1880
14,5       1860
       1820
14,0
13,5
13,0
     45000  35000  20000  15000  5000  400   17    P
              P: Número estimado de piratas.
```

Aunque la relación es aproximadamente lineal casi nadie supondría una relación causal entre la temperatura global promedio y el número estimado de piratas. Por el contrario, si hubiese una relación causal, se buscaría fundar esa dependencia en otras razones.

Ej. 2. También se da una correlación lineal entre la merma del número de cigüeñas y la disminución de los nacimientos de niños, pero de ellos no se puede concluir, ni que las cigüeñas traigan a los niños, ni lo contrario.

Ej. 3. Otra correlación estadística casi lineal entre dos tipos de fenómenos es la que existe entre ventas de helados y quemaduras de sol en verano, pero sería extraño concluir que comer helado produzca quemaduras de sol, ni que mitigue las quemaduras.

Estos tres ejemplos no son equivalentes. En el primero la relación lineal entre temperatura media y cantidad de piratas es meramente azarosa. Para el segundo se puede argumentar que la urbanización elimina muchos lugares de anidamiento de cigüeñas y simultáneamente promueve familias mínimas. En el tercero se dice que el buen tiempo y el calor es lo que provoca el aumento de la venta de helados y de las quemaduras de sol. Las correlaciones de este tipo se llaman a veces correlaciones espurias (en inglés *spurious correlations*, en alemán *Scheinkorrelationen*, o correlaciones aparentes).

Ej. 4. Es común tener a una correlación como fundamento insuficiente de una relación causal entre dos magnitudes cuando, según nuestro saber previo, todo indica que una magnitud sólo depende de la otra. Por ejemplo, bajo ciertas condiciones se comprueba que los cereales prosperan más, cuanto más se los riega. Esto reposa en nuestro saber empírico sobre los cereales. La correlación por sí misma no distingue si el agua actúa sobre el crecimiento de los cereales o los cereales sobre la cantidad de agua. Por eso decimos que una correlación no describe una relación causa-efecto en una u otra dirección. Ella sólo la puede imputar una persona cuando atribuye a un estado de cosas (aquí el agua como causa) otro estado de cosas (el crecimiento de los cereales como efecto). Pero la cantidad de agua no es el único factor de crecimiento de de los cereales que dependen de otros como la temperatura, los nutrientes del suelo, la luz incidente, etc. La fuerza explicativa se reduce aunque la correlación entre la cantidad de agua y el crecimiento no se modifique, ya que ella sólo ofrece indicios sobre magnitudes relevantes.

El paso falaz de la correlación a la causalidad es uno de los errores fundamentales entre las argumentaciones humanas. Su género es el de la confusión de la fundamentación insuficiente con la suficiente, y su especie es la falacia *cum hoc, ergo propter hoc*.

En general muchas falacias tienen fuerza persuasiva porque son argumentos lícitos de fundamentación insuficiente que se transforman en falacias sólo porque se presentan como si fueran fundamentaciones suficientes. Por lo tanto, para determinar una relación de causalidad será fundamental un estudio científico. Por ejemplo, la pregunta "por qué el ruido daña la inteligencia de los niños" se funda en una correlación estadística que sugiere una relación causal entre más ruido y menos inteligencia, pero su naturaleza causal – si es tal – o de otro género sólo la pueden fundar, aunque de modo imperfecto, especialistas como los biólogos, los médicos, psicólogos, etc. Como siempre, una correlación como ésta sugiere una conexión causal, o de otra naturaleza, pero jamás la puede fundar suficientemente.

La fundamentación insuficiente a la que podemos aspirar requiere realizar experimentos. Pero éstos muchas veces no se pueden realizar por motivos pragmáticos, como su excesiva duración, sus costos muy altos, motivos éticos, etc. Cuando tratamos cuestiones de ciencias sociales y médicas muchas veces no se admiten experimentos y hay que darse por contentos con correlaciones entre los valores de las variables que ya disponemos. La interpretación causal de esas correlaciones requeriría investigaciones adicionales que pueden estar vedadas moral o jurídicamente. Esto pone un importante límite a esas investigaciones en esas ciencias, incluso para alcanzar una razonable fundamentación insuficiente.

Nuestro tratamiento del tema "correlación" ha sido superficial porque no consideramos su tratamiento matemático, para el que existe una amplia literatura. Sólo hemos querido enfatizar el carácter heurístico de las correlaciones y su condición de mero indicio para los procesos posteriores de fundamentación insuficiente a los que pueden dar lugar. Para los temas que nos ocupan en este libro bastan los desarrollos que hemos adelantado.

3.11. *Referencias.*

Nubiola J. [2000] : "La abducción o lógica de la sorpresa en C. S. Pierce". *Anales de la Academia Nacional de Ciencias de Buenos Aires* XXXIV, 2000, vol. 2, pp. 543-560.
Peirce Ch. S. [1931-1958] : *Collected Papers of Charles Sanders Peirce*, vols. 1-8 (C. Hartshorne, P. Weiss y A. W. Burks, eds), Harvard University Press, Cambridge, MA.
Popper K. [1961] : *The Logic of Scientific Discovery*, Science Editions, New York, 1934.
Reichenbach, H. [1938] : *Experience and Prediction. An Analysis of the Structure of Knowledge*, University of Chicago Press.
Roetti J. A. [2011] : "Acerca del fundamento". *Anales de la Academia Nacional de Ciencias de Buenos Aires*, tomo XLV, año 2011, primera parte, pp. 39-69.

Roetti J. A. [2014] : *Cuestiones de fundamento*, Academia Nacional de Ciencias de Buenos Aires, Buenos Aires.

# CAPÍTULO 4

## LA FUNDAMENTACIÓN RELATIVA A UNA COMUNIDAD DE DIALOGANTES

### Gustavo Adrián Bodanza

> *"Una razón por la que la matemática disfruta de una estima especial, por sobre todas las demás ciencias, es que sus leyes son absolutamente ciertas e incuestionables, mientras aquellas de las otras ciencias son en cierta medida discutibles y están en constante peligro de ser derrocadas por el descubrimiento de nuevos hechos."*
> Albert Einstein[46]

4.1. *Introducción.*

En este capítulo pretendemos hacer un aporte crítico a la teoría del fundamento propuesta por Roetti en el capítulo 2 y en Roetti (2011), retomando sus términos para dar precisión a algunos de ellos y cambiar otros a la luz de diversas consideraciones. El fin, como el de Roetti, es aproximarnos a una teoría del fundamento puramente pragmática. El trabajo se organiza como sigue. Luego de repasar algunos aspectos básicos de la teoría roettiana en la sección 2, en la sección 3 discutiremos algunas de las nociones involucradas en ésta con vistas a la construcción de un modelo de marco de fundamentación. Esto nos llevará a considerar la fundamentación en relación a una comunidad de dialogantes en un momento histórico determinado, en la cual se han establecido acuerdos relativos a la cuestionabilidad o incuestionabilidad de las tesis de interés comunitario. En este punto se introduce la principal novedad respecto de la teoría roettiana, que no otorga relevancia a los cambios que pueda sufrir la comunidad en el tiempo, ya sea en lo relativo a su composición como a sus acuerdos. A partir de aquí, entonces, construiremos un marco de fundamentación de una comunidad de dialogantes en un momento histórico determinado. Para esto utilizaremos como herramienta formal el modelo de marco argumentativo abstracto de Dung (1995). En la sección 4 utilizaremos el modelo para capturar las distintas nociones relativas al fundamento: fundamento suficiente e insuficiente, buen

---

[46] Einstein (1923): One reason why mathematics enjoys special esteem, above all other sciences, is that its laws are absolutely certain and indisputable, while those of other sciences are to some extent debatable and in constant danger of being overthrown by newly discovered facts.

fundamento y creencia racional. Esto nos permitirá construir una jerarquía completa sobre las tesis de acuerdo al grado de fundamento. Finalmente, en la sección 5 mostramos cómo los distintos tipos de fundamento pueden ponerse en correspondencia con estrategias ganadoras de un proponente en juegos dialógicos con protocolos específicos para cada tipo.

## 4.2. *Aspectos de la teoría del fundamento según Roetti.*

En síntesis, la teoría roettiana del fundamento intenta dar precisión, básicamente, a las nociones de *fundamento suficiente* e *insuficiente*, tesis *bien fundada* y *creencia racional*. Dar *fundamento* a una tesis t es establecer una "base", conjunto de fenómenos o representaciones, y un conjunto de reglas que, "de algún modo", permiten pasar de la base a la tesis t. Para definir los distintos tipos de fundamentos se considera que el fundamento descansa en la superación de objeciones o cuestionamientos. El tipo de fundamento de una tesis depende de la posibilidad de que un proponente pueda defender ese fundamento de los ataques de un oponente en un juego dialógico. Pueden ser cuestionados tanto los elementos de la base como las reglas. 'Fundable' y 'defendible' son términos coextensos en esta teoría. Por lo anterior, la fundamentación se da en el marco de un juego dialógico, con reglas y protocolos fijos que permiten determinar qué jugador tiene éxito. Los jugadores pertenecen a una comunidad o auditorio, formado por agentes que pueden intervenir en el diálogo o simplemente ser los destinatarios sin intervenir (cf. Perelman y Olbrechts-Tyteca, 1970). Puesto que el juego es dinámico se desarrolla en el tiempo.

Dando por aceptadas estas nociones, Roetti define una tesis como:

*suficientemente fundada* sssi el fundamento ha superado todas los cuestionamientos posibles;

*insuficientemente fundada* sssi no tiene fundamento suficiente;

*bien fundada* sssi su fundamento ha superado todos los cuestionamientos hechos hasta el presente.

Los fundamentos pueden ser comparados extensionalmente si uno es parte del otro. Una tesis t *tiene mayor o igual grado de fundamento* que una tesis t' sssi sus fundamentos son extensionalmente comparables y el fundamento de t ha superado todas las objeciones a las que se ha sometido el fundamento de t'. t está *mejor fundada* que t' sssi t tiene mayor o igual fundamento que t' pero no viceversa. La teoría no trata sobre comparaciones intensionales, las cuales dependen de criterios materiales de la comunidad de los dialogantes. Dado el conjunto de todas las tesis sobre un asunto determinado, t es una *creencia racional* (acerca de ese asunto) sssi para toda otra tesis t' del conjunto, t tiene mayor o igual grado de fundamento que t' (elemento máximo).

4.3. *Consideraciones para modelar un marco de fundamentación.*

Toda fundamentación se da en una comunidad de dialogantes que fija, intensionalmente, los requisitos de aceptación de la evidencia fundante, las reglas que conectan la evidencia con las tesis soportadas y las reglas de juego para defender y atacar un fundamento. Distintas comunidades pueden fijar distintos requisitos. Como ejemplos canónicos podemos pensar en la comunidad científica, en una comunidad religiosa – una iglesia –, o en grupos políticos. Además, las comunidades son entidades dinámicas: cambian en el tiempo, tanto en su composición como en sus acuerdos. Tales cambios tienen que ver tanto con la evolución de concepciones teóricas como con relaciones sociales que atraviesan a sus miembros (tema del que se ocupa la sociología del conocimiento). Por otra parte, las comunidades pueden estar compuestas por otras comunidades – subcomunidades- (como, por ejemplo, la subcomunidad de una especialidad disciplinar dentro de la comunidad científica); también pueden tener desprendimientos históricos que dan lugar a nuevas comunidades (e.g. protestantismo en la comunidad cristiana, copernicanos en la comunidad científica renacentista, etc.) y hasta pueden en algún momento quedar disueltas. Puede haber subcomunidades que dan por bien fundamentadas algunas tesis que son puestas en duda en una comunidad o subcomunidad que las abarca (e.g. dentro de la comunidad de los lógicos, la subcomunidad de los lógicos clásicos no pone en duda ciertos "principios", como el de *tertium non datur*, pero sí se ponen en duda en la comunidad más amplia de los filósofos de la lógica). Distintas comunidades o subcomunidades pueden admitir distintos tipos de racionalidad. Everett (2001), por ejemplo, habla de una racionalidad subjetiva (privada) y otra objetiva (pública). Barwise y Seligman (1997), por otro lado, hablan de lógicas locales y lógicas globales. Un cambio o abandono de tesis incuestionables a nivel global en una comunidad $C$ podría explicarse, por ejemplo, por el crecimiento de una subcomunidad $C'$ en la que dicha tesis se ha vuelto cuestionable y que, en determinado momento, se erige en mayoría dentro de la comunidad, provocando que esa tesis previamente incuestionable a nivel global, pase a ser sólo incuestionable a nivel local dentro de la nueva subcomunidad $C - C'$ (que ha devenido en minoría "conservadora"). Esto es lo que ha ocurrido, por ejemplo, con la tesis geocéntrica o la tesis de *horror vacui* en la comunidad científica renacentista, que pasaron de ser incuestionables a nivel global a ser incuestionables sólo en subcomunidades cada vez más pequeñas, hasta perder todo peso en el marco de la comunidad científica actual. Otro caso es el de las alianzas políticas, donde cada facción sostiene tesis incuestionables localmente pero que son abandonadas en el foro aliado, o viceversa.

Dado este carácter dinámico y heterogéneo de una comunidad de dialogantes, y atendiendo al problema que nos ocupa y que consiste en construir un marco de fundamentación, nuestro modelo se enfocará en una comunidad $C$ específica en un momento histórico $m$ determinado, asumiendo que podamos identificar en ella una serie de acuerdos relativos a un lenguaje común, un conjunto de creencias o tesis comunes, un conjunto de reglas de inferencia aceptadas para la construcción de argumentos, criterios de aceptación de objeciones "legítimas" y también reglas de diálogo que gobiernan todo debate en la comunidad en dicho momento histórico.

Como dijimos, toda comunidad de dialogantes cuenta con una colección de tesis consideradas incuestionables. Incluso algunas tesis parecen ser histórica y transcomunitariamente incuestionables: distintas concepciones filosóficas de la verdad han intentado capturarlas. Sin embargo, nuestro propósito es justamente evitar toda apelación a cualquier concepción de la verdad. Por eso es que hablamos, en cambio, de *incuestionabilidad*: ésta, coincida o no con alguna concepción de la verdad, es relativa a una comunidad y tiene que ver sólo con los acuerdos dentro esa comunidad (aún cuando se trate de la comunidad universal); nótese que ésta es una caracterización puramente pragmática y, sin perjuicio de considerar necesarios otros elementos no pragmáticos para una caracterización completa, es lo único que tendremos en cuenta. Dicho de otro modo: aunque una tesis sea una verdad necesaria de acuerdo a algún criterio de verdad específico, no es esto lo que asumiremos, sino sólo el hecho de que tal tesis es incuestionable dados los acuerdos con respecto a ese criterio de parte de la comunidad en cuestión.

Todos los acuerdos se establecen en base a un acuerdo más básico consistente en un lenguaje común. En vistas del modelo que buscamos y en procura de simplicidad, supondremos que se trata de un vocabulario proposicional L, capaz de expresar toda tesis o creencia, incluso aquellas referentes a la inferencia de unas tesis a partir de otras o enunciados que expresan argumentos completos.

Los cuestionamientos, por su parte, pueden tomar varias formas, desde la simple pregunta '¿por qué?' hasta un argumento contrario al del adversario. Llamaremos 'objeción' (propiamente dicha) a los ataques no argumentativos (preguntas, pedidos de fundamentación, de explicación, preguntas críticas, etc.) y serán representadas por un conjunto OBJ de elementos lingüísticos, posiblemente no proposicionales, añadidos a L. Se considerarán sólo aquellas piezas dialógicas aceptadas por la comunidad como cuestionamientos legítimos (o sea, no cualquier declaración será una objeción válida).

Luego de estas consideraciones previas estamos en condiciones de definir un *marco de fundamentación* de una comunidad C en un momento histórico *m*. Como herramienta formal utilizaremos, como anticipáramos, la noción de *marco argumentativo (argumentation framework)* introducido por Dung (1995).

**Definición 1**. Llamamos *marco de fundamentación (de una comunidad C en el momento m,* en símbolos, '$C_m$') a una tupla MF($C_m$)=⟨L, OBJ, →⟩, donde L es un lenguaje proposicional, OBJ es un conjunto de objeciones; definimos PA=$_{df}$ L∪OBJ como el conjunto de *piezas argumentativas* de MF($C_m$). Por último, → es una relación de ataque tal que → ⊆ PA × PA. Usaremos la notación 'x→ y' en lugar de '(x, y)∈ →', y la leeremos 'x ataca a y'.

Por simplicidad supondremos que PA es finito. Este conjunto, entonces, abarca tesis y objeciones. Tanto tesis como objeciones pueden ser atacadas, a su vez, por tesis u objeciones. Esto nos permitirá representar distintas situaciones. Por ejemplo, que una tesis puede atacar a otra si la primera expresa un argumento cuya conclusión es inaceptable en conjunción con la segunda. O también, que una objeción *o* puede ser usada para defender a una tesis atacada por otra objeción *o'* si *o* ataca a *o'* (objetar una objeción).

En lo que sigue nos referiremos a un marco de fundamentación de una comunidad y momento arbitrarios pero fijos, de modo que simplificaremos la notación obviando los símbolos para la comunidad *C* y el momento *m*, escribiendo simplemente 'MF' en lugar de 'MF($C_m$)'.

## 4.4. *Fundamentos. Tipos.*

### 4.4.1 *Fundamento suficiente e insuficiente.*

Entre las tesis incuestionables, algunas no requieren fundamento para la comunidad (e.g. axiomas, dogmas, principios, enunciados observacionales directos, etc.), pero pueden dar fundamento a otras tesis, tanto cuestionables (e.g. conjeturas) como incuestionables (e.g. teoremas). Las tesis incuestionables se pueden identificar como los objetos de la prohibición, en todo juego de fundamentación, de hacer cuestionamientos sobre ellas. Esto no tiene que ver necesariamente con cuestiones lógicas. Piénsese, por ejemplo, en el último "teorema" de Fermat. En momentos anteriores a los de la aceptación de la prueba de Wiles – Wiles (1995), corregida en Taylor y Wiles (1995) –, su enunciado *era* una consecuencia lógica de la teoría algebraica de números, aún sin la prueba a la vista (la consecuencia lógica no es afectada por modalidades temporales); sin embargo, no era incuestionable puesto que no se tenía ninguna prueba aceptable, de allí que se lo tomara sólo como conjetura. Hoy en día, en cambio, es incuestionable a la luz del fundamento que ofrece su demostración. Esto es un claro ejemplo de que aún cuando $\Gamma \models A$, puede ocurrir que $\Gamma$ sea incuestionable pero A no, en un momento histórico $m$ de la comunidad, pero luego puede haber cambios en las creencias de la comunidad en un momento histórico posterior $m'$ que llevan a hacer incuestionable A en consideración de la incuestionabilidad de $\Gamma$. En la comunidad matemática actual, los acuerdos garantizan la incuestionabilidad del teorema de Fermat, ya que son incuestionables tanto las tesis que describen los axiomas de partida como las tesis que describen los argumentos que conectan a éstas con la tesis que enuncia el teorema (como así con todas las tesis que expresan los lemas y proposiciones intermedios). Como puede apreciarse, estamos entendiendo 'tesis' en un sentido amplio, abarcando tanto las proposiciones como los juicios que establecen los fundamentos de una proposición. También en este sentido abarcamos la noción lógica de 'demostración', ya que ésta es relativa a la aceptación de un conjunto de axiomas y reglas por parte de la comunidad.

Por lo dicho, una tesis incuestionable para una comunidad determinada en un momento determinado, es una tesis que la comunidad no está dispuesta a poner en duda y, por lo tanto, no acepta objeciones ni ataques de ningún tipo sobre ella. En términos del modelo de marco de fundamentación podemos decir formalmente, entonces, que t es una *tesis incuestionable* sssi para todo elemento $x \in$ PA, no es el caso que $x \to t$.

Principios, axiomas, enunciados demostrados como teoremas y lemas, enunciados observacionales directos, etc. califican como tesis incuestionables en nuestra comunidad científica. Los dogmas de fe, por ejemplo, califican como tesis incuestionables en las comunidades religiosas.

Recordemos ahora que Roetti identifica a las tesis suficientemente fundadas con aquellas que han superado toda objeción posible. Está claro que cualquier intento de precisar más esta noción nos llevará a preguntarnos cómo identificar *cuáles* objeciones son posibles. Sin embargo, en nuestro enfoque podemos esquivar el problema teniendo en cuenta que buscamos nociones de fundamento sólo en relación a una comunidad de dialogantes determinada en un momento determinado; por lo tanto, basta con atender a lo que tal comunidad identifica como una objeción posible. Una tesis incuestionable para la comunidad habrá superado toda objeción posible *según esa comunidad* (de otro modo, no sería incuestionable para esa comunidad), por lo tanto, toda tesis incuestionable está suficientemente fundada *para esa comunidad*. Pero luego, si una tesis está suficientemente fundada para la comunidad, ¿cómo la comunidad aceptaría objeciones razonables a ella? Dicho de otro modo, dar por suficientemente fundada una tesis debería implicar que toda objeción a la tesis sería inaceptable o ilegítima, so pena de violar los acuerdos de la propia comunidad. En consecuencia, en nuestro modelo asumiremos que la clase de tesis suficientemente fundadas es coextensa con la clase de las tesis incuestionables.

**Definición 2**. Decimos que una tesis t está *suficientemente fundada* sssi t es una tesis incuestionable. Decimos que t está *insuficientemente fundada* sssi no está suficientemente fundada.

4.4.2 *Creencia racional y buen fundamento. El concepto de aceptabilidad.*

La noción de "aceptabilidad" de un argumento, introducida por Dung (1995) en el campo de estudio del razonamiento rebatible en Inteligencia Artificial, pretende capturar la idea de defender un argumento con otros argumentos. Esta noción nos será de utilidad para la definición de 'tesis bien fundada'. Aquí el fundamento apela a la interacción entre las tesis mediante ataques y defensas, a diferencia del fundamento que reciben ciertas tesis que no requieren argumentación tales como, por ejemplo, las que refierena una observación directa o, más generalmente, cualquier tesis incuestionable.

**Definición 3**. (Basada en la noción homónima de Dung, 1995) Decimos que una tesis $t \in L$ es *aceptable* con respecto a un conjunto de piezas argumentativas $S \subseteq PA$ sssi para todo elemento $x \in PA$, si $x \to t$ entonces existe un elemento $y \in S$ tal que $y \to x$. Dado cualquier subconjunto $S \subseteq PA$, se define la función F tal que F: $2^{PA} \to 2^{PA}$ y $F(S) = \{x \in PA: x$ es aceptable con respecto a $S\}$.

F(S) define aquellas tesis a las que S da fundamento. Si aplicamos F al conjunto vacío obtendremos el conjunto $F(\emptyset)$ que contendrá todos los elementos que no requieren defensa, pues no reciben ningún ataque. Es obvio que las tesis incuestionables del marco estarán en este conjunto:

**Teorema 1**. Para toda tesis $t \in L$, $t \in F(\emptyset)$ sssi t está suficientemente fundada.

*Prueba*. Inmediato a partir de las definiciones 2 y 3. ∎

Notemos que si aplicamos F sobre $F(\emptyset)$, i.e. $F(F(\emptyset))$, tendremos el conjunto de todos los argumentos que si tienen objeciones entonces pueden defenderse con argumentos de $F(\emptyset)$. Siguiendo con el mismo procedimiento buscando $F(F(F(\emptyset)))$, $F(F(F(F(\emptyset))))$, etc., dada la finitud de PA se alcanzará un conjunto S tal que $S = F(S)$, o sea, al volver a aplicarle F a S devolverá el mismo conjunto S: éste será el menor punto fijo de F.[47] Este conjunto es llamado por Dung

---

[47] Que este conjunto existe está garantizado por el teorema de puntos fijos de Tarski (1955) y el hecho de que F es monótona. La clase de los puntos fijos de F forma un semilattice completo (cf. Dung, 1995, pp. 328-330).

*grounded extension*, la "extensión fundada". La extensión fundada nos permite capturar la idea de superar todas las objeciones (siempre en relación al momento *m* de la comunidad *C*).

**Definición 4**. Una tesis t está *bien fundada* en MF sssi t pertenece al menor punto fijo de F (i.e. el menor (con respecto a $\subseteq$) conjunto S $\subseteq$ PA tal que S = F(S)).

**Teorema 2**. Toda tesis suficientemente fundada está bien fundada.

*Prueba*. Inmediato a partir del teorema 1, la definición 4 y el álgebra de puntos fijos. ∎

Recordemos que la noción de Roetti de 'buen fundamento' apela a la superación de todas las objeciones realizadas "hasta el momento". Si quisiéramos definir esta noción con nuestras herramientas deberíamos considerar, por un lado, a la comunidad universal, ya que se trata de un criterio absoluto y, por otro, a toda la evolución de esa comunidad. Es decir, deberíamos identificar a la comunidad universal con una secuencia C= <MF($C_0$), MF($C_1$), …, MF($C_n$)>, donde cada MF($C_i$) ($0 \leq i \leq n$) es el marco de fundamentación de la comunidad C en el momento *i*, y donde $C_0$ representa a la comunidad en su "momento fundacional" y $C_n$ a la comunidad en el momento presente. Diríamos, entonces, que una tesis está *bien fundada* sssi t está bien fundada en MF($C_i$) para todo *i*, $0 \leq i \leq n$.

Para nuestros fines, en lo que sigue dejaremos de lado la noción roettiana de 'buen fundamento' y continuaremos refiriéndonos a tesis bien fundadas con relación a un marco histórico MF.

Usualmente las comunidades se abocan a hallar las tesis mejor fundadas con respecto a algunos asuntos o temas de interés en particular. A tales tesis se las suele llamar "creencias racionales". Las creencias racionales suelen estar en desacuerdo entre sí, por ejemplo, cuando aparecen hipótesis rivales en la ciencia empírica sobre las que la comunidad científica no ha identificado preponderancias. Las hipótesis suelen convivir por un tiempo en el cual parece más razonable aceptar alguna que rechazar ambas. Intentamos capturar esta idea a través de los puntos fijos de F. Como la función F puede tener varios puntos fijos, esta noción puede servir también para representar criterios de fundamentación más laxos que el de tesis bien fundada.

**Ejemplo**. Sea MF = ⟨L, OBJ, →⟩ tal que L = {*a, b, c*}, OBJ = {*o*} y → = {(*a, b*), (*b, a*), (*o, c*), (*a, o*), (*b, o*)} (fig. 1). Entonces tenemos cuatro puntos fijos de F:

{*a, b, c, o*}, {*a, c*}, {*b, c*} y ∅ (nótese que este último es el menor de ellos, o sea, no hay tesis suficientemente fundadas en este marco).

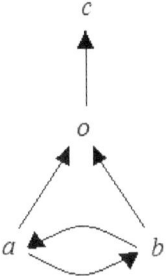

Figura 1

Un punto fijo de F contiene todo lo que es defendible con sus propias piezas argumentativas, por lo que parece adecuado para representar creencias racionales (sean o no tesis bien fundadas). Por ejemplo, una teoría científica puede ser representada de esta manera (por supuesto, de un modo sobresimplificado). Sin embargo, algunos puntos fijos pueden contener elementos que se atacan entre sí (en el ejemplo de arriba, por caso, {*a, b, c, o*} es un punto fijo y contiene a todos los elementos del marco, incluidos los que se atacan entre sí, ya que todos ellos son aceptables con respecto a ese conjunto). Por ello, consideramos que una creencia es racional sólo si puede ser defendida por un conjunto de piezas argumentativas que no presenta ataques internos. Siguiendo a Dung (1995), llamaremos a estos conjuntos 'libres de conflictos'. Formalmente, $S \subseteq PA$ está *libre de conflictos* sssi para cualesquiera elementos x, y ∈ S, no es el caso que x → y.

**Definición 5.** Una tesis t∈L es una *creencia racional* sssi existe un punto fijo S de F libre de conflictos tal que t∈S.

**Teorema 3.** Toda tesis bien fundada es una creencia racional.

*Prueba.* Inmediata, a partir de las definiciones 4 y 5 y el álgebra de puntos fijos. ∎

Un punto fijo de F libre de conflictos es lo que Dung llama 'extensión completa'.

100/ La fundamentación relativa a una comunidad de dialogantes

Así podemos, finalmente, establecer una jerarquía mediante la relación $\subseteq$ sobre todas las tesis de un marco de fundamentación de una comunidad $C$ en un momento $m$, la que se resume en la siguiente tabla (teoremas 1, 2 y 3).

| TIPO DE TESIS SEGÚN FUNDAMENTO | | CARACTERIZACIÓN | |
|---|---|---|---|
| Jerarquía ↑ | Suficientemente fundadas | $F(\emptyset)$ | ⊆ |
| | Bien fundadas | Menor punto fijo de F (extensión fundada) | |
| | Creencias racionales | Puntos fijos de F libres de conflicto (extensiones completas) | |

Las tesis que no son caracterizables como creencias racionales corresponderían a las "meras opiniones" (*pistis* platónica).

4.4.3. *Comparabilidad entre fundamentos.*

Además del orden establecido por las jerarquías anteriores, también es posible determinar grados de fundamentación sobre las creencias racionales insuficientemente fundadas (naturalmente, no distinguimos grados entre las suficientemente fundadas).

**Definición 6**. t está *al menos tan bien fundada* como t', en símbolos, t $\geq_F$ t', sssi o bien

t tiene mayor jerarquía que t', o bien
t tiene igual jerarquía que t' y para todo $S \subseteq PA$, si t'$\in F(S)$ entonces t$\in F(S)$.

**Teorema 4**. La relación $\geq_F$ establece un orden parcial sobre L (reflexiva, transitiva y no completa).

*Prueba.*
- Reflexividad: se sigue del hecho de que t tiene igual jerarquía que t, y para todo S, si t$\in F(S)$ entonces t$\in F(S)$; luego, se cumple la cláusula 2 por lo que t $\geq_F$ t.
- Transitividad: Dados t $\geq_F$ t' y t' $\geq_F$ t", supongamos que t no tiene mayor jerarquía que t". Entonces t, t' y t" tienen la misma jerarquía. Ahora bien, si t"$\notin F(S)$ para todo S (t es una mera opinión), entonces la cláusula 2 se cumple vacuamente. En otro caso, para cualquier conjunto S tal que t"$\in F(S)$ tenemos que t'$\in F(S)$ (por la hipótesis t' $\geq_F$ t") y si t'$\in F(S)$ entonces t$\in F(S)$ (por la hipótesis t $\geq_F$ t'). Luego, si t"$\in F(S)$ entonces t$\in F(S)$, verificando la cláusula 2.
- No completud: en el marco de fundamentación de las figuras 1 y 2 las tesis *d* y *e*, por un lado, y *f* y *g* por otro, son contraejemplos de completud. ∎

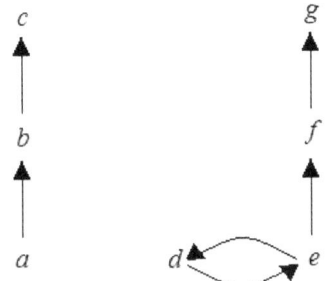

Figura 2. Ejemplo de marco de fundamentación con PA={$a, b, c, d, e, f, g$} (las flechas indican ataques).

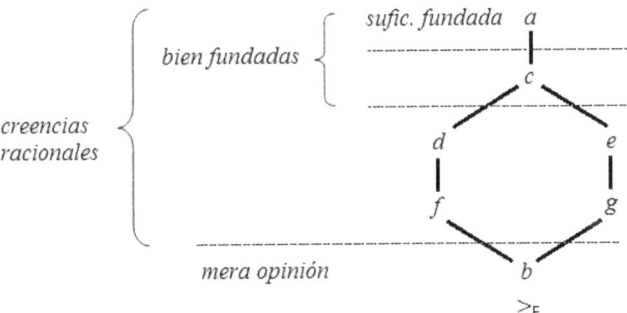

Figura 3. Jerarquía y orden de fundamentación sobre las piezas argumentativas del marco de la Fig. 2, asumiendo que todas ellas son tesis (no elementos de OBJ).

### 4.5. *Juegos de fundamentación*.

Los distintos tipos de fundamento vistos pueden también ser caracterizados en términos de teoría de juegos. Para definir un juego de fundamentación basta pensar en dos jugadores (pueden ser dos agentes o grupos de agentes de la comunidad), P y O (proponente(s) y oponente(s)), que entablarán un debate en el que P intentará defender una tesis y O intentará impedirlo. Estableceremos reglas generales, las mismas para toda comunidad, sin perjuicio de que cada comunidad proponga añadir a éstas protocolos particulares de juego. No es necesario que el juego sea determinado (i.e. puede haber empates). A continuación enunciamos las reglas generales de un juego de fundamentación.

**Definición 7.** Un *juego de fundamentación* sobre un marco de fundamentación <L, OBJ, →> es un juego de suma-cero extensivo en el cual:

Hay dos jugadores, P y O, que van eligiendo una acción en un momento cada uno, por turnos.

La acción en cada nodo no terminal consiste en la elección de una tesis t∈L o una objeción o∈OBJ.

El jugador P inicia el juego en el nodo de nivel 0 eligiendo una tesis t∈L que intentará defender de los ataques de O.

Las movidas en los nodos de nivel par corresponden a P y aquellas en nodos impares corresponden a O.

La elección de un jugador *i* en un nivel $k > 0$ es un elemento x∈PA tal que existe un elemento y∈PA que es la elección del otro jugador -*i* en el nivel $k - 1$ y x → y.[48]

El pago de P es Pago(P) = 1 (éxito) y el de O es Pago(O) = -1 en los nodos terminales del árbol que tienen numeración par. El pago de O es Pago(O) = 1 y el de P es Pago(P) = -1 en los nodos terminales del árbol del juego que tienen numeración impar. En otro caso, Pago(P) = Pago(O) = 0.

Una *estrategia* para un jugador *i* es una función entre el conjunto de todos los nodos no terminales del árbol de todas las posibles jugadas y PA, tal que a cada nodo correspondiente al otro jugador le asigna una tesis o una objeción, según las reglas del juego. Si el jugador *i* tiene una estrategia tal que para cualquier estrategia elegida por –*i*, el juego finaliza de modo que Pago(*i*) = 1, se dice que la estrategia de *i* es una *estrategia ganadora*.

Dado que una tesis suficientemente fundada no tiene ataques, el siguiente resultado es inmediato.

**Teorema 5.** Para toda tesis t suficientemente fundada, P tiene una estrategia ganadora para defender t.

La idea de contar con estrategias ganadoras en un juego no implica que todo posible jugador deba conocerlas (un jugador que tiene una estrategia ganadora pero no la conoce, podrá no jugarla; también puede jugar una estrategia ganadora por casualidad, o sea, sin saber que está jugando una estrategia ganadora). Sin embargo, contar con una estrategia ganadora representa el hecho de que la comunidad "conozca" tal estrategia. Un estudiante de secundario puede perder un debate en el que intenta defender la teoría de la relatividad; esto no quiere decir que no tenga una estrategia ganadora, sino que tal estrategia no está dis-

---

[48] Aquí seguimos la convención en Teoría de Juegos de llamar a un jugador genérico i y al resto de los jugadores -i.

ponible para él. La noción de buen fundamento, entonces, no puede depender de lo que un jugador *cualquiera* pueda defender efectivamente, sino de lo que puede defender un jugador *ideal* que conoce todos los argumentos que conoce la comunidad. El jugador ideal juega un juego de información completa, pero los jugadores concretos no necesariamente juegan tal juego.

Para capturar la noción de buen fundamento, vamos a definir un protocolo de juego con la siguiente regla:

**Regla B**. El proponente tiene prohibido repetir piezas argumentativas jugadas previamente.

Esta regla es razonable puesto que, si P repite sus propias jugadas estará cometiendo una petición de principio, mientras que si repite alguna jugada de O entonces estará confrontando sus propias tesis.

A partir de resultados conocidos sobre marcos argumentativos respecto de los elementos de la extensión fundada y su correspondencia con las movidas defendibles con estrategias ganadoras en juegos idénticos al que hemos definido, podemos establecer la siguiente conclusión:

**Teorema 6**. Una tesis t está bien fundada sssi P tiene una estrategia ganadora para defender a t en un juego restringido por la regla B.

*Prueba.*
($\rightarrow$) Sea t una tesis bien fundada, por lo que pertenece al menor punto fijo de F. Supongamos que P tiene una estrategia ganadora para defender a t en la que debe repetir una movida. Entonces el juego no terminaría, ya que estaría entrando en un ciclo de ataques, lo que contradice la propia definición de estrategia ganadora. Luego, P tiene una estrategia ganadora sin necesidad de repetir argumentos, i.e. aún bajo la regla B.

($\leftarrow$) Si P tiene una estrategia ganadora para defender t bajo la regla R, entonces en dicha estrategia P realiza una secuencia de movidas $m_1, m_2, \ldots, m_n$ tal que $m_1 = t$ y $m_n \in F(\emptyset)$, $m_{n-1} \in F^2(\emptyset)$, $\ldots$, $m_2 \in F^{n-1}(\emptyset)$, $m_1 \in F^n(\emptyset)$. Por construcción, entonces, $m_1 = t$ pertenece al menor punto fijo de F. ∎

Las creencias racionales, teniendo un fundamento en general inferior al de las tesis bien fundadas, requieren un protocolo de juego menos exigente con el proponente y más estricto con el oponente. Vreeswijk y Prakken (2000) definen un protocolo que lleva a la defensa de todas las tesis que pertenecen a algún conjunto admisible (i.e. libre de conflictos y conteniendo sólo argumentos aceptables respecto del mismo conjunto). Como todo conjunto admisible pertenece a alguna extensión completa y toda extensión completa es admisible[49], ese protocolo nos servirá para caracterizar la defensa de las creencias racionales.

**Regla C.**
1. Ningún jugador tiene permitido repetir las jugadas de O.
2. El juego termina si algún jugador repite una movida de P.
3. Si O no puede mover a instancias de los requisitos anteriores, puede retroceder para dar una nueva respuesta a la última movida de P donde nace una nueva rama del árbol de juego.

La razón de la cláusula 1 es que si P repite movidas de O entonces está aceptando una movida contraria a sus propias tesis, y si O repite sus propias movidas entonces está insistiendo con ataques infructuosos. La razón de la cláusula 2 es que si P repite sus propias movidas entonces gana el juego al dejar en evidencia la impotencia de O para refutarlo, mientras que si O repite una jugada de P entonces gana el juego al dejar en evidencia un autoataque de P.

**Teorema 7**. Una tesis t es una creencia racional sssi P tiene una estrategia ganadora para defender a t en un juego restringido por la regla C.

*Prueba*. Se sigue el razonamiento general de la prueba de Vreeswijk y Prakken (2000).

($\rightarrow$) Sea t una creencia racional. Entonces existe un punto fijo F(S) libre de conflictos tal que $t \in F(S)$. Luego, para todo elemento $x \in F(S)$ y para todo elemento $y \in PA$ tal que $y \rightarrow x$ existe un elemento $z \in F(S)$ tal que $z \rightarrow y$, en particular para el caso $x = t$. Para la defensa de t, entonces, basta que P juegue elementos de F(S), ya que P siempre podrá responder cualquier ataque, o bien con un elemento no atacado, o bien repitiendo un elemento que P jugó previamente (ver, por ejemplo, en la figura 1, la posible defensa de *d* usando elementos del punto fijo F({*d, f, a, c*}), a través de la historia de juego *d* (P) – *e* (O) – *d* (P)).

($\leftarrow$) Supongamos que P tiene una estrategia ganadora para la defensa de t bajo el protocolo de la regla C. Entonces, en el nodo terminal x del juego en el que P juega su estrategia ganadora tenemos alguna de las situaciones siguientes por las que O no puede mover: a) no hay ataques posibles sobre x, b) el único elemento que ataca a x fue jugado previamente por O, c) x es una jugada repetida por P. En el caso a) es claro que t pertenece al menor punto fijo de F, por lo tanto, pertenece a un punto fijo libre de conflictos. Y de los casos b) y c) se sigue que t está involucrado en un ciclo de ataques de longitud par de modo que {x, t} $\subseteq$

---

[49] Cf. Dung (1995), lema 18 y def. 23, respectivamente, p. 329.

F(S) y {x, t} está libre de conflictos, luego F(S) pertenece a un punto fijo de F libre de conflictos. De todos los casos se sigue que t es una creencia racional. ∎

### 4.6. *Conclusiones.*

Hemos intentado caracterizar las nociones relativas al fundamento suficiente e insuficiente en términos puramente pragmáticos. En nuestra opinión, hemos logrado ese objetivo al menos de un modo parcial, haciendo relativo el fundamento a una comunidad de dialogantes y un momento histórico determinados. Para ello hemos tenido que limitarnos a pensar el fundamento en relación a una comunidad de dialogantes en un momento histórico determinado, con la desventaja de no poder capturar las nociones roettianas en su concepción más general; pero con la ventaja –según nuestro parecer– de haber ganado precisión en cuanto a las ideas relativas a la superación de objeciones y la comparabilidad de fundamentos.

También hemos extrapolado desde la teoría de la argumentación abstracta algunos resultados que ponen en correspondencia los distintos tipos de fundamento con las estrategias ganadoras de un proponente en un juego dialógico, de acuerdo a protocolos de juego específicos para cada tipo.

### 4.7. *Referencias.*

Barwise K & Seligman J. [1997] : *Information Flow: the Logic of Distributed Systems*. Cambridge University Press, Cambridge.
Einstein A. [1923] : "Geometry and Experience". En Einstein, A. (ed.) *Sidelights on relativity*. Courier Dover Publications, p. 27.
Everett T. [2001]: "The rationality of science and the rationality of faith". *Journal of Philosophy*, **98**, 1, pp. 19-42.
Perelman Ch. & Olbrechts-Tyteca L. [1970]: *Traité de l'argumentation – La nouvelle rhétorique*. Université Libre de Bruxelles, Bruselas.
Roetti J.A. [2011] : "Acerca del fundamento", *Anales de la Academia Nacional de Ciencias de Buenos Aires*, tomo XLV, pp. 9-39.
Tarski A. [1955] : "A lattice-theoretical fixpoint theorem and its applications". *Pacific Journal of Mathematics*, **5**, 2, pp. 285–309.
Taylor R. & Wiles A. [1995] : "Ring-theoretic properties of certain Hecke algebras". *Annals of Mathematics*, **141**, 3, pp. 553–572.
Vreeswijk G. & Prakken H. [2000] : "Credulous and sceptical argument games for preferred semantics". En *Proceedings of JELIA'2000, The 7th European Workshop on Logics in Artificial Intelligence*. Lecture Notes in AI 1919, Springer Verlag, Berlin, pp. 239-253.

Wiles, A. [1995] : "Modular elliptic curves and Fermat's Last Theorem". *Annals of Mathematics*, **141**, 3, pp. 443–551.

# II. Algunos problemas de fundamentación en ciencias

# CAPÍTULO 5

## ALGUNAS OBJECIONES ARENDTIANAS A LA ANALOGÍA ORGÁNICA DE ROUSSEAU

Rebeca Canclini

El presente trabajo tematiza la lectura arendtiana de la analogía orgánica en *Du contract social* de Rousseau. Coincidimos con gran parte de la crítica[50] que ha notado que las afirmaciones de Arendt no pueden sostenerse frente al texto rousseauniano. Creemos que quienes pretendan buscar en Arendt una historiadora de la teoría política rousseauniana difícilmente puedan considerar valioso su aporte porque a través del mismo no podremos dar cuenta de la teoría de Rousseau. Arendt utiliza, como parte de su método, datos de la historia de la teoría sobre lo político para fundamentar algunas de sus afirmaciones. Sin embargo, estos desarrollos suelen ser controvertidos desde el punto de vista de la historia del pensamiento. En este caso, el objetivo de Arendt está en mostrar las consecuencias que tuvieron algunas apropiaciones de las ideas rousseaunianas en la política de la modernidad.

Nuestro objetivo consiste en mostrar dos vías complementarias de fundamentación utilizadas por Arendt en su crítica de la analogía orgánica, particularmente, en su versión rousseauniana. En primer lugar, trataremos una crítica que consiste en mostrar una prolongación de la analogía tratada. En segundo lugar, veremos que el desarrollo del tema permite que la autora explicite y critique los supuestos de los propios conceptos utilizados por algunos teóricos modernos de lo político.

Para esto, comenzaremos por mencionar algunos aspectos relevantes de las nociones de analogía y organismo en el pensamiento arendtiano. Después, recuperaremos algunas nociones generales relacionadas con el valor argumentativo de las analogías y realizaremos un brevísimo recorrido de los textos de teoría política premodernos en los que aparece la analogía que nos convoca. Posteriormente, presentaremos y organizaremos los objetos y relaciones que este recurso argumentativo tiene en *Du contract social* y en la lectura arendtiana del mismo. Por último, explicitaremos las objeciones planteadas por Arendt a esta analogía.

*5.1. La analogía y lo orgánico en el pensamiento arendtiano: consideraciones preliminares*

---

[50] Cfr. Carnivez 1987, Enegrén 1985, O'Sullivan 1973, Parekh, 1981.

110/ Algunas objeciones arendtianas a la analogía orgánica de Rousseau

El pensamiento político de Hannah Arendt está fuertemente marcado por su experiencia con el totalitarismo nazi. Escribe en un mundo en el que, según su propio diagnóstico, el espacio para la libertad de la acción política ha sido notoriamente reducido por la alta burocratización de los estados y por la eventual adhesión de las masas conformistas a distintas ideologías. Por eso, gran parte de su obra busca establecer cuáles son los espacios públicos aún posibles para la acción en un marco caracterizado por las tendencias totalitarias de sociedades que confunden liberación e igualación con libertad e igualdad.

La tematización del rol de las analogías para el pensamiento se encuentra en la última etapa de su vida. En su obra inconclusa, *The life of the mind*, presenta la noción de analogía como semejanza de relaciones entre cosas desemejantes y afirma que se trata de una operación que permite unir al pensamiento sin imágenes con una intuición procedente del mundo de las apariencias. En opinión de Arendt, la analogía permite la construcción de conceptos que, eventualmente, se convierten en metáforas congeladas cuyo significado original puede ser desvelado en la medida en que el contexto en el que fueron acuñadas sea explicitado[51].

Las menciones de la analogía entre el vínculo político y el cuerpo aparecen en algunas obras de los años sesenta como *On Revolution* y *On Violence*. Para Arendt, la analogía orgánica es específica de la forma en la que se concibió el lazo social[52] durante la época moderna[53]. Para nuestra autora, el simbolismo biológico impregnó las teorías de la historia modernas que tienden a concebir a la multitud como una especie de cuerpo sobrenatural dirigido por una voluntad igualmente sobrenatural e irresistible. De hecho, lo específicamente moderno de esta analogía está en la extrapolación de la noción de voluntad propia del individuo humano al ámbito político.

En *The human condition* [1958] se sostiene que la vida es un proceso cíclico de desgaste y regeneración continua que desconoce entidades únicas e irrepetibles como las humanas ya que concibe lo particular como caso de lo general (HC: 96). O sea, el nacimiento y la muerte humana no ocurren en el constante devenir de la naturaleza sino en el mundo más o menos estable creado por el artificio de los hombres. Sin este mundo sólo existiría la inmutable y eterna repetición de los ciclos naturales. Por supuesto, la vida humana está relacionada con

---

[51] Arendt, Hannah (1978) The life of the mind, New York, A Harvest Book, 109. En adelante: LM
[52] Por supuesto, entendiendo al lazo social como diferente del político.
[53] La época moderna para Arendt comienza en el siglo XVII y termina a principios del XX. Ver: Arendt, Hannah (2008) La condición humana. Buenos Aires, Paidós, 6. En adelante: CH. Arendt, Hannah (1998) The human condition, Chicago, The University of Chicago Press, 6. En adelante: HC.

estos ciclos pero mediante la condición de la labor que no puede exceder el círculo prescripto por el proceso biológico al organismo y está atada a la necesidad.

*"Con la expresión vida activa me propongo designar tres actividades fundamentales: labor, trabajo y acción. Son fundamentales porque cada una corresponde a una de las condiciones básicas bajo las que se ha dado la vida del hombre (…) Labor es la actividad correspondiente al proceso biológico del cuerpo humano cuyo espontáneo crecimiento, metabolismo y decadencia final están ligados a las necesidades vitales producidas y alimentadas por la labor en el proceso de la vida. La condición humana de la labor es la vida misma"* (CH: 21)[54]

Arendt distingue *bios* de *zoe*, o sea, una forma política de vida de la noción meramente biológica. En el segundo sentido, la vida es un proceso cíclico de desgaste y regeneración continua que desconoce entidades únicas e irrepetibles como las humanas ya que concibe lo particular como caso de lo general (HC: 97). Es propio de la *zoe* reunir a los individuos como si fuesen uno, exigiendo el abandono de toda conciencia de individualidad e identidad.

La profunda inadecuación entre la actividad de la labor y la acción política está en la soledad (*solitude*)[55] en la que los seres humanos deben enfrentar las necesidades de sus cuerpos. Es decir, el vivir con otros, en este caso, no muestra ninguna marca de pluralidad, "(…) sino que existe en la multiplicación de especímenes que son fundamentalmente semejantes porque son lo que son como meros organismos vivos" (CH: 234)[56]. Es propio de la naturaleza de la labor reunir a los individuos como si fuesen uno, exigiendo uniformidad e igualación.

La consideración de la esfera política a la luz de lo biológico estaría marcada, entonces, por la pérdida de la dimensión ética y la orientación al bien común en favor del mantenimiento de la vida como *zoe*. Así, la propia concepción moderna de lo social sería contraria a la pluralidad humana en la que la acción es posible.

5.2. *La analogía: cuestiones generales*

---

[54] With the term *vita activa*, I propose to designate three fundamental human activities: labor, work, and action. They are fundamental because each corresponds to one of the basic conditions under which life on earth has been given to man (…) Labor is the activity wich corresponds to the biological process of the human body, whose spontaneous growth, metabolism, and eventual decay are bound to the vital necessities produced and fed into the life process by labor. The human condition of labor is life itself (HC: 7).
[55] Sobre la distinción arendtiana entre loneliness y solitude ver: HC: 76.
[56] (…) but [this togetherness] exists in the multiplication of specimens which are fundamentally all alike because they are what they are as mere living organisms (HC: 212).

La analogía es una forma de fundamentación insuficiente que pretende fundar la verosimilitud de ciertos enunciados (Roetti, 2014: 97). Es un proceso de transferencia de información de un dominio a otro o su expresión lingüística. Los componentes de la analogía se agrupan en tres categorías: objetos, relaciones entre objetos (relaciones de primer orden) y relaciones de relaciones (relaciones de segundo orden). Tener las mismas propiedades hace que los objetos sean semejantes pero no análogos, por eso, el análisis de su valor argumentativo se centra en las semejanzas en las relaciones.

Las analogías pueden clasificarse en analogías de atribución y analogías de proporcionalidad. Las primeras atribuyen el término a varios entes, las segundas presentan una identidad de información entre los términos ordenados en pares. La forma general de la analogía de proporcionalidad es A: B :: C: D y postula una semejanza de relaciones entre el primer dominio (A: B) llamado tema o término y el segundo dominio (B: C) llamado fuente, análogo o foro. Estas analogías requieren que los dominios permanezcan diferentes, de lo contrario serían dos casos particulares de la misma regla. La aproximación entre los dominios es discursiva (no es la consecuencia del argumento) y permite hablar de transferencia argumentativa entre ellos (Marraud, 2007: 170).

Las analogías deben poseer las siguientes características: propiedades relacionales comunes (relación de similitud), correspondencias uno a uno y conectividad paralela (consistencia estructural), y emparejamiento de relaciones interconectadas por relaciones de orden superior (sistematicidad). Si estas características se cumplen estamos ante una analogía capaz de generar conclusiones (Gentner y Markman, 1997: 47).

La relación de fundamentación insuficiente puede no ser monótona y admitir grados de fundamentación (Roetti, 2014: 106 y 109). Partimos del supuesto de que el valor heurístico no es el único posible para las analogías, sin embargo, su valor argumentativo está vinculado a la noción de fuerza argumentativa y no siempre a la de validez (Yoris, 2012). Se trata, dicho de otra manera, de la pretensión de inferir la suficiencia del argumento del término a partir de la suficiencia del argumento de la fuente. Mientras la noción de validez es cualitativa y refiere a una característica intrínseca de los argumentos, la noción de fuerza argumentativa depende de su comparación con otros argumentos concurrentes. Por eso, la noción de fuerza introduce un orden entre los argumentos, aunque se trate de un orden siempre parcial y revisable.

Hay dos usos argumentativos de la analogía: uno relaciona los dos dominios para justificar una conclusión acerca de uno de ellos, otro establece como conclusión que los dominios son análogos. A partir del lugar que ocupan en el argumento, estos dominios están en una relación asimétrica, ya que el argumento se sostiene en la fuente y la conclusión está contenida en el término.

Una analogía parece apropiada cuando la fuente exhibe rasgos del término que se consideran importantes. Por eso, admitir una analogía supone un juicio sobre la importancia de las características que ésta destaca del término. Consecuentemente, los intentos de sustitución de una analogía por otra nueva remiten a la búsqueda de un dominio que resalte los rasgos que se estiman esenciales (Perelman, 1994: 596). La fuente permite situar al término en un marco conceptual que queda expuesto a los ataques en la medida en que la analogía se muestre inadecuada en alguna de sus prolongaciones[57]. La aproximación entre los dominios de la fuente y el término tiende a la unificación de los campos y, por eso, a la superación de la analogía. Cuando se ha mostrado que la fuente es inadecuada para el término, se la puede sustituir por otra más apropiada ordenando los argumentos según su fuerza.

5.3. *La analogía orgánica en la tradición premoderna*

Durante los últimos siglos de la Edad Media la analogía orgánica fue un recurso retórico muy utilizado para expresar la relación existente dentro de la comunidad política entre los miembros (*membra*) con sus diferentes funciones y la unidad del organismo (*corpus*), sugería que la comunidad era una entidad con un interés y un bien común. Su fuerza emocional tiene una fuente tradicional doble: la antigüedad clásica y la teología cristiana. En el primer caso, la analogía entre el cuerpo político y el cuerpo individual encuentra una formulación paradigmática en la *República* (440-444) de Platón. En el libro IV, la justicia es presentada como la virtud que permite reconocer las diferencias de cada parte del alma (del individuo y de la *pólis*) y coordinarlas armoniosamente. En el segundo caso, los medievales se remontan a fuentes bíblicas que ven a la Iglesia como cuerpo de Cristo o corporación de creyentes.

Durante el Medioevo, la analogía se utilizaba normalmente para resaltar las diferencias en las funciones de cada una de las partes e insistía en la obligación de obedecer al gobernante. Sin embargo, también podía ser utilizada con idéntica propiedad para indicar los deberes de los gobernantes hacia los súbditos. Este recurso, además, tendía a santificar la división del trabajo en su forma existente: como se trataba de una manera de afirmar que el bien de cada parte equivalía al

---

[57] Las refutaciones de este tipo no obligan a abandonar la analogía, ya que siempre es posible negarse a aceptar una prolongación. Por supuesto, esta negativa hace que la analogía sea más frágil y, eventualmente, mostrará el carácter arbitrario de la analogía primitiva (Perelman, 1994: 593).

bien del todo, permitía justificar las desigualdades sociales[58]. Otro mensaje posible era el de la necesidad de armonía social que se sentía de manera acuciante en las ciudades cuyo notable desarrollo durante los últimos siglos del Medioevo ponía en peligro la estabilidad y la convivencia (Black, 1996: 20ss).

Entre los autores que tematizaron esta analogía durante los últimos siglos del Medioevo destacan Juan de Salisbury que desarrolló, en el *Policraticus*, la función de cada parte de la sociedad asignándole un miembro análogo en el cuerpo (el clero es el alma, el príncipe es la cabeza, el consejo es el corazón, los funcionarios y soldados son las manos y los obreros agrícolas son los pies), Tomás de Aquino que advirtió de los peligros de tomar muy literalmente la analogía (*Sententia libri Ethicorum*, I, 1), Egidio Romano quién la utilizó para fundamentar la prioridad del poder clerical sobre el laico (*De ecclesiastica sive Summi Pontificis potestate*, II, 6) y los conciliaristas, entre los que destacó Juan de París, quienes formularon la concepción de la iglesia como un organismo para sostener la eminencia del Concilio sobre el Sumo Pontífice. Estos estudios fueron retomados por escritores laicos como Marsilio de Padua y Dante quienes contribuyeron para que en el Renacimiento y la Edad Moderna la analogía se convirtiese en un lugar común de la teoría política.

5.4 La analogía orgánica en *Du contracto social* de Rousseau

*Du contract social* de Rousseau es publicado en 1762, más de veinticinco años antes de la Revolución Francesa. Se trata de una confrontación con la tradición de teoría política que entiende verticalmente el principio unificador de las comunidades, o sea, postula que el monarca absoluto, representante para algunos del poder divino, convierte a la multitud en un pueblo de ciudadanos otorgando la unidad en forma externa a la comunidad. Cuando este orden es puesto en cuestión y la pérdida de autoridad se hace evidente, se impone la búsqueda de un nuevo principio unificador entre los individuos.

Este escrito está impregnado por la analogía orgánica; constituye, creemos, una obra "bisagra" ya que, por una parte, relaciona explícita y repetidamente esta analogía con la noción de bien común, en continuidad con su propia tradición. Sin embargo, por otro lado, traspasa el horizonte heredado al vincular el ámbito público a la noción de una voluntad propia del colectivo político. La analogía entre organismo y lazo político tiene un papel heurístico en Rousseau pero también le permite tanto argumentar en favor de la inversión de la jerarquía

---

[58] Merece mencionarse que esta defensa del orden era compatible con el mejoramiento legítimo del status personal mediante el desarrollo de la vocación, el orden no se entendía como la antítesis de la libertad.

entre el gobernante y su pueblo[59] y reformular la relación entre ellos en términos de la *volonté générale*.

Ya en el libro I, Rousseau descarta dos analogías tradicionales sobre el vínculo político: la del padre y la del pastor. La primera, sostiene que la relación entre el gobernante y los súbditos es análoga a la del padre con sus hijos. La segunda, equipara aquella relación con la existente entre el pastor y el rebaño. Mediante prolongaciones, Rousseau muestra que estas fuentes son inadecuadas para el término justificando su sustitución por la analogía orgánica.

Además, Rousseau critica formas tradicionales de interpretar la analogía orgánica, por ejemplo, cuando sostiene que:

*"Necesita, pues, la fuerza pública un agente propio que la reúna y la ponga en acción según las direcciones de la voluntad general, que sirva para la comunicación del Estado y del soberano, que haga de algún modo en la persona pública lo que hace en el hombre la unión del alma con el cuerpo (...)"*[60]

Mantener la dicotomía alma/cuerpo le impediría alejarse de una concepción jerárquica de lo político en favor de un ideal igualitario. Por eso, no estamos frente a una visión holística de naturaleza sea que la entendamos bajo el supuesto de la inmanencia del principio vital, o bajo el supuesto creacionista. Podríamos decir que Rousseau está utilizando una noción 'desencantada' de naturaleza y, consecuentemente, también de organismo.

Dijimos que la obra puede leerse, casi en su totalidad, desde el punto de vista de la analogía orgánica. Rousseau presenta la comunidad política como una especie de cuerpo, o sea, como una entidad en la que la totalidad es mayor a la suma de las partes. Efectivamente, la noción de organismo supone la existencia de partes que se combinan entre sí en una estructura altamente compleja que, aparentemente, no podría ser explicada a partir de la mera adición. Rousseau afirma, por ejemplo, que: "En tanto que muchos hombres reunidos se consideran como un solo cuerpo, no tienen más que una voluntad, que se refiere a la común conservación y al bienestar general (...)" (CS: 129)[61]. A partir de la cita anterior podría pensarse que se trata simplemente del uso de la noción de 'cuerpo' en sentido

---

[59] Lo que no es ninguna novedad en la teoría política ya que puede encontrarse en Marsilio de Padua y Egidio Romano, por mencionar sólo dos autores.

[60] Rousseau, Jean-Jaques [1762] (2007) *Contrato social*, Madrid, Espasa Calpe, 86. En adelante, CS.
Il faut donc à la forcé publique un agent propre qui la réunisse et la mette en œuvre selon les directions de la volonté générale, qui serve à la communication de l'État et du souverain, qui fasse en quelque sorte dans la personne publique ce que fait dans l'homme l'union de l'âme et du corps (...) En: Rousseau, Jean-Jaques [1762] (2007) *Du contrat social ou principes du droit politique*. Amsterdam, Metαlibri, 39. En adelante, DCS.

[61] Tant que plusieurs hommes réunis se considèrent comme un seul corps, ils n'ont qu'une seule volonté qui se rapporte à la commune conservation et au bien-être général (...) (DCS: 74)

legal o de una *metáfora adormecida*, sin embargo, el mismo Rousseau desarrolla la analogía en diversos lugares (III, 1 y 11; IV, 1, entre otros).

Este recurso es utilizado por Rousseau para extraer distintas conclusiones a lo largo de la obra. Por supuesto, no se orienta a afirmar una similitud entre el cuerpo individual y el estado ni tampoco una semejanza entre sus miembros sino una semejanza entre las relaciones de estos miembros entre sí. Consecuentemente, sus argumentos se basan en buena medida en transferir argumentos del ámbito orgánico al dominio político, principalmente se interesa por mostrar la preeminencia del pueblo sobre cualquier gobierno. En el caso de la obra que nos convoca los ejemplos son numerosos, nosotros elegimos el siguiente:

*"El principio de la vida política está en la autoridad soberana.*
*El poder legislativo es el corazón del Estado; el poder ejecutivo, el cerebro que da movimiento a todas las partes. El cerebro puede sufrir una parálisis y el individuo seguir viviendo, sin embargo. Un hombre se queda imbécil y vive; mas en cuanto el corazón cesa en sus funciones, el animal muere.*
*No es por las leyes por lo que subsiste el Estado, sino por el poder legislativo (...)"* (CS: 116)[62]

Los objetos de esta analogía son: cuerpo, cerebro y corazón (de la fuente), y estado, poder ejecutivo y poder legislativo (del término). Pero, Rousseau también afirma que:

*"Hemos visto cómo el poder legislativo pertenece al pueblo y no puede pertenecer sino a él (...) ¿Qué es, pues, el gobierno? Un cuerpo intermediario establecido entre los súbditos y el soberano para su mutua correspondencia, encargado de la ejecución de las leyes y del mantenimiento de la libertad, tanto civil como política"* (CS: 85).[63]

Por esto, a partir de esta última afirmación, vamos a reemplazar las nociones de poder legislativo y poder ejecutivo por pueblo y gobierno respectivamente. Para analizar esta analogía se enumeran en la siguiente tabla los componentes de la fuente y el término estableciendo una correspondencia de uno a uno entre ellos (consistencia estructural).

---

[62] Le principe de la vie politique est dans l'autorité souveraine. La puissance législative est le coeur de l'État, la puissance exécutive en est le cerveau, qui donne le mouvement à toutes les parties. Le cerveau peut tomber en paralysie et l'individu vivre encoré. Un homme reste imbécile et vit, mais sitôt que le coeur a cessé ses fonctions, l'animal est mort.
Ce n'est point par les lois que l'État subsiste, c'est par le pouvoir législatif (DCS: 64).
[63] Nous avons vu que la puissance législative appartient au peuple, et ne peut appartenir qu'à lui (...) Qu'est-ce donc que le gouvernement? Un corps intermédiaire établi entre les sujets et le souverain pour leur mutuelle correspondance, chargé de l'exécution des lois et du maintien de la liberté tant civile que politique (DCS: 39)

|  | Fuente: cuerpo individual | Término: estado |
|---|---|---|
| Objetos | cuerpo individual | estado |
|  | corazón | pueblo |
|  | cerebro | gobierno |
| Relaciones de primer orden | sobrevive (cuerpo- sin cerebro) | sobrevive (estado- sin gobierno) |
|  | muere (cuerpo- sin corazón) | muere (estado- sin pueblo) |
|  | tiene preeminencia sobre (corazón- cerebro) | tiene preeminencia sobre (pueblo- gobierno) |
| Relaciones de segundo orden | porque ( tiene -muere y sobrevive) | porque ( tiene - muere y sobrevive) |

Así, finalmente, los objetos de la fuente son: cuerpo, corazón y cerebro. Entre ellos se establecen relaciones (sobrevive, muere, tiene) y una relación de relaciones (porque). Por su parte, el término contiene los siguientes objetos: estado, pueblo y gobierno, y las mismas relaciones y relaciones de relaciones. Además, esta analogía presenta propiedades relacionales comunes (similitud) y relaciones de orden superior que emparejan a las de orden inferior (sistematicidad).

Como habíamos dicho, el anterior es un caso en el que Rousseau pretende justificar la preeminencia del pueblo o poder legislativo sobre el gobierno o poder ejecutivo a partir de la transferencia de un argumento desde el dominio orgánico al dominio político.

5.5. *La lectura arendtiana de la analogía orgánica en Rousseau*

En 1963, Arendt publica *On revolution*, obra en la que trata el tema de la analogía entre lo político y lo orgánico en el caso puntual de Rousseau. En esta obra se contrapone la idea moderna de fundación del estado mediante el contrato por el consentimiento de los ciudadanos a la idea de la fundación política de la república mediante promesas mutuas entre ellos[64]. En el contexto de la Revolución Francesa uno de los mayores problemas, según la opinión de Arendt, fue la carencia de una autoridad que hiciese posible esta fundación. El correlato teórico de este problema fue el error de considerar que tanto la ley como el poder tenían la misma fuente; la ley puede ser fundada por la autoridad, pero el poder no puede fundarse "desde arriba" sino en la pluralidad humana[65].

Creemos que la finalidad de Arendt en los textos en los que trata directamente el tema de la analogía orgánica no consiste en una indagación en el *corpus* rousseauniano ni en su contexto de producción, esto es, Arendt no está haciendo historia del pensamiento político. Sus objetivos, más bien, están ligados a la comprensión de la acción humana y, particularmente en *On Revolution*, de la pérdida del espacio político en los estados posrevolucionarios que antecedieron a las formas totalitarias de gobierno. Consecuentemente, al mostrar lo profundamente inaceptable que es esta analogía para entender el ámbito político de la actualidad, la autora estaría reformulando sus temores frente a las tendencias totalitarias de las sociedades contemporáneas.

La analogía orgánica se presenta, en *On Revolution*, ligada al tema de la *volonté générale*. Arendt insiste en el automatismo y la necesidad propia de los procesos vitales orgánicos y los relaciona con la forma moderna de entender la historia y el ámbito político: como proceso. Las distintas asociaciones entre lo biológico y lo histórico comparten que "(…) concebir la multitud (…) a imagen y semejanza de un cuerpo sobrenatural, dirigido por una "voluntad generalizada" sobrenatural e irresistible"[66]. De acuerdo con esta forma moderna de entender lo político, las antiguas teorías que enfatizaban el consentimiento popular como prerrequisito de todo gobierno legítimo, son reemplazadas por la noción de *volonté générale*. El consentimiento, con sus resonancias a elecciones deliberadas, opiniones plurales y acuerdos, no parecía lo suficientemente dinámico o revolucionario para la constitución del nuevo cuerpo político o para el establecimiento del nuevo gobierno más inclinado a resolver situaciones particulares que a formar un espacio de instituciones estables.

---

[64] En el Denktagebuch, cuaderno 14 de abril de 1953, fragmento 25, sostiene que la teoría del contrato sería correcta si se entendiera la ley como promesa. Ver: Arendt, Hannah (2002) Denktagebuch 1950-1973. München, Piper Verlag, 338. En adelante: DTB. Además, en "Civil disobedience", publicada en 1970, retoma el tema del contrato y sostiene que la cuestión del origen ficticio del consenso condujo a Rousseau a trasladar el problema del deber al de la conciencia, o sea, a la interioridad de la relación entre el yo y el sí-mismo Ver: Arendt, Hannah (1972) Crisis of the republic, New York, A Harvest Book, 84. En adelante: CR.
[65] Hay que recordar que Arendt tampoco acepta que la autoridad pueda entenderse con la imagen espacial "desde arriba" sino con la temporal "desde el pasado".
[66] Arendt, Hannah (2008) Sobre la revolución. Buenos Aires, Alianza, 79. En adelante: SR.
"(…) they see a multitude (…) in the image of one supernatural body driven by one superhuman, irresistible 'general will'": Arendt, Hannah (1990) On revolution, London, Penguin Books, 60. En adelante: OR.

El paso de la república a *le peuple* significó, siempre según Arendt, que la unidad del nuevo cuerpo político estaría garantizada por la unanimidad de la *volonté générale* de ese pueblo y no por las instituciones comunes que pudieran constituir. Así, la reformulación moderna de la analogía orgánica dice que el estado es a la voluntad general como el ciudadano es a su voluntad individual.

*"(...) Rousseau dio a su metáfora de la voluntad general un sentido literal y la empleó con la mayor seriedad, concibiendo a la nación como un cuerpo conducido por una voluntad, semejante en todo a la individual, que podía cambiar de dirección en cualquier momento sin que, por ello, perdiera su identidad (...) De aquí que la profunda atracción que la teoría de Rousseau ejerció sobre los hombres de la Revolución francesa se debiese al hecho de que Rousseau había encontrado según todas las apariencias, un medio ingeniosísimo para colocar a una multitud en el lugar de una persona individual; la voluntad general era, ni más ni menos, el vínculo que liga a muchos en uno"* (SR: 101).[67]

Más allá de las declaraciones sobre el carácter convencional del lazo político[68], la época moderna se habría caracterizado por la pérdida del espacio público de acción en favor de la labor ligada a la vida y, por ende, a la necesidad. Con esto, lo político se habría quedado reducido a lo natural y esto se manifiesta en la irrupción y ascenso de la sociedad (HC: 313).

5.6. Primera objeción: una prolongación posible

Una de las objeciones centrales de Arendt a esta analogía consiste en mostrar una prolongación de la misma que permitiría justificar la violencia dentro del cuerpo político:

*"Nada, en mi opinión, podría ser teóricamente más peligroso que la tradición de pensamiento orgánico en cuestiones políticas, por la que el poder y la violencia son interpretados en término biológicos. Según son hoy comprendidos estos términos, la vida y la supuesta creatividad de la vida son su denominador común, de tal forma que la violencia es justificada sobre la base de la creatividad. Las metáforas orgánicas (...) solo pueden finalmente promover la violencia (...) Además, mientras hablamos en términos no políticos, sino biológicos, los glorificadores de la violencia pueden recurrir al innegable hecho de que en el dominio de la Naturaleza la destruc-*

---

[67] Rousseau took his metaphor of a general will seriously and literally enough to conceive of the nation as a body driven by one will, like an individual, which also can change direction at any time without losing its identity (...) Hence, the very attraction of Rousseau's theory for the men of the French Revolution was that he apparently had found a highly ingenious means to put a multitude into the place of a single person; for the general will was nothing more or less than what bound the many into one (OR: 76).
[68] Rousseau afirma que el ámbito político no es natural (CS: 116 y DCS: 63)

*ción y la creación son solo dos aspectos del proceso natural, de forma tal que la acción violenta colectiva puede aparecer tan natural en calidad de prerrequisito de la vida colectiva de la Humanidad como lo es la lucha por la supervivencia y la muerte violenta en la continuidad de la vida dentro del reino animal".[69]*

Aunque Arendt no fundamenta esta afirmación recurriendo a un texto de Rousseau, nosotros elegimos, a modo de ejemplo, un extracto de *Du Contract Social* que nos permitirá vincular esta objeción por prolongación de la analogía con la que veremos más adelante. Rousseau afirma:

*"De igual modo que la Naturaleza da a cada hombre un poder absoluto sobre sus miembros, así el pacto social da al cuerpo político un poder absoluto sobre todo lo suyo. Ese mismo poder es el que, dirigido por la voluntad general, lleva el nombre de soberanía"* (CS: 60).[70]

*"(…) el ciudadano no es juez del peligro a que quiere la ley que se exponga, y cuando el príncipe le haya dicho: «Es indispensable para el Estado que mueras», debe morir, puesto que sólo con esta condición ha vivido hasta entonces seguro, y ya que su vida no es tan sólo una merced de la Naturaleza, sino un don condicional del Estado"* (CS: 64).[71]

A continuación, presentaremos una organización de los componentes de esta nueva utilización de la analogía en la tabla presentada con anterioridad, en cualquier caso, es importante señalar que se trataría de una organización que permite dar cuenta de la lectura arendtiana y no de una afirmación sobre el texto rousseauniano. Considerando que Rousseau afirma que: "Los miembros de este cuerpo se llaman magistrados o *reyes*, es decir, *gobernantes*, y el cuerpo entero lle-

---

[69] Arendt, Hannah (2006) Sobre la violencia, Madrid, Alianza, 101. En adelante: SV.
Nothing, in my opinion, could be theoretically more dangerous than the tradition of organic thought in political matters by which power and violence are interpreted in biological terms. As these terms are understood today, life and life's alleged creativity are their common denominator, so that violence is justified on the ground of creativity. The organic metaphors… can only promote violence in the end.
Moreover, so long as we talk in nonpolitical, biological terms, the glorifiers of violence can appeal to the undeniable fact that in the household of nature destruction and creation are but two sides of the natural process, so that collective violent action, quite apart from its inherent attraction, may appear as natural a prerequisite for the collective life of mankind as the struggle for survival and violent death for continuing life in the animal kingdom. En: Arendt, Hannah (1969) *On violence*, New York, A Harvest, 75. En adelante: OV.
[70] (…) Comme la nature donne à chaque homme un pouvoir absolu sur tous ses membres, le pacte social donne au corps politique un pouvoir absolu sur tous les siens; et c'est ce même pouvoir qui, dirigé par la volonté générale, porte, comme j'ai dit, le nom de souveraineté (DCS: 20).
[71] (…) le citoyen n'est plus juge du péril auquel la loi veut qu'il s'expose; et quand le prince lui a dit: "Il est expédient à l'État que tu meures", il doit mourir, puisque ce n'est qu'à cette condition qu'il a vécu en sûreté jusqu'alors, et que sa vie n'est plus seulment un bienfait de la nature, mais un don conditionnel de l'État (DCS: 23).

va el nombre de *príncipe*' (...)" (CS: 86)[72], vamos a preferir la noción de pueblo en lugar de la de príncipe.

|  | Fuente: cuerpo individual | Término: estado |
|---|---|---|
| Objetos | cuerpo | estado |
|  | poder/ voluntad particular | poder/ voluntad general |
|  | miembros | ciudadanos |
| Relaciones de primer orden | tiene (el cuerpo/ poder absoluto sobre sus miembros) | tiene (el estado/ poder absoluto sobre sus ciudadanos) |
|  | si... entonces (la vida del cuerpo es incompatible con la vida del miembro/ el miembro debe ser amputado) | si ... entonces (la vida del estado es incompatible con la vida del ciudadano/ el ciudadano debe morir) |
| Relaciones de segundo orden | porque (si/entonces-tiene) | porque (si/entonces-tiene) |

En esta ocasión, los objetos de la fuente son: cuerpo, poder/voluntad particular y miembros. Entre ellos se establecen relaciones (tiene, si/entonces) y una relación de relaciones (porque). Por su parte, el término contiene los siguientes objetos: estado, poder/voluntad general y ciudadanos, y las mismas relaciones y relaciones de relaciones. Además, esta analogía presenta todas las características enumeradas con anterioridad.

---

[72] "Les membres de ce corps s'appellent magistrats ou rois, c'est-à-dire gouverneurs et le corps entier porte le nom de prince" (DCS: 40).

Esta última conclusión se refiere a la relación entre el estado y el ciudadano particular quien, de acuerdo con la lectura arendtiana, no tendría derecho a resistencia ni siquiera cuando su vida debe ser sacrificada en pos del bien del estado. En la misma obra se afirma que: "(…) cada ciudadano se halla en una perfecta independencia de todos los demás y en una excesiva dependencia de la ciudad (…)" (CS: 83)[73].

Si consideráramos la obra de Rousseau podrían esgrimirse muchas críticas a la lectura arendtiana[74]. Sin embargo, estamos interesados en comentar dos de ellas. En primer lugar, podría afirmarse que el uso del texto rousseauniano seleccionado está descontextualizado ya que en el capítulo de *Du Contract Social* en el que aparece (II,5) Rousseau está intentando superar la contradicción entre la garantía de seguridad que debe ofrecer el estado y la pena de muerte o la obligación de que sus ciudadanos vayan a la guerra. En segundo lugar, se podría mostrar que las consecuencias a las que arriba Rousseau postulan la solidaridad dentro de la comunidad política[75].

Ninguna de estas objeciones afecta a las afirmaciones arendtianas ya que Arendt no analiza explícitamente el parágrafo en cuestión ni pretende reconstruir la historia del pensamiento rousseauniano. Lo que hace es tomar una analogía presente en el texto de *Du Contract Social* y mostrar una prolongación de la misma. Esto podría realizarse incluso sin considerar este segundo texto (DCS: 23). Tanto la imagen de la amputación como la del nacimiento permiten construir prolongaciones de la analogía. Por ejemplo, el nacimiento[76] del nuevo cuerpo político, como el de un cuerpo biológico, es tratado por Arendt asociándolo al dolor y al sufrimiento que genera la violencia en el ámbito de lo político. Sin embargo, esta relación entre la violencia propia del terror revolucionario y los dolores de parto que acompañan el fin de una época y el surgimiento de otra, no está presente en la obra de Rousseau[77], se trata de una prolongación posible de la analogía que sí está presente en la obra del autor.

---

[73] (…) chaque citoyen soit dans une parfaite indépendance de tous les autres, et dans une excessive dépendance de la cité (…) (DCS: 38)

[74] Por ejemplo, podría considerarse que la definición de voluntad general (CS, II, 4) concierne a leyes fundamentales del estado por lo que las decisiones sobre particulares no podrían ser actos de ella. También, podríamos considerar que el propio Rousseau limita los alcances de esta analogía (Cfr. Du Contract social, III, 1, Principes du droit de la guerre, 77).

[75] Cfr. Rousseau, Jean-Jaques (1990) Economie politique, Paris, Garnier-Flammarion., 74.

[76] Esta noción de nacimiento no es equiparable a la categoría arendtiana de la natalidad ya que la natalidad solamente puede darse en el mundo artificial creado por los seres humanos (HC: 96ss). En este caso, se trata de nacimiento en un sentido biológico.

[77] Esta prolongación sí se encuentra en textos de Hegel y Marx. La propia Arendt reconoce que para Marx el rol de la violencia en la historia fue secundario. La emergencia de una nueva sociedad es precedida por la violencia pero no causada por ella. Arendt admite que Marx consideraba que la causa de la violencia revolucionaria estaba en las contradicciones de la sociedad (OV: 11).

Por supuesto, Rousseau difícilmente habría admitido esta prolongación. Sin embargo, siempre es lícito cuestionar el uso de una analogía mostrando una prolongación no deseable de la misma. En este sentido, el procedimiento arendtiano está dentro de los límites del juego argumentativo que se abre al utilizar este tipo de fundamentación insuficiente (Perelman, 1994: 593).

La radicalidad del pensamiento arendtiano no debe buscarse en justificaciones de la justificación de la violencia sino en la concepción del fundamento (*arjé*) del ámbito político como revisable. En consecuencia, Arendt objeta la analogía orgánica por la prolongación que justifica la violencia política. Y esto, con total independencia de las intenciones y de los usos que Rousseau realiza de esta analogía. En definitiva, la analogía orgánica supone un juicio sobre los aspectos que se consideran esenciales para la esfera política. Y estos no permiten rescatar la dimensión de la pluralidad ni comprender el inter-homines-esse, ambos, según Arendt, fundamentales para la política contemporánea.

*5.7. Segunda objeción: los conceptos de voluntad y soberanía*

Arendt entiende que la relación entre la analogía orgánica y la violencia supone la introducción de la noción de voluntad como concepto político. Según la lectura arendtiana, la idea de la *volonté générale* intentaría resolver la falta de unión dentro de la esfera política mediante la identificación del ser nacional con el pueblo[78]. Sin embargo, esta unidad estaría circunscripta solamente al ámbito de las necesidades naturales, y sería posible sólo en la medida en que el conflicto político sea expulsado del ámbito público al plano de la intimidad (ver nota 15). Así, el conflicto social que se origina por los intereses particulares enfrentados se trasladaría a la interioridad del individuo que, en tanto ciudadano, tiene el deber de hacer primar la voluntad general por sobre su propia voluntad particular (CR: 84).

Para Arendt, lo que parece ser inadecuado de la fuente es la identificación entre soberanía y voluntad tanto como la afirmación de una voluntad colectiva (DCS: 20). El tratamiento arendtiano de la noción de voluntad es deudor, en primera instancia, de Kant y Agustín. De Kant toma la noción de espontaneidad como fuente de acción, de Agustín la idea de voluntad como actualización del *principium individuationis*. Desde Agustín, en cada acto de voluntad habría un yo quiero y un yo no quiero incluidos, un conflicto entre querer y no querer que está en el mismo yo volente. Por eso, la voluntad está caracterizada estructuralmente por

---

[78] En The origins of totalitarianism, Arendt había afirmado que la decadencia de los estados modernos se produjo por la identificación entre nación y estado que, finalmente, hizo colapsar la estructura jurídica de los estados europeos. Ver: Arendt, Hannah (1979) The origins of totalitarianism, New York, A Harvest Book, 124ss. En adelante: OT.

la escisión entre el mando y la obediencia[79] y el uso de la analogía orgánica permite mantener la distinción, en el plano político, entre gobernantes y gobernados. Para Arendt, la voluntad siempre es individual y su uso destaca las relaciones de dominio en el término antes que las dialógicas que remiten a relaciones intersubjetivas.

Por otra parte, el ejercicio de la voluntad que puede darse en aislamiento es relacionado por la autora con el concepto filosófico de libertad (*philosophical freedom*)[80] que fue acuñada en el seno de la tradición estoica y paulista. El concepto político de libertad (*political liberty*), por su parte, procede del estatuto del hombre libre en el espacio público. En este sentido, no es un fenómeno de la voluntad ya que sólo puede darse en el marco de relaciones intersubjetivas y se relaciona con la ciudadanía. Arendt distingue entre un yo puedo (relacionado con la libertad de movimiento del *eleutherós* que es político) y un yo quiero (relacionado con el libre arbitrio que es propio de la voluntad).

El fenómeno de la voluntad, en opinión de Arendt, desvió el concepto político de libertad hasta el punto de modificar su sentido y orientarlo hacia la soberanía y la autosuficiencia. En este desvío se encuentra una de las fuentes de los prejuicios que conciben lo político como un medio de coerción con el que ejercer la dominación. Bajo el supuesto moderno que entiende lo político bajo la imagen de lo orgánico, toda acción política procede y se funda en la voluntad, en tanto las acciones políticas obedecerían a una voluntad que constituye su principio de legitimidad. Con esto, la voluntad sería, a la vez, la fuente y el fundamento de las leyes básicas y se entendería como una forma alternativa de segundo nacimiento opuesta a la natalidad asociada con la acción. El sujeto colectivo nacido de este acto de voluntad no podría asimilar la pluralidad de actores. O, dicho de otra forma, el sujeto-pueblo que quiere no puede ser confundido con el pueblo-plural que actúa y surge de sus propias acciones (Tassin, 2001: 112).

La justificación de la introducción de la voluntad[81] en el terreno político se da de la mano de la analogía orgánica presentada por Rousseau[82]. La unión entre la voluntad general y la soberanía popular habría llevado, con posterioridad a las revoluciones modernas, a que la voluntad general prevalezca sobre la constitu-

---

[79] En definitiva, para Arendt, Rousseau no se apartó de una concepción vertical del poder, simplemente colocó en el trono vacío del rey a le peuple identificado con la nación (OR: 158 y OV: 37 –nota al pie-).
[80] Ver: Arendt, Hannah (1961) Between past and future, six exercises. New York, The Viking Press, 146. En adelante: BPF.
[81] En Lutero y Hobbes, por ejemplo, la obligación del individuo frente a la ley se fundaba en que esta expresaba la voluntad del soberano. Sin embargo, no se hablaba de una voluntad colectiva.
[82] Aunque la lectura que Arendt realiza de Rousseau está mediada por la Revolución francesa y, particularmente, por Robespierre y Sieyès.

ción y sobre la deliberación pública, a que el principio nacional se imponga al federal, y a que la soberanía o voluntad general se imponga sobre la libertad política. Por esto, el vínculo entre voluntad y soberanía, para Arendt, es pernicioso para nuestra concepción de lo político.

Por otra parte, la analogía orgánica permite introducir en el ámbito político un principio absolutizador que es incompatible con la libertad política (Hilb, 1990: 6). Para recuperar la esfera de libertad política, entonces, es preciso abandonar la idea de un pueblo soberano unificado como si se tratase de un cuerpo colectivo dotado de voluntad. Una imagen apropiada de pueblo debe preservar su carácter plural. En definitiva, el punto de las objeciones arendtianas parece ser que una imagen adecuada de lo político no debería reducir a los individuos a una sola voluntad, sino mostrar la diversidad de estos individuos unidos por el hecho de compartir un mundo común y plural (Canovan, 1983: 290-292). La clave de la problemática rousseauniana reside en esta sustitución de las opiniones plurales por la voluntad general. Según Arendt, la voluntad proscribe las opiniones como su indivisibilidad proscribe la pluralidad. La soberanía popular y la voluntad general no se dividen sin perderse y, por eso, son negadoras de la pluralidad e impiden la natalidad. Dicho de otra manera, la voluntad no es el *modus operandi* de lo práctico.

Por último, queremos hacer notas que ambas objeciones arendtianas se relacionan entre sí. Como la introducción de la noción de voluntad general en la esfera política conduce a la confrontación sin consenso posible, la convivencia se soluciona en relaciones de dominio. Estas relaciones hacen de los individuos meros instrumentos y, así, devienen en violencia.

### 5.8. *Consideraciones finales*

A modo de resumen, queremos destacar los puntos que consideramos más relevantes de las objeciones arendtianas a la analogía orgánica:

1.  La justificación de la violencia:

Como vimos, esta analogía permite prolongaciones que, eventualmente, justifican la violencia mediante las imágenes de la amputación y del nacimiento.

2.  Lo público como ámbito de dominio:

Para Arendt, la escisión que caracteriza estructuralmente a la voluntad es de mando y obediencia y, consecuentemente, la analogía orgánica traslada al espacio político jerárquica entre gobernantes y gobernados[83].

3. La pérdida de la pluralidad en el espacio público:
También mostramos que la noción de voluntad general en el ámbito político se asocia con la unanimidad y, por este motivo, niega la pluralidad.

Si consideramos el análisis arendtiano sólo como una objeción al valor argumentativo de la analogía orgánica, la extrapolación de categorías propias de entidades naturales al ámbito político se centra en la justificación de la violencia (1). Esta transferencia del término a la fuente pretende mostrar que la analogía orgánica es inadecuada para dar cuenta del ámbito político.

Por último, hay que destacar que Arendt objeta también la definición de uno de los objetos de la analogía, la identificación entre soberanía y voluntad (2 y 3). Esta objeción se fundamenta mostrando que si aceptamos la identidad entre voluntad y soberanía, también tendríamos que admitir que el ámbito político no se caracteriza por la igualdad ni por la pluralidad.

Finalmente, queremos destacar las diferencias en los contextos históricos de Rousseau y de Arendt. Como mencionamos, Rousseau escribe en un momento de decadencia de las monarquías absolutistas en el que se requería repensar las bases de la unión entre los ciudadanos de los nacientes estados nacionales. Arendt, por otra parte, escribe en un momento en el que el estado y la sociedad han asfixiado los espacios públicos para la acción, especialmente bajo las formas totalitarias de gobierno y en las sociedades masificadas. Es en este contexto que se plantea la necesidad de pensar una nueva imagen para lo político que debería permitir rescatar sus rasgos inherentes: la igualdad y la pluralidad. La búsqueda de una nueva imagen para lo político es precedida por la crítica a las existentes, en este caso, la orgánica, y su finalidad radica en la construcción de un concepto de lo político acorde con las demandas que el mundo contemporáneo plantea al pensamiento político.

## 5.9. *Referencias.*

---

[83] De hecho, esta analogía siempre justificó las jerarquías en el mando. Las versiones premodernas se basaban en la distinción entre alma y cuerpo (o entre razón y pasiones). En el caso de Rousseau, por ejemplo, aunque estas jerarquías pretenden dejarse de lado, son reintroducidas (siempre según Arendt) con la noción de voluntad general.

Arendt H. [1951] [1979] : *The origins of totalitarianism*. New York, A Harvest Book. [Traducción en castellano: [1998]: *Los orígenes del totalitarismo*. Madrid, Taurus]
Arendt H. [2002] : *Denktagebuch 1950-1973*. München, Piper Verlag [Traducción en castellano: [2006]: *Diario Filosófico 1950-1973*. Barcelona, Herder]
Arendt H. (1958) [1998] : *The human condition*. Chicago, The University of Chicago Press [Traducción en castellano: [2008]: *La condición humana*. Buenos Aires, Paidós]
Arendt H. (1963) [1990] : *On revolution*. London, Penguin Books [Traducción en castellano: [2008] : *Sobre la revolución*. Buenos Aires, Alianza]
Arendt H. (1978) [1981] : *The life of the mind*. New York, A Harvest Book [Traducción en castellano: [2002] : *La vida del espíritu*. Buenos Aires, Paidós]
Arendt H. [1969] : *On violence*. New York, A Harvest Book [Traducción en castellano: [2006] : *Sobre la violencia*, Madrid, Alianza]
Arendt H. [1972] : *Crisis of the republic*. New York, A Harvest Book [Traducción en castellano: [1999] : *Crisis de la república*. Madrid, Taurus].
Arendt H. [1961]: *Between past and future, six exercises*. New York, The Viking Press [Traducción en castellano: [1996] : *Entre el pasado y el futuro. Ocho ejercicios*. Barcelona, Península]
Enegrén A [1985] : "Révolution et Fondation". *Esprit*, juin, p. 68.
Benhabib S. [2003] : *The reluctant modernism of Hannah Arendt*. New York, Rowman & Littlefield.
Birulés F. [2000] : *Hannah Arendt: el orgullo de pensar*. Barcelona, Gedisa.
----------------- [2007] : *Una herencia sin testamento*. Barcelona, Herder.
Black A. [1996] : *El pensamiento político en Europa 1250-1450*. Cambridge, Cambridge University Press.
Canivez P [1987] : "Le sentiment et le politique". *Les cahiers de philosophie*, 4, automne, pp. 53-80.
Canovan M [1983] : "Arendt, Rousseau, and human plurality in politics". *The journal of politics*, 45 (2), pp. 286-302.
Canovan M [1983] : "Arendt, Rousseau, and Human Plurality in Politics". *The Journal of Politics*, 45, pp. 286-302.
Cohen J. [2010] : *Rousseau*, Oxford, Oxford University Press.
Cruz M. (comp.) [2006] : *El siglo de Hannah Arendt*. Barcelona, Paidós.
De Zan J [2006] : "Los sujetos de la política. Ciudadanía y sociedad civil". *Tópicos*, 14, pp. 97-118.
Gentner D. y Markman A. [1997] : "Structure mapping in analogy and similarity". *American Psichologist*, 52, pp. 45-56.
Hilb C [1990] : *Promesa y política. Promesas traicionadas y transición democrática*. Buenos Aires, Conicet.
Marraud H. [2007] : "La analogía como transferencia argumentativa". *Theoría*, 59: pp. 167-188.
O'Sullivan N [1973] : "Politics, Totalitarianism and Freedom: the Political Thought of Hannah Arendt". *Political Studies*, 21, p. 194.
Parekh B [1981] : *Hannah Arendt and the Search for a New Political Phi-losophy*. London, Macmillan.

Perelman y Obrechts-Tyteca [1994] : *Tratado de la argumentación: nueva retórica.* Madrid, Gredos.
Riley P. [2001] : "Rousseau's general will". En: Riley, Patrick (comp.) *The Cambridge companion to Rousseau*, Cambridge, Cambridge University Press, pp. 124-153.
Roetti J. [2014] : *Cuestiones de fundamento.* Buenos Aires, Academia Nacional de Ciencias de Buenos Aires.
Rousseau J. (1762) [2007] : *Du contrat social ou príncipes du droit politique.* Amsterdam, Metαlibri. [Traducción al castellano: [2007] : *Contrato social*, Madrid, Espasa Calpe.
Tassin E [1999] "Identidad, ciudadanía y comunidad política: ¿qué es un sujeto político?". En: Quiroga, Hugo (comp.) *Filosofías de la ciudadanía. Sujeto político y democracia*, Rosario, Homo Sapiens Ediciones.
Tassin E [2001] : "El pueblo no quiere". *Revista al margen*, 2122, pp. 106-119.
Yoris C. [2012] : "La fuerza de los argumentos por analogía", leída el 4 de septiembre de 2009, dentro del máster en Lógica y filosofía de la ciencia ofrecido por las universidad de Salamanca, Santiago de Compostela, La Laguna, Valladolid y A Coruña, y el Instituto de Filosofía del CSIC.

# CAPÍTULO 6

## EXPERIMENTOS MENTALES: LA IMAGINACIÓN COMO AUXILIAR CRUCIAL EN LA FUNDAMENTACIÓN DE UN ARGUMENTO FILOSÓFICO

Jorge Mux

### 6.1. *Resumen.*

Los experimentos mentales han sido usados tanto en ciencia como en filosofía. Sin embargo, mientras ciertos experimentos en ciencia han servido para elaborar conceptualizaciones útiles y fructíferas, en la filosofía (y, en particular, en filosofía de la mente) han sido objeto de múltiples objeciones, tanto en lo que respecta a la construcción de los mismos como al tipo de conclusiones que se han extraído de ellos. Examinaremos los tipos de experimentos mentales a partir de la clasificación de Brown (1991) y utilizando la teoría de la fundamentación (ver capítulos 1 y 2) evaluaremos hasta qué punto es posible otorgarles fundamento. Para ello tomaremos tres experimentos mentales clásicos de la filosofía de la mente: el experimento del "cuarto chino" de John Searle; el de Mary, la neurobióloga condenada a vivir en una habitación en blanco y negro de Frank Jackson, y el de una persona cuyo cerebro es mitad de silicio y mitad de neuronas, de David Chalmers.

### 6.2. *La naturaleza de los experimentos mentales.*

A lo largo de la historia de la ciencia y de la filosofía se han propuesto múltiples experimentos mentales como argumentos para probar, fortalecer, debilitar o refutar una tesis. En una primera aproximación, podemos decir que un experimento mental es una construcción imaginaria, pictórica y puramente representacional de un hecho, creada mediante reglas con el fin de derivar de dicha construcción una conclusión (o conjunto de conclusiones) cuya validez pueda exceder al propio hecho imaginado. El hecho de que el experimento sea imaginario obedece a que no podemos llevar a cabo los pasos del experimento en un sistema real, ya sea por motivos de imposibilidad tecnológica, por la complejidad del sistema real o porque el hecho representado contiene variables que son a priori irreproducibles en un sistema real. El escenario representado debe poseer la suficiente riqueza y vivacidad como para generar la fuerte presunción de que puede derivarse, de manera necesaria, una conclusión cuya validez no esté limitada únicamente al hecho representado: se espera que tal conclusión pueda valer, al menos parcialmente, también para los hechos reales. En síntesis:

> Estructura y función de los experimentos mentales:
> - Representación pictórica, construida mediante reglas.
> - Conclusión derivada a partir de esa representación pictórica.
> - Las conclusiones deben valer no sólo para el ámbito representado, sino también para el mundo real.

Los experimentos mentales cumplen con diversas funciones de acuerdo al papel argumentativo que desempeñe el hecho representado. De acuerdo a la clasificación dada por J.R. Brown (1991), podemos dividirlos en *destructivos* y *constructivos*, y a estos últimos, a su vez, en *directos, conjeturales* y *mediativos* (Figura 1)

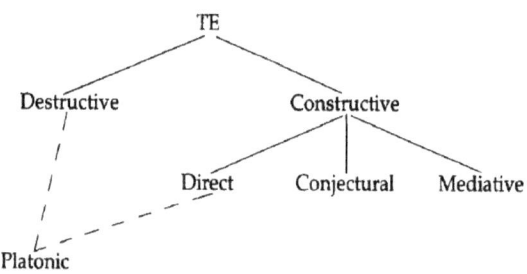

Figura 1 - Extraído de Brown (1991), pág. 34

Los **experimentos mentales destructivos** están dirigidos contra una teoría o conjunto de hipótesis. Funcionan como reducciones al absurdo pictóricas, y tienen como objetivo presentar serios problemas para la teoría en cuestión. (Brown, pág. 34) Un ejemplo de esta clase lo encontramos en el experimento mental de Galileo utilizado contra la teoría aristotélica de que los cuerpos más pesados caen a velocidades mayores que los cuerpos más livianos (Galileo, 1974, pág. 66n): la estrategia consiste en llevar el razonamiento aristotélico hacia un ejemplo que derivará en conclusiones contradictorias. Para ello, imaginemos que una bala de cañón está atada o unida a una pequeña bala de mosquete. Por un lado, debemos concluir que la bala pequeña hará más lenta a la bala de cañón, porque funcionará como una especie de lastre: el sistema total, entonces, se moverá a una velocidad menor a la velocidad que tendría la bala de cañón sola. Por otro lado, debemos suponer que el sistema total es más pesado que cada una de las bolas por separado. De modo que se moverá más rápido. Así, llegamos a la conclusión contradictoria de que el sistema 'bola pesada más bola liviana' se moverá, simultáneamente, más rápido y más lento que cada uno de los elementos por separado, lo cual es claramente absurdo. Con este experimento mental se pretende minar la teoría aristotélica de que los cuerpos caen a velocidades diferentes de acuerdo a su peso.

Los **experimentos mentales constructivos** pretenden establecer una conclusión positiva. Los ***mediativos*** sirven para facilitar una conclusión con una teoría bien articulada (1991, pág. 36) y nos ilustran de manera pictórica algún aspecto contraintuitivo de dicha teoría, de modo que parezca más aceptable. No pretenden establecer una tesis, sino dar una imagen simplificada de dicha tesis para hacerla más inteligible.

Los ***conjeturales*** pretenden establecer la plausibilidad de una teoría -que se presupone desde el principio- a partir de las conclusiones del experimento. Parten de un fenómeno imaginario y concluyen con una teoría para explicar el fenómeno, aunque dicha teoría ya está presupuesta previamente a la construcción del experimento. Un ejemplo clásico de este tipo es el ofrecido por Newton para mostrar la existencia del espacio absoluto (Newton, [1686] 1934, § 12). Imaginemos un balde lleno de agua, suspendido por una cuerda torsionada. En un primer estado, el balde, el agua y la cuerda están en reposo absoluto. En un segundo estado, cuando se suelta la cuerda, el balde y el agua están en movimiento relativo entre sí. En un tercer estado, balde y agua están en reposo relativo (uno con respecto a la otra), pero la superficie del agua es cóncava. La conclusión que extrae Newton de este hecho es que el agua y el balde, en el estado III, están en movimiento absoluto (con respecto al espacio absoluto). De allí, suponiendo que esta fuera la mejor explicación, se debería aceptar la existencia del espacio absoluto (de otro modo no puede explicarse por qué la superficie del agua es cóncava) (Figura 2).

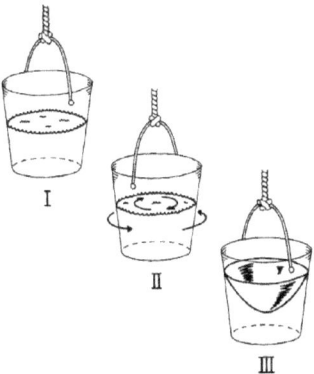

Figura 2 - Extraído de Brown (1991), pág. 10

Finalmente, los experimentos mentales constructivos **directos**, a diferencia de los conjeturales, no parten de una teoría, sino que concluyen en ella. Parten de un fenómeno no problemático, y concluyen en una teoría bien articulada. Un ejemplo de este tipo de experimentos es el de Newton acerca de la fuerza centrípeta y el movimiento de los planetas. Si arrojamos una piedra a cierta distancia, describirá una proyección curva en el aire. Cuanto más lejos la arrojemos, mayor será la curva. Pero si la arrojamos con una fuerza tal que el proyectil describa un arco superior al de la curvatura de la propia Tierra, entonces la piedra arrojada no tocará el suelo, sino que girará alrededor de la Tierra. De este modo, puede explicarse el movimiento giratorio de los planetas alrededor del Sol o de la Luna alrededor de la Tierra (Newton, ,[1686] 1934 § 55) (Figura 3)

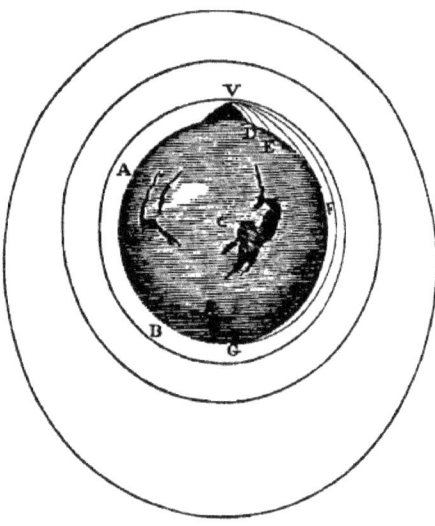

Figura 3 - Extraído de Brown (1991), pág. 7

Según la clasificación de Brown, existe un tipo de experimentos mentales que es a la vez destructivo y constructivo (del tipo directo): los denomina **platónicos**. Este tipo de experimentos mentales atacan una tesis y, a partir de mostrar el carácter absurdo de esta, establecen una nueva. Se los denomina "platónicos" porque la justificación que se otorga al establecimiento de la nueva tesis es puramente a priori, y tal justificación parte de algún tipo de intuición intelectual de la "tesis correcta". De algún modo, la parte destructiva del experimento platónico funciona como un "quitarse la venda" para poder visualizar la "tesis correcta".

La clasificación de Brown enfatiza la relación del experimento mental con una teoría o una tesis (los experimentos mentales destructivos funcionan *contra* una teoría; los constructivos *en favor* de una teoría). Sin embargo, para nuestro análisis, será necesario complementar esta clasificación con otra: la relación del experimento mental con los procesos psicológicos. En la clasificación de Brown encontramos que los experimentos mentales constructivos mediativos tienen un valor puramente psicológico. Dado que el experimento mediativo presenta una imagen simplificada de una teoría para lograr la visualización de algunos de sus elementos, su función no es la de proveernos de un elemento *probatorio* o argumentativo en favor de una tesis; su función parece ser la de ilustrar de manera pictórica algún elemento contraintuitivo de una teoría para que nos resulte psicológicamente accesible. Los experimentos mentales mediativos, por ello, tienen una motivación *pedagógica* y no demostrativa.

El resto de los tipos de experimentos mentales también posee un fuerte componente psicológico, pues tanto en los experimentos destructivos como en los constructivos es necesario imaginar correctamente una situación ficticia que funcione como premisa para establecer una conclusión en favor o en contra de una teoría. Sin embargo, el experimento mental mismo no tiene una motivación pedagógica (o, en todo caso, ella es secundaria), y por ello se diferencia de los experimentos mediativos.

Los experimentos platónicos, en cambio, tienen una relación diferente con la psicología. Dado que en un experimento platónico se puede captar intuitivamente la corrección de una tesis, se llega a establecer que esa captación obedece a reglas universales, a priori y objetivas, de manera que la mente no puede equivocarse con respecto al objeto captado. Los experimentos mentales platónicos son caminos epistémicos para la revelación de la verdad: si se siguen las reglas (desde el punto de vista psicológico), necesariamente aparecerá la verdad (objetiva e independiente de la psicología del sujeto).

El uso de estos últimos implica la presuposición de que las distintas mentes individuales pueden captar unívoca y objetivamente un hecho determinado. La afirmación de que existe una captación universal de la verdad tiene algunas ventajas. La más notoria es que nos dispensa de suministrar reglas para la construcción del experimento mental: aceptada la posibilidad de una verdad platónica, el experimento mismo puede estar guiado por el *lumen rationale* de esa captación intuitiva de la verdad. La desventaja evidente es que la postulación de tal lumen rationale es sumamente problemática y hace necesario el esclarecimiento de esta particular psicología de la captación, además de otras desventajas que son parejas con las que señalaban los aristotélicos al mundo de los arquetipos platónicos: la innecesaria duplicación de entidades. Los distintos tipos de experimentos mentales consignados se sintetizan en el siguiente cuadro:

> Tipos de experimentos mentales (desde el punto de vista psicológico)
>
> Pedagógicos, sin valor probatorio: Constructivos Mediativos.
>
> Probatorios, con valor pedagógico secundario: Destructivos y Constructivos Directos y Conjeturales.
>
> Probatorios, con valor pedagógico secundario, unificados por un objeto intuido: Platónicos.

6.3. *La estructura de un experimento mental.*

El primer paso para llevar a cabo un experimento mental está dado por la utilización de un verbo en segunda persona: "Imagine" o "Piense en". Lo que sigue a ese imperativo es una descripción verbal de una situación imaginaria, muchas veces con el auxilio de una ilustración. Pero es inconcebible el experimento mental sin el esfuerzo imaginativo del lector y sin la descripción clara, suficiente y concisa del hecho que debe ser representado. Se supone que una imaginación pobre o una descripción oscura darán como resultado la incorrecta visualización de las conclusiones derivables. Pero, ¿cómo guiar los procesos particulares de la imaginación de un individuo, o cómo establecer si la descripción es suficiente para permitir la representación de un hecho tal que de él puedan derivarse conclusiones acerca de una tesis? O, peor aun, ¿cómo determinar si un error en la representación es producto de un defecto de la imaginación o de un defecto en el diseño descriptivo del experimento? ¿En qué sentido un hecho imaginario puede servir para fundamentar o para atacar una tesis? Y, más aun, ¿por qué las conclusiones derivadas a partir de hechos imaginarios podrían servirnos para extraer alguna moraleja que valga para los hechos reales? Podemos sospechar que si el experimento mental es construido sin más auxilio que la imaginación, entonces *cualquier* conclusión es derivable. Recordemos la advertencia de L. Wittgenstein contra esta estrategia (§ 265, 1988: 229):

*Imaginémonos[84] una tabla que existiese sólo en nuestra imaginación; algo así como un diccionario. Mediante un diccionario se puede justificar la traducción de una palabra X por una palabra Y. ¿Pero debemos también decir que se trata de una justificación cuando esta tabla*

---

[84] La expresión que utiliza Wittgenstein en el original, y que García Suárez – Moulines traducen por "Imaginémonos" es "Denken wir uns".

*sólo se consulta en la imaginación?- «Bueno, entonces es precisamente una justificación subjetiva»- Pero la justificación consiste, por cierto, en apelar a una instancia independiente- (...) Consultar una tabla en la imaginación es tan poco consultar una tabla, como la imagen del resultado de un experimento imaginado es el resultado de un experimento.*

Un hecho imaginario no posee criterios de corrección (cf. § 258: "Pero en nuestro caso yo no tengo criterio alguno de corrección. Se querría decir aquí: es correcto lo que en cualquier caso me parezca correcto. Y esto sólo quiere decir que aquí no puede hablarse de 'correcto'"); por lo tanto la derivación de una conclusión a partir de dicho hecho tampoco los tiene. En todo caso, será necesario mostrar que la imaginación sigue determinados criterios para la construcción del escenario representado, y que las conclusiones a las que se llegan son una consecuencia de la aplicación correcta de dichos criterios. Si no se puede apelar a una instancia independiente para justificar el hecho imaginado, entonces corremos el riesgo de que las representaciones difieran para cada individuo y que las conclusiones derivadas sean caprichosas y contradictorias. ¿De dónde debemos obtener ese criterio? Si se acepta que pueden existir experimentos mentales platónicos, el criterio viene dado por la objetividad de la verdad intuida. Si no se los acepta, en cambio, debemos examinar tanto el propio proceso imaginativo (aquello que se desata cuando se lleva a cabo la instrucción "imagine") como el enunciado descriptivo del experimento.

¿Qué debemos hacer para cumplir con las instrucciones de un experimento mental? Inmediatamente después de leer la palabra "imagine", sabemos que se nos está pidiendo la representación de un hecho intuitivamente accesible y que en cierta medida case con nuestra experiencia diaria. La descripción inmediatamente posterior al verbo "imagine" debe ser el enunciado de una representación con contenido empírico. "Imagine que el idealismo trascendental fuera verdadero" o "Imagine un universo en el que la raíz cuadrada de 3 no fuera 1,7320508" no son buenos candidatos para despertar el proceso imaginario, básicamente porque no configuran ningún *hecho* empíricamente accesible y en rigor no podemos imaginar un mundo con esas características, sino meramente *suponer* las consecuencias de tales características.
En el experimento mental de Newton del balde con agua expuesto más arriba; en el de Galileo de las dos bolas (la bala de cañón y la pelota de mosquete), y en otra infinidad de experimentos, la piedra de toque de la imaginación debe ser algo de una familiaridad manifiesta e indiscutida. Tomemos una vez más el ejemplo de Newton y el balde. Es (con gran probabilidad) universalmente accesible la imagen de un balde con agua y de una soga que sostiene al balde por su mango. Es fácil imaginar una bala de cañón o una pelota de mosquete. Así también, en otros experimentos mentales, la cotidianeidad del punto de partida es suficientemente universal como para garantizar que nadie pueda imaginar otra cosa. En el experimento de Einstein en el que un individuo corre tan rápi-

do que puede alcanzar un rayo de luz; el del gato de Schrödinger; el de la habitación china de Searle y en otra infinidad de experimentos se puede corroborar que los puntos de partida están creados de una manera lo suficientemente general como para que los procesos imaginarios no se desencadenen de forma divergente y desordenada. ¿Qué hubiera pasado si en lugar de dos baldes de agua, Newton hubiese propuesto como ejemplo algún objeto metafísico (una cubeta de ectoplasma, tal vez) o algún invento tecnológico de la época? En esos casos, el punto de partida del experimento se vería o bien sumamente acotado al cerrado círculo de quienes conocen en qué consiste el ectoplasma o el invento tecnológico, o bien la imaginación del lector se vería disparada hacia lugares demasiado divergentes como para extraer alguna moraleja general de la imagen formada (en el caso de la imaginación de un objeto metafísico, las divergencias y ambigüedades pueden no tener fin: ¿cómo debemos imaginar exactamente un balde de ectoplasma? ¿En qué se diferenciaría la imaginación de un balde de ectoplasma de la imaginación de un balde de metal o de plástico?)

Podemos establecer que el criterio de corrección que nos pide Wittgenstein se satisface, en el punto de partida de un experimento mental, a partir de la familiaridad y consecuente generalidad del hecho inicial representado: ¡Usted sabe lo que es un balde y cómo es el agua! ¡Sabe cómo es un balde con agua! ¡Imagínelo sin trampas! Y si, por alguna razón biográfica especial, jamás vio un balde con agua, no es difícil conseguir que alguien le muestre uno. Esta imagen pictórica básica, sin embargo, necesita de otros criterios además del criterio de familiaridad y universalidad. Es esencial que quien lleve a cabo las instrucciones del experimento no se haga ciertas preguntas; es decir, que tenga cierta capacidad de abstracción. El balde con agua de Newton cuelga de una soga. ¿Dónde está atada la soga en su extremo superior? Esa pregunta no está permitida por el experimento: imagine que tiene delante de usted la escena de un balde con agua colgando de una soga, pero no imagine que mira hacia arriba para ver de dónde cuelga la soga. ¡No le pido que imagine un escenario ligeramente diferente al que le pido que imagine! En este sentido, los experimentos mentales son *estrictamente locales* (no se debe imaginar qué pasa un centímetro más allá de la escena descrita) y sólo son posibles si, además de seguir las reglas, no se las lleva más allá del escenario propuesto.

Por supuesto, satisfacer el criterio inicial nos deja con una imagen pictórica básica cuya utilidad, tanto pedagógica como probatoria, es mínima. Debemos ir más allá de esta imagen y realizar un conjunto de inferencias que nos lleven hacia la conclusión esperada. Es aquí donde interviene alguna acción que se deriva de ese hecho inicial. En el caso del balde con agua, la torsión de la soga y el posterior giro tanto del balde como del agua funcionan como *acciones derivadas* del hecho inicial. En el caso del experimento de Galileo acerca de la diferente velocidad de las bolas, debemos arrojar al aire el sistema bala de cañón – pelota de mosquetero. En el experimento de Searle de la habitación china, el intercambio de tarjetas funciona como una acción derivada del estado de cosas inicial. Es importante destacar que esta situación derivada de la inicial es todavía *fácilmente intuible* de manera *puramente pictórica*. No necesitamos más que un poco de conocimiento del mundo para derivarla, y podemos imaginarla sin problemas, sin necesidad de introducir criterios teóricos externos al propio proceso representativo. El tercer paso es decisivo, y es aquel en el cual se abandona parcialmente el escenario construido para dar paso a alguna de las inferencias lógicas extraídas del conjunto imaginario "imagen inicial + imagen derivada". Estas inferencias dan como resultado una conclusión. De algún modo, la inferencia lógica funciona como una moraleja extraíble de todo el proceso anteriormente imaginado. Si usted pudo pasar de la imagen inicial a la imagen derivada sin problemas, ¿cómo podría aceptar la tesis A? (en el caso de los experimentos destructivos) o ¿no le parece que acaba de aceptar –quizás subrepticiamente- la tesis A? (en el caso de los constructivos). Esta inferencia lógica parece fácil de justificar: usted derivó una representación de otra representación. Para hacer esa derivación (en su mente) debió haber utilizado un determinado esquema inferencial (a menos que en su imaginación haya unido dos imágenes, la inicial y la derivada, de manera puramente arbitraria, y en ese caso usted simplemente no siguió las reglas del experimento o es un individuo muy irrazonable). Pero a usted le pareció aceptable la imagen derivada; es decir: le pareció que la imagen que derivaba de la inicial era *consecuente* con la imagen inicial (de otro modo, no habría aceptado que una se derivaba de la otra –dejemos de lado que usted sea irrazonable). Si le pareció que era consecuente, entonces, ¿se da cuenta –intuye, infiere- que ha estado aceptando determinada tesis? O, alternativamente, ¿se da cuenta de que la tesis A, que usted aceptaba, es claramente inaceptable? El experimento mental es una forma de "vea por sí mismo" la aceptabilidad de una teoría. Quien propone un experimento mental podría justificarlo de la siguiente manera: "No soy yo quien se lo dice, fue usted mismo, con su propio proceso imaginario y con un análisis de la lógica subyacente a ese proceso".

El experimento mental no finaliza con este tercer paso. Podría ocurrir (como de hecho ocurre infinidad de veces) que tanto el hecho inicial, como el derivado, como las consecuencias teóricas de ese hecho, sean sumamente persuasivas e incontrovertibles. Pero eso no es suficiente para afirmar que la realidad se comporta tal como se concluye en el tercer paso. De hecho, aun cuando se hayan seguido las reglas anteriores, es posible que se acepte una conclusión diferente a la que el diseñador del experimento desea extraer como moraleja, o incluso que no se acepte ninguna. El carácter persuasivo experimento mental reside, en principio, en las imágenes pictóricas (tanto en la inicial como en las derivadas); son precisamente las conclusiones las que pueden ponerse en duda. ¿Cómo se logra derivar el cuarto paso, el enlace entre todo el proceso y los hechos reales? Los tres pasos anteriores parecen tareas introspectivas, pero este último no puede serlo. No es suficiente un único experimento mental. De hecho, no son suficientes los experimentos *mentales*. Para poder afirmar que la realidad se comporta tal como hemos derivado del experimento mental, debemos contar con un programa teórico completo, suficientemente poderoso como para otorgar inteligibilidad al hecho imaginado a partir de ese cuerpo teórico. La fuerza de ese programa teórico (y sus confirmaciones *empíricas*, más que puramente *mentales*) le otorga un elemento de persuasión adicional: la teoría es poderosa; esa teoría explica la lógica interna del hecho imaginado. Por lo tanto, es posible que el hecho imaginado se comporte tal como dice la teoría. Enfatizo: el enlace entre la moraleja derivada del experimento y la moraleja derivable hacia la estructura del mundo real no es un proceso de una sola vía, obtenible sólo a partir de la fuerza persuasiva del experimento mental, sino que depende en gran medida del poder explicativo de la teoría. No aceptaríamos de buena gana una tesis que abonara a una teoría extravagante o poco corroborada aunque –es importante remarcarlo- la extravagancia de la teoría o la poca corroboración no inciden en la legitimidad de la construcción del experimento mental en sus fases pictóricas (imagen inicial + imagen derivada). Un experimento mental puede estar sólidamente construido en sus aspectos puramente representativos, pero las conclusiones derivables de esas representaciones pueden tener pies de barro o ser simplemente inaceptables.

En síntesis, la estructura de un experimento mental puede resumirse en los siguientes pasos:

> Estructura de los experimentos mentales:
> 1. Representación de un hecho pictórico básico, con un anclaje directo en la experiencia cotidiana del mundo. Esta imagen básica debe estar recortada de un contexto amplio: es *local* y en ese sentido, *abstracta.*
> 2. Derivación de otro/s hecho/s pictórico/s a partir del hecho pictórico inicial. Esta derivación es puramente intuitiva.
> 3. Derivación de conclusiones teóricas a partir de los hechos pictóricos 1 y 2.
> 4. Enlace de las conclusiones teóricas con los hechos reales (dependiendo de la fuerza de la teoría para explicar los hechos reales)

Estos cuatro pasos, sin embargo, no pueden dar cuenta de la estructura exacta de *todos* los experimentos mentales. En particular, existen experimentos que contienen una estructura híbrida: los hechos pictóricos básicos ya están emparentados con una teoría. El caso del gato de Schrödinger es un ejemplo en este sentido: la ampolla con veneno se romperá de acuerdo a los *eigenstates* de los hechos cuánticos inobservables: ya en la imaginación inicial del hecho, junto con el gato en una caja debemos aceptar el postulado teórico de los hechos cuánticos. Este es un caso (muy frecuente y quizás la regla en los experimentos mentales) en el que los hechos pictóricos se valen de un elemento teórico fuerte. También, debe destacarse que muchos experimentos funcionan cuando un hecho empírico básico, o un elemento de ese hecho, se lleva hasta un extremo empíricamente inaccesible, y se especula con las conclusiones que pudieran derivarse de ese extremo. Este es el caso del experimento de Einstein en el que una persona corre por delante de un rayo de luz.

6.4. *Experimentos mentales en filosofía.*

Excepto por la brevísima mención de la habitación china de Searle, los ejemplos de experimentos mentales que hemos utilizado anteriormente como ilustración provienen de la física. ¿Puede decirse que los experimentos mentales en filosofía juegan el mismo papel que en la ciencia? ¿Tienen acaso la misma estructura? Pensemos en un experimento clásico: el filósofo George Berkeley tratando de mostrarnos que las ideas abstractas son imposibles. Para ello nos propone un experimento mental destructivo. En la introducción a sus *Principios del Conocimiento Humano* nos dice que él puede "imaginar un hombre con dos cabezas, o la parte superior de un cuerpo humano unido a un cuerpo de caballo (…) Pero sea cualquiera el ojo o mano que yo imagine, siempre tendrán determinada forma y color". Concluirá, a partir de este escenario pictórico, que "por mucho que se esfuerce mi pensamiento, no puedo concebir la idea abstracta de hombre". ([1710] 1985,p. 39) Aun cuando Berkeley aclara que su conclusión vale sólo para su mente, se supone que es fácil para todas las personas imaginar un ojo o una mano humana. El principio de la facilidad intuitiva del hecho imaginado se mantiene vigente. El problema radica, aparentemente (y al menos en este ejemplo) en la conclusión[85]. La conclusión de que las ideas abstractas son imposibles es un paso excesivamente fuerte y controvertido, y no queda claro qué debe aducirse como prueba en favor o en contra de esa conclusión. Se aña-

---

[85] Hay otro problema que dejaremos de lado, y es que la relación entre el hecho imaginario y la conclusión es totalmente introspectiva. No existe un criterio externo para decidir qué pueden imaginar otras personas. De hecho, Berkeley es consciente de esta limitación y por eso pone la siguiente precaución: "Si otros tienen esa maravillosa facultad de abstraer, ellos podrán decirlo" (p. 38). Esta restricción pone severas limitaciones al alcance de la conclusión, aunque puede entenderse como una ironía o un desafío: trate usted de formarse la idea abstracta de hombre. Verá que es imposible. No voy a tratar de persuadirlo, pero si sigue los pasos tal como los enumero (no pensar en los brazos ni en los ojos de un hombre, sino en el hombre en abstracto) verá que su pensamiento simplemente carecerá de objeto.

de la dificultad de que todo el proceso tanto probatorio como refutatorio de esta tesis parece requerir –si seguimos el decurso de Berkeley- de una introspección individual.

Pero quizás el desafío introspectivo de Berkeley no sea un paradigma en los experimentos mentales filosóficos contemporáneos. Existe actualmente un campo muy fértil en experimentos mentales, y es el ámbito de la filosofía de la mente. Tomaremos tres experimentos clásicos en esta área, y los analizaremos.

La habitación china, de John Searle

Este es quizás uno de los experimentos más conocidos, así que daremos un panorama simplificado de él y de lo que se intenta probar con él (Searle, 1980). El argumento puede resumirse del siguiente modo: *Imagine usted* que una persona está encerrada en una habitación. Esa persona está aislada del exterior; el único contacto que posee es un par de ranuras en las paredes, una a la derecha y otra a la izquierda. Desde la ranura izquierda le llegan papeletas escritas en chino. La persona no conoce el idioma chino, pero dentro de la habitación hay un manual donde le indican un sistema de traducción (escrito en español), aproximadamente del tipo: "Si por la ranura izquierda ingresa una papeleta con el símbolo X, usted debe responder con la papeleta Y, poniéndola en la ranura derecha". La persona encerrada descubre que, junto con el manual de traducción, hay un grupo de papeletas que funcionan como "respuesta". Así, va aprendiendo que si desde la ranura izquierda ingresa un papel con determinado símbolo chino, debe "responder" con una papeleta con tal y cual símbolo chino. La persona se va haciendo progresivamente más hábil, y puede anticipar la respuesta sin necesidad de consultar el manual de traducción. Lo más importante del argumento es que esta persona encerrada no aprende el idioma chino; sólo aprende cómo responder un símbolo con otro símbolo, sin tener la menor idea de lo que significan. Ahora bien, los símbolos que entran por la izquierda son, en realidad, preguntas en chino que realizan hablantes del idioma chino que están por fuera de la habitación. Los símbolos que "responde" la persona encerrada son las respuestas a esas preguntas. Los hablantes de chino creen que quien está respondiendo entiende el idioma chino (pues les responden con el símbolo correcto), pero la realidad es que la persona encerrada sigue sin entender el chino. Searle extrae una moraleja de esta curiosa escena: así como el hombre encerrado en la habitación no entiende el chino, pero puede responder como si lo entendiera, del mismo modo las computadoras no entienden los símbolos que manipulan, pero pueden "responder" como si los entendieran. Este argumento funciona de manera destructiva: se supone que, aceptado que una computadora no puede *entender* la manipulación simbólica, entonces una computadora no es un buen modelo de la conciencia o, inversamente, la mente humana no es un tipo de computador, afirmación que corresponde a la llamada "tesis fuerte de la Inteligencia Artificial". Si la persona encerrada logra engañar cabalmente a los hablantes de chino, decimos que ha pasado la prueba de Turing, en la cual una simulación logra engañar a un ser humano.

Como han señalado Daniel Dennett y Douglas Hofstadter (1983), la construcción del argumento tiene serios problemas. El más evidente está en la naturalidad e intuitividad de las imágenes derivadas que se nos pide que imaginemos. Hemos imaginado sin problemas la habitación con las ranuras y el manual de traducción. Hemos imaginado sin tropiezos que ingresan papeletas por la ranura izquierda. Hasta aquí, la imagen inicial. Luego las derivadas: el hombre aprende a responder con otra papeleta, gracias al sistema de traducción del manual, y con ello logra engañar a los hablantes de chino. ¿Es fácil imaginar esta situación? Nos parece que sí. Pero Hofstadter objeta:

*Que una persona hiciera ese simulacro manualmente (...) —es decir, que lo lleve a cabo paso a paso con el nivel de detalle con que lo hace la computadora- llevaría días, cuando no semanas o meses de aburrimiento horroroso, arduo. ¡Pero en lugar de señalar este hecho, Searle – tan hábil en distraer la atención del lector como el más consumado prestidigitador- pasa la imagen del lector a un programa hipotético que aprueba la prueba de Turing! (...) [S]e invita al lector a que se coloque en el lugar de la persona que lleva a cabo el simulacro paso por paso y a que "sienta la falta de comprensión" del chino. (1983, pág. 482)*

Parece que en la imagen derivada hemos omitido algo: el larguísimo trabajo de aprendizaje de la persona encerrada para poder responder correctamente y, más aun, engañar a los hablantes de chino. ¿No habrá ocurrido, durante esos largos meses, que el aprendiz diese la respuesta incorrecta? ¿No se habrá equivocado ni una sola vez, respondiendo con una papeleta que no era la adecuada? Recordemos que los hablantes de chino creen que la persona encerrada también habla chino. ¿Pero desde cuándo lo creyeron? ¿Desde la primera papeleta que le enviaron? El paso de la imagen inicial hacia la imagen derivada se da demasiado rápido, saltando por encima de otros pasos necesarios. Una vez más, Hofstadter (483):

*Nos cuesta ya bastante trabajo memorizar un párrafo escrito, pero Searle visualiza a su demonio* [i.e., la persona encerrada en la habitación] *como alguien que ha absorbido lo que dentro de las mayores probabilidades alcanzaría millones, cuando no miles de millones de páginas densamente cubiertas de símbolos abstractos y, además, sin problemas para recuperar toda la información cuando quiera que la necesite.*

A la vista de estas objeciones quizás ya no nos parezca tan plausible el escenario imaginado. Pero da la impresión de que Hofstadter no tiene en cuenta una de las propiedades estructurales de los experimentos mentales que hemos enumerado más arriba: es necesario recortar, abstraer determinados hechos para concentrarse en el escenario propuesto. En el caso de la habitación china, debemos mirar el escenario inicial y pasar rápidamente a un escenario derivado en el cual la persona encerrada *ya ha aprendido* todo lo necesario. He aquí, incluso, otra propiedad característica de los experimentos mentales: un hecho cotidiano –en este caso, el aprendizaje de las equivalencias entre papeletas chinas- se lleva hasta un extremo improbable. ¡Claro que serán horrorosos meses de aprendizaje aburrido! Quizás podemos omitir ese paso; imagínelo si lo desea; imagine, incluso, que la persona se equivoca centenares de veces antes de engañar a un hablante chino; imagine que el aprendizaje no tarda una vida humana sino centenares de miles de años, pero *supongamos* que la persona encerrada logra aprender eficientemente ese sistema de traducción. Pero, con todo, ¿qué es lo que imaginamos cuando suponemos que la persona aprendió el sistema de correspondencias? ¿Qué hemos visualizado pictóricamente al suponer esto? Porque hemos salteado (¡pictóricamente!) los quizás siglos de aburrido trabajo de aprendizaje; todo ese proceso crucial lo despachamos con una indolente celeridad. Es importante remarcar que cuando hacemos un trabajo de abstracción en los experimentos mentales, nos estamos obligando a no imaginar ciertos hechos, y quizás lo que sostenga al experimento sea, precisamente, el caudal de información *no* imaginado antes que el efectivamente imaginado.

Analicemos un segundo ejemplo famoso, propuesto por Frank Jackson en 1982:

Mary, la neurobióloga encerrada.

Este experimento mental destructivo pretende mostrar que no es posible obtener un conocimiento acabado acerca de un hecho perceptual si no es por medio de la percepción misma: esto es, las cualidades de la percepción sólo son aprehensibles por medio de la percepción; cualquier conocimiento conceptual de un hecho perceptivo, por muy exhaustivo que fuere, no puede reemplazar a la experiencia de ese mismo hecho. He aquí el argumento:

*Mary es una científica brillante que está, por alguna razón, forzada a investigar el mundo desde un cuarto blanco y negro a través del monitor de una televisión en blanco y negro. Se especializa en la neurofisiología de la visión y adquiere, supongamos, toda la información física que se puede obtener acerca de lo que sucede cuando vemos tomates maduros, o el cielo, y usa términos como "rojo", "azul", etc. Ella descubre, por ejemplo, justo qué combinación de ondas del cielo estimulan la retina, y exactamente cómo esto produce a través del sistema nervioso la contracción de las cuerdas vocales y la expulsión de aire de los pulmones que resulta en la pronunciación de la oración "el cielo es azul". [...] ¿Qué sucederá cuando Mary sea liberada de su cuarto blanco y negro o se le dé una televisión con monitor en color? ¿Aprenderá algo o no? Parece obvio que aprenderá algo acerca del mundo y nuestra experiencia visual de él. Pero entonces es innegable que su conocimiento previo era incompleto. Pero tenía toda la información física. Ergo hay algo más a tener que eso, y el Fisicalismo es falso* (Jackson, 1982, pág. 28. En Dennett [2005], pág 124)

La imagen inicial tiene una gran fuerza intuitiva. Es fácil imaginar a alguien encerrado de por vida en un cuarto blanco y negro, con apenas un televisor en blanco y negro, sin contacto con colores. Tampoco hay problemas para imaginar que es una científica brillante. Lo que no parece fácil de imaginar (y es este el punto más atacado del experimento) es que ella sepa *toda* la información física de la estructura de la visión en colores. ¿Cómo se debe imaginar a una persona que lo sabe *todo*? Con respecto a este punto, Dennett remarca que es imposible seguir las instrucciones para crear una representación mental clara del hecho imaginario:

*"(...)[N]o está usted siguiendo las instrucciones. El motivo por el cual nadie sigue las instrucciones es porque lo que le piden que imagine es tan absurdamente inmenso, que ni siquiera puede intentarlo. La expresión clave es que «ella posee toda la información física». Eso no es fácil de imaginar, así que nadie se molesta en hacerlo"* (Dennett, 1995, pág 410)

Dennett apunta contra uno de los elementos básicos de un experimento mental: el punto de partida debe ser familiar y fácilmente accesible. Pero una persona que lo sabe *todo* sobre algún aspecto de la realidad no cumple con este requisito. Ergo, la propia construcción del aspecto pictórico falla y no podemos siquiera comenzar con la representación. Este defecto parece decisivo. Pero no es el único. Para imaginar correctamente el escenario, debemos pensar que Mary tiene su sistema visual intacto y sin defectos, y que su limitación es sólo externa. Pero si es así, ella misma tendría el poder de ver *fosfenos*, esto es, colores con solo cerrar los ojos y apretárselos suavemente. También podría soñar en colores.

Tampoco es indiferente qué tipo de blanco se haya elegido para pintar la habitación, ni qué tipo de iluminación tendría (Dennett, 2005, 139). En definitiva, parece que la sola representación de la imagen inicial está gravemente amenazada. Dennett ataca también el tercero y cuarto pasos: las conclusiones teóricas obtenidas a partir de estas imágenes. Del hecho de que una científica conozca *todo* lo que se puede saber sobre el color, podemos concluir que la visión de un tomate rojo no le producirá la mínima reacción. Según este argumento, si lo sabe *todo*, entonces sabe cómo reaccionará cuando vea por primera vez el color rojo, pues sabe exactamente cómo es ver un tomate maduro aun sin haberlo visto nunca. Quizás no es tan fácil aceptar esta implicación, pero ello se debe, en gran medida, a que no extrajimos las consecuencias de que Mary conozca todo sobre la visión en color (2005, 140-1).
Pasemos al último ejemplo:

José, el medio zombie.

Chalmers (1999) propone que imaginemos a una persona a la que le van reemplazando gradualmente las neuronas por chips de silicio. Los chips reemplazantes son, desde el punto de vista funcional, indistinguibles de las neuronas: cumplen exactamente los mismos procesos y funciones. La organización funcional se preserva en todo momento; lo único que va cambiando es la materia biológica, reemplazada por materia artificial. En el momento en que se han reemplazado todas las neuronas por chips de silicio, tenemos a un robot, y es de presumir que el robot no es consciente. Sin embargo, antes de llegar al estado robot, hay un sinnúmero de pasos intermedios. Supongamos que tomamos un momento intermedio, en el que la mitad de las neuronas han sido reemplazadas por chips. Llamemos José a esta persona mitad *cyborg* y mitad humana. ¿Podemos decir que hay conciencia en este estado intermedio? Si en el estado robot hay una ausencia total de estados cualitativos conscientes (qualia), ¿en qué momento estos estados se desvanecen? "Cualquier punto específico en el que los qualia repentinamente desaparecieran (...) sería totalmente arbitrario" (1999, 325). Luego, dado que no parece plausible que los estados cualitativos se desvanezcan repentinamente, sólo queda la posibilidad de que se desvanezcan gradualmente. En una situación intermedia (50 % de neuronas, 50 % de chips) es posible que haya una disminución en la potencia cualitativa de sus experiencias: si José visualiza un color rojo y un amarillo brillantes, "según la hipótesis, sin embargo, José no está teniendo experiencias de rojo y amarillo brillantes en absoluto. En cambio, quizás sólo experimente un tenue rosa o un marrón oscuro. Quizás tenga la más débil de las experiencias de rojo y amarillo. Tal vez sus experiencias se oscurecieron hasta el negro. (...) Puede suponerse que en cada una de estas maneras las experiencias deben dejar de ser *brillantes* antes de desaparecer" (1999, 326). El meollo de este experimento mental es el tipo de experiencia que tendrá José, que no puede ser una ausencia de experiencia, pero sí esta habrá de estar desacoplada de su propio juicio: José dirá "Estoy viendo un color rojo brillante", pero en realidad, como la mitad de sus neuronas han sido reemplazados por chips (los cuales no pueden transmitir una experiencia cualitativa consciente), no ve un rojo brillante, sino apenas un marrón opaco. El argumento pretende probar que no existe un punto en el cual podamos decidir si ha desaparecido la conciencia, pues en cualquier caso esta decisión sería arbitraria. Sin embargo, debemos aceptar que la conciencia disminuye gradualmente hasta desaparecer… ¡y sin que el sujeto se dé cuenta de ello!

¿Funciona este experimento mental? En realidad existe un problema en las imágenes derivadas del escenario inicial: se supone que José tiene estados cualitativos de conciencia más apagados, y eso, supuestamente, es un indicio de que su conciencia está gradualmente menos "lúcida" o "completa". Sin embargo, la representación de un rojo brillante o de un marrón opaco son en sí mismos estados de conciencia completos, no "defectuosos". Los ejemplos aducidos acerca de un estado mental disminuido no son ejemplos de tal estado en absoluto, pues donde hay un estado mental de "marrón opaco" hay conciencia plena. Imaginar que los qualia se van "apagando" en el sentido de que dejan de brillar es una mala manera de imaginar un apagarse cualitativo: aun los colores no brillantes son estados cualitativos (qualia) con pleno derecho. No es difícil imaginar a una persona representándose el color marrón (y creyendo que está representándose un rojo brillante); lo difícil es aceptar el componente teórico que acompaña a este experimento, que podría resumirse en "la representación de colores opacos en lugar de colores brillantes es un síntoma de disminución de conciencia".

6.5. *Moralejas de los experimentos mentales en filosofía.*

Los tres ejemplos de experimentos mentales consignados más arriba contienen tipos diferentes de errores. El de Searle hace un "pase mágico" evitándonos imaginar los meses o décadas de esfuerzo para aprenderse el contenido de las papeletas: cuando imaginamos el escenario derivado, lo hacemos omitiendo elementos cruciales. El de Mary contiene un "pase mágico" en la formulación de la representación inicial, cuando se nos pide que imaginemos a una neurobióloga que sabe *todo* acerca de su objeto y cuando se nos constriñe a pensar que esa neurobióloga no ha podido jamás ver colores. En el caso del experimento de José, el problema está en uno de los supuestos teóricos presente en la imagen derivada (el componente cualitativo de la representación de José).

¿Podemos suponer que alguno de los componentes objetados es más crucial que otro? Más arriba señalamos que la objeción de Dennett y Hofstadter acerca del experimento del cuarto chino sólo se aplica si dejamos de tener en cuenta el requisito de *localidad* propio de la representación. Podemos decir que la crítica no es a la construcción del experimento mental en sí, sino a la *ausencia* de la representación de los procesos por los cuales se llega a la representación derivada (la persona encerrada en el cuarto chino con el sistema de traducción ya aprendido). Pero, en lo que respecta a los elementos del experimento, no parece que hubiera alguna objeción seria. Parece ser que, cuando se objeta que "no se han propuesto a la imaginación todos los pasos necesarios", no invalida necesariamente al experimento.

Quizás las objeciones más decisivas provienen del experimento de Mary y del de José. En el primero, la sola imagen inicial de una persona que lo sabe *todo* anula la propia construcción de la representación. En el segundo, el componente teórico condiciona a las representaciones derivadas de una manera que parece definitiva: la no aceptación de ese componente teórico invalida la derivación de una representación a partir de la representación inicial, y de ese modo también se invalida la posibilidad de extraer alguna conclusión productiva.

Quizás una moraleja provisoria que podemos extraer de la crítica a estos experimentos sea la siguiente: si el problema de la construcción del experimento radica en el paso de la imagen inicial a la imagen derivada, entonces es probable que todavía puedan extraerse conclusiones valiosas. Si el problema, en cambio, está en la construcción de la imagen inicial o en los supuestos teóricos que sustentan las derivaciones, entonces el experimento parece condenado. En cambio, no extraer *todas* las consecuencias derivadas de una imagen inicial parece no solo plausible, sino necesario para poder sostener el propio experimento: quizás una consecuencia derivada del hecho de que alguien esté encerrado en un cuarto durante mucho tiempo sea no el aprendizaje de un sistema de traducción, sino una profunda depresión y apatía. Pero no tenemos que enfrentarnos con las consecuencias de este escenario, ¡precisamente porque se nos pide que imaginemos *otro* escenario! Aun así, ¿por qué debemos aceptar el escenario propuesto? Quizás sea legítimo imaginar un escenario diferente del que nos propone el experimento mental. Quizás, incluso, sea necesario hacerlo para evaluar si algunos aspectos omitidos tienen alguna relevancia para las conclusiones teóricas.

6.6. *Fundamentación y conclusiones.*

Según la Teoría de la Fundamentación vista en los capítulos 1 y 2, el grado de fundamentación de una tesis depende de su capacidad para superar objeciones. Una tesis está *mínimamente fundada* si ha superado al menos una objeción que se le ha realizado; está *bien fundada* si ha superado todas las objeciones que se le han hecho hasta el momento y está *suficientemente fundada* si supera todas las posibles objeciones que pueden hacérsele. Las tesis mínimamente fundadas y bien fundadas tienen fundamentación *insuficiente*. En lo que respecta a la fundamentación de los experimentos mentales en filosofía de la mente, debemos tener en cuenta dos aspectos: a) el grado de fundamentación de las conclusiones teóricas -y del nexo entre estas conclusiones y los hechos del mundo-; b) el grado de justificación de los experimentos mentales en sí mismos, en su estructura tanto pictórica como teórica. A la luz de las reflexiones anteriores parece claro que en el aspecto a) tenemos, en el mejor de los casos, fundamentaciones mínimas: algunos experimentos pueden sortear *al menos* una objeción. En el caso del experimento de Searle, podemos seguir la regla estructural del recorte, la abstracción de escenarios derivados divergentes y concentrarnos en el hombre encerrado que ha aprendido todo el sistema de traducción, y de ese modo superar la objeción de quien pide una ampliación de contexto. Parece más difícil lograr esta fundamentación mínima en los dos ejemplos siguientes. Podemos decir que, en lo que respecta a este punto, el paso de los componentes pictóricos hacia las conclusiones teóricas no tiene suficiente fundamento y quizás en algunos casos no tenga ninguno.

Veamos el aspecto b). En este punto podemos preguntarnos si existe algún tipo de justificación para la construcción de complicados experimentos mentales cuyas conclusiones serán, probablemente, sin fundamento. ¿Para qué necesitamos un experimento mental, si es que nos sirve para algo?

Dijimos que los puntos de partida de un experimento mental suelen ser situaciones cotidianas, fáciles de imaginar. Esa facilidad nace del contacto socialmente compartido con el mundo, y eso hace que resulten pictóricamente accesibles. Pero esa capacidad para imaginar el escenario *correcto* no puede explicarse a partir de las experiencias de cada individuo, pues en cada caso son diferentes. El punto de partida, quizás, no es el contacto socialmente compartido, sino una cierta capacidad intuitiva que se pone en contacto en el acto de imaginar el escenario de un experimento mental. Podemos distinguir entre lo *observable* y lo *intuitivo* (Brown, 115): el mundo es conocido mediante observación, pero las distinciones que establecemos a partir de esas observaciones corresponden a nuestra capacidad intuitiva más que a las observaciones en sí mismas. De ese modo, tanto la experiencia observacional como la experiencia de un experimento mental puramente imaginario ponen en juego esta capacidad intuitiva. Mediante esta intuición elaboramos ciertas reglas inductivas que aplicamos a nuestro entorno y que proyectamos en cualquier situación posible, incluidos –desde luego- los experimentos mentales. Podríamos decir, en síntesis, que los experimentos mentales no intentan simplemente elaborar un escenario arbitrario y establecer conclusiones arbitrarias, sino que están anclados en ciertos procedimientos intuitivos que aplicamos cada vez que observamos el mundo y actuamos en él. En ese sentido, los experimentos mentales nos muestran relaciones posibles entre conjuntos de hechos intuitivamente evidentes, y pretenden llevar al extremo nuestra capacidad para elaborar predicciones y teorías fiables a partir de esas intuiciones. Si bien esto puede considerarse una justificación de los experimentos mentales en filosofía, no podemos decir que su empleo esté suficientemente fundado. De hecho, quizás, no necesite de fundamento; quizás, como propone Dennett, el experimento mental sea solo una bomba de intuición que debe abrirnos posibilidades conceptuales novedosas en lugar de encaminarnos hacia conclusiones rígidas y definitivas: "[El objeto de los experimentos mentales] es crear –en el ojo de nuestra mente- varios tipos de simulacros imaginarios de actividad humana. Cada experimento de pensamiento es una 'bomba de intuición' que magnifica una faceta u otra del problema, tendiendo a empujar al lector hacia ciertas conclusiones" (Dennet & Hofstadter, 1983: 484). Por lo tanto, aunque su uso puede estar justificado por la magnificación de facetas de un hecho, las conclusiones habrán de ser siempre insuficientemente fundadas.

*6.7. Referencias.*

Berkeley G. [(1710) 1985] : *Principios del conocimiento humano*. Sarpe, Madrid.
Brown J. R. [1991] : *The Laboratory of the Mind. Thought Experiments in the Natural Sciences*. Routledge, London & New York.
Chalmers D. [1999] : *La Mente Consciente. En busca de una teoría fundamental*. Gedisa, Barcelona.
Dennett D. [1995] : *La Conciencia Explicada*. Paidós, Barcelona.
Dennett D. [2005] : *Dulces Sueños. Obstáculos filosóficos para una ciencia de la conciencia*. Katz, Barcelona.
Dennett D. & Hofstadter D. [1983] : *El ojo de la mente. Fantasías y reflexiones sobre el yo y el alma*. Sudamericana, Buenos aires.
Galilei G. [1974] : *Two New Sciences* (trad. de the *Discorsi* por S. Drake), University of Wisconsin Press, Madison.
Horst, S. [2007] : *Beyond Reduction. Philosophy of Mind and Post-Reductionist Philosophy of Science*. Oxford University Press, New York.
Newton I. [1934] : *Mathematical Principles of Natural Philosophy*, trad. de the *Principia* (1686) por Mott and Cajori, University of California Press, Berkeley.
Searle J. [1980] : "Minds, Brains and Programs". *The Behavioral and Brain Sciences*, **3**, pp. 417 – 457.
Wittgenstein L. [1988] : *Investigaciones Filosóficas*. (A. G. Suárez y U. Moulines, Trad.) Instituto de Investigaciones Filosóficas UNAM - Editorial Crítica, México – Barcelona.


6.8. *Apéndice: Modelos científicos y experimentos mentales*.

En este capítulo hemos separado los experimentos mentales, que poseen un claro contenido pictórico, de los modelos teóricos. Sin embargo, podemos examinar a los modelos teóricos como experimentos mentales en sí mismos. Según Horst (2007), la ciencia utiliza una variedad de modelos adecuados a propósitos diferentes, y resulta imposible articular todos los modelos en un solo supermodelo unificado. Los modelos son idealizaciones, y como tales, sólo pueden conceptualizar determinados aspectos del mundo: explicar es dejar de lado algunos aspectos del hecho a explicar. Estos modelos son parcialmente determinados por nuestra arquitectura cognitiva, y cada uno de ellos describe determinados aspectos del mundo. Por último, cada uno de los aspectos anteriores determina que los modelos no puedan unirse en última instancia en un supermodelo. Es interesante destacar que, según el punto de vista de Horst, un modelo necesariamente deja de lado algunos aspectos, del mismo modo que en los experimentos mentales nos centramos en un escenario local y abstraemos a conciencia todo lo que no nos interesa de ese escenario: los modelos, como creaciones de nuestra mente, cumplen también con ese requisito.

Horst resume su punto de vista en seis puntos:

1.     Las teorías y leyes científicas son modelos de aspectos particulares del mundo.

2.     Dichos modelos son productos de nuestros procesos cognitivos de modelado, y por lo tanto sus formas están determinadas en parte por la arquitectura cognitiva humana.

3.     Los modelos científicos están idealizados, y por lo tanto involucran determinadas formas de idealización.

4.     Cada modelo emplea un sistema de representación particular para describir su objeto.

5.     El carácter ideal de los modelos y la elección del sistema representacional puede representar barreras para la integración de diferentes modelos.

6.     Hechos empíricos acerca de la arquitectura cognitiva humana determinan los tipos de modelos que podemos concebir, entender y emplear, y esto puede redundar en el hecho de que no podamos encontrar una teoría unificadora ulterior (precisamente porque nuestra arquitectura mental impide tal unidad) (2007: 128-9)

Si los modelos son producto de nuestra arquitectura cognitiva (punto 2), entonces ya tenemos una justificación más fuerte para el uso de los experimentos mentales: el proceso imaginativo sigue determinados patrones que no son arbitrarios ni divergentes, sino productos de una arquitectura cognitiva que compartimos todos los humanos en razón de nuestra historia como especie en el mundo. Los modelos, entonces, responden a una lógica claramente definida, y podemos suponer que lo mismo ocurre con los experimentos mentales bien construidos (i.e., que no tengan severas fallas en su imagen pictórica inicial o en el escenario derivado). El hecho de que dichos modelos estén idealizados (punto 3) parece sugerir que la no correspondencia exacta con un hecho real o posible, si es una falla, es en todo caso una falla que comparte con cualquier otro tipo de modelos. Los puntos 5 y 6 enfatizan la disunidad de los modelos –tema que no tratamos en este trabajo- , pero el punto 6 destaca también que nuestra propia arquitectura mental constriñe a utilizar determinados tipos de modelos y no otros. En ese sentido, es posible pensar que también los experimentos mentales con alto contenido pictórico sean, al igual que las teorías más abstractas, una de las diversas formas no unificables de modelar el mundo.

# CAPÍTULO 7

## FUNDAMENTACIÓN EN ECONOMÍA EXPERIMENTAL: EL CASO DE LA VALIDEZ EXTERNA DE LOS ESTUDIOS SOBRE CORRUPCIÓN

Rodrigo Moro

*Resumen*. Hace poco más de una década que economistas experimentales comenzaron a realizar experimentos sobre corrupción. El problema principal que se ha planteado sobre estos estudios es el de su validez externa, es decir, si los resultados que se obtienen en el laboratorio son extrapolables a situaciones de corrupción reales. El objetivo de este artículo es evaluar, usando la Teoría de Fundamentación de los dos primeros capítulos y la evidencia empírica disponible, el fundamento de la tesis que afirma que los resultados hallados en el área tienen validez externa. Concluiré que, aunque algunos resultados parecen haber sido validados, más evidencia empírica es necesaria para evaluar la tesis en cuestión.

Palabras claves: Corrupción; Economía Experimental; Validez externa.

7.1. *Introducción*.

La corrupción es uno de los grandes problemas que enfrentan las instituciones y países a lo largo y ancho del mundo. Esto ha originado un gran interés por el estudio de las causas, las consecuencias y las formas efectivas para combatir las actividades corruptas (para un compendio, véase Rose-Ackerman, 2006). Lamentablemente, y debido al carácter secreto que caracteriza al fenómeno en cuestión, su estudio es extremadamente difícil. Básicamente, hay cuatro tipos de investigación sobre el fenómeno: utilización de índices de percepción de corrupción y consecuente correlación con otras variables, estudio de casos particulares, construcción de modelos teóricos y estudios experimentales (Abbink, 2006). Hay un acuerdo generalizado en la literatura que cada tipo tiene fortalezas y debilidades y, por lo tanto, tales modos de estudiar el fenómeno de la corrupción son complementarios más que rivales. En particular, los estudios correlacionales brindan una valiosa información de cómo se relaciona la corrupción con otras variables, como el crecimiento económico. Se establece, por ejemplo, que a mayor nivel de corrupción, menor nivel de crecimiento económico (Mauro, 1995). Sin embargo, este tipo de estudios no permite establecer causalidad, que en el caso citado podría ir en ambos sentidos: un grado alto de corrupción lleva a un pobre crecimiento económico o un pobre crecimiento económico lleva a un alto grado de corrupción. En ese sentido, los estudios experimentales son superiores, ya que al controlar las variables de manera sistemática, el experimentador puede realizar afirmaciones causales mejor respaldas. Por supuesto, por otro lado, los experimentos enfrentan el desafío de la validez externa que trataremos en este capítulo, ausente en los estudios correlacionales. Justamente, en la última década, surgieron los estudios experimentales de corrupción como metodología complementaria y ese será nuestro tema de interés. Comenzaré introduciendo de manera breve esta naciente área de investigación (sección 2), para luego analizar uno de los principales cuestionamiento que enfrenta, a saber, el de su validez externa: en qué medida los resultados que se obtienen en el laboratorio son extrapolables a situaciones de corrupción fuera del laboratorio (sección 3).

*7.2. Estudios experimentales sobre corrupción.*

Dentro del amplio ámbito de actividades corruptas, dos de ellas han estado en el foco de atención de los experimentadores, a saber, el ofrecimiento de cohechos y la malversación de fondos. Las herramientas básicas que se ha utilizado para modelar estos fenómenos son la teoría de juegos y los juegos experimentales interactivos (i.e., situaciones donde interactúan dos personas o más, y los resultados –generalmente, pagos en dinero real- dependen de la interacción). Así, se han utilizado variantes del juego de confianza ("trust game") para modelar el ofrecimiento de cohechos y variantes del juego del dictador ("dictator game") para modelar la malversación de fondos (véase un compendio detallado de resultados experimentales en Dusek et al., 2005 y Abbink, 2006). En este trabajo nos concentraremos en el fenómeno de ofrecimiento y aceptación de coimas, ya que es el fenómeno más estudiado. Para hacerse una idea más concreta acerca de cómo se trabaja en esta nueva área de investigación, describimos uno de los estudios fundacionales, a saber, el estudio de Abbink, Irlenbusch y Renner (2002).

De acuerdo a Abbink y colaboradores, una situación de cohecho se caracteriza por la presencia de tres elementos:

a) un contrato implícito entre la persona que ofrece el cohecho y el funcionario que recibe el ofrecimiento; dicho contrato está basado en confianza (por parte del oferente) y reciprocidad (por parte del receptor), ya que no puede ser forzado por la autoridad pública;

b) la posibilidad de detección y castigo por parte de la autoridad pública como un costo potencial de la transacción corrupta; y

c) externalidades negativas (e.g., perjuicio a terceros no involucrados directamente en la transacción).

Para representar estos tres aspectos de la corrupción y, más específicamente, para modelar experimentalmente el ofrecimiento y la aceptación de cohechos, estos investigadores presentaron una variación del juego de confianza (véase Figura 1). En el juego de Abbink y colaboradores, el jugador 1 (representando a la "empresa E") debía optar por ofrecer o no un cohecho a un "funcionario público", y en caso de hacerlo, debía determinar la cantidad exacta de dicho cohecho, $c$. El jugador 2 (representando al "funcionario público F") debía decidir si aceptar o rechazar el cohecho (si éste era ofrecido) y, a su vez, debía optar por uno de dos posibles cursos de acción: 1) elegir la opción Y cuyas consecuencias eran las que más favorecían a la empresa (i.e., el análogo a *corresponder* al pago del cohecho *con la acción que espera el agente que entrega el cohecho*); ó 2) elegir la opción X, cuyas consecuencias beneficiaban al jugador 2 levemente más que la acción Y pero cuyo beneficio para la empresa era sensiblemente menor al que podía obtener a partir de la acción Y. En síntesis, la secuencia corrupta era la transferencia de dinero del jugador 1 al jugador 2 (el análogo del cohecho) y la posterior elección de la opción Y por parte del jugador 2. El razonamiento detrás de esta secuencia es que el jugador 2 podría querer elegir la opción Y como manera de reciprocar el ofrecimiento de cohecho por parte del jugador 1. Como podrá apreciarse en la figura, en el juego se modeló una externalidad negativa, a saber, que cuando se producía la operación corrupta (elección de la opción Y), otros participantes perdían dinero ($3 en el ejemplo). También se modeló el riesgo que corrían el empresario y el funcionario de ser descubiertos y castigados: si el cohecho era aceptado, existía una probabilidad de detección y castigo que consistía en que el juego terminaba y los participantes detectados en el accionar corrupto perdían el dinero obtenido hasta ese entonces.

El juego del cohecho de Abbink, Irlenbusch y Renner (2002) fue jugado por estudiantes universitarios cuyas decisiones durante el juego involucraban dinero real. En cada sesión de juego había 18 participantes, cada cual asignado a una computadora y emparejados al azar. Un miembro de cada pareja jugaba en el rol de participante 1 y el otro en el rol de participante 2, pero no tenían contacto personal (visual, auditivo, etc.) entre sí. El juego del cohecho duraba 30 rondas en las que cada participante jugaba siempre en el mismo rol (jugador 1 o jugador 2) y con la misma pareja. Por último, para cada pareja, el resto de las parejas cumplía el rol de terceros perjudicados en caso de que el participante 2 de la pareja focal eligiese la opción Y.

Como resumen de hallazgos del estudio de Abbink et al. (2002), se puede decir que:

1) más de la mitad de los participantes en el rol de empresa (jugador 1) ofreció cohechos;

2) los participantes en la posición de funcionario público (jugador 2) en gran parte respondieron aceptando el cohecho y favoreciendo a la empresa (eligiendo la opción Y), pese a que, según un análisis estrictamente monetario, les convenía aceptar el cohecho y elegir la opción X (i.e., no corresponder el favor); cuanto mayor era el cohecho, mayor era la probabilidad de que el participante 2 eligiera la opción Y;

3) se encontró que la posibilidad de detección y castigo tenía el efecto disuasorio esperado, pues los niveles de ofrecimiento de cohecho fueron menores en el tratamiento con posibilidad de detección y castigo que cuando no había posibilidad de detección (Abbink et al, 2002); pero

4) la presencia de una externalidad negativa no afectó la probabilidad de que se estableciese el intercambio confianza-reciprocidad respecto cuando no había terceros perjudicados.

Parte del patrón de resultados de Abbink y colaboradores (2002) ha encontrado apoyo (aunque no completamente) y extensión en otros estudios. Primero, en juegos de cohecho similares (Abbink, 2005, 2004; Abbink & Henning-Schmidt 2006; y algunos no tan similares: Frank y Schulze 2000, Schulze y Frank, 2003, Armantier y Boly, 2012), los participantes frecuentemente establecen lo que se interpreta como relaciones de confianza y reciprocidad, aun cuando existe un perjuicio para terceros en dichos intercambios y/o la posibilidad de ser castigado. A su vez, se ha encontrado que la severidad del potencial castigo produce el efecto anti-corrupción esperado (Abbink et al, 2002, Schulze y Frank, 2003; Barr & Serra, 2009). Y, entre las extensiones novedosas de estos trabajos, se destaca la puesta a prueba de la técnica de rotación de personal para desalentar el establecimiento de confianza y reciprocidad corruptas: en un juego de cohechos en el que los participantes eran re-emparejados al azar luego de cada ronda de juego, los niveles de transferencia de cohechos, así como de elección de la opción corrupta por parte del segundo participante se vieron significativamente reducidos (Abbink, 2004). Un hallazgo interesante es que las mujeres parecen ser menos corruptas que los hombres o, al menos, responden mejor al monitoreo y riesgo de castigo (Schulze y Frank, 2003; Armantier y Boly, 2012).

Por otra parte, otros resultados son más difíciles de interpretar porque no han sido encontrados de manera consistente a través de las distintas investigaciones. Por ejemplo, algunos estudios parecen mostrar que "buenos salarios" (e.g., la cantidad de dinero que reciben los participantes por el sólo hecho de participar) disminuyen la incidencia de corrupción (Frank & Schulze, 2000), pero otros estudios no han registrado dicho efecto (Abbink, 2005). Lo mismo ocurre con la existencia de alguna externalidad negativa, por ej., el hecho de que terceros se vean afectados: algunos estudios muestran que la existencia de externalidades negativas explícitas reducen la incidencia de la corrupción (Barr y Serra, 2009), mientras que otros estudios no encuentran dicho efecto (Abbink et al., 2002). Lograr resolver estas disputas es importante porque hay implicancias prácticas en juego: se estaría determinando la efectividad de las políticas anti-corrupción de incrementar los sueldos de los funcionarios, en el primer caso, y de resaltar las consecuencias negativas de las actividades corruptas, en el segundo caso. Más generalmente, es claro que se necesita más evidencia empírica para establecer la influencia de los factores que contribuyen a generar o a reducir los intercambios corruptos. En cualquier caso, existe un tema central que subyace a los puntos recién mencionados respecto a las repercusiones de los estudios experimentales sobre corrupción, y es el tema de su validez externa. A continuación analizamos este problema.

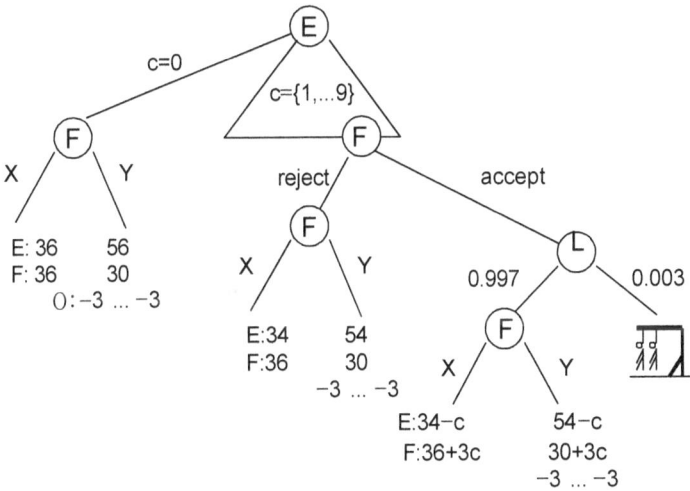

Figura 1: Árbol de juego del experimento del cohecho (adaptado de Abbink et al., 2002)

7.3. *El problema de la validez externa.*

La gran pregunta que cabe hacer sobre los estudios experimentales de corrupción es la siguiente. ¿Pueden ser extrapolados los resultados obtenidos en laboratorios a situaciones de corrupción reales? O dicho de otra manera, el conocimiento generado a partir de estudios experimentales, ¿dice algo sobre la corrupción real? Dependiendo del objetivo del estudio experimental, la generalización de resultados experimentales puede no ser de decisiva importancia, por ejemplo, cuando lo que se busca es testear una teoría económica determinada. Sin embargo, en nuestra área de interés, la extrapolación de resultados es crucial, ya que el propósito declarado es entender y combatir la corrupción real. Si los resultados no fueran extrapolables, los propósitos básicos del área se verían amenazados. A continuación, entonces, usando la Teoría de Fundamentación de Jorge Roetti y revisando la evidencia provista por el área, analizaremos el estatus de justificación de la siguiente tesis:

T1: Los resultados hallados en el área de economía experimental son extrapolables a condiciones de corrupción reales.[86]

Comenzaremos por repasar los conceptos de la Teoría de Fundamentación de Roetti que vamos a utilizar en nuestro análisis. Recordemos que en dicha propuesta, el estatus de respaldo de una tesis está dado por la capacidad de superar objeciones o cuestionamientos. Así, una tesis está *mínimamente fundada* si ha superado al menos una objeción que se le ha realizado; está *bien fundada* si ha superado todas las objeciones que se le han hecho hasta el momento y está *suficientemente fundada* si supera todas las posibles objeciones que pueden hacérsele. Por supuesto, nuestro campo de interés está en el ámbito de lo insuficientemente fundado. La clave está en los otros conceptos. Es fundamental que una tesis esté mínimamente fundada para comenzar a ser tenida en cuenta por la comunidad científica, ya que si ha superado al menos una objeción (usualmente, basada en una interpretación alternativa de los datos) ha dado prueba de registrar un fenómeno robusto, es decir, que persiste aún cuando cambian ligeramente las condiciones que lo generan.[87] Pero ser mínimamente fundada no es suficiente para que una tesis sea seriamente considerada como conocimiento aceptado (aunque, por supuesto, falible). Para ello es necesario que la tesis en cuestión esté bien fundada, es decir, que haya superado todas las objeciones que se le hayan realizado.

---

[86] El lector podría sugerir si no conviene evitar la pregunta dicotómica sobre si los experimentos en cuestión tienen o no validez externa y enfocarse en la pregunta más sofisticada de *en qué grado* o *en qué sentido* los experimentos en cuestión tienen validez externa. Por una parte, creemos que en una primera aproximación al tema, la pregunta dicotómica es la primera a considerar, aunque investigaciones posteriores puedan conducir a la segunda más sofisticada. En ese sentido, Kessler y Vesterlund (2015) desarrollan una propuesta muy interesante. En el marco más general de estudios experimentales de economía, los autores sostienen que el tipo de validez externa que tienen los experimentos es *cualitativa* antes que *cuantitativa*. Un resultado cuantitativo se refiere a la magnitud precisa de cierto efecto y un resultado cualitativo se refiere al signo y/o dirección del efecto. En otras palabras, la validez externa de los experimentos de economía sería sobre los resultados globales, por ejemplo, que un factor tiene incidencia causal sobre un fenómeno o el sentido de una correlación. Sin embargo, los experimentos no serían confiables para estimar valores precisos de las variables estudiadas. Por ejemplo, los estudios experimentales de corrupción nos permitirían inferir que al aumentar el castigo, las actividades corruptas disminuyen, pero no nos permitirían extrapolar el porcentaje de tal disminución. Creemos que esta es una vía de investigación muy interesante para el futuro.

[87] Esto se realiza usualmente en el mismo paper que es presentada la tesis en cuestión. Si el investigador pasa por alto esto, los reviewers reclaman que se busquen interpretaciones alternativas de los datos y se testeen antes de aprobar la publicación del artículo.

Volvamos, entonces, a los estudios de corrupción. La clave de todas las objeciones sobre la validez externa de estos estudios estará en que los factores situacionales del laboratorio son usualmente muy diferentes a los de las condiciones reales. Aunque no hay elementos suficientes para ofrecer una respuesta plenamente justificada sobre la validez externa de los estudios de corrupción, hay varios artículos que ofrecen evidencia empírica sobre el tema. Como sostiene Guala (2005), la cuestión de si un resultado de laboratorio se puede extrapolar a una situación fuera del laboratorio es, en definitiva, una cuestión empírica y que, por lo tanto, debe resolverse empíricamente (de ser posible). Parece razonable, entonces, analizar cuál es la evidencia empírica al respecto.

Antes de comenzar con la revisión de la literatura sobre este aspecto, es importante tener en cuenta el concepto de *validez ecológica*. Este concepto alude al grado de similitud de factores situacionales entre el contexto de laboratorio y el contexto real que se pretende estudiar. Este concepto es independiente del concepto de validez externa en el sentido que un estudio puede tener validez externa sin validez ecológica y viceversa. Sin embargo, también se reconoce que un buen camino para mejorar la validez externa de un estudio es mejorando su validez ecológica (Brewer, 2000; Shadish et al., 2002). Así, veremos que los ataques a la validez externa de los estudios sobre corrupción suelen apoyarse en su falta de validez ecológica.

Uno de los principales obstáculos para justificar la validez de la extrapolación de resultados a condiciones reales tiene que ver con el carácter inmoral de las acciones corruptas, en el sentido que una acción corrupta siempre implica algún tipo de violación a cierta norma social (Bardsley, 2005). Nótese que, siguiendo una tradición metodológica en economía experimental, usualmente el juego se presenta de manera abstracta sin hacer mención al ofrecimiento y aceptación de cohechos y demás condimentos morales de la situación, sino que se habla de "hacer transferencias", "elegir la opción X o la Y", etc. Parece razonable objetar que con ese tipo de fraseo abstracto pueda transmitirse adecuadamente el carácter inmoral del accionar corrupto. Concretamente, quienes realizan esa objeción predecirían que en un contexto donde se incorpore el elemento moral de la decisión, la gente se va a comportar de manera diferente, menos corrupta. Hasta la fecha, y a nuestro conocimiento, hay sólo dos artículos que manipularon la forma de presentación (enmarque) de la situación con resultados opuestos. Por un lado, Abbink y Henning-Schmidt (2006) realizaron un juego de cohechos similar al de Abbink et al. (2002), pero con dos tratamientos que diferían respecto al fraseo del juego: una condición contaba con un fraseo abstracto, mientras que la otra condición contaba con un fraseo cargado con términos asociados a corrupción (como por ejemplo la utilización de la palabra "cohecho" para definir uno de los posibles intercambios). Abbink y Henning-Schmidt no encontraron que la probabilidad de ofrecer un cohecho por parte del jugador 1 o de aceptarla y reciprocar por parte del jugador 2 cambie en función del fraseo. Sin embargo, Barr y Serra (2009) en un estudio similar reportaron el resultado opuesto; más específicamente, el porcentaje de participantes que *no* ofrecieron cohechos subió del 10% al 40% cuando compararon la típica condición abstracta con la moralmente cargada. Existen varias diferencias metodológicas entre ambos trabajos que podrían haber incidido en la diferencia de resultados. Por ejemplo, en el estudio de Abbink y Hennin-Schmidt los participantes jugaban al juego del cohecho en repetidas rondas con la misma persona de tal manera que había tiempo para que se desarrolle la confianza y reciprocidad necesarias para el éxito de la interacción corrupta; en cambio, en el juego de Barr y Serra que era de una única ronda ("one shot"), esa posibilidad estaba más limitada, y entonces, la carga moral pudo haber sido más efectiva en disuadir el trato corrupto. Más allá de este desacuerdo entre estos estudios, ni Barr y Serra ni Abbink y Hennin-Schmidt encontraron un efecto significativo del enmarque para los participaron en el rol de funcionarios (jugadores 2).

No es claro que conclusión sacar de este par de estudios. El principal problema es la inconsistencia de resultados. Podría suceder que la explicación de la diferencia de resultados entre los dos estudios radique en el tipo de corrupción que cada uno intenta modelar. Pero sea la razón que sea, la falta de resultados consistentes hace imposible juzgar la objeción planteada. Por supuesto, el hallazgo de una diferencia de comportamiento debido al enmarque –aunque sea en un solo estudio y con respecto a uno solo de los roles- sugiere una actitud cautelosa frente a los resultados obtenidos y resumidos anteriormente. No obstante, nuevamente, sin resultados sólidos, no es posible evaluar con claridad la objeción planteada.

Con respecto a la diferencia de resultados dentro de su propio estudio, Barr y Serra proponen que los participantes, siendo típicamente estudiantes, responden sinceramente cuando se hallan en el rol de ciudadanos porque ellos de hecho lo son, y cuando se trata de funcionarios públicos perciben la situación como un juego de roles, pensando tal vez "¿qué haría un funcionario público en esta situación?". Llevando esta postura al extremo, se podría objetar que no es claro que la denominación de acciones con palabras cargadas moralmente logre transmitir el carácter moral de la situación. En otras palabras, los participantes aún en la condición de palabras moralmente cargadas podrían tomar la situación como un mero juego, sin que refleje el comportamiento que tendrían ante una situación de cohecho (véase Bardsley, 2005 para una formulación explícita de esta crítica). Se podría incluso establecer la analogía con juegos de naipes donde se permite "mentir" y/o "robar". Claramente, esas acciones son parte del juego y no hay lugar para juicios morales.

Para resumir, la inconsistencia de resultados y la dudosa calidad de diseño hacen que no sea posible evaluar la objeción basada en el aspecto moral. Sin embargo, esto no implica que deba abandonarse la objeción sino que se debe mejorar el diseño y ver si se logran resultados consistentes.

Afortunadamente, hay más evidencia por revisar, la cual se relaciona con otra objeción basada en una crítica sostenida por Levitt y List (2007). La idea es que, por una parte, las acciones corruptas en el mundo real son usualmente secretas y, por otra parte, las acciones corruptas en el laboratorio son objeto de detallado escrutinio por parte de los experimentadores. El mero hecho de ser observado puede alterar significativamente la conducta (un fenómeno conocido como el "efecto Hawthorne", véase Levitt y List, 2007, Bardsley, 2005).

Afortunadamente, hay un estudio empírico reciente que parece ofrecer evidencia sólida sobre este aspecto. Armantier y Boly (2012) realizaron el mismo estudio de corrupción en tres ambientes diferentes:

1) un típico ambiente de laboratorio en Canadá (más precisamente, en Montreal),

2) un similar ambiente de laboratorio en la capital de Burkina Faso (Ouagadougou) en el noroeste africano, y

3) un ambiente de los denominados "de campo", también en la capital de Burkina Faso.

Básicamente, el estudio consistía en darles a los participantes 20 exámenes (más precisamente, dictados) para corregir. En uno de ellos, se les ofrecía un cohecho con el mensaje "por favor, encuentre pocos errores en mi examen". Se estudiaron los efectos de aumentar el salario, aumentar el cohecho e imponer monitoreo y castigo. El resultado más llamativo es que los datos fueron muy similares en los tres ambientes. En particular, el experimento de laboratorio y el de campo en Burkina Faso dieron resultados prácticamente idénticos. La diferencia de procedimiento fundamental fue que en el primer caso, los participantes sabían que estaban participando de un experimento y en el segundo caso no lo sabían (simplemente, creían ser contratados para corregir exámenes). Además, el ofrecimiento de cohecho en el laboratorio tenía el típico carácter artificial donde las reglas se habían explicitado en detalle antes de que los participantes tomaran sus decisiones, mientras que en el estudio de campo los participantes se encontraban inesperadamente con el ofrecimiento corrupto sin ninguna explicitación previa de la situación. En consecuencia, en la condición de laboratorio se daba el escrutinio típico de las acciones del participante mientras que en el experimento de campo tal escrutinio no ocurría –al menos, eso intentaron hacerles creer los experimentadores a sus participantes. Los resultados hallados fueron los siguientes. Un gran porcentaje de los participantes (alrededor del 50% en ambos ambientes de Burkina Faso y 66% en Canadá) aceptaron el cohecho. Como es habitual, aprobar o desaprobar dependía del número de errores. En los tres ambientes se registro que el número de errores del examen que venía junto al ofrecimiento del cohecho era significativamente menor si era corregido por alguien que aceptaba el cohecho. En otras palabras, el cohecho tendía a lograr el efecto de reciprocidad esperado. A su vez, en los tres ambientes, se registró el mismo efecto positivo de aumentar el salario. Los participantes con salario fijo alto eran menos proclives a aceptar el cohecho (sin embargo, si aceptaban, eran más proclives que el resto a responder en correspondencia, reportando menos errores). Con respecto al monitoreo y castigo, estas posibilidades se efectuaron sobre el número de errores, no sobre la aceptación del cohecho, y en los tres ambientes dicho factor tuvo el efecto significativo esperado, pero sólo en las mujeres. Por último, aumentar el cohecho tuvo el efecto esperado en los dos ambientes de Burkina Faso pero no en Canadá. Los autores proponen como explicación que, en contraposición con Canadá, el aumento del cohecho en Burkina Faso era relativamente más importante en términos de poder adquisitivo. En resumen, en los tres ambientes se registraron los dos fenómenos principales de aceptación de cohecho y acciones de reciprocidad una vez aceptado dicho cohecho. De las tres variables analizadas, dos (aumento de salarios y monitoreo y castigo) tuvieron efectos muy similares en los tres ambientes. Finalmente la variable aumento del monto del cohecho tuvo el mismo efecto en el laboratorio y en el campo de Burkina Faso, pero no se registró tal efecto en el laboratorio de Canadá. Así, si bien esta última discrepancia justifica una actitud cautelosa, la gran similitud general de resultados parece brindar apoyo al uso de experimentos para comprender los determinantes del fenómeno de la corrupción.

La pregunta es, entonces, si *todos* los resultados comentados anteriormente obtuvieron su garantía de validez externa. La respuesta es negativa. En primer lugar, el estudio debería ser replicado, con el objeto de certificar que se trata de un fenómeno robusto. En segundo lugar, se deberían explorar algunas variaciones fundamentales. Particularmente, se deberían testear casos donde hay una clara externalidad negativa, con terceros perjudicados, ya que ésta se ha tomado como una característica esencial de la corrupción y no es evidente que ocurra en el caso de los dictados como examen de ingreso en Burkina Faso. Finalmente, y dejando de lado los puntos anteriores, hay que ser precisos sobre qué resultados han recibido validación. En este estudio no recibió validación el hecho de que la mayoría de las personas tienden a ofrecer cohechos, ya que este elemento simplemente no era parte del estudio. Por otra parte, sí recibió validación el fenómeno de que un gran porcentaje de personas tienden a aceptar cohechos y, una vez aceptada la misma, tienden a favorecer al oferente. Como se mencionó anteriormente, el efecto disuasorio de la detección y castigo sólo se validó en el grupo de las mujeres. Finalmente, como en otros estudios, se halló que un buen salario tenía el efecto disuasorio esperado, pero, como también se mencionó anteriormente, este hallazgo no ha sido consistentemente reportado en la literatura.

Más generalmente, no creemos que cualquier estudio de laboratorio sobre corrupción tenga garantizada automáticamente la validez externa de sus hallazgos. Una de las razones es que el estudio de Armantier y Boly posee una característica distintiva que hace problemática la generalización a otros casos: en principio, la condición de laboratorio de Armantier y Boly parece mucho menos artificial que la típica condición experimental del área y es, por añadidura, muy similar a la situación que se quiere modelar, a saber, la reflejada por la condición de campo (en términos técnicos, posee un alto grado de validez ecológica). Más precisamente, en el estudio de Armantier y Boly los participantes realizaban una tarea concreta como corregir dictados, la cual se realizaba en ambos tipos de tratamiento, de laboratorio y de campo. Por otra parte, en el típico experimento (pensado para modelar corrupción de funcionarios públicos), los participantes deben decidir sentados ante una computadora si hacer o no una transferencia a otro participante, lo cual, nuevamente, puede ser tomado fácilmente como un simple juego de roles, sin connotaciones morales para los participantes. Así, en el estudio de Armantier y Boly se daba una similitud entre la condición de laboratorio y la de campo que parece difícil de defender en otros estudios experimentales del área. Por esta razón, creemos que no es posible pensar que esté garantizado el paralelismo de resultados (entre laboratorio y campo) en otros contextos de ofrecimientos de cohecho. En otras palabras, aunque el estudio de Armantier y Boly es muy alentador, más evidencia es necesaria para realizar una evaluación empíricamente justificada de la validez externa del área en su conjunto.[88]

### 7.4. *Conclusión.*

Para concluir, analizaré cuáles serían las consecuencias de la evidencia empírica comentada para la tesis T1, siguiendo los lineamientos de la TF de Roetti. Recordemos que T1 afirmaba la validez externa de los resultados de laboratorio sobre corrupción. Analizamos dos objeciones, cada una basada en un factor que marcaba una diferencia entre el contexto de laboratorio y el contexto real y que, por tanto, amenazaba la generalización de resultados. La primera objeción

---

[88] El lector podría preguntarse si no hay objeciones adicionales por mencionar y tratar, por ejemplo, si los participantes de los experimentos son representativos de la población de interés. En Moro y Freidin (2012) tratamos este punto y revisamos la evidencia al respecto. Lamentablemente, la evidencia sobre el tema es muy escasa e inconsistente y, por lo tanto, optamos para desarrollar en detalle los factores más tratados en la literatura.

consistía en que en el contexto de laboratorio –a diferencia de un contexto real de corrupción-, no es claro que se está violando una norma social y, por lo tanto, puede estar ausente el aspecto moral en las decisiones a tomar. Desafortunadamente, la evidencia empírica relevante no es consistente, por lo que no se puede realizar una evaluación adecuada. Esta objeción quedaría, entonces, pendiente de resolver. Como consecuencia, diríamos que no se puede afirmar que T1 esté bien fundada, ya que hay al menos una objeción que no ha logrado superar de manera clara. Por supuesto, se necesitan de mejores diseños y de evidencia consistente para poder realizar la evaluación pendiente.

La segunda objeción tenía que ver con el carácter artificial de los estudios de laboratorio y, más precisamente, con el hecho de que en laboratorio las respuestas de los participantes se saben observadas y estudiadas. Resumimos los resultados de un experimento que parecen mostrar que, al menos en un caso particular, esta objeción no está respaldada empíricamente. Esto hace que T1 esté, al menos, mínimamente fundada. Sin embargo, mencionamos la necesidad de replicar el fenómeno y mostrar que es robusto, es decir, que persiste cuando se realizan variaciones del diseño.

Para finalizar, entonces, señalamos que aunque el estudio de Armantier y Boly es muy alentador, más evidencia empírica es necesaria para defender, de manera generalizada, la validez externa de los estudios de corrupción.

El lector puede objetar que la conclusión alcanzada es extremadamente débil. Aunque coincidimos plenamente con dicha apreciación, es necesario recalcar que conclusiones más fuertes no pueden ser respaldadas. En primer lugar, el área de estudios de corrupción es un área de reciente formación (poco más de una década), por lo cual no hay perspectiva histórica para juzgar adecuadamente su éxito empírico. En segundo lugar, la evidencia empírica sobre la validez externa del área es aún muy escasa, ya sea porque es difícil de obtener o porque no se le dado suficiente importancia. Sea por lo que fuere, la escasez de evidencia empírica sobre el tema hace que conclusiones más fuertes e interesantes no resulten bien fundamentadas.

7.5. *Referencias.*

Abbink K. [2005] : "Fair Salaries and the Moral Costs of Corruption". En B. Kokinov (Ed.) *Advances in Cognitive Economics*, NBU Press, Sofia, pp. 2-7.
Abbink K. [2004] : "Staff Rotation as an Anti-Corruption Policy: An Experimental Study". *European Journal of Political Economy*, **20**(4), pp. 887-906.
Abbink K. [2006] : "Laboratory Experiments on Corruption". En S. Rose-Ackerman (Ed.) *International Handbook of the Economics of Corruption,* Edward Elgar Publishing Limited, Cheltenham, UK, pp. 418-437.

Abbink K. & Hennig-Schmidt H. [2006] : "Neutral versus Loaded Instructions in a Bribery Experiment". *Experimental Economics*, **9**(2), pp. 103-121.

Abbink K., Irlenbusch B. & Renner E. [2002] : "An Experimental Bribery Game. *Journal of Law, Economics, and Organization*, **18**(2), pp. 428-454.

Alatas V., Cameron L., Chaudhuri A., Erkal N. & Gangadharan L. [2009] : "Subject pool effects in a corruption experiment: A comparison of Indonesian public servants and Indonesian students". *Experimental Economics*, **12**(1), pp. 113-132.

Armantier O. & Boly A. [2012] : "On the External Validity of Laboratory Experiments On Corruption". En D. Serra & L. Wantchekon (Eds.) *New Advances in Experimental Research on Corruption*, Emerald Group Publishing Limited, Bingley, UK, pp.117-144.

Bardsley N. [2005] : "Experimental Economics and the Artificiality of Alteration". *Journal of Economic Methodology*, **12**, pp. 239-251.

Barr A. & Serra D. [2009] : "The effects of externalities and framing on bribery in a Petty corruption experiment". *Experimental Economics*, **12**(4), pp. 488-503.

Barr A. & Serra D. [2010] : "Corruption and Culture: An experimental analysis". *Journal of Public Economics*, **94**, pp. 862-869.

Berg J., Dickhaut J. & McCabe K. [1995] : "Trust, reciprocity and social history". *Games and Economic Behavior*, **10**(1), pp. 122–142.

Brewer M. [2000] : "Research Design and Issues of Validity". En H. Reis & C. Judd (Eds) *Handbook of Research Methods in Social and Personality Psychology*, Cambridge University Press, Cambridge, pp. 3-16.

Cameron L., Chaudhuri A., Erkal N. & Gangadharan L. [2009] : "Propensities to Engage in and Punish Corrupt Behavior: Experimental Evidence from Australia, India, Indonesia and Singapore". *Journal of Public Economics*, **93**, pp. 843-851.

Colman A. [2003] : "Cooperation, psychological game theory, and limitations of rationality in social interaction". *Behavioral and Brain Sciences*, **26**, pp. 139-198.

Dusek L., Ortmann A. & Lizal L. [2005] : "Understanding Corruption and Corruptibility Through Experiments: A Primer". *Prague Economic Papers*, **14**(2), pp. 147-162.

Frank B. & Schulze G. [2000] : "Does Economics Make Citizens Corrupt". *Journal of Economic Behavior & Organization*, **43**(1), pp. 101-113.

Guala F. [2005] : *The methodology of Experimental Economics*. Cambridge University Press, Cambridge.

Kessler J. & Vesterlund L. [2015] : "The external validity of laboratory experiments: the misleading emphasis on quantitative effects". En G. Fréchette & A. Schotter (Eds) *Handbook of Experimental Economic Methodology*, Oxford University Press, Oxford, pp. 391-406.

Levitt S. & List J. [2007] : "What Do Laboratory Experiments Measuring Social Preferences Tell Us about the Real World". *Journal of Economic Perspectives*, **21**(2), pp. 153-174.

Maxwell S. & Delaney H. [2004] : *Designing Experiments and Analyzing Data: A Model Comparison Perspective*. Lawrence Erlbaum Associates, New Jersey.

Mauro, P. [1995] : "Corruption and Growth". *The Quarterly Journal of Economics*, **110**(3), pp. 681-712.

Moro R. & Freidin E. [2012] : "Estudios experimentales de corrupción y el problema de la validez externa". *Interdisciplinaria*, **29** (2), pp. 223-233.

Rose-Ackerman, S. [2006] *International Handbook on the Economics of Corruption*. Edward Elgar Publishing Limited, Cheltenham, UK.

Schulze G. & Frank B. [2003] : "Deterrence versus Intrinsic Motivation: Experimental Evidence on the Determinants of Corruptibility".
*Economic Governance*, **4**, pp. 143-160.

Shadish W., Cook T. & Campbell D. [2002] : *Experimental and Quasi-Experimental Designs for Generalized Causal Inference*. Houghton Mifflin, Boston.

# III. Algunos problemas de fundamentación en filosofía

# CAPÍTULO 8

## SOBRE EL FUNDAMENTO Y SU ALCANCE EN LA INVESTIGACIÓN COGNITIVA: LOS ENFOQUES POSTCOGNITIVISTAS Y SUS INTENTOS POR RESOLVER AL PROBLEMA DE MARCO

María Inés Silenzi

8.1. *Introducción*.

Durante las últimas cinco décadas, el interés multidisciplinario por la cognición ha traído consigo nuevos descubrimientos y planteamientos, los que se han teorizado a través de dos grandes enfoques de las ciencias cognitivas. En tanto que, alguna vez, el enfrentamiento dentro de las ciencias cognitivas fue entre conexionismo y cognitivismo, hoy "la pugna de moda" es entre el enfoque cognitivista (dentro del cual se incluyen al cognitivismo clásico y al conexionismo) y los enfoques postcognitivistas de la cognición. Estos últimos y "nuevos" enfoques de las ciencias cognitivas coinciden en el rechazo, total o parcial, del enfoque cognitivista y en la necesidad de prestar atención a aspectos que el enfoque cognitivista no ha atendido o explicado suficientemente. De entre éstos, destacan la temporalidad de los procesos cognitivos, el componente cognitivo de las emociones y, entre otros, el interés de la interacción entre el cerebro, el cuerpo y el contexto en la configuración de las capacidades mentales.

En acuerdo con estas concepciones, los enfoques postcognitivistas critican al enfoque cognitivista no pensar al agente como corporizado y situado en un contexto a la hora de resolver viejos problemas de las ciencias cognitivas. A través de esta objeción, fundada sobre la tesis denominada aquí "articulación mente-cuerpo-contexto", los enfoques postcognitivistas, critican el descuido u olvido de la los enfoques cognitivistas por explicar la dinamicidad, prontitud, flexibilidad y adaptabilidad de nuestros procesos cognitivos. En resumen, esta crítica acusa a el enfoque cognitivista de no ofrecer una explicación *bien fundamentada* acerca de cómo realmente operan nuestros procesos dinámicos. Pero ¿las explicaciones que proponen los enfoques postcognitivistas logran superar la objeción que ellos mismos postulan? Es decir, ¿las explicaciones que ofrecen los enfoques postcognitivistas a la hora de describir nuestros procesos dinámicos sí están, en cambio, *bien fundamentadas*? La cuestión clave de este capítulo atiende pues al fundamento de las explicaciones postcognitivistas en su intento por explicar nuestros procesos dinámicos.

Como estrategia para abordar esta cuestión, examinaremos un problema fundamental para las ciencias cognitivas, el problema de marco, y dos propuestas postcognitivistas que intentan resolverlo. De manera general, el problema de marco cuestiona cómo es que los seres humanos llevamos a cabo algunas actividades cognitivas tales como determinar relevancia, realizar inferencias, abducciones etc. de modo eficiente, siendo que para llevarlas a cabo debemos examinar un vasto conjunto de información. A propósito de la resolución de este problema en particular, examinaremos cómo los enfoques postcognitivistas dan cuenta de la dinamicidad, prontitud, flexibilidad y adaptabilidad de nuestros procesos dinámicos.

Para abordar nuestra cuestión clave, comenzaremos describiendo brevemente a los enfoques postcognitivistas (sección 1), para luego atender en detalle a la crítica postcognitivista basada en la articulación mente-cuerpo-contexto (sección 2). Finalmente, y esta es nuestra tarea principal, evaluaremos, usando la Teoría de Fundamentación (Roetti, 2011), el fundamento de las explicaciones postcognitivista en su intento por explicar tal articulación (sección 3). En los comentarios finales se repasará brevemente lo expuesto y se presentarán algunas conclusiones a la luz de lo desarrollado en los apartados precedentes.

8.2. *Los enfoques postcognitivistas.*

El brindar una sistematización clara de la situación actual de las ciencias cognitivas no es una tarea fácil. Tal vez una de las razones de ello es el carácter aún incipiente de estas ciencias. Sin embargo, a fines expositivos, intentaremos ofrecer una clasificación de los distintos enfoques actuales de las ciencias cognitivas, atendiendo principalmente a los denominados enfoques postcognitivistas. Los criterios para postular esta clasificación tendrán como base, por un lado, una concepción particular de la mente y, por otro lado, el aspecto histórico de las distintas teorías que dentro de las ciencias cognitivas se han desarrollado.

Con respecto al primer criterio, existen dos grandes concepciones de la arquitectura cognitiva humana: la concepción computacional de la mente y la concepción situada-corporizada de la mente. Desde la perspectiva de la primera concepción, y de manera muy general, la mente es vista como un sistema computacional de procesamiento de la información. Desde la segunda concepción, en cambio, la mente no es vista de manera aislada, sino en relación a un cuerpo y a un entorno. Con respecto al segundo criterio, desde el aspecto histórico de las ciencias cognitivas, y a modo esquemático, se pueden observar, en orden cronológico, tres grandes marcos de investigación: el *cognitivismo* clásico (también llamado paradigma simbólico, computacionalismo ortodoxo o enfoque de representaciones y reglas), el *conexionismo* (también llamado paradigma subsimbólico o neurocomputacionalismo) y un conjunto de teorías alternativas a las propuestas anteriores. Lo que se denominará de aquí en más "enfoque cognitivista" se corresponde con la concepción computacional de la mente e incluye, desde el aspecto histórico, tanto al cognitivismo clásico como al conexionismo. Mientras que, por otro lado, se usará aquí el término *"enfoques postcognitivistas"* para denominar al conjunto de teorías alternativas al cognitivismo, haciéndole corresponder la concepción situada-corporizada de la mente.

Varias contribuciones colectivas (Rowland, 2010; De Vega, Glenber y Graesser 2008; Gomila y Calvo, 2008) atestiguan la tendencia a discutir esta última caracterización de la mente como constituyendo un sólo grupo. El acrónimo "4E" permite congregar varias características sobre esta nueva visión de la cognición:[89] la cognición entendida como encarnada (*embodied*), incrustada (*embedded*), enactiva (*enacted*) y extendida (*extended*). Si bien llamar "4E" a este incipiente movimiento postcognitivista permite congregar varias características sobre esta nueva mirada de la cognición, deja de lado también otras tantas como aquellas que consideran a la cognición como *situada, distribuida* y *afectiva*.

Más allá de las denominaciones, todas estas caracterizaciones de la cognición entienden que los procesos cognitivos no dependen exclusivamente de la acción de un individuo aislado sino que se encuentran influidos y potenciados por el entorno en el que el agente se encuentre. De entre estos entornos, es interesante destacar los alcances y limitaciones que adquieren los procesos cognitivos al distribuirse particularmente en una dimensión cultural- social. (Hollan, Hutchin y Kirsh, 2000; Hutchin, 2011 y Brandom 1994, 2000).

A grandes rasgos, estos y otros autores sostienen que mientras que algunos estados mentales y experiencias pueden definirse internamente ("dentro de la cabeza") como lo sostiene el enfoque cognitivista de las Ciencias Cognitivas, existen muchos otros en los que los procesos de atribución de significado incluyen algunos componentes que se encuentran "extendidos" de distintas maneras en el contexto (es decir, "fuera de la cabeza"). Al respecto es interesante destacar los aportes que el filósofo Robert Brandom puede ofrecer a estas cuestiones. A través de lo que él denomina "semántica inferencialista", la idea de que el significado de una expresión está determinado por cómo se la utiliza en las inferencias, el autor ofrece algunos recursos para abordar importantes e interesantes debates en torno a la cognición social (Gallagher, 2014; Strijbos & De Bruin, 2011 y Strijbos & De Bruin 2009, entre otros).

---

[89] Según Rowland (2010: 219), este acrónimo se le adjudica a Shaun Gallagher durante una conversación que tuvo lugar durante un almuerzo en Cardiff a propósito de un taller sobre cognición situada. Posteriormente se título "4e: The Mind Embodied, Embedded, Enacted, Extended" a una conferencia que se organizó en la Universidad de Florida Central en octubre 2007.

Uno de estos interesantes debates, donde convergen el neo-pragmatismo de Brandom y los enfoques postcognitivsitas que estamos analizando, discute al concepto de intencionalidad. Para Gallagher (2014), representante postcognitivista, no se necesita analizar el nivel de los estados mentales (actitudes proposicionales, creencias, deseos, que están "dentro" de la cabeza) para encontrar intencionalidad, pues ésta se encuentra en acción, en movimiento y en concordancia con el contexto en donde se encuentra el agente. La intencionalidad operativa, como el autor la llama, se extiende a través del cerebro-cuerpo-contexto, es decir, se encuentra "por fuera" de la cabeza.

Ahora bien, estas consideraciones son consistentes con la visión neo-pragmática que defiende Brandom al enfatizar los aspectos sociales/normativos de comportamiento. Para Brandom muchas veces reconocemos la intencionalidad de otras personas en virtud de lo que son, hacen y dicen, del rol que desempeñan, del lugar en el que habitan, etc., y no a través de los estados mentales ocultos detrás de su comportamiento (2008). Es en la práctica donde se constituye el significado, de modo tal que las circunstancias a las que nos referimos, como así las consecuencias del acto de habla, son de carácter tanto semántico como pragmático pues también se desarrollan en el contexto fáctico. Como veremos más adelante, la propuesta de Brandom se encuentra en concordancia con la propuesta de los enfoques postcognitivistas al momento de enfatizar la importancia del contexto durante los procesos cognitivos.

Aunque no profundizaremos en estas cuestiones, pues tal tarea excedería los propósitos de este trabajo, nos pareció oportuno hacer mención de estas discusiones.

Retomando la caracterización los enfoques postcognitivistas, de interés en este trabajo, de aquí en más atenderemos a algunas de sus principales postulados. Una manera de abordar sistemáticamente algunos de estos postulados básicos es a través de la distinción entre la lectura metafísica y metodológica de los enfoques postcognitivistas. Tal vez sea pertinente aclarar, antes de continuar con tal distinción, que ambas lecturas se encuentran íntimamente vinculadas y que solamente las distinguimos a fines expositivos. Para distinguir entonces la lectura metafísica de la lectura metodológica de los enfoques postcognitivistas consideraremos dos de las tantas descripciones generales que se hacen de estos enfoques.

Andy Clark (1998), representante clave de estos nuevos enfoques, reúne en su descripción cuatro afirmaciones generales que caracterizan al núcleo de lo que aquí llamamos enfoques postcognitivistas o de lo que él llama "un nuevo movimiento dentro de las Ciencias Cognitivas":

(1) El focalizar sobre la incidencia del cuerpo y el mundo en los procesos cognitivos puede muchas veces también transformar la visión de algunas viejas cuestiones problemáticas acerca de la cognición biológica.

(2) Comprender la compleja, y temporalmente rica, interacción entre el cuerpo, el cerebro y el mundo requiere nuevos conceptos, herramientas y métodos que se ajusten al estudio de fenómenos emergentes, descentralizados y autoorganizados.

(3) Estos nuevos métodos, conceptos y herramientas puede que reemplacen (y no aumenten simplemente) a las viejas herramientas explicativas de los análisis computacionales y representacionales.

(4) Las distinciones familiares entre percepción, cognición y acción, y aún más entre mente, cuerpo y mundo, puede que necesiten ser repensadas y posiblemente abandonadas.

Margaret Wilson (2002), por otra parte, reúne en su descripción cinco afirmaciones generales que caracterizan al núcleo de lo que ella llama una "nueva visión de la cognición":

1- La cognición es situada: los procesos cognitivos se llevan a cabo en un entorno real (o "mundo real"), es decir, los procesos cognitivos se encuentran recibiendo información dentro de un contexto real y dinámico. Por lo tanto, todos los procesos que se llevan a cabo por fuera de los elementos que estructuran al entorno real, no se considerarían dentro de la caracterización de la cognición como situada.

2- La cognición es "forzada" por el tiempo (*time-pressured*): bajo esta caracterización, se considera cómo la cognición interactúa con el mundo en "tiempo real".

3- Los seres humanos trabajan el entorno sin carga cognitiva (*off load*): considerando los límites de sus capacidades de procesamiento de información (por ejemplo, aquellos límites de la atención y la memoria de trabajo), los seres humanos explotan el entorno para reducir la carga de trabajo cognitivo. De esta manera, permiten que el entorno mantenga o, incluso, manipule la información, logrando que, ante una tarea determinada, se filtre solamente aquella información que sea necesaria.

4- El entorno es parte del sistema cognitivo: el flujo de información que se da entre la mente y el mundo es tan denso y dinámico que, para algunos científicos que estudian la naturaleza de la actividad cognitiva, la mente no puede ser considerada una unidad significativa de análisis por sí sola. Es necesario reconocer pues el rol del entorno sobre el cual se desarrollan los procesos cognitivos.

5- La cognición es para la acción: la función de la mente es guiar la acción, y los mecanismos cognitivos como la percepción y la memoria contribuyen a determinar la relevancia y propiciar la conducta apropiada ante determinada situación. Dentro de la caracterización de la cognición que propone Wilson podemos encontrar ciertas hipótesis metafísicas acerca de lo que es la cognición. La cognición *es* situada, *es* parte del sistema cognitivo, *es* forzada por el tiempo, está hecha para la acción. En cambio, la caracterización que hace Clark se orienta a destacar que los enfoques postcognitivistas ofrecen nuevas herramientas metodológicas para la investigación en ciencias cognitivas.

Estas diferencias permiten postular dos lecturas diferentes de las hipótesis centrales que constituyen los enfoques postcognitivistas: la lectura metafísica y la lectura metodológica (Walsmley, 2008). A través de una lectura metafísica, se pueden encontrar hipótesis que tratan acerca de la naturaleza de la cognición como de la ubicación de los procesos cognitivos. Por ejemplo, una de estas hipótesis plantea que los procesos cognitivos pueden estar constituidos por factores que se encuentran por fuera de los límites físicos del organismo, reconociéndose así que la actividad cognitiva diaria del ser humano se extiende por fuera del cerebro y de la mente a través de las interacciones que mantiene el cuerpo con el mundo. Por otro lado, la lectura metodológica de los enfoques postcognitivistas propone una especie de prescripción metodológica sobre cómo se debería hacer investigación en ciencias cognitivas, reclamando más atención al cuerpo, al tiempo y al contexto de lo que hasta ahora, supuestamente, se le ha otorgado.

Ahora bien, sea metodológica o metafísica la lectura que se adopte de los enfoques postcognitivistas, en ambos casos se postula una misma acusación contra el enfoque cognitivista: la ausencia de una explicación *bien fundamentada* acerca de cómo realmente se llevan a cabo nuestros procesos dinámicos. Veamos a continuación esta objeción y consideraremos luego los intentos postcognitivistas por superarla.

8.3. *La crítica postcognitivista.*

Una de las principales críticas que se le han hecho a los enfoques cognitivistas es que éstos únicamente se centran en representaciones mentales, descuidando el hecho de que el pensamiento no es un fenómeno aislado e incorpóreo, sino que se realiza en individuos que interactúan en un mundo físico. La estructura del conocimiento que poseería el sistema, frente a sus encuentros con el medio, sería, de acuerdo al enfoque cognitivista, simbólica-representacional, y no lograría abarcar los factores dinámicos que provocan la conducta, ni sería relativa al contexto particular, al tiempo inmediato ni a la necesidad particular del agente.

El enfoque cognitivista asume que los objetos y los eventos existen independientemente, tanto del reconocimiento cognitivo del agente como de las relaciones que pudieran existir entre estos eventos o situaciones. Con otras palabras, los enfoques postcognitivistas destacan el olvido o descuido por parte de los enfoques cognitivistas del hecho de que la experiencia cotidiana se desarrolla en un mundo real y en tiempo real, entendiendo la cognición como una relación dinámica entre el sujeto y el mundo. En resumen, critican el no tener en cuenta algunos factores fundamentales tales como la influencia de los afectos o emociones, de los elementos históricos-culturales y del contexto (a través del cual se desenvuelven determinadas acciones o pensamientos) en los procesos cognitivos.

Gardner (1987) destaca, al describir ciertos procedimientos metodológicos o estratégicos del enfoque cognitivista, la deliberada decisión de restar énfasis a la articulación mente-cuerpo-contexto. Aunque tal articulación puede ser relevante para el funcionamiento cognitivo, también complicaría innecesariamente los estudios científicos. Veamos cómo es caracterizada por el autor la inclusión de tal articulación en cuestión a la hora de estudiar la cognición desde un punto de vista cognitivista: como una "complicación". Esta actitud se corresponde claramente con una postura metodológica. Es voluntaria la actitud de las ciencias cognitivas clásicas, según la visión de Gardner, de restar énfasis a tal articulación, como también, contrariamente, lo es la actitud postcognitivista de enfatizarla. En efecto, varios de los investigadores postcognitivistas defienden la importancia práctica que tiene el uso de los cuerpos y del contexto para la vida mental, alegando que ésta no ha sido siempre considerada suficientemente por el enfoque cognitivista. Algunas nociones como cuerpo y contexto han sido consideradas, desde el enfoque cognitivista, como meros detalles de implementación de los procesos cognitivos. El modelo clásico de la cognición propone comprender a la mente como un procesador de información abstracto que opera con símbolos abstractos (Gardner, 1987) sin conceder, suponen algunos postcognitivistas, demasiada importancia a las conexiones que la cognición tendría con el mundo (contexto) y con el cuerpo, es decir, sin dar importancia a tal articulación.

Si bien no nos extenderemos mucho más en la descripción de esta crítica postcognitivista, antes de finalizar podríamos mencionar tres posibles maneras de reaccionar frente a ésta: i) negándola y aceptando solamente los postulados cognitivistas, ii) incorporándola y extendiendo el enfoque cognitivista para que éste se ocupe de algunos problemas pendientes iii) aceptándola, al punto de abandonar los postulados del enfoque cognitivista. Tal vez la postura más adecuada frente a los aportes de los distintos enfoques de las ciencias cognitivas es aquella que pretende lograr cierta unidad entre ellos, sin desechar ninguno. Quizás la dimensión computacional de la mente requiere adecuarse a esta concepción "dinámica" de la cognición que los enfoques postcognitivistas proponen, sin que ello implique posicionamientos rupturistas ni confrontaciones estériles.

Pero, volviendo a la cuestión clave de nuestro trabajo y atendiendo a la Teoría de la Fundamentación (Roetti, 2011), ¿las explicaciones que proponen los enfoques postcognitivistas logran superar la objeción que ellos mismos postulan? Es decir, ¿las propuestas postcognitivistas que intentan superar esta misma objeción sí están, en cambio, *bien fundamentadas*?

### 8.4. *El problema de marco y su principal dificultad.*

El objetivo de esta sección es analizar el estatus de fundamentación de las propuestas postcognitivistas al intentar superar la crítica analizada en el apartado anterior. Para ello, y usando la Teoría de Fundamentación ya mencionada, abordaremos críticamente dos propuestas postcognitivistas que prometen resolver uno de los problemas fundamentales de las ciencias cognitivas, el problema de marco (*frame problem*). Debido al particular impacto y trascendencia que el filósofo Jerry Fodor (1983, 1986, 1991, 2000, 2003, 2008) le ha atribuido a este problema respecto al progreso de las ciencias cognitivas, es que en este apartado atenderemos a su particular tratamiento. Comencemos pues por repasar aquellos aspectos fundamentales que colaboren a comprender entonces a la "interpretación fodoriana" del problema de marco.

Para Fodor, y de acuerdo a su *Teoría Modular de la Mente* (Fodor,1986), nuestro sistema cognitivo está constituido por sistemas de transductores (sensoriales y motores); sistemas modulares (de entrada) que elaboran y representan la información proporcionada por los transductores; sistemas centrales (sistemas no modulares) que al realizar inferencias, razonar, tomar decisiones, resolver problemas, etc., integran la información procedente de los distintos módulos y, finalmente, sistemas modulares (de salida) como la producción del lenguaje y la actividad motora. Pero dentro de la investigación cognitiva los sistemas modulares no tienen el mismo "status" de interés que los sistemas centrales. En efecto, para Fodor, los procesos cognitivos que caracterizan a los seres inteligentes, "los responsables de los grandes logros de la mente humana" [90] se llevan a cabo a través de los sistemas centrales y es condición, para avanzar en las cien-

---

[90] Domingo, 2003, p. 565.

cias cognitivas, conocer cómo estos sistemas realizan alguna de sus principales actividades. Es fundamental comprender entonces cómo los sistemas centrales determinan relevancia, actualizan creencias, confirman hipótesis, etc. Ahora bien, es primordial atender a una de las características claves de los sistemas centrales: su no encapsulamiento informativo[91]. Esta característica caracteriza a los sistemas centrales como "permeables" a toda la información que proceda de cualquier otro sistema. Como consecuencia, al momento de llevar a cabo sus actividades, estos sistemas deben examinar la vasta información que suministran los distintos sistemas de entrada.

Con respecto a la particular concepción del problema de marco, es necesario aclarar que Fodor no presenta una única concepción a lo largo de sus escritos. Tal vez su concepción más amplia del problema consista en la pregunta, no tan sencilla de responder, acerca de cómo es que realmente trabaja la mente humana[92]. Comprender cómo es que se llevan a cabo algunas de las actividades cognitivas más interesantes de la mente humana (realizar inferencias, razonar, tomar decisiones, resolver problemas, etc.) es comprender, al fin de cuentas, el problema de marco[93]. Pero, por otra parte, Fodor sostiene concepciones más restrictivas del problema, que básicamente consisten en cómo los sistemas centrales realizan alguna de sus actividades principales, a saber, cómo los sistemas centrales determinan relevancia (a esta actividad específica nos limitaremos de ahora en más), cómo los sistemas centrales actualizan sus creencias, cómo realizan inferencias abductivas, cómo confirman hipótesis, etc..

Pero sea cual fuere la concepción que se tome en consideración, la dificultad clave es siempre la misma. En principio, para que los sistemas centrales realicen cada instancia de cada una de sus actividades, y en virtud de su ya descripto no encapsulamiento informativo, parecería necesario que hagan una búsqueda exhaustiva entre toda la información que posee el sistema, lo cual es extremadamente implausible: "la totalidad de nuestras convicciones es un espacio desmesuradamente amplio para emprender una búsqueda, (...) de hecho la totalidad de nuestras convicciones epistémicas es desmesuradamente amplia como para buscar cualquier cosa que intentamos entender"[94]. En otras palabras, los sistemas centrales se enfrentarían al desafío de realizar distintas actividades que requieren explorar una vasta cantidad de información con recursos cognitivos y temporales muy limitados. A esta dificultad la denominaremos *dificultad de la vastedad de la información*. Esta dificultad, de entre las varias dificultades que han llevado a Fodor a postu-

---

[91] Fodor, 1986, p. 106.
[92] Fodor, 1991, p. 36.
[93] Fodor, 2003, p. 57.
[94] Fodor, 2003, p. 43.

lar su peculiar pesimismo, es la que, en gran medida, dispone a Fodor a postular su particular pesimismo, confesando estar "muerto de preocupación" (Fodor, 1986) por las limitaciones que ésta conlleva para el progreso de las ciencias cognitivas.

Teniendo en cuenta esta dificultad y las concepciones del problema de marco ya expuestas, proponemos de ahora en más limitarnos a una sola de las actividades que los sistemas centrales llevan a cabo: la determinación de la relevancia y comprender al problema de marco filosófico como el problema que cuestiona cómo los procesos cognitivos determinan qué información, de entre toda la disponible, es relevante dada una tarea determinada. Una gran cantidad de investigadores del área estarían de acuerdo en concebir, como lo hacemos nosotros, al problema de marco como un problema de relevancia (Glymour, 1987; Crockett, 1994; Dreyfus, 1979; Schneider, 2007; Pinker, 2005; Shanahan, 2014; Ludwing y Schneider, 2008, entre otros). Si bien no hay un acuerdo generalizado acerca de cómo concebir a este problema, esto no implica que no haya ciertas tendencias[1]. Incluso Fodor coincidiría plenamente en que la determinación de relevancia es una parte crucial del problema de marco. Aunque él probablemente quiera agregar otras actividades de los sistemas centrales, sin dudas, aceptaría este aspecto como uno de los desafíos centrales del problema de marco.

Con respecto a su vigencia, el problema de marco ha sido motivo en las décadas de los 80´-90´ de grandes debates y controversias entre los distintos enfoques de las ciencias cognitivas, perdiendo luego cierto interés. Sin embargo, esta "batalla teórica" entre distintos enfoques ha resurgido en la actualidad, convirtiéndose el problema de marco en un problema vigente dentro de las ciencias cognitivas. En efecto, los enfoques postcognitivistas han retomado el problema de marco y, con ello, ha resurgido una vieja polémica alrededor de este problema. Es a esta polémica a la que nos estamos refiriendo a lo largo de nuestro trabajo. Introducido el problema de marco, a continuación, y fiel a nuestro esquema, analizaremos dos propuestas postcognitivistas por resolver la principal dificultad del problema de marco, la dificultad de la vastedad de información.

### 8.4.1. *La Teoría de la Cognición Corporizada y Situada.*
Haselager (1998, p. 25), representante de los enfoques postcognitivistas, destaca precisamente el carácter prometedor de los enfoques postcognitivistas para resolver el problema de marco. Como Fodor, este autor supone que la dificultad esencial del problema de marco es la vastedad de información: dada una enorme cantidad de información, el problema de marco cuestiona cómo es que los humanos encuentran las piezas relevantes de información para llevar a cabo una tarea.

Para Haselager (2004), el enfoque cognitivista no resulta adecuado para resolver esta dificultad, pues lo que erróneamente este enfoque supone es que el conocimiento común precisa ser caracterizado en términos de actitudes proposicionales y que, además, el comportamiento es consecuencia de razonar sobre esas proposiciones representadas. Concretamente, la sugerencia de Haselager es abandonar estos supuestos y examinar el comportamiento desde una nueva perspectiva de la cognición. Para ello, propone atender a las diferencias entre "el pensar vs. el hacer" y distingue dos tipos de comportamientos no excluyentes: por un lado un comportamiento del tipo "piloto automático" (como el que se lleva a cabo al hacer un café) y por otro lado un comportamiento en base a pensamientos profundos (como el que se ejecuta al jugar al ajedrez). El primer comportamiento se lleva a cabo naturalmente, a partir de la interacción con el medio ambiente, mientras que a través del segundo comportamiento se piensa sobre los problemas o se procuran soluciones antes de actuar.

Pues bien, la ciencia cognitiva clásica enfatiza el procesamiento interno de la información y su hipótesis principal es que los seres humanos representan los estímulos recibidos, crean modelos ambientales, consultan una vasta cantidad de información, generan planes y luego, recién, deciden qué plan llevar a cabo para poder enfrentarse a una situación. Pero estos supuestos, y atendiendo a la distinción entre los dos tipos de comportamientos, conducen a una profunda distorsión, porque ignoran por completo el hecho de que, en varias situaciones, los seres humanos se comportan en "piloto automático". Las ciencias cognitivas clásicas "intelectualizan" o "racionalizan" el comportamiento de sentido común. Ilustremos estas afirmaciones a través del ejemplo de romper un huevo: ¿qué conocimiento está involucrado en la formulación de un plan sencillo para romper un huevo en un recipiente? (Elio, 2002). Haselager (2004) responde que se tendría que tener conocimiento sobre los bowls, los huevos, los líquidos, la gravedad, las manos, los puños, los movimientos rápidos, etc. para poder realizar el plan adecuado. La suposición de que, de alguna manera, *todo* el conocimiento involucrado en una acción cotidiana debe estar representado y almacenado, agrava el problema de explicar y modelar el conocimiento de sentido común, dando lugar a la dificultad de la vastedad de información.

Es necesario, advierte el autor, una alternativa distinta para resolver esta dificultad: la Teoría de la Cognición Corporizada y Situada donde el comportamiento común no es nada más que el resultado de la interacción entre cuerpo y medio ambiente.Esta teoría destaca la relación mutua entre cuerpo y mente: la mente sólo puede hacer algo si está en un cuerpo y, por otra parte, el cuerpo afecta a los procesos mentales. El término que utiliza para dar cuenta de esta relación es el de "dinámica intrínseca". Una forma intuitiva de entender la importancia de la dinámica intrínseca es, por ejemplo, imaginar un cambio brusco entre andar en bicicleta y cambiar a otra situación en la que se maneja un coche. De inmediato, se debe pensar de manera diferente. Por ejemplo, al manejar un coche, se debe mirar, a causa de la velocidad, a una distancia mayor que al andar en bicicleta, por lo que cambia la relación del cuerpo con el espacio. Las dinámicas intrínsecas de un "cuerpo-auto" son diferentes a la de un "cuerpo-bicicleta" y el brusco cambio entre andar en bicicleta y manejar un automóvil implica una importante adaptación cognitiva.

Expuestas estas ideas, y volviendo al problema de marco, Haselager supone que este problema es empírico, que refleja el fracaso del cognitivismo y que es necesario implementar las ideas mencionadas al intentar solucionarlo. Veamos un ejemplo que ilustra su posible resolución. Imagínese la situación de una persona que justamente se dedica a desactivar bombas y recuperar objetos en zonas peligrosas. Tiene muchos años haciéndolo y miles de bombas y objetos recuperados en su haber. Frente a esta tarea, entonces, el agente actuaría en piloto automático, logrando realizar la tarea con éxito. El proceder no tendría por qué ser sencillo, como en el caso anterior. Por el contrario, pudiera ser que requiera de gran destreza manual y vasto conocimiento de la materia en cuestión. Sin embargo, en ningún momento el agente ponderaría qué información es relevante para realizar la tarea, simplemente lo sabría y haría la tarea. Se daría, así, una equilibrada dinámica intrínseca entre cuerpo y mente. No habría una búsqueda interna en la memoria para determinar relevancia, por lo que, al menos en este tipo de contexto, concluye el autor, no surgiría el problema de marco. Más adelante nos dedicaremos a estimar los alcances y limitaciones de esta propuesta, a continuación describiremos otra propuesta por solucionar el problema de marco.

### 8.4.2. *La hipótesis de los marcadores somáticos.*

Thagard (2008) detalla como uno de los elementos "olvidados" de la concepción computacional de la mente a las emociones, asumiendo que esta concepción pasa por alto la función de las emociones en el pensamiento. Los representantes de los enfoques postcognitivistas sostienen, contrariamente, que las emociones colaboran en la determinación de la relevancia, y particularmente para los objetivos que aquí se persiguen, en resolver la dificultad de la vastedad de información.

¿Pero por qué atender al rol de las emociones al momento de determinar relevancia y qué relación tiene esto con la dificultad de la vastedad de información? La razón por sí sola no podría decidir de entre *toda* la información disponible cuál es necesaria y cuál no. Las emociones básicas o automatizadas[95] podrían, en principio, colaborar en delimitar esta gran cantidad de información, resolviendo así las complicaciones que la dificultad de la vastedad de la información

---

[95] Estas emociones son caracterizables modularmente y, por ello, son modelables.

postula. Es por ello que, a continuación, se analizará en detalle una de las teorías que mejor defienden esta idea: la teoría de la *Hipótesis de los marcadores somáticos* (Damasio, 2008).

Conviene comenzar por describir, de manera muy general, en qué consisten las emociones. Las principales teorías sobre la naturaleza de la emoción pueden agruparse en dos grandes categorías: por un lado, un primer conjunto de teorías sostiene que las emociones son juicios que surgen a partir del estado general de la persona mientras que otro conjunto postulan que éstas surgen a partir de reacciones corporales. El siguiente ejemplo tal vez sirva para ilustrar las diferencias entre ambas categorías: si a un automovilista se le cruza de repente un peatón y lo obliga a bajar a la banquina, es probable que, primero, el automovilista sienta miedo y luego, enfado contra el peatón. Según el primer grupo de teorías, el miedo surgiría por la inferencia de que se corra un riesgo físico, mientras que el enojo surgiría por la inferencia de que el peatón lo ha puesto en peligro. Contrariamente a la visión de las emociones como forma de valoración, la otra visión pone el acento en las reacciones corporales y no en los juicios cognitivos. Frente a la misma situación, de que un peatón se cruce de repente, es probable que el automovilista sienta algunos cambios fisiológicos en el organismo tales como aumento de la frecuencia cardíaco-respiratoria y de la tensión arterial. Desde el punto de vista fisiológico, el miedo y el enfado que se sentiría más tarde, se relacionaría más con la reacción cerebral a esos cambios fisiológicos que a un juicio valorativo sobre la situación general[96]. Dentro del segundo grupo de teorías donde se encuentra Damasio (2004, 2008), quien denomina *marcadores somáticos* a aquellas señales enviadas al cerebro relacionadas con factores fisiológicos. Su propuesta, denominada *teoría de los marcadores somáticos* refleja, entre otras cosas, que la emoción informa e influye en la determinación de relevancia, al menos, para tareas consistentes en la toma de decisiones.

Estas afirmaciones posibilitan a algunos autores, como Megill y Cogburn (2005) a predecir que la teoría de los marcadores somáticos de Damasio, tal vez, sea de gran utilidad a la hora de resolver la dificultad de la vastedad de información.

El razonamiento y la toma de decisiones suelen implicar que quien decide tiene un vasto conocimiento acerca de la situación en la que se encuentra, como así también de las posibles opciones o cursos de acción y las posibles consecuencias (inmediatas y futuras) de cada una de tales opciones. Frente a estos conocimientos (lo cual implica una gran cantidad de información –no tan vasta como la totalidad de conocimientos pero sí suficientemente grande como para quedar inmovilizado), el agente que decide debe usar estrategias que le permitan seleccionar la respuesta adecuada. Pero de entre esas estrategias, Damasio ad-

---

[96] Thagard, 2008, p. 248.

vierte que no se oye nunca ni un murmullo sobre la emoción o el sentimiento, y no se oye casi nada sobre el mecanismo que genera un repertorio de opciones diversas para su selección. Como respuesta a estas ausencias, y enfatizando justamente el papel de la emoción en la determinación de relevancia, a modo de "guía conectiva", Damasio propone la *hipótesis del marcador somático*.

La Hipótesis del marcador somático propone que *antes* de razonar acerca de la solución a un problema ocurre algo importante: cuando aparece un resultado malo conectado a una determinada opción, se experimenta una especie de sentimientos desagradables. Dado que ese sentimiento tiene que ver con el cuerpo[97], denominó a este fenómeno "estado somático" y puesto que este sentimiento "marca" una imagen lo caracteriza como un "marcador". Ahora bien, estos "marcadores somáticos" sirven para llamar la atención sobre el resultado negativo al que pude conducir una acción determinada y funciona como una señal de alarma automática que dice: "atiende al peligro que se avecina si elegís tal opción". Es decir, cuando un sentimiento negativo se yuxtapone a un determinado resultado futuro, la combinación funciona como un sistema de alarma. Esta señal puede llevarnos inmediatamente a rechazar el curso de acción, por lo que hará que se elija, consecuentemente, entre un número menor de alternativas. Contrariamente, cuando lo que se superpone es un marcador somático positivo, éste se convierte en una guía de incentivo. Un ejemplo experimental claro es desarrollado en Damasio (1994). La tarea que tienen los participantes es elegir entre 4 mazos de cartas, A, B, C y D. Se levanta la carta de arriba del mazo, la cual puede tener un premio (por ejemplo, gana $5) o un castigo (pierde $5). Cuando finaliza la sesión, se les paga a los participantes la cantidad de dinero obtenida. El punto es que dos de los mazos tienen premios grandes y castigos grandes y los otros dos, premios y castigos chicos, lo cual no es de ninguna manera informado a los participantes. El secreto está en darse cuenta que, a largo plazo, conviene elegir de los mazos con premios y castigos chicos. El resultado experimental es que, una vez avanzado el juego (por ejemplo, 20 rondas), antes de elegir de los mazos "peligrosos" se registran cambios corporales en los participantes, el más visible de los cuales es que aumenta el nivel de sudor, lo cual no es percibido conscientemente. En otras palabras, hay un mensaje físico y químico de alerta. A partir de la ronda 40, las personas tienden a comportarse racionalmente, pero recién a partir de la ronda 80 son capaces de formular de manera articulada cuál sería el secreto del juego. Ahora bien, en personas con centros cerebrales de emoción dañados, el mensaje corporal físico y químico está ausente (no sudan ante los mazos peligrosos) y terminan todos en bancarrota.

Volviendo al problema de marco, puede verse cómo el mecanismo descripto podría resolver la dificultad de la vastedad de información, al menos en tareas

---

[97] Damasio, 2008, p. 205.

consistentes en la toma de decisiones. Si bien no es explícitamente presentado, ante una tarea de toma de decisiones, el agente se va a enfocar en las opciones que tiene y las consecuencias de tales opciones. Este es un gran recorte (se argumentará luego que este recorte inicial debe ser explicado), pero todavía hay una gran cantidad de información por ponderar, lo cual, nuevamente, puede generar una parálisis en el agente. Pues bien, lo que la teoría de Damasio propone para superar esta dificultad es que se limita la cantidad de información como consecuencia del funcionamiento de los marcadores somáticos. Como los marcadores somáticos automáticamente detectan el valor (positivo / negativo) de las posibles consecuencias, éstos colaboran, expeditivamente, a "tamizar" la información sin que sea necesario hacer una examen exhaustivo de *todas* las opciones y consecuencias. A través de estos mecanismos se "traba" la conveniencia o no de algunas opciones y con ello, la motivación de perseguir o evitar, respectivamente, a esas opciones. La Hipótesis del marcador somático "filtra" las opciones relevantes o desecha las irrelevantes en base a las sensaciones que provocan algunas opciones, lo que conducirá o a rechazar las opciones que no son favorables o a aceptar las favorables. Al resaltar algunas opciones que son peligrosas y eliminarlas rápidamente se restringe automáticamente las opciones a considerar y sus posibles consecuencias. La emoción, al actuar como guía conectiva, restringe, de esta manera, la cantidad de alternativas a considerar y, como consecuencia, el examen exhaustivo, ahora sobre una cantidad de información considerablemente menor, ya no sería tan ardua: al reducirse la cantidad de información se aliviana la sobrecarga computacional y no hay dificultad por enfrentar.

Aquí se podría realizar la siguiente objeción. Se puede conceder que el valor que se le asigna a una consecuencia de una opción (positivo/negativo) es relevante para tomar una decisión. El problema es que tal vez no sea la única información relevante a tener en cuenta. Esto es correcto pero es probable que circunscribirse a esa información (valor positivo o negativo de las consecuencias) sea suficiente en la gran mayoría de los casos para tomar decisiones adecuadas, aunque por supuesto estaría abierta la posibilidad de error.

Tal vez sea oportuno comentar algunos estudios neurocientíficos que apoyan esta propuesta. Megill y Cogburn (2005) utilizan, a modo de evidencia empírica del rol de las emociones a la hora de resolver la dificultad de la vastedad de información, las historias clínicas de personas con centros emocionales dañados. El daño en algunas estructuras cerebrales afecta a algunos pacientes de manera tal que éstos resultan "carentes de emoción" exhibiendo déficits profundos en la toma de decisiones. Algunos de los pacientes que tienen daños cerebrales (especialmente en la corteza orbitofrontal y ventromedial) reflejan cierta vacilación entre dos extremos a la hora de determinar relevancia: o elijen de forma rápida pero incorrectamente o no son capaces de elegir en absoluto, paralizado por la consideración exhaustiva de los planes, opciones y consecuencias. El daño cerebral no permite superar la dificultad de la vastedad de información: o se quedan paralizados examinando toda la información sin lograr determinar relevancia o, si lo hacen, no manifiestan adecuación ni prontitud.

El caso de un paciente llamado Elliot, quien antes de extirparle un tumor había sido un empleado y padre ejemplar, refleja estas afirmaciones. Luego de la operación de tumor, su personalidad cambió y comenzó a tener problemas para priorizar tareas; sufría el "problema de marco" pues sólo se centraba en hacer tareas triviales, o en aspectos irrelevantes de sus funciones laborales, sin atender a sus objetivos fundamentales, es decir, sin llevar a cabo adecuadamente la tarea de determinar relevancia entre mucha información. Parecería que en el caso de daño o de ausencia de contenido emocional, la cognición falla en el momento de determinar (adecuadamente) la relevancia entre vasta cantidad de información[98]. También desde el campo de la psicología evolutiva se puede encontrar cierta evidencia del papel de las emociones al resolver la dificultad de la vastedad de información. Harmon (2001) defiende que tal vez las emociones tienen un papel fundamental en esta tarea, ya que colaboran en la búsqueda de opciones relevantes evaluado cuál de tales opciones será las más útil y, en consecuencia, cuál de ellas será la que mejor resultados podría ofrecer.

### 8.4.3. *Fundamentación de las propuestas postcognitivistas.*

En este apartado atenderemos a los alcances y limitaciones de las propuestas postcognitivistas analizadas para atender luego a su grado de fundamentación. Puede observarse, con respecto a la primera propuesta, ciertos vicios y virtudes. Apelar a términos metafóricos tales como "piloto automático" o "dinámica intrínseca" no es suficiente para brindar una explicación *bien fundamentada* de cómo se determina relevancia en ciertos contextos. Para que esta propuesta sea considerada una explicación bien fundamentada, debería describir cómo es que se llevan a cabo tales procesos cognitivos 'automáticos' o cómo es que se lleva a cabo la "dinámica intrínseca". Al no ofrecerse ninguna propuesta concreta (ej. sobre los mecanismos cognitivos subyacentes), no se brinda evidencia empírica a favor de la propuesta.

Por otra parte, parecería legítimo plantear la duda que, en ciertas tareas (como preparar un té) donde el agente tiene vasta experiencia, hay realmente una búsqueda de información relevante en la memoria para resolver la tarea. Y nuevamente, si no hay búsqueda interna de información, la dificultad de la vastedad de la información se disuelve, ya que directamente no surge. Finalmente, el problema de marco retornaría con toda su fuerza para tareas que requieren "pensamiento profundo". Por ello, en el mejor de los casos, se trataría de una

---

[98] Megill y Cogburn, 2005, pp. 309-312.

solución *parcial* de la dificultad de la vastedad de la información. Sin embargo, el aspecto crucial es que esta propuesta ni siquiera intenta dar detalles de los procesos cognitivos involucrados, por lo que no podría tomarse seriamente como una solución al problema de marco.

Con respecto a la segunda propuesta, la Hipótesis de los marcadores somáticos ayudaría a superar parcialmente una de las dificultades más importantes del problema de marco, al menos para tareas de decisión. Mediante las emociones, a modo de guía conectiva, se limita la cantidad de información a examinar y se alivia la carga computacional que el examen entre mucha más información produce. En otras palabras, esta propuesta usaría la estrategia de solución al problema de marco, consistente en restringir la cantidad de información a considerar. De esta manera, se contribuye a resolver la dificultad de la vastedad de información. Por supuesto, es importante resaltar las limitaciones de esta propuesta. En primer lugar, queda pendiente la explicación de la parte del mecanismo que lleva desde la percepción de la situación y entendimiento de la tarea a realizar a enfocarse en opciones y consecuencias. Este es el primer gran recorte de información a explorar y no se dice nada acerca de él. Esto no quiere decir que no pueda hacerse, pero implica que, por el momento, la explicación es incompleta o parcial. En segundo lugar, no se dice nada de situaciones donde no intervienen decisiones o estas no son parte crucial de la tarea y/o donde no parece haber emociones vinculadas (por ejemplo, llenar los datos personales en un formulario). Por otra parte, si bien está fuera del alcance de este capítulo analizar en detalle la evidencia experimental propuesta, es de destacar que, en sus escritos, Damasio presenta varios estudios empíricos y experimentales (Bechara et al., 2000, 2005; Damasio, 2004, 2008, 2010; Damasio et al., 2000, 2012), lo cual suma apoyo a sus propuestas. Así, la segunda explicación propuesta parece ser satisfactoria, pues, al menos parcialmente, provee detalle de los mecanismos cognitivos involucrados y es coherente con estudios provenientes de la neurociencia y de la psicología. Para resumir, y atendiendo a las fortalezas y limitaciones de la propuesta, se puede sostener que la Hipótesis de los marcadores somáticos ayudaría *parcialmente* a resolver la dificultad crucial del problema de marco—y esto en ciertos contextos específicos- y que, en este sentido, contribuye a superarlo.

A la luz de estos resultados, atendamos al grado de fundamentación de las propuestas analizadas. La teoría de la fundamentación (Roetti, 2011) pos-tula que el estatus de respaldo de una tesis está dado por la capacidad de superar objeciones o cuestionamientos. Así, una tesis está *mínimamente fundada* si ha superado al menos una objeción que se le ha realizado; está *bien fundada* si ha superado todas las objeciones que se le han hecho hasta el momento y está *suficientemente fundada* si supera todas las posibles objeciones que pueden hacérsele.

Ahora bien, debido al carácter incipiente de los enfoques postcognitivistas, es una cuestión primordial para las ciencias cognitivas la necesidad de "hacerse lugar" dentro de este campo en donde el cognitivismo tuvo, y aún tiene, predominancia. Para ello, y volviendo a las propuestas postcognitivistas examinadas, es fundamental que éstas estén, por lo menos, *mínimamente* fundadas para comenzar a ser tenidas en cuenta en el campo de las ciencias cognitivas. Sin embargo, sería mucho más fructífero, si de "hacerse lugar" se trata, que éstas estén *bien fundadas* (y no sólo *mínimamente fundadas*).

No hemos examinado cómo los enfoques postcognitivistas se enfrentan a todas y cada una de las objeciones que se le han hecho o que pudieran hacérseles. Nuestro análisis fue mucho menos pretensioso: hemos analizado cómo los enfoques postcognitivistas se enfrentan a única objeción, aquella basada en la tesis "articulación mente-cuerpo-contexto". La clave de nuestra restricción, de ésta y no otra objeción, fue fundamental: esta misma objeción es utilizada por los enfoques postcognitivistas para "atacar" a los enfoques cognitivistas. Alteramos este diálogo (el oponente se volvió proponente) y analizamos cómo es que los enfoques postcognitivistas se enfrentan a su propio requerimiento; el fundamento. La primera propuesta analizada parece no cumplir tal exigencia básicamente por estar formuladas de manera imprecisa sin dar detalles de los procesos cognitivos involucrados y sin ofrecer evidencia empírica que la soporte. Aunque hemos analizado otra propuesta postcognitivista, que pareciera ofrecer mayor evidencia empírica, ésta tampoco resulta suficiente. Aunque en ambas propuestas se estableció que habría aspectos por clarificar y puntos por desarrollar, ninguna de ellas logra superar la objeción analizada. La evidencia empírica disponible parecería ser insuficiente para una evaluación empíricamente justificada. Frente a nuestra cuestión clave, el fundamento de las propuestas postcognitivistas por explicar nuestros procesos dinámicos en general, sostenemos que más evidencia empírica de soporte es necesaria para sostener que las explicaciones postcognitivistas se encuentran *bien fundadas*.

8.5. *Comentarios finales.*

El abordar sistemáticamente algunas de las propuestas postcognitivistas por resolver el problema de marco y ofrecer una evaluación crítica de cada una de ellas nos fue de utilidad a la hora de clarificar nuestra cuestión clave: si las propuestas postcognitivistas están o no *bien fundamentadas* a la hora de explicar nuestros procesos dinámicos.

Hemos visto que la principal crítica que éstos enfoques hacen al enfoque cognitivista es la falta de fundamento al explicar cómo realmente operan nuestros procesos dinámicos. Sin embargo, luego de nuestro análisis, hemos visto que las explicaciones que proponen los enfoques postcognitivistas no logran superar la objeción que ellos mismos postulan. Las explicaciones que ofrecen los enfoques postcognitivistas para explicar nuestros procesos dinámicos tampoco estarían *bien fundamentadas*. En efecto, hemos observado que algunas explicaciones utilizan términos metafóricos para dar cuenta de éstos sin ofrecer ningún detalle concreto ni evidencia empírica en favor de esta descripción. Aunque otras explicaciones son menos vagas, éstas tampoco ofrecen suficiente respaldo empírico. No estaríamos pues en condiciones de estimar tales explicaciones como *bien fundamentadas*. En resumen, los enfoques postcognitivistas no cumplen el requerimiento que ellos mismos exigen. Si de "hacerse lugar" dentro del campo de las ciencias cognitivas se trata, es necesario que los enfoques postcognitivistas luchen por ser bien vistos: pero para ello, es menester ofrecer explicaciones *bien fundamentadas* y no sólo meras y vagas promesas.

8.6. *Referencias*.

Bechara A., Damasio H. & Damasio A. R. [2000] : "Emotion, decision making and the orbitofrontal cortex". *Cerebral Cortex*, **10**, pp. 295-307.
Bechara A., Damasio H. C., Tranel D. & Damasio A. [2005] : "The Iowa gambling task (IGT) and the somatic marker hypothesis (SMH): Some questions and answers". *Cognitive Sciences*, **9**, pp. 159-16.
Brandom R. [1994] : *Making it Explicit: Reasoning, Representing, and Discursive Commitment*. Harvard University Press, Cambridge.
Brandom R. [2000] : *Articulating Reasons: An Introduction to Inferentialism*. Harvard University Press, Cambridge.
Brandom, R. [2008] : *Betwen Saying and Doing: Towards an Analytic Pragmatism*. Oxford University Press, Oxford.
Clark A. [1998] : "Embodied, situated, and distributed cognition". En W. Bechtel & G. Graham (Eds.) *A Companion to Cognitive Science*, MA: Blackwell Publishers, Malden, pp. 506–517.
Crockett L. [1994] :*The Turing Test and the Frame Problem: AI's Mistaken Understanding of Intelligence*, Ablex Publishing Corporation, New Yersey.
Damasio A. [2004] : *Descartes' Error (Emotion, Reason and the Human Brain)*, G. P. Putnam's Sons, New York.
Damasio A. [2008] : *El error de Descartes: la emoción, la razón y el cerebro humano*, Paidós, Buenos Aires.
Damasio A. [2010] : *Self Comes to Mind*, Pantheon, New York.
Damasio A., Anderson S. W. & Tranel D. [2012] : "The frontal lobes". *Clínica neuropsychology*, Quinta Edición**,** pp. 417-465.
Damasio A. R., Grabowski T. J., Bechara A., Damasio H., Ponto L. L. B., Parvizi J. & Hichwa R. D. [2000] : "Subcortic and cortical brain activity during the feeling of self-generated emotions". *Nature Neuroscience*, **3**, pp. 1049–1056.
De Vega M., Glenberg A. & Graesser A. [2008]: *Symbols and Embodiment: Debates on Meaning and Cognition*. Oxford University Press, New York.

Domingo J. M. [2003] : "El proyecto modular de Jerry Fodor (o sobre el porvenir de otra ilusión)". *Anuario de psicología*, **34**, pp. 505-571.
Dreyfus H. L. [1979] : *What computers can't do: The limits of artificial intelligence?* Harper Colophon Books, New York.
Elio R. (Ed.) [2002] : *Common Sense, Reasoning and Rationality*, Oxford University Press, New York.
Fodor J. [1983] :*The modularity of mind,* The MIT Press, Cambridge.
Fodor J. [1986] : *La modularidad de la mente,* Morata, Madrid.
Fodor J. [1991] : "Modules, frames, fridgeons, sleeping dogs & the music of spheres". En J. L. Garfield (Ed.) *Modularity in knowledge representation and natural-language understanding*, The MIT Press, Cambridge, pp.25-36.
Fodor J. [2000] : *The Mind Doesn't Work That Way: The Scope and Limits of Computational Psychology,* The MIT Press, Cambridge.
Fodor, J. [2003] : *La mente no funciona así: alcances y limitaciones de la psicología computacional,* Siglo XXI, Madrid.
Fodor J. [2008] : *LOT 2: The language of thought revisited*, Clarendon Press, Oxford.
Gardner H. [1987] : *La nueva ciencia de la mente: historia de la revolución cognitiva*, Paidós, Buenos Aires.
Gallagher S. [2014]: "Pragmatic interventions into enactive y extended conceptions of cognition" *Philosophical Issues*, **24**, pp. 110-126.
Glymour C. [1987]: "Android epistemology and the frame problem: Comments on Dennett's cognitive wheels". En Z. W. Pylyshyn (Ed.) *The robot's dilemma: The frame problem in artificial intelligence*, Ablex Publishing Corporation, Norwood, pp.65-77.
Gomila, A. & Calvo Garzón, F. [2008]: *Handbook of Cognitive Science. Direction for an embodied cognitive science: Towards an integrated approach*, Elsevier, Oxford.
Harmon R. H. [2001]: *Conceptual Challenges in Evolutionary Psychology: Innovative Research Strategies*, Kluwer Academic Publishers, Dordrecht.
Haselager W. F. G. [1998] : "On the potential of non-classical constituency". *Acta Analytica*, **22,** pp. 23-42.
Haselager W. F. G. [2004]: "Auto-organização e comportamento comum: Opçoes e problemas. (Self-organization and common sense behavior: problems and options)". En G. M. Souza, I. M. L. D'Ottaviono & M. E. Q. Gonzalez (Eds.) *Auto-organização: Estudos interdisciplinares*, Vol. 38, SP Coleção CLE, Campinas, pp.213-235.
Hollan J., Hutchins E. & Kirsh, D. [2000]: "Distributed Cognition: Toward a New Foundation for Human-Computer Interaction Research", *ACM Transactions on Computer-Human Interaction,***7**, pp. 174-196.
Hutchins, E. [2011]: "Enculturating the Supersized Mind", *Philosophical Studies,* **15**, pp. 437- 446.
Ludwig K. & Schneider S. [2008] : "Fodor's Challenge to the Classical computational Theory of Mind". *Mind and Language*, **23**, pp. 123-143.
Megill J. & Cogburn J. [2005] : "Easy's Getting Harder all the Time: Human Emotions and the Frame Problem". *Ratio*, **XVII,** pp.306- 316.
Pinker S. [2005] : "So How Does The Mind Works?". *Mind & Language*, **20**, pp. 1–24.

Roetti J. A. [2011] : "Acerca del fundamento". *Anales de la Academia Nacional de Ciencias de Buenos Aires*, **XLV,** pp. 9-39.

Rowlands, M. [*2010*]: *The new science of the mind: from extended mind to embodied phenomenology,* MA: The MIT Press, Cambridge.

Schneider S. [2007] : "Yes, it does: a diatribe on Jerry Fodor's The Mind Doesn't Work, That Way". *Psyche,* **13,** pp. 1-15.

Shanahan M. [2014] : "The frame problem". Disponible online en: http://plato.stanford.edu/entries/frame-problem (consultado el 13 de Junio del 2014).

Strijbos, D. & De Bruin, L. [2009]: *"Towards an analytic pragmatist account of folk psychology".* En Amoretti, C., Penco C. & Pitto, F. (eds.) *Towards an Analytic Pragmatism: Workshop on Brandom's recent Philosophy of Language,* CEUR Workshop Proceedings, **444,** pp.152-58.

Strijbos, D. & De Bruin, L. [2011]: "Making Folk psychology explicit: The Relevance of Robert Brandom's Philosophy for the Debate on Social Cognition", *Philosophia,* **40,** pp. 139-163.

Thagard P. [2008] : *La mente: introducción a las ciencias cognitivas*, Katz, Buenos Aires.

Walmsley J. [2008] : "Methodological situatedness, or, DEEDS worth doing and pursuing". *Cognitive Systems Research,* **9,** pp. 150-159.

Wilson M. [2000] : "Six Views of Embodied Cognition". *Psychonomic Bulletin & Review,* **9,** pp. 625-636.

Wilson M. [2000] : "Six Views of Embodied Cognition". *Psychonomic Bulletin & Review,* **9,** pp. 625-636.

# CAPÍTULO 9

## LA VERDAD Y LA TEORÍA CRÍTICA, UN CUESTIONAMIENTO A LA METAFÍSICA

Susana Raquel Barbosa

Lo que se conoce como la 'metafísica occidental' se teje en torno al principio de identidad; éste es considerado demasiado estrecho por una línea del discurso filosófico decimonónico, la tradición dialéctica, que une la modernidad de Hegel con la contemporaneidad de Horkheimer. La crítica del discurso metafísico es emprendida desde otro principio, el de no contradicción. Horkheimer intenta fundar enunciados teóricos y también enunciados prácticos. Según la propuesta de Roetti la fundamentación que Horkheimer utiliza para los enunciados teóricos es a veces simplemente fundada y otras insuficientemente fundada porque depende de criterios históricos. Los enunciados prácticos en Horkheimer son siempre insuficientemente fundados porque sólo son históricos y todo ello es evidente en la prueba y verificación de su teoría de la verdad. Allí radica el peso simbólico que condensa la teoría crítica de Max Horkheimer, en que los contendientes son dos principios de la lógica y la metafísica tradicionales, el de identidad y el de contradicción.

La 'metafísica occidental' se constituyó por una determinación en su estructura de pensamiento, la oposición disyuntiva exclusiva. Esta determinación portó el *desideratum* del presupuesto de la lógica de la identidad. De aquí en más, la tarea del pensar se esforzó por abrir nuevas rutas capaces de extender la estrechez de la lógica de la identidad, ya que consideró que el mecanismo constitutivo mencionado era reduccionista, por tratarse de polos aspectados en un enfrentamiento, uno de los cuales daba su fundamento al otro.

Desde la afirmación de otro principio como el de no contradicción, un segmento importante del discurso antimetafísico ha tratado, desde mitad del siglo XIX, de mostrar el déficit de la lógica que es núcleo de la metafísica. Aun cuando resulte obvio, aclaramos que el discurso mencionado se sostiene en otra tradición, la dialéctica, tradición que establece una línea continua de Hegel a Horkheimer. Max Horkheimer, el Director del *Institut Für Sozialforschung* de Frankfurt entre 1930 y 1958, y autor de la denominada teoría crítica, rechaza la metafísica occidental. Propone un eje para dar cuenta o razón de sus ideas que es un principio, el principio de inclausura que opera en la base de su teoría dialéctica.

Cuando Jorge Alfredo Roetti expone los límites del fundamento, parte de ciertos elementos, como la verdad, los discursos, oradores y audiencias, la estructura de los discursos y las condiciones del diálogo (Roetti, 2014). Me detengo en la verdad para recorrer fragmentos de la teoría temprana de Max Horkheimer, y mostrar que dejó una teoría de la verdad. Desde su 'impulso a la verdad' pude interpretar su aporte en clave positiva y seleccionar puntos relevantes para una teoría de la verdad: la importancia del método, los criterios utilizados y las polémicas 'prueba' y verificación.

Horkheimer intenta fundar enunciados teóricos y también enunciados prácticos. Según la propuesta de Roetti la fundamentación que Horkheimer utiliza para los enunciados teóricos es a veces simplemente fundada, y ello porque puede superar al menos una objeción que le han realizado; otras veces es insuficientemente fundada porque depende de criterios históricos (estas modalidades se evidencian en los dos apartados que siguen). Por otro lado, los enunciados prácticos son siempre insuficientemente fundados porque sólo son históricos (y esto se ve claramente en los puntos 10.3. *Prueba* y 10.4. *Verificación*).

9.1. *Importancia del método para una teoría de la verdad.*

En la investigación "*Zum Problem der Wahrheit*" (Horkheimer, 1935) Horkheimer presenta en forma de 'contradicciones' las perspectivas del relativismo y el dogmatismo frente al problema de la verdad: "*Dos perspectivas opuestas e irreconciliables existen lado a lado en la vida pública... De acuerdo a una, el conocimiento nunca alcanza más que una validez limitada. Esto está enraizado tanto en el hecho objetivo como en el sujeto cognoscente. Cada cosa y cada relación entre las cosas cambia con el tiempo y así cada juicio sobre las situaciones reales pierde su verdad con el tiempo*" (Horkheimer, 1935, p. 277).

Desde el punto de vista del sujeto también la verdad se percibe necesariamente circunscripta, y es esta actitud subjetiva la que constituye el foco de estudio de las ciencias del espíritu. Horkheimer revisa siempre los resultados de las disciplinas especiales y sabe que la psicología profunda al afirmar que la función de la conciencia aparece en conexión con otros procesos psíquicos inconscientes apunta a barrer la ilusión de validez absoluta que rodeaba el tema de la verdad. Este intento debió en su momento competir con el de la sociología, cuya estructura había alcanzado el perfil de una disciplina filosófica en manos de los sociólogos del saber y pretendía colocar las ideas en nichos intelectuales de acuerdo a la procedencia del grupo de pertenencia o al 'punto de vista'.

El nuevo 'dogmatismo', el otro polo de la contradicción frente a la verdad, renace con las nuevas metafísicas de las que Horkheimer se ocupa detenidamente en "Materialismo y metafísica" y "Materialismo y moral", ambos de 1933. La evolución de la historia del espíritu revela la circunstancia de que la 'totalidad social hacia la que las tendencias liberales democráticas progresistas de la cultura dominante pertenecían también contenían desde el comienzo la compulsión opositora, falta de libertad, cambio y dominio de la naturaleza prístina'.

La emblemática contradicción relativismo-dogmatismo, sin embargo, no es nueva: es la actualización de una antigua discordia que atravesara la filosofía. Horkheimer centra el problema en la articulación cartesiana entre la duda universal metódica y su devoto catolicismo. Ello revela una yuxtaposición contradictoria, feconocimiento, y una contradicción en la teoría del conocimiento. La duda total como la 'realidad' de la verdad material, el permanente acento en la incertidumbre, el condicionamiento del conocimiento preciso, todo ello hace posible la gestación de perspectivas que exigen verdades eternas al tiempo que presentan hipóstasis de categorías individuales.

El método crítico expresa también esa dualidad ya que la filosofía trascendental se dedica a indagar el 'sistema de las condiciones necesarias subjetivas del conocimiento humano' con lo cual se desentiende de lo que existe bajo esas condiciones: la teoría del mundo real y no la de uno posible, el conocimiento de la naturaleza real y la sociedad humana existente; todo ello entonces queda sin un criterio genuino de verdad, es relativo[99].

Ante esta situación Max Horkheimer pregunta: ¿existe auténtica elección entre la perspectiva de que toda teoría es subjetiva y la verdad es válida para un individuo/grupo, pero carece de validez objetiva, y la perspectiva que acepta una verdad final como la proclamada en religiones e idealismos?

La respuesta más cómoda es la de aceptar que si los problemas de la filosofía llegaron a esta contradicción en relación a la verdad, pues no hay un tercer sistema capaz de superar este anquilosamiento. Pero Horkheimer es renuente a toda comodidad y elige el difícil camino de mostrar que su método de *dialéctica no cerrada* puede asumir el problema no sólo por no disolver la contradicción sino por asumirla y superarla. Pero para mostrar los beneficios de su propio método requiere partir del origen, de la 'negación determinada' con la que Hegel enfrentara al escepticismo (Horkheimer, 1935, p. 285).

Los juicios de Horkheimer a Hegel han puesto su mayor peso del lado de un principio nodal de su sistema y de un elemento de su filosofía de la historia, el principio de identidad y el Espíritu Absoluto. Y ellos se enriquecen y ahondan en la producción horkheimeriana que va de 1930 a 1970. En Hegel el reconocimiento progresivo de verdades parciales significa la descripción de cada tema en sus

---

[99] "Todo lo que conocemos de la realidad, de las condiciones de espacio y tiempo, se relaciona -de acuerdo a Kant- solamente con apariencias, y de éstas Kant pretende que muestren que no hay cosas (sino solo una forma de representación), y que no existen cualidades que pertenezcan inherentemente a las cosas mismas. Con respecto al conocimiento del mundo, Kant no es menos relativista escéptico que el 'místico' y el 'soñador' idealista que combate", Horkheimer, 1935, p.279.

particularidades[100]; si en un momento del proceso la antítesis expresa el ímpetu crítico opuesto al establecimiento de una estructura de pensamiento, la tesis y la antítesis forman una nueva perspectiva, porque la negación no simplemente niega la perspectiva original sino que la profundiza y define. Sin embargo esto no conduce a Hegel a la afirmación de que todo conocimiento transitorio es irreal o que lo que conocemos es sólo apariencia.

Como la 'verdad es la totalidad', el todo no es distinto de las partes en su estructura determinada sino el cuadro acabado que en determinado momento puede abarcar 'todas las concepciones limitadas en la conciencia de su limitación' (Horkheimer, 1935, p. 286).

Toma lo condicionado seriamente y escapa por tanto al formalismo relativista de la filosofía kantiana. Pero la dialéctica, tal como la concibe Hegel necesita para Horkheimer algunos cambios[101].

La doctrina de una verdad absoluta cuyo propósito es armonizar en una región espiritual superior las oposiciones y contradicciones irresueltas en el mundo, aparece en el Hegel de los últimos escritos no en la realidad sino en la esfera espiritual del arte, la religión y la filosofía[102]. A esta actitud complaciente Hegel opone la actitud activa que trata de 'completar' las condiciones existentes. Su inclinación dogmática es incorregible porque se une "con el carácter idealista de su pensamiento (Horkheimer, 1935, p. 288) y aparece en los distintos momentos de su dialéctica. Por otro lado en la contemplación de su propio sistema olvida el 'aspecto determinado de la empiria". Frente a la creencia en el sistema como consumación de verdades descuida el significado del 'condicionamiento temporal del interés', por lo que su concepción de pueblo por ejemplo, aparece como 'realidad conceptual' definitiva y no transitoria. A raíz de que Hegel no afirma 'tendencias históricas determinadas' [103] que se expresan en su propio sistema sino que las presenta como Espíritu Absoluto, muchas partes conservan oscuridad y en

---

[100]. "'Esta crítica de todo concepto y de complejo de conceptos' (diese Kritik jedes Begriffs und Begriffs komplexes) por su incorporación progresiva en el más acabado 'cuadro de la totalidad' (Bild des Ganzen), no elimina los aspectos individuales ni los abandona inalterados al pensamiento subsiguiente sino que 'cada perspectiva negada' (jede negierte Einsicht) es preservada 'en el progreso del conocimiento como momento de verdad' (im Fortgang der Erkenntnis als Moment der Wahrheit), forma en él un factor determinante y posteriormente se define y transforma con cada nuevo paso. Precisamente a raíz de esto, la forma metodológica de tesis, antítesis y síntesis no se aplica como un 'diagrama desvitalizado'('lebloses Schema')", Horkheimer, 1935, pp.285-286.

[101]. "En cuanto a este método, Hegel sin embargo aún pertenece al 'sistema idealista' (idealistischen System); aún no ha liberado su pensamiento 'de la vieja contradicción' (von dem alten Widerspruch)", Horkheimer, 1935, p.287.

[102]. En Vorlesungen über die Aesthetik Hegel afirma que "'La verdad superior, la verdad como tal' (Die höchste Wahrheit, die Wahrheit als solche), es la resolución de la más alta de oposición y contradicción... Asir este 'concepto de verdad' (Begriff der Wahrheit) es la 'tarea de la filosofía' (Aufgabe der Philosophie)", Horkheimer, 1935, pp.287-288.

[103] … "bestimmten historischen Tendenzen".

lugar de la flexibilidad del método asumen un carácter arbitrario. "Dentro del pensamiento idealista al que pertenece su existencia, a la dialéctica le concierne el dogmatismo". Su creencia de que en el sistema el pensamiento comprende las características esenciales de todo ser, representó 'la eternización conceptual de las relaciones mundanas sobre las que estaba basado'.

"La dialéctica recibe una función transfigurante"[104], lo cual se manifiesta en que Hegel cree revelar el sentido eterno donde lo individual debería sentirse protegido de toda miseria personal. "Este es el aspecto dogmático, metafísico, naïve de la teoría. Su relativismo está ligado directamente a esto", y este es el espíritu del relativismo burgués para Horkheimer.

Para Horkheimer, *"en el materialismo, la dialéctica no se considera como algo cerrado. Se comprenden las circunstancias predominantes como condicionadas y transitorias y no van a ser inmediatamente analogadas con su superación y cancelación"* (Horkheimer, 1935, pp. 291-292).

Mientras la perspectiva hegeliana tiene como supuesto el postulado básico del idealismo de que 'concepto y ser son lo mismo en la verdad', por lo que su cumplimiento puede darse en el centro del espíritu, el materialismo insiste a la inversa, en que 'la realidad objetiva no es idéntica al pensamiento del hombre' y no puede nunca fundirse con él'. Ni siquiera en la reflexión el pensamiento es el objeto acerca del que se piensa; los conceptos y las teorías se mueven por un impulso hacia su propia eliminación, esto es como un requisito del mismo procedimiento que a medida que avanza se redefine constantemente, se mejora o corrige.

No se puede decir *a priori* lo que significa cualquier conocimiento particular, porque depende de las condiciones sociales de la totalidad en un tiempo particular y de la situación concreta a la que pertenece. Los pensamientos que tomados aisladamente parecen idénticos, sin embargo en un tiempo pueden ser anticuados, pero en otro momento histórico determinado forman factores de fuerza que cambian el mundo y constituyen lo avanzado del pensamiento.

"Así, al cesar de ser un sistema cerrado, la dialéctica no pierde la marca de verdad". El descubrimiento de aspectos condicionados por otro pensamiento constituye el ímpetu del proceso intelectual. La proposición abstracta de que tan pronto como una crítica se justifica desde su propio punto de partida se abre a la corrección, para los materialistas permanece en alerta frente a sus propios errores y a la flexibilidad de pensamiento, ya que en sus procedimientos no son menos objetivos que los lógicos cuando afirman que lo relativo, o algo que es verdad para alguien y para otro no, debe considerarse como tontería.

---

[104] "Die Dialektik erhält eine verklärende Funktion", Horkheimer, 1935, p.290.

## 9.2. *Criterios de verdad.*

Horkheimer analiza la 'determinación formal de verdad' de la lógica, como la 'correspondencia del conocimiento con su objeto'[105], para afirmar que continúa la contradicción de la interpretación dogmática del pensamiento. La correspondencia no es un simple dato inmediato como en la doctrina de la intuición, no se da en la esfera del espíritu como en Hegel, 'más bien es siempre establecida por eventos reales, por la actividad humana'; se da en "la actividad humana en el marco de un período social dado" (Horkheimer, 1935, pp. 292-293).

Para Horkheimer existe una constante alteración del conocimiento humano: hay una 'insuperable tensión entre concepto y realidad objetiva'[106]. Cuando la dialéctica es liberada de su conexión con el concepto de pensamiento autodeterminado y en sí, la teoría deja atrás su carácter metafísico y se transforma en algo transitorio entretejido con la vida empírica fáctica de los individuos.

Como para Horkheimer el *concepto extrahistórico de verdad* es imposible (el que contiene la idea de espíritu infinito y de Dios), no hay conocimiento relativo para el materialista. Por otro lado la condicionalidad histórica abraza también la 'teoría correcta', ella puede desaparecer por el rol que intereses prácticos y científicos juegan en la formación de sus conceptos, o por el hecho de que las circunstancias a las que se referían desaparecieron. Entonces la verdad se pierde ya que no hay esencia suprahumana capaz de sancionar la relación del contenido de las ideas con los objetos en su espíritu. "Al mismo tiempo como no obstante permanece necesariamente inconclusa y a tal punto 'relativa', es también absoluta, hasta que una ulterior rectificación no signifique que la verdad anterior era antiguamente falsa". Como el conocimiento progresa, todo lo que en un momento consideramos como verdad y no lo era, se probará como erróneo; cuando las categorías se caen, ello repercute en la relación concepto-realidad y en la conexión con el todo. El éxito de las luchas históricas depende de la convicción con que los hombres extraen consecuencias de lo que conocen, de su aptitud para probar sus teorías *contra* la realidad y para redefinirlas, de la aplicación inflexible de lo que se reconoce como verdad. "El proceso de conocimiento incluye una voluntad y una acción histórica real, tanto como aprende de la experiencia y de la comprensión intelectual. Lo último no puede progresar sin lo primero" (Horkheimer, 1935, p.294).

Cuando el materialismo libera a la dialéctica de la ilusión idealista, 'la dialéctica trasciende la contradicción entre relativismo y dogmatismo' (Horkheimer, 1935, p.

---

[105] "Übereinstimmung der Erkenntnis mit ihrem Gegenstande".
[106] … "unüberwindliche Spannung von Begriff und objektiver Realität".

297). Si se supone el progreso del conocimiento, la definición tiene su propio punto de vista; si éste no se absolutiza, el contexto dentro del que se consideran los juicios ofrece validez de los conocimientos para individuos o grupos particulares y para la totalidad. La lógica dialéctica contiene también 'la ley de la contradicción', pero como fue despojada de su carácter metafísico, no hay un sistema estático de proposiciones acerca de la realidad: toda relación concepto-objeto es históricamente mediada, de lo contrario no tiene significación como idea. La lógica dialéctica no invalida las reglas de la comprensión: tiene como sujeto las 'formas del movimiento del proceso cognitivo en desarrollo', la reestructuración de sistemas y de categorías, y pertenece a la coordinación de las fuerzas intelectuales, al ímpetu de la práctica humana en general.

El resultado y la prueba como criterios de verdad son motivos siempre presentes en la historia de la filosofía. En la afirmación de Goethe, "lo que es provechoso, solamente es la verdad", aparece implicada una teoría pragmática del conocimiento. Muchas frases de Nietzsche sugieren una interpretación similar, por ejemplo, "Verdad significa 'lo que es útil para la existencia humana'. Pero puesto que conocemos las condiciones de la existencia humana sólo muy imprecisamente, la decisión de lo que es verdad y falsedad puede, estrictamente hablando, estar basada solamente en lo que triunfa". La valoración de las perspectivas goetheana y nietzscheana se perciben 'en el contexto de su pensamiento completo' (Horkheimer, 1935, p.299). Contra estas expresiones se destaca una escuela filosófica que coloca al concepto pragmático de verdad en el centro de su sistema, el pragmatismo de W. James y J. Dewey, para quienes, la verdad de las teorías se decide de acuerdo a lo que se pueda lograr con ellas. 'Su poder de producir los efectos deseados para la existencia espiritual y física de los seres humanos es también su criterio. La promoción de la vida es el sentido y medida de toda ciencia'.

Para el pragmatismo más reciente se coloca el énfasis no tanto 'en la mera confirmación de un juicio por la ocurrencia de una situación fáctica predicada'[107], 'sino sobre la promoción de la actividad humana, la liberación de toda clase de limitaciones internas, el crecimiento de la personalidad y la vida social'.

El criterio de Horkheimer no es pragmático sino práctico. Tanto la 'voluntad' como la 'acción histórica real' confluyen en la realización de una idea, y siempre requieren una teoría de la totalidad social que se traduzca en intereses y tareas, que sea consciente que la realización de una idea puede ser obstaculizada. El criterio práctico se caracteriza por distanciarse de la realidad dada.

---

[107] ..."auf die bloße Bestätigung eines Urteils durch das Eintreten der behaupteten Tatbestände", Horkheimer, 1935, p. 300.

### 9.3. *Prueba.*

Dos puntos he de aclarar: el primero es que la verdad en esta teoría no se identifica con la que se juega en el núcleo de la teoría pragmatista, el segundo, que acierta Jorge Alfredo Roetti cuando afirma que lo más novedoso del marxismo en este punto es que su "criterio de verdad sea la praxis" (Roetti, 2014, Capítulo 1. § 1.2.4).

Cito a Horkheimer, *"'La verificación y prueba' (*Die Verifikation und Bewährung*) de las representaciones acerca del hombre y la sociedad,… no consisten meramente en experimentos de laboratorio o en examinación de documentos sino en las 'luchas históricas' (*geschichtlichen Kämpfen*), en las que la convicción misma juega un rol esencial"* (Horkheimer, 1935, p. 293).

Existen perspectivas armonicistas para las que el orden social presente está bien. Pero la 'teoría correcta' no pacta con armonicismos y 'toma su punto de partida de la afirmación del mal presente'[108], 'de la idea de hombre y de sus capacidades inmanentes'; luego se confirma y corrige en las luchas reales. De acuerdo a esto, la acción no es un añadido que viene después del pensamiento sino que penetra la teoría en cada punto.

"El concepto pragmático de verdad en su forma exclusiva, sin ninguna contradicción metafísica para complementarla, corresponde 'a la confianza ilimitada sobre el mundo existente'" (Horkheimer, 1935, p, 293).

Contrariamente, la idea de prueba para el materialismo tiene varios elementos que no son diferenciados por el pragmatismo. Una opinión puede ser convalidada para el pragmatismo porque las relaciones objetivas que se asegura que existen, se confirma sobre la experiencia y la observación con instrumentos precisos y llega a conclusiones lógicas; para James esta prueba teorética constituye el nexo entre idea y realidad. Pero para el materialismo, la mayor parte de todo orden social dado impulsa la promoción de fuerzas creativas culturales que desatan conflictos entre la verdad verificable y sus intereses, porque aquellas fuerzas se comprometen con la defensa de una verdad en contradicción con la realidad vigente. El pragmatismo olvida que una misma teoría puede ser una fuerza destructiva para otros intereses en el momento en que se realiza por la acción de fuerzas avanzadas.

No sólo expresiones como 'vida' y 'promoción', sino también términos de la teoría del conocimiento como 'verificación', 'confirmación', 'prueba', son vagos e indefinidos a pesar de las cuidadosas demarcaciones y de su traducción a lenguaje matematizado, si no establecen una relación con la historia real y aceptan su definición como parte de una unidad teórica comprensiva.

---

[108] …"an dem die Behauptung von der Schlechtigkeit der Gegenwart".

¿Qué representa la prueba para el materialismo? Constituye fundamentalmente un arma contra todo misticismo; pero "en la medida en que teoría y práctica estén ligados a la historia, no hay armonía preestablecida entre ellas. Por tanto, lo que es visto como teóricamente correcto no es simultáneamente lo realizado". La actividad humana tiene con el conocimiento una relación ambigua porque es un proceso a la vez determinado por otros factores, lo cual se manifiesta claramente en la teoría de la historia. Ciertas tendencias sociales son descriptas en el orden teórico, como por ejemplo el aumento del desempleo interrumpido por períodos cortos de relativa prosperidad, o la dualización de la productividad tanto para fines benéficos como destructivos; estos procesos fueron necesarios cuando podían estudiarse en países adelantados y cuando la organización liberal del mundo parecía la mejor. Pero desde el comienzo, esta perspectiva de la historia ahora confirmada, comprende esos procesos como tendencias evitables de barbarie, mediante el esfuerzo del hombre guiado por la teoría. Esta teoría, confirmada por la historia, fue pensada no sólo como teoría sino como un 'momento de liberación práctica' (Horkheimer, 1935, p.304).

"La prueba de la inquebrantable fe involucrada en esta lucha se conecta íntimamente con la 'confirmación de tendencias pronosticadas' [109] que ya han ocurrido, pero los dos aspectos de la verificación no son idénticos; su mediación es más bien la lucha actual, la solución de problemas históricos concretos basada en la 'teoría reforzada por la experiencia'.

En este proceso, algunas perspectivas parciales pueden probarse como incorrectas, los cronogramas se descartan y la teoría necesita ajustes; aparecen elementos históricos obvios y muchas tesis valoradas como verdaderas anteriormente se prueban ahora como error. Sin embargo la conexión de las perspectivas parciales siempre se ilumina con la luz de la teoría como una totalidad, por lo que la adhesión a las tesis probadas y a los fines afectados es el prerrequisito para la correcta rectificación de errores. "La firme lealtad a lo que se reconoce como verdad es tanto 'un momento del progreso teórico'[110] 'como una apertura hacia nuevas tareas'".

9.4. *Verificación.*

En el proceso de verificación los individuos y grupos que luchan por condiciones más racionales pueden sucumbir o la sociedad puede recaer en la barbarie, y ello porque como la historia no es fatalismo, aquellas posibilidades siempre se deben

---

[3] ... "durch Erfahrung erhärteten Theorie".
[110] ... "ein Moment des theoretischen Fortschritts", "wie die Offenheit für neue Aufgaben".

tener en cuenta. Esto refutaría la 'confianza en el futuro', si su alcance fuera meramente externo a la teoría, pero esa confianza pertenece a la teoría como una fuerza que forma su concepto. Por ello Horkheimer no justifica las objeciones de los que defienden la libertad, puesto que hacen un rápido análisis incorrecto de la situación, con lo que atentan contra la teoría. Las derrotas de una gran causa se pueden deber a errores diversos y pueden tener consecuencias de largo alcance. La dirección de la actividad, junto con el logro de la teoría, se relacionan con grupos progresistas y no con los que detentan el poder, aunque este último discurso se instrumenta con tanta astucia que puede parecer verdadero.

"El concepto de verificación como criterio de verdad no debería ser interpretado tan simplemente. La verdad es como un momento de la praxis correcta. Pero quienquiera que la identifique directamente con el éxito que atraviesa la historia, se convierte en apologista de la realidad dominante en un tiempo dado. La mala interpretación de la inamovible diferencia entre concepto y realidad, retrocede al idealismo, al espiritualismo y al misticismo".

La relación teoría-práctica nunca debe ser olvidada. El deber de cada uno que actúa responsablemente es aprender de los retrocesos en la práctica, porque los retrocesos, en la medida que se miden con la totalidad y se comprenden como retrocesos, no atentan contra la estructura de la teoría. 'De acuerdo al pragmatismo, la verificación de ideas y su verdad se fusionan. De acuerdo al materialismo, la verificación forma la evidencia de que ideas y realidad objetiva corresponden a una ocurrencia histórica que puede ser obstruida e interrumpida' (Horkheimer, 1935, p. 304). Esta perspectiva no se convalida para una verdad cerrada o para la afirmación de ideas que no requieren efectiva realidad.

"En el análisis del concepto de prueba, como no está cerrado, el pensamiento dialéctico juega un rol, muestra que la decisión sobre verdades determinadas depende de procesos históricos aún incompletos" (Horkheimer, 1935, p. 309).

9.5. *La verdad como 'momento de la praxis correcta'.*

Con respecto a la teoría de la verdad de Max Horkheimer, Lenk ha sido el primero en señalar que su noción de ideología apunta directamente a la verdad. El filósofo frankfurtiano da su definición de ideología, "debería reservarse el nombre de ideología, frente al de verdad, para el saber que 'no tiene conciencia de su dependencia' (*Abhängigkeit nicht bewußten*)..., para el saber que ante el conocimiento avanzado, acaba de hundirse en 'la apariencia' (*zum Schein*). La asignación de valores es ideología... en cuanto cree librarse de la complexión histórica" (Adorno y Horkheimer, 1962, p. 51). Frente a este concepto, dice Lenk (Lenk, 1986) que si la frase se tomara *ex negativo* uno puede afirmar que "verdadero es sólo aquel conocimiento que se hace consciente de sus múltiples dependencias y que por eso también puede conducir al conocimiento más avanzado.

Sin embargo, estos criterios son insuficientes para aproximarse a lo que para Horkheimer merece ser llamado verdad; pues verdad no es una mera relación teorética inmanente sino también una *relación práctica*[111] siempre implícita, conectada indisolublemente con el obrar humano. Como Horkheimer además enlaza el concepto de 'prueba', puede afirmar que la verdad es un momento de la correcta praxis[112]". Y aquí es precisamente donde yace la verdad como intención crítica.

En su teoría de la verdad y a la hora de reformular el criterio de verdad que maneja la lógica tradicional, interesa a Horkheimer dejar en claro el polo con el cual la correspondencia tiene que darse. De ninguna manera es la 'correspondencia del conocimiento con su objeto' como afirma Hegel en *Wissenschaft der Logik*, tampoco es la correspondencia con el nudo dato fáctico (según la concepción del materialismo soviético vulgar y la de algunas corrientes empiristas), ni con algún hecho inmediato (según la teoría de la intuición). La correspondencia se establece entre el conocimiento y los eventos efectivamente existentes que son producto de la actividad humana en el marco de un determinado período social e histórico. Pero parece existir un caso excepcional que merece atención, y son las matemáticas. Según algunas interpretaciones filosóficas estas ciencias tienen

---

[111] Y esta relación práctica implícita conecta también con el tema de la libertad, tema del que no me ocupo aquí. Me parece pertinente comentar, a propósito de esto, algunos detalles de la traducción. Los editores Andrew Arato y EikeGebhardt a cargo de The Essential Frankfurt School.Reader, Continuum, New York 1993, registran omisiones y sustituciones relevantes. En la traducción de "Zum Problem der Wahrheit" (Horkheimer, 1935, pp.277-325) del alemán al inglés (Horkheimer, 1993, pp. 407-444) el siguiente párrafo omite en su versión americana la 'falta de libertad':

"In diesem ideengeschichtlichen Vorgang spiegelt sich der historische Sachverhalt, daß die Gesellschaftliche Totalität, der die liberalen, demokratischen, progressiven Tendenzen der herrschenden Kulturform zugehörten, von Anbeginn auch ihr Gegenteil: Unfreiheit, Zufall und die Herrschaft bloßer Natur enthielt, welches kraft der eigenen Dynamik des Systems schließlich alle positiven Züge notwendig zu vernichten droht", Horkheimer, 1935, p.278.

"The development in the history of ideas reflects the historical circumstance that the social totality to which the liberal, democratic and progressive tendencies of the dominant culture belonged also contained from its beginning their opposite compulsion, chance and the rule of primal nature. By the system's own dynamic, this eventually threatens to wipe out all its positive characteristics", Horkheimer, 1993, p.408.

En varias partes el término alemán Element se traduce por el término inglés factor, en lugar de por element (por ejemplo en las correspondientes de Horkheimer, 1935, p. 282 y Horkheimer, 1993, p.411). Otra sustitución relevante es la traducción de Angst por anxiety, en lugar de anguish (ib.).

Dice Horkheimer en Horkheimer, 1935, p. 313: aus solidarischer Arbeit, se traduce como from cooperative work en Horkheimer, 1993, p.434 (en lugar de from solidary work) y aus der vernichtenden Konkurrenz von Einzel subjekten se traduce from the destructive competition of individuals, en lugar de ... concurrence of individuals (ib.)

[112] "Wahrheit sei ein Moment der richtigen Praxis".

carácter *a priori* y en tanto detentan tal carácter se mueven con independencia de la observación empírica. En los modelos matemáticos de la física teórica, el valor cognitivo de las matemáticas reside en que muestran que los modelos son estructuras con referencia a eventos provocados, que pueden verificarse sobre la 'base del nivel de desarrollo del aparato técnico'. "Su forma en todo tiempo dado está sin embargo tan condicionada por el aumento de la capacidad técnica humana, como esta última lo está por el desarrollo de las matemáticas" (Horkheimer, 1935, p.293). Con esto queda claro que el apriorismo puede ser legítimo para algunas interpretaciones filosóficas de las matemáticas, pero cuando forman la base arquetípica de otras ciencias como la física teórica, admiten un criterio de verificación acorde al nivel tecnológico alcanzado.

La estéril relación contradictoria con la verdad (relativismo-dogmatismo) se refleja para Horkheimer en el fracaso de los métodos avanzados de investigación y en su incapacidad de incidencia para determinar actitudes humanas orientadas hacia problemas importantes. Este fracaso se manifiesta en el positivismo bajo la más cruda superstición, particularmente en "la combinación del notable conocimiento de las ciencias naturales con la fe infantil en la Biblia" (Horkheimer, 1935, pp.280-281).

Así como Comte condujo el fundamento de su obra a culto místico y se enorgulleció por comprender teorías del más allá, James dio un giro hacia el misticismo. Esta inclinación al espiritualismo, hacia el espiritismo y el misticismo, puede seguirse a través de la historia del positivismo tardío. Por otro lado, la falsa concepción de una ciencia auto-suficiente, independiente de la historia, se encubre con manto pseudocientífico para esconder sus errores y expresarlos en la religión y en sus prácticas.

Reúno sintéticamente los puntos tratados. A la pregunta por el método para su teoría de la verdad, Horkheimer responde con su dialéctica 'no cerrada' luego de revisar los métodos del idealismo trascendental y del especulativo; al cuestionamiento por los criterios verdad responde con la reformulación del criterio tradicional 'de correspondencia', lo compara con el pragmático y postula su criterio práctico. Finalmente, a la pregunta por la prueba, Horkheimer ofrece su teoría de la verificación.

## 9.6. *Conclusiones.*

Sintetizamos en pocas palabras la propuesta. Horkheimer realiza estos rechazos:

1) Rechaza el idealismo trascendental de Kant por las dualizaciones que opera en el conocimiento y en la realidad y por la cuota de relativismo que lo atraviesa y que lo puede conducir a escepticismo. Rechaza el idealismo especulativo de Hegel por la 'función transfigurante' que asume la dialéctica en su sistema idealista y porque

termina paralizándose en uno de los polos de la contradicción que Horkheimer quiere superar (relativismo-dogmatismo). ¿Cuál es el método que propone Horkheimer para una teoría de la verdad? El de una dialéctica que aún no se considera 'cerrada', ni clausurada, y cuya verdad se da en el devenir de la historia y a través de procesos que aun no están completos. Sólo un método así concebido, desidealizado y no clausurado, puede ser capaz de trascender la estéril contradicción ante la verdad, relativismo-dogmatismo.

2) Rechaza el criterio de la verdad como 'correspondencia del conocimiento con su objeto' porque atenta contra uno de los principios de su teoría del conocimiento: la 'insuperable tensión entre concepto y realidad objetiva'. En todo caso se trata de revisar los polos de la correspondencia, visto que no puede ser entre el conocimiento con el hecho inmediato, ni con la intuición, ni con el objeto, será una correspondencia entre actos humanos y acontecimientos efectivos en un período histórico determinado.

Si para el relativismo la verdad es válida para un individuo o grupo pero carece de validez objetiva, y para el dogmatismo la verdad es eterna e implica un impulso de sumisión absoluta ¿cómo es la verdad para Horkheimer, y cuál es su criterio? En primer lugar, la verdad del dogmatismo es imposible para Horkheimer porque implica aceptar un concepto extrahistórico de verdad; la teoría crítica no concibe un conocimiento (absolutamente) relativo. En segundo lugar, como el conocimiento progresa en el transcurso de la historia, la verdad permanece abierta al mismo tiempo que, siendo 'relativa' es absoluta hasta que una rectificación ulterior no implique que la verdad anterior era falsa. Su criterio es un criterio práctico que sabe que la verdad es 'un momento de la correcta praxis' en el que idea y realidad objetiva, que pueden corresponderse en una ocurrencia histórica futura, también pueden no corresponderse (o por los obstáculos que lo impidan o por las ideas que se puedan volver destructivas). La verdad no sólo es teórica, es un 'momento de liberación práctica' de lo que amenaza a la humanidad.

3) La verificación tal como la concibe el pragmatismo (lo que es provechoso o triunfa es verdadero; producir efectos deseados es su criterio), al eliminar toda diferencia entre confirmación y sentido pragmático (lo que se confirma es lo que ya está, y bien logrado), hace apología de lo dado. El supuesto es una confianza ilimitada en el mundo existente. La teoría crítica establece que una misma verdad puede ser avanzada en un momento y retrasada en otro, porque como la correspondencia entre teoría y praxis no se puede establecer *a priori*, no se puede decir nada acerca de la verdad sin que ella no se de en la historia y a partir del acontecer efectivo. Como para Horkheimer el conocimiento incluye la 'voluntad' y la 'acción histórica real', su 'prueba de final abierto' implica que la decisión sobre verdades particulares depende de procesos históricos aún incompletos. La *verificación* es compleja, tiene dos partes y una mediación: por un lado la *prueba* que

es la 'convicción' o fe en las luchas históricas, por otro lado, la *confirmación* de tendencias históricas pronosticadas por la teoría anteriormente y ya acaecidas, y finalmente la *mediación*, que es la efectiva lucha sumada a la experiencia histórica. Toda teoría del conocimiento pertenece a la totalidad histórica y la validez conceptual se corresponde con ella. El supuesto es la 'confianza en el futuro' o el poder de una verdad que afirma que 'lo correcto es lo no realizado'... aún.

Retomo lo expresado al comienzo. Lo que se conoce como la 'metafísica occidental' se teje en torno al principio de identidad; éste es considerado demasiado estrecho por una línea del discurso filosófico decimonónico, la tradición dialéctica, que une la modernidad de Hegel con la contemporaneidad de Horkheimer. La crítica del discurso metafísico es emprendida desde otro principio, el de no contradicción. Como sabemos, este es un tema filoso cuando aparece en un texto sobre el fundamento y sus límites. Por qué? Pues porque pone en cuestión nada menos que la racionalidad. Al respecto dice Silenzi (2010) que "Desde Aristóteles, se ha dicho que uno de los requisitos mínimos de racionalidad y quizás el más importante, es el cumplimiento del *principio de no contradicción*. Paralelamente distintos pensadores han cuestionado esto, de una u otra forma, destacándose entre ellos Heráclito, Protágoras, Nicolás de Cusa y sobre todo Hegel y toda la tradición dialéctica moderna. A partir de estos cuestionamientos surgió y se desarrolló la *Lógica Paraconsistente*: ésta pretende ser una estructura racional que permita manejar inconsistencias sin trivializar las teorías que las sostengan. Aunque en algunos sistemas paraconsistentes se rechaza totalmente el principio de no contradicción mientras en otros se los acepta de alguna manera, queda en claro que en todos estos sistemas se pueden encontrar diversos tipos de inconsistencias mientras que, al contrario, el planteamiento clásico conduce a rechazar cualquier contradicción a todo nivel". Cerramos en este punto, ya que es tema de otra investigación.

## 9.7. *Referencias.*

Adorno T. & Horkheimer M. [1962-1979] : *Sociologica (Sociologica II. Reden und Vorträge*, E. Verlagsanstalt, Frankfurt 1962), trad. V. Sánchez de Zavala, Taurus, Madrid.
Bobennrieth, A. [1996] : *Inconsistencias: por qué no? Un estudio filosófico sobre la lógica paraconsistente*, Tercer Mundo, Santa Fe de Bogotá.
Horkheimer M. [1935-1988] : "Zum Problem der Wahrheit". En M. Horkheimer, *Gesammelte Schriften III*, (Hrsg.) A. Schmidt und G. Schmid Noerr, Fischer
Taschenbuch Verlag, Frankfurt, pp. 277-325.
Horkheimer M. [1993] : "On the problem of truth". En A. Arato & E. Gebhardt (Eds.) *The essential Frankfurt School*, The Continuum Publishing Company, New York, pp. 407-444.

Lenk K. [1986] : "Ideologie und Ideologiekritik im Werk Horkheimers". En A. Schmidt & N. Altwicker (Eds) *Max Horkheimer heute: Werk und Wirkung*, Fischer Taschenbuch Verlag, Frankfurt, pp.244-258.

Roetti J. A. [2011] : "Acerca del fundamento". *Anales de la Academia Nacional de Ciencias de Buenos Aires*, **XLV**, primera parte, pp. 39-69.

Roetti J. A. [2014] : *Cuestiones de fundamento*, Academia Nacional de Ciencias de Buenos Aires, Buenos Aires.

Silenzi, M. I. [2010] : "La crítica de irracionalidad de Mario Bunge". En Barbosa, S. (compiladora), *La cultura filosófica en la Argentina del siglo XX*, Actas Jornadas Nacionales de Historia de la Filosofía Argentina y Latinoamericana 2006, Buenos Aires, Ediciones Fepai.

# CAPÍTULO 10

## El problema del fundamento, la verdad y sus límites en la tradición filosófica occidental a partir de la lectura heideggeriana

Juan Pablo Esperón

### 10.1. *Introducción*.

El problema que aquí nos ocupa se inserta en el marco general de las discusiones actuales y contemporáneas en torno al problema de la noción de diferencia, en particular la distinción heideggeriana entre la diferencia óntica y la diferencia ontológica, y la posición crítica de su pensamiento dentro de este marco conceptual. Según la lectura que Heidegger hace de la tradición filosófica occidental, esta se constituye y se caracteriza, desde su comienzo histórico, por estar determinada desde una estructura de pensamiento cuyo carácter es la oposición disyuntiva exclusiva[113] que presupone la lógica de la identidad. Dicha estructura está constituida por polos que se oponen entre sí para, luego, fundamentar la reducción de uno a otro. Ello pone en marcha a la metafísica misma y a la propia historia de occidente, dado que, tal estructura de oposición que fue instituida por Platón al establecer dos realidades opuestas en donde una funciona como fundamento de la otra, y donde la verdad opera del lado del fundamento en detrimento del otro, termina por adoptarse en toda la historia de la metafísica, elaborando de la misma manera y bajo la misma lógica la reducción, a saber: de lo múltiple a lo uno (antigüedad griega), de las *creaturas* al creador (medioevo), y de lo representado a la representación (modernidad). Ello, a su vez, muestra ciertos límites tanto del fundamento como de la verdad para la comprensión de la realidad que creemos deben ser puestos en cuestión y discutidos. Exponemos, a continuación, esta problemática y, también, el intento de postular un nuevo modo de fundamentación filosófica a partir de la propuesta heideggeriana.

### 10.2 *La disolución de la filosofía en metafísica y su identificación con la historia occidental en el pensamiento de Martin Heidegger.*

Desde su inicio, la filosofía nace ligada a un forma de pensamiento de índole especulativo que impulsa la búsqueda de un fundamento o principio absoluto (*arkhé*),[114] que permita explicar por qué son las cosas (fundamentar su existen-

---

[113] Una proposición disyuntiva tiene la forma: "O bien… o bien…". Sólo puede ser verdadera una de las dos alternativas de la disyunción, pero no ambas. Este mecanismo permite delimitar las identidades, excluyendo las diferencias..
[114] Del griego antiguo ἀρχή.

cia) y qué son las cosas (qué es lo que hace que los entes sean, su esencia) produciendo, disponiendo y determinando, al mismo tiempo, un tipo discurso (*lógos*)[115] de aquello pensado y fundamentado que podemos expresar en la estructura de la proposición lógica del lenguaje S es P,[116] cuya nota distintiva es el acercamiento a la verdad. Es sabido que los pensadores que iniciaron la filosofía han especulado en este sentido.[117] Así los primeros filósofos que indagaron por el fundamento de los entes naturales, entre ellos: Tales, Anaxímenes y Anaximandro han hallado (intuído), como sustrato de la realidad, un ente material (el agua, lo indeterminado o el aire) y, de ello se infiere, la reducción de la multiplicidad de entes a un fundamento único. En contraposición, los Pitagóricos, Sócrates y Platón han tomado un aspecto formal y abstracto para explicar la realidad, respondiendo a la pregunta por el fundamento con la cifra, el concepto y la idea, respectivamente. Sin embargo, es Aristóteles quien responde al problema de la *arkhé*, como búsqueda en torno al fundamento de la totalidad de lo existente, con la noción de substancia (*ousía*),[118] como un compuesto de materia y forma.

El problema de la *arkhé*, del que se ocuparon los primeros filósofos, plantea la inter-relación entre las cosas existentes y el hombre que las piensa, así como también entre el fundamento (ser)[119] y lo fundamentado (entes). Aquí se establece una relación crucial entre tres términos: ser-humano, entes y ser, constitutivos de lo real en cuanto tal, y la actividad que problematiza esta triple inter-relación es la filosofía, debido a que el ser-humano es el único ser existente que puede preguntarse por el ser del ente. Así, la pregunta fundamental de la filosofía acaece, en el ser-humano, de este modo: ¿qué es el ser? como así también ¿por qué hay entes y no mas bien nada? Estas preguntas ponen en marcha a la filosofía y a la historia misma de occidente. La inter-relación, anteriormente expuesta, es determinante para la historia, porque de acuerdo a la comprensión epocal que en el hombre acaezca de aquella relación, se manifestará un modo peculiar de comprender, habitar y aprehender el mundo lo que constituirá a la historia como tal.

Ahora bien, cuando Aristóteles define al hombre como un ser dotado de razón, es decir, que su capacidad racional lo diferencia de los demás seres vivos, convierte en una exigencia racional que éste dé cuenta de los primeros principios o

---

[115] Del griego antiguo λόγος.
[116] Hay que tener en cuenta que la relación que se vislumbra en este párrafo es tripartita, tenemos, en primer lugar, las cosas existentes (los entes), en segundo lugar, el fundamento (el ser), y por último, al ser-humano que piensa y expresa lo comprendido en esta relación, tema que abordaremos en el desarrollo del texto.
[117] Previo a este modo de pensar tal búsqueda resultaba innecesaria dado que la realidad, en su totalidad, estaba fundada plenamente por lo mítico-religioso.
[118] Del griego antiguo οὐσία.
[119] Del griego antiguo εἶναι.

las primeras causas,[120] asentando, de este modo, las bases de la metafísica como ciencia y planteando así el escenario sobre el cual la filosofía se constituirá en metafísica. El dar razones de sus afirmaciones es propio de esta ciencia que adopta la forma de demostración. Pero Aristóteles cae en la cuenta de que no todas las proposiciones la reclaman para sí o pueden serlo, puesto que caeríamos en una demostración circular de resolución indefinida lo que destruiría la esencia misma de la demostración. Dado que la demostración absoluta es imposible, podemos, sin embargo, proceder a través de una más restringida, a partir de proposiciones privilegiadas que no requieren ser demostradas, porque estas proposiciones son absolutas, universales y necesarias; además, deben ser inmediatamente verdaderas, es decir, evidentes: *"La metafísica se constituye como tal al adoptar los principios que han de guiar la reflexión y explicación del ente en cuanto ente y sus atributos esenciales"*.[121] Queda, así, fundada la metafísica como ciencia que estudia al ente en cuanto ente, es decir, lo que es en tanto que es y las propiedades que por sí le pertenecen. En este sentido, se piensa al ser en miras al fundamento de los entes.

Ahora bien, Heidegger muestra que la pregunta por el ser (sein) mismo, constituye la primera y última tarea de la filosofía a lo largo de toda su historia. La exigencia de llegar a esta pregunta originaria tiene el aspecto de un retorno al pensamiento griego; mostrando, asimismo, que el significado de los términos esenciales de los primeros pensadores, fue profundamente modificado por la filosofía posterior. Este hecho se acentuó con las traducciones latinas de palabras griegas, que, al ingresar a la cultura occidental, modificaron el pensamiento antiguo hasta tornarlo casi ininteligible con respecto a su originalidad.

Habíamos afirmado que la filosofía misma se constituye en cuanto tal, como resultado del cuestionamiento que el ser-humano realiza con respecto a la totalidad de la realidad en la que está inmerso, cuyo preguntar filosófico propio se expresa en la pregunta: ¿por qué es, en general, el ente y no más bien la nada?,[122] como asimismo, ¿qué es el ser?; acaeciendo, de este modo, a una íntima relación entre ser y hombre, dado que el hombre es el que pregunta por el ser y el ser solamente puede ser señalado por el hombre. Cuando nos involucramos ante el problema en cuestión e intentamos hoy contestar a estas preguntas, nos reencontramos, irremediablemente, ante la misma dificultad que dio inicio a la filosofía en sentido propio, pero que ha producido, también, el desarrollo de lo que Heidegger llama *"historia de la metafísica occidental"*. Ante la urgencia de la gravedad de aquel asunto que los primeros pensadores griegos supieron escuchar y señalar (dado que Parménides y Heráclito han señalado al ser sin salir del ámbi-

---

[120] Cfr. Aristóteles, Metafísica, Gredos, Madrid, 1998, L. alfa, p.74, 982ª.
[121] Corti, Enrique, "La inteligencia y lo inteligible", en Pensamiento y Realidad, Revista de filosofía, Usal, Bs. As., 1985, p. 43.
[122] Heidegger, Martin, Introducción a la Metafísica, Nova, Bs. As., 1969, p. 39.

to del ser mismo suponiendo la diferencia con lo ente),[123] los filósofos posteriores se orientaron a referir que lo que tenemos delante es esto o aquello.[124] Es decir, respondieron con una determinación expresada en la proposición "S es P".[125] Sucede, pues, que se dispone la respuesta al preguntar que inicia la filosofía bajo una estructura lógica[126] de pensamiento que lo determina, lo fija y, por ende, lo limita: el concepto. Ante la pregunta ¿qué es el ser?, se responde el ser es esto o aquello, la respuesta, en cuanto limitación categorial, adquiere el carácter de "definición". En estos casos, y en cualquier otra definición que se pueda ofrecer, estamos respondiendo con un ente determinado, con algo determinado. Pero, un ente es algo que "es", pero no es el "ser". Replantearnos esta pregunta es situarnos ante el asunto del pensar propio que inicia la filosofía en cuanto tal. Pero, preguntar por el ser y contestar con un ente revela un "extravío" (*Irre*),[127] que para Heidegger constituye el origen, tanto de la filosofía como nos ha llegado a ser conocida (como metafísica), así como también de la propia historia de occidente.[128] Por ello, Heidegger señala: "*esto es lo que rige en la tradición desde el comienzo (Beginn)*[129], *lo que está siempre por delante de ella, y con todo, sin ser pensado expresamente*[130] *como lo que inicia (Anfang)*".[131]

---

[123] Para su significado vid. infra. cap. B.

[124] Con la expresión "primeros filósofos" nos estamos refiriendo a Heráclito y Parménides, y con la expresión "filósofos posteriores" a la tradición filosófica, desde Sócrates y Platón a Nietzsche.

[125] Una proposición es una relación de carácter atributivo entre términos, la cual tiene la propiedad de ser verdadera o falsa. La estructura de toda proposición es vincular o relacionar un término llamado sujeto con otro llamado predicado a través del verbo. De ahí la sigla S es P. Lo que aquí está en cuestión no es ni el término sujeto ni el término predicado, sino qué comprendemos por la noción "es" que los vincula. La tradición filosófica adoptó como respuesta a este problema la conceptualización que Aristóteles señala en el libro Delta de la Metafísica "el ser se dice de muchas maneras", se dice, primariamente, de la sustancia y, secundariamente, de los accidentes. Aristóteles, Metafísica, Gredos, Madrid, 1998, L. delta, p.162, 1003ª.

[126] La lógica es una ciencia formal que estudia los métodos y principios para diferenciar un razonamiento correcto de otro incorrecto; y a su vez, establecer las condiciones de la proposición, la definición y la inferencia correcta.

[127] Cfr. Heidegger, Martín, "Introducción a ¿Qué es metafísica?", publicado en Hitos, Alianza, Madrid, 2000, y, "La sentencia de Anaximandro", publicada en Caminos de bosque, Alianza, Madrid, 1998.

[128] Cfr. Introducción de Arturo Leyte a Identidad y Diferencia, Barcelona: Anthropos, 1990, p. 14.

[129] Para Heidegger hay una diferencia esencial entre comienzo (Beginn) e inicio (Anfang). Inicio, hace referencia al planteo de la pregunta que da origen a la filosofía en cuanto tal: ¿qué es el ser?; en cambio, comienzo, nombra el olvido de la diferencia ontológica que posibilita la historia de la metafísica y sus diferentes épocas. De este modo, comienzo nombra el instante cronológicamente primero, ya que lo en él mentado es lo temporalmente ordenado, tal es el objeto de la historia (Historie), que intenta aprehender desde la exactitud del cálculo tanto al comienzo como a lo devenido desde aquel primer instante. Frente a esto, el inicio es el espacio originario del que se nutre el acaecer de la historia acontecida (Geschichte), del cual se alimenta también a todo acontecer posterior. Seguimos aquí la traducción de H. Cortés y A. Leyte, Anthropos, Barcelona, 1990. p. 111.

[130] La diferencia ontológica.

[131] Heidegger, Martin, Identität und Differenz, Gesamtausgabe 11, Vittorio Klostermann, Frankfurt an Main, 2006. Nosotros utilizamos y citamos a lo largo del texto la edición bilingüe de Iden-

Entonces, Heidegger sostiene que lo que en la tradición filosófica se ha dado en llamar *"principio de identidad"*, se ha adoptado como el *pre-sub-puesto* onto-lógico de todo pensar conceptual, implicados y dispuestos en la forma de comprender el verbo cópula en la proposición "S es P", y que, a su vez, tal principio ha quedado sin pensar y sin problematizar, instaurándose como determinación y límite del pensamiento. Ello produce el dominio tecno-científico por parte del hombre hacia lo real, fundando el poder tecnológico que da comienzo y desarrolla la historia occidental como onto-teo-logía,[132] en cuanto posibilita la objetivación de lo real. De este modo, podemos afirmar que la filosofía nace y comienza ligada a un extravío (*Irre*), ya que preguntar ¿qué es el ser? y responder con un ente determinado devela un equívoco, donde la identidad, en tanto principio onto-lógico al que el pensamiento se subsume, se constituye en límite infranqueable para sí mismo. El pensar debe rendir cuentas al tribunal de la razón, quien establece los límites y alcances de todo pensar.[133] De este modo, la filosofía se disuelve en metafísica. Entonces, según Heidegger, al adoptar la identidad como supuesto, la filosofía extravía el camino iniciado por Parménides y Heráclito,[134] constituyéndose en metafísica; así pues, sólo se podrá pensar lo ente y se dejará sin pensar al ser, olvidándose la diferencia entre ser y ente. Por ende, la metafísica se ha establecido en íntima unión onto-teo-lógica sobre la base de pre-sub-poner, como principio fundamental, la identidad. ¿Qué significa pre-sub-puesto? *Puesto* significa, algo que es instalado, afincado, afianzado, en un lugar. *Sub* significa, que eso puesto es un soporte por debajo, es cimiento que sustenta toda la estructura. Por último, *pre* significa, que eso puesto por debajo que cimienta toda la estructura, es puesto de antemano quedando inpensado,[135] y por lo tanto, está a salvo de todo cuestionamiento, litigio y análisis por parte del pensamiento.

Antes de analizar qué mienta el principio de identidad, veamos cuál es el sentido de "época" en la historia de la metafísica para Heidegger, lo cual nos llevará a redefinir la noción de verdad. En la metafísica hay un destino histórico guiado

---

tidad y Diferencia, Trad. H. Cortés y A. Leyte, Anthropos, Barcelona, 1990. p. 111. En adelante para citar el texto en cuestión utilizaremos solamente la sigla "ID".
[132] Cfr. ID. Estos conceptos son así comprendidos dentro de la historia de la metafísica.
[133] Cfr. Kant, Immanuel, *Kritik der reinen Vernunft*, edición castellana, *Crítica de la Razón pura*, Alfaguara, Madrid, 1998.
[134] El pensar se inicia, según Heidegger, en la frase de Parménides relativa a la mismidad de pensar y ser; y en el modo en que Heráclito retiene la unidad de phýsis y lógos. Cfr. infra. cap. 2.
[135] Lo no-pensado, no se refiere a todo aquello que la filosofía dejó de pensar, o los temas que quedaron marginados de la reflexión y del pensar conceptual, sino más bien a lo que aparece como olvidado en la historia del ser, en la metafísica, pero que, precisamente, por aparecer así, ha dado lugar a la misma metafísica. Lo in-pensado no fue olvidado al principio de esa historia, y por eso no es algo que hubiera que recuperar, sino que es lo que está presente en cada pensador en el modo de la ausencia.

por el ser mismo. El ser se manifiesta en el ente, pero se retiene a sí mismo en cuanto ser, puesto que sólo aparece como ente, como algo que es, y en lo que es, se muestra la verdad del ente. En el ente sólo hay una aparición: la de su verdad, la cual deja en sombras la revelación del ser. Este acontecimiento, en el que se detiene la aparición del ser presente en pos de la presencia de lo ente, Heidegger lo llama "época": el exhibido ocultarse del ser. El ser se sustrae al desentrañarse en el ente, y, de este modo, se retiene a sí mismo. El originario signo de esta retención está en la *a-létheia*. Al producirse el des-ocultamiento de todo ente, se funda el ocultamiento del ser. Pero cada época de la historia de la metafísica está pensada a partir de la experiencia del olvido del ser.[136] El olvido del ser, que se produce en la metafísica, deriva del ser mismo. Por eso, la metafísica está destinada a constituir, a través de los entes, las distintas épocas de la historia del ser. Es evidente, entonces, el nexo interior que une la metafísica con la historia, ya que ésta supone el ocultamiento necesario del ser, y aquella se define por su olvido. Pero la historia (*Geschichte*) es el proceso en el cual el ser ad-viene en el ente desocultándolo, pero ocultándose él mismo.[137]

Entonces, para Heidegger, las distintas épocas históricas están configuradas por lo que llama "*destino del ser*", ello refiere al significado que asume en el lenguaje la noción de "ser" en una época determinada, o en una civilización; sentido del que depende la aprehensión de la realidad en general que un grupo cultural determinado tiene para relacionarse entre sí y con el mundo que lo circunda. La historia de la metafísica occidental constituye una forma propia de lenguaje para expresar esa relación asentada, de modo general, en la estructura proposicional "S es P". De acuerdo a cómo se pre-comprenda al "*es*", ello determinará la relación y el modo de aprehender lo real manifestado a través del lenguaje.[138] Es decir que lo que esta siempre en juego, en toda época, es el "*entre*" (*zwischen*) de la proposición, el "*es*". Ello es lo que problematiza la pregunta: ¿qué y por qué la diferencia? Pero en la historia de la metafísica, la respuesta a la cuestión, es reducida a la identidad que el concepto mantiene consigo mismo.

En suma, la metafísica es aquel pensar propio de occidente que busca determinar al ente en su ser. Su punto de partida está en los entes mismos, en lo finito, en lo limitado, en las cosas mismas. El ser-humano, en cuanto ser mortal, está

---

[136] Esta difícil concepción se halla en íntima conexión, como es evidente, con la idea de tiempo. Puesto que el ser acaece en el ente que lo oculta, es fundamento del acontecer o hacerse (Geschichte), es lo que, al temporalizarse, funda toda temporalidad. Hay, pues, una historia (Historie) óntica, abarcada por la ciencia histórica, y otra del ser, que corresponde al transcurso de la revelación del ser mismo y su destino histórico. Puesto que éste se hace manifiesto en cuanto se abre temporalmente, por lo tanto, su verdad o des-ocultamiento constituirá el tiempo mismo.
[137] Esperón, Juan Pablo E., "Identidad y Diferencia. Los supuestos de la filosofía moderna", publicado en *Un nuevo pensamiento para otro mundo posible*, comp. Scannone, Juan Carlos, editorial de la Universidad Católica de Córdoba, Córdoba, 2010, p. 94-95.
[138] En relación a la comprensión de la historia como destino del ser es que Heidegger interpreta a la filosofía de Nietzsche como consumación tecno-científica de la metafísica occidental.

entre medio de ellas y tropieza con ellas, en las dimensiones propias de su existencia: el espacio y el tiempo, lo que implica la apertura del mundo como mundo. Así, la metafísica se constituye como tal al configurar un modo propio de preguntar sobre los entes. Por un lado, la cuestión es: ¿qué es el ser del ente?, esto es: preguntarse por el ente en cuanto tal, es decir, qué es en general lo que mienta al ente en cuanto tal. Esta pregunta apunta a la estructura ontológica del ente. Por otro lado, se cuestiona ¿por qué es el ente y no más bien la nada?, esta pregunta resalta el carácter contingente de todo ente mundano; pero, equívocamente, a lo largo de la historia, se ha asociado dicha pregunta, con el ente último del que todo surge y del que todo depende. Esta interrogación apunta a la estructura teo-lógica del ente supremo. Por ello es que la metafísica occidental se ha constituido en íntima unión onto-teo-lógica. Es muy difícil explicar la procedencia de tal constitución, pero una de las hipótesis que podemos aventurar es la gran dimensionalidad que implica la noción del *ser*. La metafísica es aquella disciplina que teoriza sobre el ente en cuanto ente, en busca de su estructura general –ontología–, y teoría del ente supremo del cual dependen todos los demás entes –teología. La doble configuración de la metafísica como onto-teo-logía presenta conexiones[139] que no han sido problematizadas en sus raíces comunes. Cuestionarlas equivale a pensar lo in-pensado en la metafísica, esto implica, de algún modo, estar fuera de ella. Heidegger llama "historia de la metafísica" a la forma de pensar que desde Platón a Nietzsche se despliega como teoría general del ser del ente y como teoría del ente supremo (onto-teo-logía), dado que se ha olvidado al ser mismo, a favor del ser como fundamento del ente. Así, la pregunta por el ser se ha transformado, desde el comienzo, en una pregunta por lo que tiene de general cada ente y por el ente del que dependen todos los demás, pero acá aparece un *extravío o enlace equívoco* porque se identifica al ser con aquel ente que fundamenta y causa toda existencia.[140] Tal identificación es la que hace posible, a la vez, pensar al ser como fundamento. Pero *al identificar al ser como fundamento de lo ente se olvida la diferencia en cuanto tal, esto es, la diferencia entre ser y ente*. Aceptado esto, se abre el camino para que el ente supremo, y a través de la concatenación entre causas y efectos, se constituya en fundamento y, a la vez, causa primera de todo lo existente.

El ser-humano, en su quehacer cotidiano y quizás sin ser consciente de ello, tanto en el lenguaje como en la relación que tiene con las cosas mismas en cuanto habita el mundo, comprende o, como diría Heidegger, tiene una pre-comprensión que se establece entre el ser y la nada, entre el ser y el devenir, entre el ser y la apariencia y entre el ser y el pensar. Esto significa que, en el habla cotidiana, expresamos siempre una pre-comprensión del ser que implica co-pensarlo en el horizonte de la nada, del devenir, de la apariencia y del pensar.

---

[139] Tal conexión es lo que en la tradición filosófica-metafísica se ha considerado como principio de identidad.
[140] Tal identificación es posible porque está supuesta y opera la lógica de la identidad.

Pero lo decisivo dentro de este aspecto, y que Heidegger ha señalado lúcidamente, es que la metafísica se desarrolla como actividad que supone al pensamiento dentro del horizonte onto-teo-lógico, pero no convierte a la dimensión del ser mismo y a la relación que este tiene con lo ente en problema; es decir, no se pregunta ¿qué es la diferencia y por qué la diferencia? Solo se problematiza y se desarrolla la cuestión de lo ente. En Platón, por ejemplo, lo ente aparece como aspecto o idea cuya estabilidad y unidad hacen que permanezca idéntica a sí misma. Por el contrario, las cosas sensibles muestran una inestabilidad en tanto devienen, surgen y desaparecen; en tanto entes sensibles su ser consiste en participar o imitar a las ideas. En Aristóteles ello tiene el carácter de interpretación categorial de la *ousía*, como también la comprensión de la cosa como obra (*ergon*)[141] en el ámbito de la *dýnamis*[142] y la *energeia*.[143] Ahora bien, este esquema o estructura que define a la metafísica onto-teo-lógicamente no puede ser atribuido absolutamente ni a Platón ni a Aristóteles; aunque Heidegger sostenga, que en Aristóteles, la metafísica se constituyó como tal.[144] Numerosos estudios han demostrado que ello es insostenible. Sin embargo, podemos afirmar que la metafísica se ha afianzado, de tal modo, conforme a la tradición medieval, a la asimilación y apropiación de la filosofía griega por el mundo cristiano; y, fundamentalmente, a las discusiones escolásticas y a la relectura de Aristóteles en clave teológica. Para rastrear cómo se afianza la metafísica, habría que realizar un análisis exhaustivo de la historia interna de las ideas en esta época, pero cuyo fin no persigue este estudio. Ahora bien, a modo de indicaciones, podemos establecer cuatro oposiciones propias del modo de pensamiento metafísico: 1) cuando la investigación es guiada por la oposición entre el ser y la nada, lo que se pregunta es por el ente en cuanto tal; 2) cuando la oposición es entre el ser y el devenir, se pregunta por la relación existente entre lo uno y lo múltiple; 3) cuando la oposición se piensa entre el ser auténtico y el ser inauténtico, se pregunta por el ente supremo como criterio absoluto de ser; y 4) cuando la oposición es entre el ser y el pensar, se pregunta y tematiza por el estatus y la concepción de la verdad. Estos problemas guían el pensar filosófico en cuanto la metafísica es comprendida onto-teo-lógicamente, y corresponden a lo que en la tradición filosófica, tanto en la época antigua, como en la medieval y la moderna, se ha conceptualizado bajo la noción del *ser* en el horizonte de lo que se dio en llamar "trascendentales del ser", con matices diferentes en cada una de ellas: *on, hen, agathon, alethes*;[145] o, *ens, unum, bonnum* y *rerum*.[146] De este modo, queda evidenciada la lógica de oposición, que se instituye y guía a todo pensar filosófico dentro de la tradición metafísica, y que frente a la problematización y tematización de aquellas oposiciones, la filosofía resuelve reducir uno de los

---

[141] Del griego antiguo ἔργων.
[142] Del griego antiguo δύναμις.
[143] Del griego antiguo ἐνέργεια.
[144] Cfr. Heidegger, Martin, *Conceptos fundamentales*, Alianza, Madrid, 1990.
[145] Del griego antiguo ὄν, ἕν, αγάθων, ἀλήθες.
[146] Cfr. Fink, Eugen, *La filosofía de Nietzsche*, Alianza, Madrid, 2000, p. 218.

extremos al otro, esto es, identificar lo verdaderamente real con uno de los extremos de la oposición que se fundamenta sobre el otro extremo, el cual, a su vez, se yergue en cimiento de éste. Entonces, en la filosofía antigua podemos decir, de modo general, que se reduce lo múltiple a lo uno (i. e. la idea en Platón; la sustancia en Aristóteles), donde el pensamiento metafísico opera categóricamente de acuerdo a una suerte de onto-logía objetiva inmanente; en el caso de la filosofía medieval, a la pregunta: ¿por qué lo creado? La respuesta es categórica y reduccionista: "porque depende de su creador", en este caso, tendríamos una suerte de teo-logía objetiva trascendente. Por último, cuando la filosofía moderna se pregunta, de modo general, por la relación entre sujeto y objeto, podemos decir que se reduce lo representado a la representación, donde el pensamiento establece las condiciones de posibilidad de la objetividad del objeto. Por ello, es que la metafísica se presenta, en la época moderna, como una suerte de onto-logía subjetiva trascendental.[147] Ahora bien, ¿qué sucede con nuestra época, la actual?, ¿cómo es comprendida tal relación de oposición? El desarrollo del texto tiende a problematizar esta cuestión determinante para situarnos y habitar el mundo en el siglo XXI.

Si bien, cabe destacar, que nunca las generalizaciones son correctas, el fin que buscamos en ellas es demostrar que la lógica de oposición que adopta el pensamiento occidental es posibilitada a partir de pre-sub-poner el principio de identidad (no problematizado en la historia de la metafísica) y que, a su vez, impide pensar la diferencia *entre* el ser y lo ente. Entonces preguntamos: ¿qué es, cómo aparece y cómo se comprende, en la tradición filosófica occidental, el principio de identidad?

### 10.3. *El principio de identidad: la constitución del fundamento y la verdad.*

En filosofía se llama ente a todo aquello que es y que existe de alguna manera, ya sean sensibles, como los entes físicos o los entes psíquicos; ideales, como los entes matemáticos y las esencias; y los axiológicos, como los valores morales. De todo esto puede predicarse: el término *es*. A lo que hace que estos entes sean, se lo llama "ser". Cuando preguntamos, entonces, por el ser de los entes planteamos el asunto propio de la filosofía cuyo carácter es onto-lógico.

Ahora bien, en la tradición filosófica encontramos un sentido óntico y un sentido lógico del principio de identidad, pero ambos se han entremezclado y terminaron siendo aspectos de una misma concepción; es decir, cuando el ser-humano piensa lo real, lo nombra discursivamente, suponiéndolo. Ello es lo

---

[147] Recordemos que para Heidegger la metafísica y su historia se constituye en íntima unión onto-teo-lógica. Nosotros estamos mostrando el carácter distintivo y peculiar que cada época conlleva.

que enuncia la proposición "S es P", donde se comprende al "es" como fundamento de lo ente en tanto identidad onto-lógica. El principio de identidad afirma que "todo ente es idéntico a sí mismo". La fórmula usual del principio es expresada de la siguiente manera: A = A.[148] Este principio es considerado la suprema ley lógica del pensar.[149] La tradición filosófica convirtió en principio de identidad los principios aristotélicos de no contradicción y tercero excluido; el primer principio señala que cualquiera sea el ente en cuestión no puede ser y no ser al mismo tiempo y bajo un mismo respecto, y el segundo, señala que todo ente es o no es, no es posible la formulación de una tercera posibilidad. Ambos principios fueron asociados a la frase donde Parménides señala la mismidad entre ser y pensar, a saber, "*ser y pensar son lo mismo*".[150] Pues, ¿qué significa esta fórmula, leída desde la tradición metafísica?, la fórmula indica la igualdad de una cosa consigo misma, es decir, la igualdad entre A y A, *ens et ens*. Siempre que tomamos a un ente como ente, lo estamos considerando desde la identidad consigo mismo. Siguiendo a Heidegger, cuando decimos lo mismo, por ejemplo una flor es una flor, se está expresando una tautología, no nos hace falta repetir dos veces la misma palabra para que algo pueda ser lo mismo, pero esto sí ocurre en una igualdad. Entonces, la fórmula A = A, habla de igualdad, por lo cual, no se nombra a cada A como lo mismo. La identidad anunciada por Parménides no dice que todo ente sea igual a sí mismo, dado que identidad e igualdad no son lo mismo, pero nuestra tradición ha confundido ambos sentidos. La palabra identidad deriva del griego *tó autó*[151] que significa "lo mismo", comprendida así identidad quiere decir mismidad y no igualdad. Tal fórmula encubre lo que, en su origen, la identidad anuncia. Este cambio de sentido (de mismidad a igualdad y unidad), en la comprensión de la identidad, produce un extravío en el pensar occidental, claramente señalado por Heidegger, constituyendo la historia de la metafísica, y disolviendo la esencia de la filosofía relativa a problematizar la diferencia, en onto-teo-logía. A partir de ello, se piensa la triple relación constitutiva de lo real y de la filosofía, esto es: ser-humano, entes y ser, presuponiendo el principio de identidad. Esto determina, en lo sucesivo, la objetivación de lo real a través del concepto y posibilitará la manipulación tecnocientífica. Ahora bien, ¿qué expresa el principio de identidad?

---

[148] La identidad, en su sentido originario, es ontológica, pero nosotros recibimos tal principio de la tradición filosófica, en donde aquel sentido fue reemplazado por el lógico Aquí, la lógica guía al pensamiento filosófico en tanto establece qué es digno de pensarse y qué no. Cfr. Heidegger, Martin, "*¿Qué es Metafísica?*", en Hitos, Alianza, Madrid, 2000.
[149] El principio de identidad no lo formula Aristóteles, pero él supone la auto-identidad de cada ente consigo mismo; sobre todo en la formulación canónica del principio de no contradicción. Estamos hablando, naturalmente, del principio de identidad de la llamada "lógica de predicados", esto es, (x) (x = x), donde x es una variable de individuo. Igualmente, esto no está formulado de este modo en Aristóteles; y menos aún aparece formulado en el corpus que una proposición es idéntica a otra proposición (A = A), donde la letra A es una variable proposicional.
[150] Eggers Lan, C. y Juliá, V. E., Los filósofos presocráticos, Gredos, Madrid, 1994, tomo I, p.436-438.
[151] Del griego antiguo τὸ αὐτὸ.

Lo que expresa el principio de identidad, en la historia de la metafísica, es que la unidad de la identidad constituye un rasgo fundamental del ser de lo ente, y se constituye como supuesto de todo pensar, en la medida en que es una ley que dice, que a cada ente, le corresponde la unidad e igualdad consigo mismo.[152] Igualdad y unidad pertenecen a todo ente en cuanto tal, siendo un rasgo fundamental del ser del ente. Si los rasgos fundamentales del ser son la unidad y la igualdad, éstos rasgos son concebidos como fundamentos de todo lo ente (unificados por el principio de identidad), posibilitando su aparición y su permanente presencia en la unidad de la identidad de sí mismo.

La primera formulación de la noción de identidad aparece dentro del pensamiento occidental en el pasaje del fragmento B 2 del Poema de Parménides que reza *"tò gàr autò noein estín te kaì* eînai",[153] que Heidegger vierte al alemán como *"Das Selbe nämlich ist Vernehmen (Denken) sowohl als auch Sein"*, y que traducimos a nuestra lengua hispana del siguiente modo: *"Lo mismo es en efecto percibir (pensar) que ser"*.[154] Reparemos en la cita; *to autó*, en griego, significa "lo mismo", pero es comprendido, bajo categorías onto-lógicas de la ciencia filosófica, en su devenir histórico. Traducido al latín como *"ídem"* es, de este modo, interpretado como "igualdad", en sentido lógico, y como unidad, en sentido "óntico". Así, podemos observar que en la frase de Parménides, leída desde la tradición filosófica, opera un cambio radical de sentido, ya que se entendió que ser y pensar son idénticos y forman una unidad. El mensaje de Parménides, en sentido propio, fundador del pensamiento filosófico, se transforma, así, en principio de identidad, dando comienzo a la historia de la metafísica occidental. ¿Por qué? Porque se transformó totalmente el inicio del pensar. Si lo mismo, *to autó*, en griego; *idem*, en latín; *das Selbe*, en alemán, se comprende como igualdad lógica y unidad onto-lógica; la frase de Parménides dice, por un lado, idénticos son ser y pensar; y por el otro, ser y pensar forman una unidad. En la proposición "S es P" se comprende al "es"[155] como identidad y como unidad, es decir, como identidad onto-lógica. Pues *al identificar al ser del ente en cuanto tal como fundamento de cada ente, como lo fundado, se olvida al ser mismo en cuanto a su diferencia ontológica originaria*. Pero el ser fundamento que funda no es el ser, en su *diferencia-diferenciante*, con lo ente.

Ahora bien, la identidad, presupuesta en la metafísica, ubica en un lugar privilegiado a ciertas proposiciones (principios evidentes), que permiten un modo peculiar de acceso e inteligibilidad de lo real en cada época de la historia del ser. En el caso de la época antigua, el ser (como fundamento de lo ente) es com-

---

[152] Cfr. Pöggeler, Otto, El camino del pensar de Martin Heidegger, Alianza, Madrid, 1986, p. 154.
[153] Del griego antiguo "τὸ γὰρ αὐτὸ νοεῖν ἐστίν τε καὶ εἶναι".
[154] Eggers Lan, C. y Juliá, V. E, Los filósofos presocráticos, Gredos, Madrid, 1994, tomo I, p.436-438 traducen "tò autó (estin) eînaí te kaì lógos".
[155] Del griego antiguo ἐστίν.

prendido como elemento determinante (principio evidente) con respecto al pensar: *"El ser es"*,[156] afirma Parménides. Dado que fuera del ser nada hay y solo es posible pensar lo que es, necesariamente, el pensar tiene que identificarse con el ser. La verdad se presenta en cuanto adecuación (a*daequatio*) del pensamiento y lo enunciado en la proposición con respecto al ser. Así, ser y pensar son idénticos, en sentido lógico, y forman una unidad, en sentido óntico.

Por otro lado, en la época moderna, el pensar se determina a sí mismo (principio evidente) como elemento determinante con respecto al ser que, a su vez, implica la disposición de una nueva concepción de la verdad definida como certeza; certeza que tiene el yo-sujeto ante la objetividad del objeto (certeza de la representación). "*Pienso, luego soy*",[157] afirma Descartes, dado que fuera del pensamiento nada hay; el ser, necesariamente, tiene que identificarse con el ser pensamiento. El pensamiento mismo garantiza para sí la certeza de ser. El pensar se presenta idéntico al ser, en cuanto conciencia de ser (lo pensado) y autoconciencia de sí (el pensamiento). La época moderna es configurada, de este modo, como *identidad subjetiva*. La identidad es comprendida entre la representación y lo representado. Si el rasgo fundamental del ser del ente es ser fundamento; y si el yo ocupa el lugar del ser como fundamento, entonces, éste se constituye en fundamento de lo real efectivo, es decir, de todo lo ente en general en cuanto que es el ente privilegiado, entre todos los entes restantes, porque satisface la nueva esencia de la verdad decidida en cuanto certeza.[158] Y si su fundamentar (representar claro y distinto) es cierto, entonces, todo representar es verdadero; y si todo representar es verdadero, todo lo que el sujeto-yo represente es real. Observamos, por lo tanto, que la identidad entre el fundamento y lo fundamentado es subjetiva porque la verdad del representar cierto depende del yo-sujeto. Descartes reinterpreta la noción de identidad, mostrando una nueva esencia de la verdad en cuanto certeza; y abre el camino para que el yo-sujeto se constituya en ese ente privilegiado entre todos los demás. La identi-

---

[156] Eggers Lan, C. y Juliá, V. E, Los filósofos presocráticos, p. 437.
[157] "Pero advertí enseguida que aún queriendo pensar, de ese modo, que todo es falso, era necesario que yo, que lo pensaba, fuese alguna cosa. Y al advertir que esta verdad –pienso, luego soy– era tan firme y segura que las suposiciones más extravagantes de los escépticos no eran capaces de conmoverla, juzgué que podía aceptarla sin escrúpulos como el primer principio de la filosofía que buscaba". Descartes, René, Discurso del Método, Alianza, Madrid, 1999, p. 108. Es el pensamiento el que afirma al ser, en donde descubrimos que pensar y ser se nos presentan idénticos. El pensar es fundamento que afirma al ser del hombre como substancia pensante. El pensamiento se presenta como fundamento, en tanto ser del ente.
[158] "No admitir jamás como verdadera cosa alguna sin conocer con evidencia que lo era; es decir, evitar cuidadosamente la precipitación y la prevención y no comprender, en mis juicios, nada más que lo que se presentase a mi espíritu tan clara y distintamente que no tuviese motivo alguno para ponerlo en duda". Descartes, René, Discurso del Método, Alianza, Madrid, 1999, p. 95. Las notas distintivas de la verdad en cuanto certeza son la claridad y la distinción, pero, asimismo, requieren de un fundamento absoluto e indubitable que satisfaga esta nueva esencia de la verdad. La constitución del yo, en cuanto sujeto absoluto y fundamento del representar claro y distinto, es quien va a reclamar para sí la esencia de la verdad en cuanto certeza.

dad, en cuanto tal, queda sin cuestionar, impensada, y garantiza por sí y para sí: la identidad sujeto-verdad-objeto. Pero, en cuanto pre-sub-puesto, Descartes, con su duda metódica, no problematiza el principio de identidad, dado que éste sostiene toda la fundamentación metafísica. Por lo tanto, en la metafísica cartesiana no se da un nuevo comienzo de la filosofía, sino que continúa su desarrollo, abriendo una nueva época en su historia.

Recordemos, también, que la consumación de lo que Heidegger llama metafísica de la subjetividad, sólo comienza con Descartes, pero falta muchísimo para que el camino abierto se haya llevado a cabo. Para ello, debemos señalar el rumbo metafísico que el proceso consumará en la filosofía de Hegel. Si el yo pienso es concebido como principio, lo verdadero es la substancia en sí, que deviene sujeto para sí, como saber de sí. Lo verdadero es el todo, la substancia devenida sujeto –es la unidad sujeto-objeto–, es decir, el saber absoluto. Aquí estamos ante la dialéctica, donde no es ya lógica formal, sino que es la ciencia en donde método y contenido van unidos. La forma está unida al principio. De este modo, se explica la multiplicidad de entes a partir de la identidad del pensar con el ser. Pero aquí también la multiplicidad es fenómeno, porque al identificar la verdad con lo absoluto y lo absoluto con la unidad, solo reduciendo lo múltiple a la unidad estaremos en posesión de la verdad.[159]

Heidegger sostiene, entonces, que este modo de pensar rige todo el pensamiento occidental, en cuanto se ha constituido como historia de la metafísica. Consecuentemente, en la relación con los entes nos encontramos determinados por la identidad. Si no oyéramos la determinación de la identidad, lo ente nunca conseguiría aparecer en su ser. Tampoco se daría ninguna ciencia; pues, si no se le garantiza la identidad (permanente presencia) de su objeto (objetividad de la representación), la ciencia no podría oír el llamado hacia la dominación. A partir de la garantía que proporciona la identidad, las investigaciones se aseguran el éxito de su dominio. Es decir, si a la ciencia no le estuviera garantizada de antemano la unidad de su objeto, ella no podría controlar, preveer y manipular lo real.[160] La propia frase de Parménides es interpretada, a partir de la identidad metafísica, de la siguiente manera: al tomar a un ente en cuanto ente, se esta tomando al ente en su ser o en su verdad. El "en cuanto que" del giro "ente en cuanto ente" remite a la verdad de lo ente, pero exige, al mismo tiempo, un pensar. Si lo ente no fuera pensado como lo que él es, no podría ponerse en relieve como el ente que es y no podría llegar a su ser, o, a su verdad. Entonces, al pensar lo ente como convertible con lo verdadero, la metafísica ha dado por sentada la identidad entre ser y pensar.[161] De este modo, podemos desprender

---

[159] Cfr. Corti, Enrique, "La inteligencia y lo inteligible", en Pensamiento y Realidad, Revista de filosofía, Usal, Bs. As., 1985, p. 44.
[160] ID, p, 67-69.
[161] Cfr. Pöggeler, Otto, El camino del pensar de Martin Heidegger, Alianza, Madrid, 1986, p. 154.

un segundo sentido. Al representar la identidad como un rasgo del ser, éste, en consecuencia, es dotado de significado, de una determinación, a saber: la de ser fundamento. Con ello, el ser es sustituido por un ente, aunque continuará conservando el nombre de ser. Pero el ser no es ningún significado, y por eso no tiene propiedades. La identidad no es propiedad alguna del ser. Pero, teniendo al ser como ese ente idéntico a si mismo, y fundamento de lo ente en general, está abierta la posibilidad para que el hombre, mediante las ciencias, pueda manejar, organizar, clasificar, producir, y destruir. Con esta comprensión, estamos entendiendo al ser como algo técnico, en el sentido de que es nuestra obra. Cuando le damos el significado de técnica, se vuelve a tomar al ser como un ente, y por ello, no podemos atender a que, en esta situación técnica, es el hombre quien resulta un ente, una cosa, a quién le viene impuesto lo técnico (de antemano), bajo la forma de asegurar todo, sometiéndolo a un cálculo y a un plan que ha de extender ilimitadamente. La persistencia de comprender, metafísicamente, a la técnica, es decir, signada por la identidad, conduce precisamente a la extensión de su dominio. La ampliación del dominio, es la extensión de la destrucción de todos los objetos naturales o históricos. El hombre mismo se autosacrifica industrializando su vida para seguir pensando, paradójicamente, que él es el amo de la técnica. En este sentido, nuestra historia es metafísica porque hemos realizado un mundo de acuerdo con el ideal de objetividad, esto es, asegurar al ente en la objetividad del concepto (permanente presencia) para poder manipularlo; lo que permite la expansión de la tecno-ciencia a escala planetaria.

Para finalizar, desde la perspectiva de la identidad, ya sea que se afirme como principio al "ser" –época antigua–, ya sea que se afirme al "pensar" como principio –época moderna–, la explicación y relación con los entes múltiples va a resultar como realidad aparente para los antiguos y fenoménica, para los modernos. Así, lo múltiple no es real, es apariencia, manifestación de lo que en verdad no es. Solo es verdadero que "el ser es" o "el pensar es". Los múltiples entes son la negación de la unidad verdadera. Esto explica la comprensión epocal de la triple relación constitutiva de la filosofía entre ser, hombres y entes, y expresa, por lo tanto, la estructura lógica disyuntiva sobre la que se ha constituido la metafísica occidental. Entonces debemos preguntarnos ¿por qué, sostiene Heidegger, que la metafísica se constituye en íntima unión onto-teo-lógica?

10.4. *La constitución onto-teo-lógica de la metafísica.*

En el presente capítulo trataremos una cuestión sumamente compleja: la noción de diferencia, comprendida dentro de la historia de la metafísica como onto-teo-logía, que supone, como soporte de la triple unión (onto-teo-lógica), al principio de identidad. Pues la identidad y la diferencia operan y constituyen, conjuntamente, al pensar metafísico y a la metafísica en general.

En la sección anterior sostuvimos que para que un ente pueda aparecer como tal tiene que presentarse en la identidad que está consigo mismo, es decir, en la igualdad y unidad que tienen en sí; asimismo sucede en el hombre, para que este pueda presentarse debe pensarse en la igualdad y unidad de sí mismo, es decir, en la unidad de su conciencia. Su yo debe ser el mismo que subyace a todas sus representaciones. Del mismo modo, un ente solo puede ser pensado en la medida que consigue aparecer en la unidad e igualdad que tiene consigo mismo, pudiendo así ser objeto para un sujeto (objetividad de la representación).

Ahora bien, el término ´diferencia` proviene del latín *diferentia*, entendida en general, como la razón de distinción entre dos o más entes. Podemos hablar de lo que es numéricamente distinto cuando dos entes se distinguen solo por ser individuos distintos dentro de una misma especie; o de lo que es específicamente distinto porque los entes pertenecen a distintas especies. La diferencia permite la clasificación y la distinción entre individuos. Aristóteles estableció las bases de la clasificación y de la definición, teniendo en cuenta la diferencia de género, especie y diferencia específica.[162] También tomamos en cuenta que la diferencia admite, como una de sus formas, a la igualdad, por ejemplo 2+2=4. Si entre dos entes no encontramos diferencia alguna, no serán dos entes, sino uno solo y el mismo.[163] En este sentido, si diferenciamos entre un ente y otro lo que sacamos a la luz es la diferencia entre uno y otro. Solamente podemos establecer diferencias entre dos entes si captamos, en cada caso, a uno y al otro como lo ente en la igualdad y unidad con la que está en sí mismo (principio de identidad). Esta es la diferencia lógica, dado que permite la clasificación y la definición entre dos o más entes de una misma especie o de especies diferentes. También tenemos una diferencia metafísica, es decir, una diferencia que se establece a partir del modo de ser de los entes, establecida por primera vez gracias a Platón y que rige todo nuestra historia, según la cual se diferencia entre aquello que es verdaderamente ente, la esencia (*quididad*) que es la diferencia onto-lógica; y el hecho de que se *es* (fundamento de la existencia de los entes particulares) que es la diferencia teo-lógica. Los entes verdaderos, del ámbito de las esencias, vienen a ser diferenciados del ámbito aparente de los entes particulares, del hecho de que sean perecederos (diferencia entre lo múltiple y lo uno). A la relación existente en la historia de la filosofía entre la diferencia onto-lógica y la diferencia teo-lógica, la denominamos diferencia onto-teo-lógica como sostiene Heidegger (que supone como soporte al principio de identidad).[164] En la metafísica enton-

---

[162] Cfr. Aristóteles, *Primeros y segundos analíticos*, Gredos, Madrid, 1995.
[163] Cfr. el principio de indiscernibilidad de Leibniz.
[164] Recordemos que la diferencia ontológica es anterior a la diferencia óntica, en cuanto que ésta es diferenciación entre un ente y otro; aquella es la diferenciación entre lo ente y su ser. Para Hei-

ces, se comprende al ser del ente desde una doble perspectiva: como onto-logía (como esencia general de todo lo ente) y como teo-logía, (como fundamento supremo y absoluto del que depende la existencia de los entes particulares en general). Pero la comprensión de qué sea ontológico y teológico en cada caso depende de la época histórica que acaezca en la historia del ser.

Es decir, si lo que surge como respuesta a las preguntas ¿qué es el ser? y ¿por qué es el ente y no más bien la nada?, es un ente determinado, que es pensado en lugar del ser (como fundamento de lo ente), lo que ha ocurrido es una transformación radical del sentido original de la filosofía: es lo que ya hemos denominado "extravío" (*Irre*), que da comienzo a la metafísica y su historia. Para Heidegger, este extravío ya aparece con Platón, quién queriendo garantizar la dimensión original de la filosofía, destruyó el suelo en donde esta nació, al dirigirla por un camino extraviado y llevándola fuera de su inicio. De este modo, Platón contesta a la pregunta ¿qué es el ser?, respondiendo, ´el ser es la idea`; porque es aquello que tiene de general cada cosa que es, y aquello que hace posible que las cosas sean.[165] Estas nociones no pertenecen al ámbito de las cosas sensibles, individuales y físicas; no pertenecen a la *phýsis*,[166] sino a un ámbito que se define por oposición al mundo físico.[167] Este mundo tiene como característica fundamental ser un lugar en donde hay movimiento, en donde el nacimiento y la desaparición se suceden. Pero, en el ámbito opuesto al físico, lo que no hay es tiempo, o lo que es lo mismo, se da el tiempo bajo la forma de la "permanente presencia". La *idea*[168] es el ser común que corresponde a un incontable número de cosas individuales, y, que, además, procura la seguridad de la inalterabilidad, la eternidad ajena al tiempo de las cosas, en cuanto que pertenecen a un tiempo que es constantemente presencia. Las ideas son lo verdaderamente real pues no cambian ni devienen.[169]

Cuando la filosofía ha contestado con la idea a la pregunta "¿qué es el ser?", ha entendido el ser como no fue pensado originalmente, porque, en su origen, el ser fue pensado, precisamente, a diferencia de lo ente. Consecuentemente, a la diferencia originaria, que Parménides y Heráclito simplemente nombraron, pero que no tematizaron,[170] Platón responde con el planteamiento de otra diferencia,

---

degger, la diferenciación entre el ente y su ser es lo que constituye la esencia de la filosofía, y el asunto por pensar.
[165] Cfr. la introducción de Arturo Leyte a *Identidad y Diferencia*, Anthropos, Barcelona, 1990, p. 16-17.
[166] Del griego antiguo φύσις.
[167] Atienda el lector a la lógica de oposición presente en la metafísica platónica.
[168] Del griego antiguo εἶδος.
[169] Cfr. la introducción de Arturo Leyte a *Identidad y Diferencia*, Anthropos, Barcelona, 1990, p. 16-18.
[170] El ser fue concebido como presencia de lo presente. En este caso, el ser se manifiesta en el ente y se identifica con dicha revelación. Tal cosa aconteció en los albores de la filosofía occidental. Los primeros pensadores griegos concebían al ser como phýsis (φύσις), entendiendo por ella la

no centrada en la problematización del ser y el ente, sino "lo ente que es verdaderamente ente (la idea), esto es, aquel ente privilegiado entre todos los demás entes, que cumple la exigencia de la determinación del ser, en cuanto fundamento que fundamenta a los entes restantes en su totalidad, y lo ente que no es verdaderamente ente (las cosas sensibles)".[171] Por medio de esta última diferencia, han ocurrido dos cosas: primero, se ha dado un olvido de la diferencia ontológica, la diferencia entre ser y ente; y segundo, se ha remitido la verdad a uno de los lados en que ahora está dividida la realidad (lógica de oposición), con lo cual se ha identificado la verdad con lo que las cosas tienen en general y en común pero que está[172] más allá de lo físico (en el ámbito supra-sensible cuya característica es la permanente presencia, la inmutabilidad: el concepto).[173] Lo dicho da cuenta de por qué la filosofía se disuelve y es reemplazada por la metafísica,[174] puesto que en ella se absorbe todo el significado de la filosofía.

¿Por qué la metafísica inicia la historia? Para Heidegger, la historia es una noción ligada esencialmente a la metafísica, o mejor dicho, fuera de la metafísica no hay historia. Pero ¿no es esto una contradicción?, ¿no está la verdad del lado de la eternidad y no de la sucesión? Es una eternidad muy peculiar porque ha nacido en el tiempo. En las ideas no hay tiempo, pero su origen es el tiempo, porque fueron propuestas como verdad en un momento dado, y porque se definen con relación al tiempo, a las cosas, pues lo ente que es verdaderamente ente, resulta verdadero, solo con relación a lo ente que no es verdaderamente

---

fuerza o el poder que impera sobre todas las cosas, regulándolas y manteniéndolas en lo que son. A la esencia de esta fuerza le corresponde un mostrarse o exhibirse; por eso, la phýsis es fuerza imperante en tanto que brota, emerge o nace, es decir, en tanto se muestra o se manifiesta. En semejante mostrarse se revela, justamente, como fuerza imperante.

El ser es apareciendo. Pero si el ser es siendo, tendrá que aparecer en lo que es, o sea, en un ente. Lo que no aparece, lo oculto, está fuera de la phýsis y no es. Al des-ocultamiento del ser en el ente, los griegos lo denominaron a-lethéia, des-ocultamiento. Este salir del estado de desocultamiento, se igualará al ser, entendido como phýsis, y también con la apariencia. Semejante triple identificación (ser, verdad y apariencia) muestra la experiencia radical que los griegos tuvieron del ser. La metafísica nació, pues, con el simultáneo olvido del ser.

[171] Cfr. la introducción de Arturo Leyte a *Identidad y Diferencia*, Anthropos, Barcelona, 1990, p. 18. Aquí se pone de manifiesto el olvido de la diferencia ontológica en favor de la diferencia de modos de ser: qué-es (esencia), y que-es (existencia).

[172] Recordemos que en la filosofía platónica las ideas conllevan el doble tratamiento metafísico (onto-teo-lógico), en el sentido de que la idea caracteriza en general lo ente, esto es, la idea como condición de posibilidad de todo ente, pues cada ente particular por ser y para serlo tiene que participar (fundamentarse) en ellas; además, todas las ideas tienen su fundamento último en la idea de Bien.

[173] Introducción de Arturo Leyte a *Identidad y Diferencia*, Anthropos, Barcelona, 1990, p. 17-18.

[174] Para los griegos, el ente como tal, en su totalidad, es phýsis: es decir, su esencia y carácter consiste en ser la fuerza imperante que brota y permanece. Más tarde, tá physiká, significó el ente natural, aunque todavía se seguía preguntando por el ente como tal. En griego, "traspasar algo" "por encima de", se dice metá. El preguntar filosófico, por el ente como tal es "metá tá physiká", lo cual refiere a algo que está más allá del ente; esto es, "metafísica". Cfr. Heidegger, Martín, *Introducción a la Metafísica*, Nova, Bs. As., 1969, p. 55-57.

ente. Las ideas, esa suerte de eternidades construidas a partir del tiempo, constituyeron el medio desde el cual todo puede ser comprendido, esto es, organizado y producido. Esta división operativa de la idea nace como consecuencia del planteamiento de la metafísica, que ha provocado una escisión en el mundo real, una diferencia entre lo verdaderamente ente y las cosas. Así, por medio de la división del ser en marcos de conocimientos, asegurados por el propio significado del ser como ser ideal, lo que esta abierto, es la posibilidad para el dominio controlado de cada cosa. Lo que sea cada ente, en general, viene ya decidido de antemano por la ciencia correspondiente y no desde la cosa misma. La realidad individual está fragmentada y viene a ser lo que nosotros queramos. El proceso en que vino a revelarse que el conocer es dominar desde el a priori de las ideas (categorías), es la historia. La metafísica es la historia de la realización del conocimiento como dominación del ente en su totalidad.

*"El "desvío" del que hablábamos consiste, enunciado desde la posición que hemos alcanzado, en la disolución de la filosofía en metafísica, o lo que es lo mismo, en la indiferencia entre el ser y el ente, en el olvido de la diferencia"*.[175] La metafísica no ha visto sino lo presente y no ha oído sino lo dicho. De este modo, olvidó al ser. Pareciera que hubiera aquí una contradicción, ¿cómo podría olvidarse lo no visto ni sabido? Es obvio que el olvidar siempre supone cierto saber, perdido momentánea o permanentemente. Y, según lo afirmado, la metafísica solo ha tenido experiencia con el ente, y no con el ser. Pero, en realidad, para poder aprehender a un ente como tal, es necesaria una previa captación del ser. Nuestro trato con las cosas ignora, por olvido, semejante circunstancia, y deja sin problematizar la cuestión última y decisiva.[176] En efecto, la afirmación del ente en tanto ente siempre tiene implícito, de modo no-dicho, y como misterio, al ser en cuanto tal.

De este modo, a la diferenciación que produce el pensar metafísico Heidegger lo denomina "onto-teo-logía". En el pensamiento metafísico, la diferencia ha sido diferenciada y decidida de un modo bien determinado: el ser se convierte en el fundamento de lo ente. Este fundamento, en la metafísica, recibe un tratamiento doble de acuerdo a la época en la que el ser acaezca en cuanto tal: en primer lugar, en tanto "onto-logía", desde la unidad que llega hasta el fondo de cada ente, revelando lo que en éste hay de general y común; en segundo lugar, en tanto "teo-logía", desde la unidad fundamentadora de todo lo ente, de la totalidad, es decir de lo más elevado sobre todas las cosas. Este ente fundante es el ente supremo, lo divino. Además, son onto-logía y teo-logía, porque el sufijo "*logía*", significa, fundamentación, justificación. A su modo, la metafísica es la unidad de ambos modos de fundamentar, a saber: ha reducido el ser a fundamento, y de este modo, lo que hace es tomarlo como ente, que solo es pensado a fondo, cuando se lo piensa como idea, sustancia, causa primera que

---

[175] Cfr. la introducción de Arturo Leyte a *Identidad y Diferencia*, Anthropos, Barcelona, 1990, p. 18.
[176] La diferencia ontológica.

se funda a sí misma, subjetivismo trascendental, o voluntad de poder.[177] La onto-logía y la teo-logía solo son "logías" en la medida en que es un modo de *lógos* que fundamenta a la multiplicidad de entes en una unidad general, suprema e inmutable que permanece igual a sí misma (permanente presencia). De este modo, el ser del ente es pensado, ya de antemano, en tanto fundamento que funda. Este es el motivo por el que toda la metafísica es, en el fondo, y a partir de su fundamento, ese fundar que da cuentas del fundamento.[178] "*La constitución de la esencia de la metafísica yace en la unidad de lo ente en cuanto tal en lo general (onto-logía), y en lo supremo (teo-logía)*".[179]

De lo que llama Heidegger historia de la metafísica el tiempo ha desaparecido, no se ha eliminado, simplemente no ha sido pensado; y ello quizás, porque ha sido utilizado y manipulado. Preguntemos ahora ¿qué es la idea? Frente a la cosa, es la verdad, pero a su vez la idea es una abstracción; porque es una determinación que no contiene nada. Vale como soporte vacío. Si la historia occidental es el desenvolvimiento de la metafísica, y eso quiere decir de la idea, esto viene a significar que la historia es el desenvolvimiento de la nada, pues éste es el ser de la idea. Ese desenvolvimiento, lo es no sólo de la metafísica, sino del nihilismo como claramente advierte Nietzsche. Para Heidegger, que recoge el término a partir del sentido que éste pensador le otorgó, metafísica es sinónimo de nihilismo. La historia del nihilismo o historia de la metafísica, la historia donde se olvida al ser, comienza con Platón, y termina cuando se hace patente que allí donde se decía que estaba lo verdadero, efectivamente no hay nada. Cuando esto se hace patente, lo que ha ocurrido es que la metafísica ha llegado donde tenía que llegar, a su final, a su consumación.[180]

Volvamos a la metafísica cartesiana. En el apartado anterior mostramos que su metafísica se constituye onto-lógicamente. En Descartes, también la noción de diferencia está pre-sub-puesta en su fundamentación metafísica. Descartes piensa al ente y deja sin tematizar al ser en cuanto tal, es decir, deja sin pensar la diferencia ontológica. Sustituye esta diferencia por la diferencia óntica, es decir, la diferencia-diferenciada de un ente privilegiado entre todos los demás que cumple la exigencia de la determinación del ser en cuanto fundamento que fundamenta a los entes restantes en su totalidad. Descartes, en consecuencia, abre el camino para que por primera vez en la historia de la metafísica, el sujeto se constituya como fundamento de lo ente en general. Así, desde la perspectiva de la identidad onto-lógica, desde la cual se constituye el sujeto cartesiano, es ma-

---

[177] Cfr. la introducción de Arturo Leyte a *Identidad y Diferencia*, Anthropos, Barcelona, 1990, p. 50.
[178] ID, p. 127.
[179] ID, p. 133. "In der Einheit des Seienden als solchen im Allgemeinen und im Höchsten beruht die Wesensverfassung der Metaphysik".
[180] Cfr. la introducción de Arturo Leyte a *Identidad y Diferencia*, Anthropos, Barcelona, 1990, p. 21-23.

nifiesto el solipsismo al que éste es sometido, dado que el yo pienso es la primera certeza en orden al conocimiento de sí, pero también en la primera verdad en orden a la fundamentación onto-lógica en cuanto autoconciencia de la identidad de sí; y como esto supone estar ya en posesión de la verdad, entendida como certeza de las representaciones, toda intersubjetividad resulta innecesaria.

Pero, a la vez, al ser Descartes la bisagra del movimiento histórico del ser entre la época medieval y la época moderna, encontramos en su metafísica, teo-logía, también. Lo primero que tenemos que observar, y en la filosofía de Descartes es absolutamente patente es que, la afirmación heideggeriana de que la constitución de la metafísica es onto-teo-lógica, se devela de suyo; porque el primer principio de su fundamentación, o la primera verdad, en tanto certeza ontológica, es el sujeto, que Descartes extrae a partir de la *invención* y análisis del *"Cogito"*. Pero si no hubiera realizado, también, una justificación o fundamentación teo-lógica, no hubiera podido salir del encierro del *yo pienso* como única verdad. Su fundamentación hubiera solamente alcanzado aquella certeza (principio evidente). Pero, demostrando la existencia de Dios, a partir de su fundamentación teo-lógica, al modo escolástico (mediante la concatenación de argumentos causales), logra romper tal encierro. Afirma Descartes:

*"...Si la realidad o perfección objetiva de alguna de mis ideas es tanta, que claramente conozco que esa misma realidad o perfección no esta en mí formal o eminentemente, y, por consiguiente que no puedo ser yo mismo la causa de esta idea, se seguirá necesariamente que no estoy solo en el mundo, sino que hay alguna otra cosa que existe y es causa de esta idea"*.[181]

En consecuencia, Dios es constituido como fundamento, justificador y garante, en tanto ente supremo, que da el ser al sujeto y a todos los entes restantes; y en consecuencia, lo sostiene en esa fundamentación. Así, se muestra, necesariamente, la diferencia teo-lógica.[182] Pero, también, se devela cómo la diferencia en tanto onto-teo-logía y la identidad están íntimamente ligadas en la historia de la metafísica.

---

[181] Descartes, René, Meditaciones Metafísicas, Espasa Calpe, Bs. As, 1943, p. 138. Descartes concluye este argumento diciendo que Dios es la idea más clara y distinta que tiene. Dios garantiza la continuidad de pensamiento, porque crea lo ente y lo sostiene en el ser.
Al comienzo de la época moderna, con Descartes, sin embargo, todo ente no humano queda aún en una situación ambigua respecto de la esencia de su realidad, porque puede ser determinado por la representatividad y la objetividad para el subjectum representante, pero, también, por la actualitas del ens creatum y de su substancialidad.
[182] Aclaremos que la noción de Dios no debe confundirse con el tratamiento teo-lógico que está en cuestión en el texto, porque la teología no habla, en realidad de Dios (como la divinidad), sino que mienta, en su concepto, el fundamento que unifica la totalidad de lo ente, es decir, el ser del todo. Así como también la noción de sujeto no es intercambiable únicamente con la ontología, pues muchas nociones diferentes pueden determinar una ontología.

Para concluir, dentro de la historia de la metafísica, hemos encontrado dos significados de identidad relacionados entre si; en donde desde el primero llegamos al segundo, y que, a su vez, son los que posibilitan la metafísica como onto-teo-logía permitiendo la dominación técnica de todo ámbito de lo real. El primer significado de la noción de identidad que encontramos es el de la interpretación, bajo las categorías onto-lógicas metafísicas, de la frase de Parménides.[183] Es decir, lo verdadero es la unidad e igualdad entre ser y pensar. El segundo sentido de identidad, que se desprende como consecuencia del primero, es que si se piensa (representa) la identidad como un rasgo del ser, éste va a adquirir una determinación y va a tener una nueva disposición frente a la realidad que no es originaria de suyo. El ser es determinado como fundamento.[184] Pero, el ser fundamento, ya no es el ser mismo, en su diferencia ontológica con lo ente. El ser no tiene propiedad alguna. La identidad no es propiedad alguna del ser. Y, como en la historia de la metafísica, la diferencia no es problematizada quedando, en cuanto tal, in-pensada; se identifica al ser con un ente; y, si además, éste tiene la característica o determinación de ser fundamento de los entes restantes en general; tenemos, como consecuencia, que cualquier ente que ocupe el lugar del ser, será fundamento de todo lo ente en general. Así, este ente fundamentará y dará el ser a los entes restantes, ya sea onto-lógicamente, ya sea teo-lógicamente respectivamente, abriendo, de este modo, el camino hacia la dominación técnica de todo lo real efectivo, según la época metafísica que acaezca en la historia del ser.

10.5. *Más allá del fundamento y la verdad. Camino hacia un nuevo modo de pensar en la filosofía de Martin Heidegger.*

10.5.1. *El otro comienzo del pensar.*
Heidegger, vislumbra junto al comienzo tradicional de la filosofía como metafísica, cuya esencia gira en torno a la búsqueda de un fundamento (*arkhé*) absoluto que sea soporte de todo lo ente, a partir del *phatos* de la admiración que produce lo real; *otro comienzo del pensar* cuyo sentimiento fundamental es el temor (*Scheu*), la serenidad (*Gelasenheit*) y el espanto (*Schrecken*).[185] Otro comienzo, no uno nuevo, porque se ubica en otra parte y no después, en otro estrato en el que el tiempo histórico se ilumina a partir de la concepción del ser como acontecimiento apropiante (*Ereignis*). Este es un lugar en el que ya todos habitamos, pero del cual siempre alejamos la mirada. Es el lugar de toda posibilidad-posibilitante, el lugar que interroga por el porqué de la diferencia, donde no hay

---

[183] Cfr. supra, cap. II.
[184] Siempre dentro de lo que Heidegger llama "historia de la metafísica".
[185] Cfr. Heidegger, Martin, *Aportes a la Filosofía. Acerca del Evento*, Biblos, Buenos Aires, 2003, p. 20-23.

ya ninguna seguridad epistémica. Es un lugar que nos acoge, en el sentido de que tampoco descuida el pasado metafísico. Este otro comienzo es el paso de la consideración de la metafísica como onto-teo-logía a la del ser y la diferencia como acontecimiento apropiante (*Ereignis*); y el paso del pensamiento que interroga por el fundamento de lo real asegurándolo en la objetividad de la representación, al pensamiento que está a la escucha del ser, un ser abismal, una nada fundante. Desde esta perspectiva, la verdad ya no puede ser definida como la *adaequatio* antigua o la *certeza* moderna, sino como a-*létheia*[186] que puede traducirse como 'des-ocultamiento o de-velamiento'. Ello sugiere correr el velo de aquello que está allí pero oculto, velado (ya se ha sentado que cuando emerge el ente el ser se retrae). Todo intento de pensar filosóficamente supone correr el velo, des-ocultar algún aspecto de la realidad para que pueda mostrarse, pero ello implica, a su vez, velar o dejar ocultos otros aspectos. Ello constituye el sostén de lo que algunos filósofos contemporáneos, entre ellos Gadamer y Vattimo entre otros, han denominado hermenéutica ontológica, considerando a la interpretación como rasgo esencial de la existencia humana y como base para la crítica de la metafísica occidental, cuyo apoyo lo encuentran también en Nietzsche cuando afirma que no hay hechos, sólo interpretaciones.

En *Aportes a la filosofía*,[187] Heidegger habla de un primer comienzo que designa a toda la historia de la metafísica, y que, en su acontecer, se caracteriza por el olvido de la pregunta que interroga por el sentido del ser; pero también, muestra la posibilidad de otro comienzo que subyace en la elaboración de la pregunta ¿qué es el ser? y ¿por qué la diferencia? Este tránsito cobra sentido cuando Heidegger comprende la diferencia ontológica como *Ereignis*. Es este un tránsito de la verdad del ente hacia la verdad del ser, y a la problematización de la diferencia. Heidegger encuentra el sentido pleno de este movimiento, en la consideración de la diferencia ontológica, como la relación entre *Austrag* y *Lichtung* que adviene en cuanto *Ereignis*. Ello es, según Heidegger, dejar de comprender al hombre, como amo y señor que lo domina todo a través de la tecno-ciencia, hacia la comprensión del ser como destinación (*Geschick*), y como donación del ser en forma de desocultamiento y ocultamiento a la vez. El tránsito es un camino o travesía hacia lo abismal o el abismo del ser, es decir, de la metafísica que todo lo fundamenta a la des-fundamentación, o mejor dicho, a la fundación. El tránsito llega a realizarse a través del alzado (*Aufriss*) de diversos ensambles que explica Heidegger, en *Aportes a la filosofía*, de la siguiente manera. En la resonancia se experimenta el abandono del ser, ello conduce al pase del primer comienzo al otro, a través de un salto hacia lo abismal del ser, y en torno a su verdad, en la cual comparecen los futuros con el fin de que pueda advenir el último dios. El tránsito se da aquí, estrictamente hablando, en el pase. El pase es la transición del primer comienzo al otro comienzo del pensar. Esto no signi-

---

[186] Del griego antiguo ἀλήθεια.
[187] Heidegger, Martin, op. cit., p. 36-38.

fica desechar la historia de la metafísica sino, que desde el otro comienzo, dialogar con ella.[188] Este tránsito hay que interpretarlo como una manifestación histórica del ser, el primer comienzo llega a su fin cuando se encuentra con el otro comienzo.

De este modo, Heidegger, con las nociones de *Identidad y Diferencia*, ensaya un pensar fuera de la metafísica y su historia. Pero responder a la pregunta ¿qué es la metafísica en cuanto tal?, supone ir más allá de ella. Hacer de la metafísica el asunto del pensar implica llegar a su esencia y, al mismo tiempo, estar fuera de ella, o mejor dicho, acercarnos a otro comienzo del pensar. Las nociones de identidad y diferencia nos abren el camino en dos direcciones; por un lado, nos llevan a determinar qué es la metafísica; y por otro, nos conducen a quebrantar sus límites, haciéndose patente el destino de occidente como dominio y planificación técnica de lo ente en general.

En el camino hacia un nuevo pensamiento, cuyo asunto es pensar la diferencia ontológica y la identidad en cuanto tal, develando, asimismo, el sentido del ser y la relación con lo ente, encontramos una dificultad metodológica: la razón moderna sólo puede pensar dentro de la estructura que hace posible y establece los límites de todo pensar, a saber, el principio de identidad (*Der Satz der Identität*), y la diferencia en cuanto constitución onto-teo-lógica de la metafísica (*Die Onto-Theo-Logische Verfassung Der Metaphysik*). Aquel pensar de los primeros filósofos que da inicio a la filosofía, como un ámbito en torno a la búsqueda de la verdad, sucumbe ante la razón que representa, dentro de aquellos límites, la objetividad del objeto que ella misma constituye. De este modo, esa razón es fundamento que funda lo real efectivo, ella es idéntica a sí misma (principio de identidad que reclama para sí), y a su vez, es el principio supremo y absoluto que funda lo ente en general (onto-teo-logía). Si la razón es constituida dentro de un modo de pensar metafísico ¿cómo pensar la esencia de la metafísica? El camino hacia otro modo de pensar la diferencia es un camino alternativo al de la representación moderna, alternativo al de los límites establecidos por la lógica de oposición y sus principios evidentes.

Ahora podemos preguntar: ¿qué significa historia de la metafísica? Significa que la filosofía, que en su inicio pregunta ¿qué es el ser? desde su diferencia ontológica con lo ente, ha olvidado la *diferencia-diferenciante*, ha confundido esta diferencia con otra diferenciación: la diferencia onto-teo-lógica, diferencia que se da entre un ente supremo y todos los demás, el cual ocupa el lugar del ser, y se constituye como fundamento de todo lo ente en general. Según Heidegger, la diferencia mentada, no originaria de la esencia de la filosofía, se convierte en el

---

[188] Cfr. Santiesteban, Luis Cesar, "Heidegger y Vattimo: intérpretes de Nietzsche", en Diánoia, volumen LIV, número 63, revista de la UNAM, México, 2009, p. 22-23.

motor que pone en marcha a la metafísica en cuanto dominación y en cuanto manipulación de todo lo ente en general, hasta su consumación en la época moderna.

Dado que a través de la tradición recibimos lo pensado que implica, también, lo in-pensado en ella, esto posibilita el despliegue de la historia metafísica y su superación. Lo in-pensado se presenta como retracción *(Entzug)* y como velamiento *(Lethe)* pero nos atraviesa dejando su rastro o huella *(Spur)*. A partir de ellas es posible el pensamiento rememorante, es decir, pensar lo in-pensado *(An-denken)*. Lo que se sustrae puede tocar, o, mejor dicho, toca al hombre de modo tan grave que lo interpela más que la presencia de lo ente; entonces la filosofía debe meditar sobre aquellos signos de lo que se sustrae, preparar el pensar rememorante para caminar tras ellos y des-ocultar lo in-pensado en lo ya pensado.

### 10.5.2. *Diferencia e identidad. Pensar el "entre" de las oposiciones metafísicas.*

*"Pensar precisamente el ser, requiere que se prescinda del ser, dado que, como en toda metafísica, él es interpretado y ponderado en su fondo sólo a partir del ente y como su fundamento. Pensar precisamente al ser requiere que se deje de lado al ser como fundamento del ente a favor del dar que funciona escondido en el revelar, a favor del darse".*[189]

*"'Ser` significa que el ente es y no no-es. 'Ser` nombra este 'que` como la decisión con que acontece el alzarse contra la nada. Tal decisión, que irradia del ser, adviene ante todo, y también de modo suficiente, en el ente. En el ente aparece el ser. Esto no precisa ser pensado expresamente, tanta es la decisión con la que en cada caso el ser ha llamado a sí (al ser) al ente. El ente da, asimismo, suficiente información sobre el ser".*[190]

*"Como 'ente` vale lo real efectivo. 'El ente es real efectivo`. La proposición significa dos cosas. En primer lugar: el ser del ente reside en la realidad efectiva. A continuación: el ente, en cuanto lo real efectivo es 'realmente efectivo`, es decir, es en verdad lo que es. Lo real efectivo es lo efectuado por un efectuar, algo efectuado que a su vez, es eficiente y tiene capacidad de efectuar".*[191]

El problema de la diferencia se desarrolla a lo largo de toda la obra de Heidegger. Allí la diferencia misma es puesta en primer plano y problematizada como tal. En *Ser y Tiempo*, quizás su gran obra, Heidegger elabora un plan de delimitación de la ontología metafísica. Parte de una insuficiencia sobre la noción de ser, transmitida por tal historia de la metafísica, para comprender "lo que es" y al hombre mismo. Pero a su vez, es él mismo el que se pregunta por el sentido

---

[189] Heidegger, Martin, *Ser y Tiempo*, FCE, México, 1967, p. 5-6.
[190] Heidegger, Martin; *Nietzsche* II, Destino, Madrid, 2000, p. 327.
[191] Heidegger, Martin, op. cit., p. 327.

del ser y cuestiona la noción de ser transmitida por la metafísica. Como es sabido *Sein und Zeit* se encamina a señalar al tiempo como horizonte de la pregunta por el sentido del ser como acontecimiento apropiante, llegando a la indicación de que el ser se da dentro del horizonte del tiempo, en el sentido que es el instituirse mismo de la temporalidad como unidad de los tres éxtasis: pasado, presente y futuro. Esta problemática del ser, de la que no puede darse una definición, es la base de la diferencia y, a su vez, este problema ya es el de *Ser y Tiempo*, porque al plantearse el interrogante por el sentido del ser se evidencia su diferencia con los entes. Pero la teorización de la diferencia como resultado del planteo de *Ser y Tiempo*, se encuentran en un ensayo posterior, de 1929, llamado "La esencia del fundamento" donde afirma:

*"El no ser escondido del ser significa siempre la verdad del ser del ente, sea este real o no. Recíprocamente, en el no ser escondido de un ente está siempre implícita la verdad de su ser. La verdad óntica y la verdad ontológica se refieren, respectivamente, al ente en su ser y al ser del ente. Ellas se compenetran esencialmente en base a su relación con la diferencia (Unterscheid) entre el ser y el ente (ontologische Differenz). La esencia de la verdad – que por eso se bifurca necesariamente en óntica y ontológica-, sólo es posible, junto al abrirse de esta diferencia".*[192]

Aquí la diferencia se da entre lo que aparece en un cierto horizonte y el horizonte mismo como apertura que posibilita la aparición del ente. De esto se desprende el problema que está a la base de la metafísica y de porqué la diferencia es olvidada, se debe a que se ha reducido todo ente intramundano a la objetividad de la presencia, ello es el concepto. En definitiva el problema es ¿por qué la diferencia? Ello nos lleva a plantear el problema de la diferencia en sí misma.

La diferencia, desde este otro modo de pensar, es anterior a la diferencia onto-teo-lógica. Pensar aquella (*Unterscheidung*)[193] significa que hay que comprender al ser del ente como genitivo[194] objetivo[195] y genitivo subjetivo[196] a la vez. Aquí está implícita siempre la diferencia en cuanto tal. Ambos, ser y ente, están vinculados, mutuamente se pertenecen. En el primer caso se indica que el ser pertenece a lo ente y, en el segundo caso, se indica que lo ente pertenece al ser mismo. Así, se convierte en asunto del pensar a la diferencia en cuanto tal, es decir, en cuanto *"diferenciante"*. El participio presente indica la donación del ser respecto a lo ente. Es fundamental comprender al "es", en el lenguaje, como un tránsito a... El ser sobreviene en el ente y lo desoculta, pero a su vez, el ser se oculta en aquello que desoculta. Esta trascendencia del ser, como sobrepasa-

---

[192] Heidegger, Martin, *La esencia del fundamento*, en Hitos, Alianza, Madrid, 2000, p. 126.
[193] Inter-cisión.
[194] El genitivo indica posesión o pertenencia.
[195] El ser es en transito a…, recae sobre lo ente.
[196] Se acentúa el ser mismo en su sobre-llegar a lo ente

miento y donación en lo ente al que llega, ad-viene. Este es el sentido propio del participio presente; es una tensión que se "da" *entre* (*Zwischen*) ambos y se mantiene. Así, Heidegger puede afirmar que *"sobrevenida y llegada están a la vez separadas unas de otra y referida la una a la otra".*[197]

Por otro lado, igualmente de originaria, en el pensamiento filosófico, es la noción de identidad, según Heidegger. Esta noción se devela ligada a la noción de diferencia ontológica, previo a la interpretación metafísica, que aplica sus categorías lógicas a todo pensar. Esta noción es por primera vez anunciada por Parménides: *"ser y pensar son lo mismo"*. Pero, para Heidegger, la mismidad de pensar y ser, que se halla en la frase de Parménides, procede de más lejos que de la identidad determinada por la metafísica a partir del ser y como un rasgo de esta. La mismidad de pensar y ser es mutua pertenencia (*Zusammengehören*)[198] entre (*Zwischen*) ambos. Esta identidad originaria que sale fuera de la representación de la metafísica, habla de una "mismidad" a partir de la cual tiene su lugar el pensar y el ser; desde lo cual ser y pensar se pertenecen mutuamente. ¿Qué es esta mismidad? La mutua pertenencia entre ser y pensar.[199] Pero ¿ser y pensar no son dispares? El hombre no es simplemente un ser racional —con esta determinación la metafísica lo convirtió en un ente. El ser-humano[200] es, en cuanto tal, pertenencia al ser, que resulta mutua porque el ser pertenece, asimismo, al hombre, ya que solo así "es", acontece. No hay preeminencia de uno sobre el otro; hay una vinculación respetando cada uno su lugar en su mutua pertenencia; pero a su vez, en su diferencia originaria.[201] De este modo, según la comprensión heideggeriana desde, el pensar fundante o desde *otro modo de pensar*, la frase de Parménides dice *"el ser tiene su lugar – con el pensar – en lo mismo" (Sein gehört – mit dem Denken- in das Selbe)".*[202] Y ¿qué es ese "lo mismo" para el pensar no metafísico de Heidegger? Lo que da (*es gibt*) tanto al *ser* como al *pensar* su *mismidad*, es su *mutua pertenencia*. Ahora, ese mutuo pertenecerse acontece, para Heidegger, como *Er-eignis*.[203] En el *Er-eignis* hombre y ser se pertenecen.

El camino hacia otro modo de pensar propone dos movimientos complementarios que Heidegger señala para pensar lo in-pensado en las nociones de identidad y diferencia. Por un lado, el pensar se propone como *"paso atrás" (der Schritt zurück)*, preguntando y haciendo asunto de litigio a la diferencia en cuanto tal, observando que la diferencia onto-teo-lógica no es la diferencia-originaria

---

[197] ID, p. 141.
[198] Heidegger dice que el pertenecer (ge-horen) determina lo mutuo (zusammen), y no viceversa. Cfr. ID, 68-73.
[199] Cfr. ID, p. 68-73.
[200] En la noción ser-humano se devela la relación presente entre (zwischen) ser y hombre. Del mismo modo que se señala la íntima relación entre la identidad y la diferencia. La identidad, mismidad entre ser y hombre, es en la diferencia-diferenciante (Unterscheidung).
[201] Cfr. ID, p. 68-73.
[202] ID, p. 69.
[203] ID, p. 91.

que los primeros pensadores señalaron, pero que dejaron sin pensar, llevándonos de la metafísica hacia su esencia. Al hacer patente lo no pensado, la diferencia ontológica, nos encamina y dirige a lo que hay que pensar, el olvido de la diferencia. Por otro lado, el pensar se plantea como "salto" *(der Absprung)*, más allá de la metafísica, permitiendo pensar hoy cómo se manifiestan ser y hombre. Este salto, es un salto más allá de la historia acontecida, es en dirección al ser mismo y su sentido, es el movimiento de retorno a la mutua pertenencia de ser y pensar. Es un salto fuera de la razón lógica y fuera del ser, en cuanto fundamento de lo ente. El salto nos trae de regreso a la época actual donde la com-posición de ser y hombre, en forma de provocación mutua, propia de la constelación técnica, nos permite pensarla como la mismidad parmenídea. Así, Heidegger afirma que:

*"la mutua pertenencia de hombre y ser a modo de provocación alternante, nos muestra sorprendentemente cerca, que de la misma manera que el hombre es dado en propiedad al ser, el ser, por su parte, ha sido atribuido en propiedad al hombre. En la com-posición reina un extraño modo de dar o atribuir propiedad. De lo que se trata es de experimentar sencillamente este juego de apropiación en el que el hombre y el ser se transpropian recíprocamente, esto es, adentrarnos en aquello que nombramos Ereignis".*[204]

La con-posición *(Ge-Stell)* nos lleva al *Ereignis* que podemos traducir como acontecimiento de apropiante, pero Heidegger afirma que esta palabra, como palabra conductora de su pensamiento, no se deja traducir al igual que el *lógos* griego. Ella remite, etimológicamente, a *Er-auguen*, que significa asir con la mirada, apropiar. En la con-posición ser y hombre están referidos el uno al otro, el uno se apropia del otro; pero si penetramos, con la mirada en lo profundo de la con-posición, experimentamos el *Ereignis*, en donde ser y hombre están en relación de mutua pertenencia y, de este modo, acontecen. Pero Heidegger dice:

*"…lo que experimentamos en la composición como constelación de ser y hombre, a través del moderno mundo técnico, es solo el preludio de lo que se llama acontecimiento de transpropiación. Pero la com-posición no se queda necesariamente detenida en su preludio, pues en el acontecimiento de transpropiación habla la posibilidad de sobreponerse al mero dominio de la composición para llegar a un acontecer más originario".*[205]

Esto es el llevar adelante la posibilidad de trascender la *Ge-Stell* en dirección al *Ereignis*, el sobreponerse a la con-posición transformando, radicalmente, la relación del hombre con la técnica, ya no como dominio de lo ente en general, sino como al servicio del hombre y lo ente. Luego afirma Heidegger:

---

[204] ID, p. 85.
[205] ID, p. 87.

*"…el Ereignis es el ámbito en sí mismo oscilante, mediante el cual el hombre y el ser se alcanzan el uno al otro en su esencia y adquieren lo que les es esencial al perder las determinaciones que les prestó la metafísica".*[206]

Así, mediante el salto, se abandona el lugar de la representación, donde la identidad está presupuesta, propio del pensar metafísico; y es posible, de este modo, la manifestación de un ámbito diferente, propio de un pensar contemplativo, donde ser y hombre mutuamente se pertenecen, se experimenta de un modo originario lo ente, y a la vez, se expropian las determinaciones metafísicas de la representación (sujeto-certeza-objeto). Este es un ámbito donde la llamada del ser se deja escuchar, y donde el hombre reconoce su pertenencia al ser, que a su vez, es mutua. La esencia de la identidad nos condujo, entonces, a este dejar pertenecer mutuo que es el *Ereignis*. De este modo, el movimiento de retroceso (paso atrás) y avance (salto) respecto de la metafísica, sitúan, su historia, en cuanto despliegue tecno-científico, como una época acabada.

El "paso atrás" y el "salto" pueden ponerse en marcha si nos situamos fuera de la metafísica.[207] El primer movimiento del pensamiento retrocede hacia el pasado, para develar los sentidos ocultos en los conceptos metafísicos. Este es un movimiento destructivo, pero de carácter positivo dado que se destruyen los sentidos equívocos que se habían acumulado sobre las nociones filosóficas fundantes, haciendo olvidar su origen. Esta destrucción es, al mismo tiempo, liberadora, porque lleva a las nociones de identidad y diferencia a su ámbito originario y permite mostrar su sentido. La destrucción no pretende aniquilar el pasado, sino conservarlo como pasado. El segundo movimiento regresa al presente para develar el aparato conceptual ilegítimo que impide pensar la identidad en cuanto tal y la diferencia-diferenciante, ello es, al "*entre*" de las oposiciones metafísicas. En este movimiento, el pensar hace de la diferencia misma su asunto propio. Dado que es un salto hacia la ausencia de fundamento (*Ab-grund*), no por ello implica considerar, que el salto, es un brinco hacia el vacío, sino, por el contrario, a un suelo (*Boden*) como aquello que se retrae y sustrae en el darse (*Es-gibt*). Este movimiento es el que en cuanto rememoración (*An-denken*), recuerda y problematiza a la diferencia en cuanto tal, esto es: ¿por qué la diferencia? Pero el pensar, fundamentador, propio de la metafísica, sólo se concentra en la representación del ente en su ser, como ser presente sin pensar su proveniencia. Pensar como "rememorar" significa captar la apertura del ser, captar el *Ereignis*. El rememorar piensa al ser como diferencia, no sólo como aquello que difiere, sino también como aquello que se da en el darse pero que en ese mismo darse se sustrae; y también como aquello que, en su apertura, al diferir disloca. Pensar, desde esta perspectiva, significa un pensar que salta al abismo, y ello es pensar por "*entre*" las oposiciones metafísicas.

---

[206] ID, p. 89.
[207] Cfr. la introducción de Arturo Leyte a *Identidad y Diferencia*, Anthropos, Barcelona, 1990, p. 42.

Para concluir, ¿en qué consiste el pensamiento de la rememoración (*An-denken*) de la diferencia? Si el ser se da (*Es-Gibt*) y acaece instituyendo los horizontes históricos, en los cuales el ser-ahí (*Da-sein*) se encuentra con los entes y así se despliega como temporalidad; el pensar, que rememora al ser, significa localizar aquello que está presente en la presencia de los entes, en los horizontes que lo sostienen en su ser-presente. La localización (*Ër-orterung*) es el pensamiento rememorante, es el pensamiento con el que se puede pensar, nuevamente, la diferencia fuera de la representación metafísica, que define de una vez y para siempre, toda estructura de dominio, esto es, la objetividad del objeto en el concepto. La localización es el pensamiento que co-responde al ser como acontecimiento apropiante, al "*entre*" de las oposiciones en cuanto lugar[208] histórico-cultural, en el cual estamos y dialogamos con el pasado.

### 10.6. *Conclusión: algunos problemas derivados de la reflexión heideggeriana*

En primer lugar, debemos señalar que Heidegger ha hecho grandes esfuerzos para pensar la realidad de un modo diferente al posibilitado por los límites de las categorías tradicionales de la filosofía occidental. Para ello, este pensador realiza un exhaustivo análisis crítico de las categorías centrales de la metafísica occidental, mostrando las grandes dificultades que conlleva para la ciencia metafísica ser fundamentada sobre un principio omniabarcante como resultó ser el principio de identidad que, como ya se ha expuesto, se constituye en condición de posibilidad de la lógica dicotómica o lógica disyuntiva de oposición en la ciencia metafísica.

Por otro lado, debemos destacar que el pensador alemán es uno de los pioneros en postular la noción de diferencia para abordar de otro modo los problemas ontológicos reunidos bajo la noción "ser" que se han planteado en la historia de la filosofía; y cuyos desarrollos cargan con un caudal tan grande de problemas, significaciones e interpretaciones que han terminado en muchos equívocos y malos entendidos; hasta llegados al punto de que, actualmente, con la voz "ser", no puede plantearse ningún problema ni decirse nada nuevo. En este sentido es que Heidegger inaugura un nuevo modo de hacer filosofía cuyo carácter distintivo es el de replantear los problemas ontológicos centrales de esta actividad, i. e.: "qué es la realidad", "por qué hay realidad pudiendo no haberla" y "cómo acceder a ella, i. e., cómo pensarla" postulando un otro movimiento del pensamiento que tiene como eje fundamental la noción acontecimiento (Ereignis). Pero respecto de esta cuestión, nosotros creemos que Heidegger no ha termi-

---

[208] Ort, lugar en alemán. De ahí la palabra localización. Es el lugar de la múltiple dimensionalidad del darse y sustraerse, de la consideración del ser como acontecimiento apropiante (Ereignis).

nado de postular un modo de pensar alternativo al de la fundamentación metafísica regida por la lógica de la identidad. Heidegger mismo sostiene en su reflexión sobre identidad y diferencia "la dificultad se encuentra en el lenguaje, nuestras lenguas occidentales son, cada una a su modo, lenguas del pensar metafísico", de este modo, el problema central que detectamos en el intento heideggeriano de sentar las bases de una nueva fundamentación filosófica es el lenguaje del que disponemos para ello, porque las categorías propias de nuestras lenguas occidentales han sido constituidas sobre la lógica de la identidad; es decir ¿cómo postular una nueva forma de fundamentación para la filosofía y las ciencias si las categorías que disponemos para ello son elementos inherentes y constitutivos de esta misma lógica que se pretende superar? Como consecuencia directa de este planteo podemos desprender algunos problemas subsidiarios de esta cuestión: ¿cómo podría ser postulada una ciencia metafísica sin fundamento o, mejor dicho, fundada sobre la diferencia?; por otro lado ¿cómo integrar la verdad como desocultamiento al programa de esta nueva metafísica?; y también ¿qué lógicas de investigación se debieran postular para una ciencia fundada en la diferencia?

Por último, debemos dejar asentado aquí también que, según Deleuze, la problematización de la diferencia heideggeriana queda a mitad de camino, porque para Heidegger el significado propio de "lo mismo" en la sentencia de Parménides es comprendido como aquello que reúne lo diferente en una unión original; pero Deleuze se pregunta ¿es suficiente oponer "lo mismo" a "lo idéntico" para pensar la diferencia original y arrancarla de las mediaciones? En este sentido, Deleuze piensa que en la filosofía heideggeriana no se da una verdadera superación de las estructuras metafísicas en vías de poder pensar la diferencia en cuanto diferencia, dado que Heidegger, en última instancia, sigue pensando al ser como arkhé, y, en este sentido, se puede sostener que el ser es pensado como fundamento de lo ente nuevamente. Entonces, cabe preguntarse ¿Heidegger realmente concibe al ser sustraído de toda subordinación con respecto a la identidad de la representación? Deleuze observa claramente que el intento heideggeriano por pensar la diferencia no llega a buen puerto porque al poner la diferencia en tensión con la mismidad (identidad), aquella termina reducida a esta, i. e., la diferencia resulta pensada sobre "lo mismo" y absorbida por la lógica de la identidad. Ello sugiere seguir pensando la realidad a partir de un fundamento último y organizador cuyo soporte es la identidad, lo que implicaría estar repitiendo la lógica de fundamentación metafísica tradicional.

10.7. *Referencias*.

Aristóteles [1998] : *Metafísica*, trad. T. Calvo Martínez, Gredos, Madrid.
Aristóteles [1995] : *Tratados de Lógica*, trad. M. Sanmartin, Gredos, Madrid.
_____ [1995] : *Primeros y segundos analíticos*, Gredos, Madrid.

Corti E. [1985] : "La inteligencia y lo inteligible", en *Pensamiento y Realidad,* año VIII, vol. 5, Usal, Bs. As.
Cruz Vélez D. [1970] : *Filosofía sin supuestos*, Sudamericana, Bs. As.
De Aquino S. T. [1957] : *Suma Teológica*, t. II, BAC, Madrid.
Deleuze G. [2002] : *Diferencia y Repetición*, Amorrortu, Buenos Aires.
Descartes R. [1999] : *Discurso del Método*, Trad. R. Frondizi, Alianza, Madrid.
Descartes R. [1943] : *Meditaciones Metafísicas*, trad. de García Morentte, Espasa-Calpe, Bs. As.
Eggers Lan C. y Juliá V. [1994] : *Los filósofos presocráticos*, Gredos, Madrid.
Esperón J. P. [2010]: "Identidad y Diferencia. Los supuestos de la filosofía moderna". En J. C. Scannone (Comp.) *Un nuevo pensamiento para otro mundo posible*, Universidad Católica de Córdoba, Córdoba.
Esperón J. P. [2010] : "Diálogo Nietzsche-Heidegger sobre a diferença como superação do pensamento metafísico". *Revista Trágica: Estudios sobre Nietzsche*. Publicação semestral do Grupo de Pesquisas Spinoza & Nietzsche (SpiN) e do Programa de Pós-Graduação em Filosofia da Universidade Federal do Río de Janeiro (PPGF-UFRJ) Brasil, 2° semestre, Vol. 3, n° 2.
Esperón J. P. [2011] : "Pensar más allá de la dialéctica. Nietzsche, Heidegger y la diferencia". *Nuevo Itinerario. Revista digital de filosofía*, dependiente de la facultad de humanidades de la Universidad Nacional del Nordeste. Año VI, Volumen 6.
Etchegaray R. et alia. [2011] : *La rebelión de los cuerpos*, Buenos Aires, Unlam.
Fink E. [2000] : *La filosofía de Nietzsche*, A. Sanchez Pascual, Alianza, Madrid.
Heidegger M. [1971] : *Ser y tiempo*, trad, J. Gaos, FCE, México.
Heidegger M. [2000] : "La esencia del fundamento" en *Hitos*, Trad. H. Cortés y A. Leyte, Alianza, Madrid.
Heidegger M. [1990] : *Identidad y Diferencia*, Trad. H. Cortés y A. Leyte, Anthropos, Barcelona.
Heidegger M. [1969] : *Introducción a la Metafísica*, Trad. E. Estiú, Nova, Bs. As.
Heidegger M. [2003] : *Aportes a la filosofía. Acerca del evento,* trad. Dina Picotti, Almagesto, Bs. As.
Heidegger M. [2000] : *Nietzsche*, trad. Juan Luis Vernal, Destino, Madrid.
Heidegger M. [1990] : *Conceptos fundamentales*, Alianza, Madrid.
Heidegger M. [2000] : "Carta sobre el Humanismo" en *Hitos*, Alianza, Madrid.
Heidegger M. [2000] : "Introducción a ¿Qué es metafísica?", publicado en *Hitos*, Alianza, Madrid.
Heidegger M. [1998] : "La sentencia de Anaximandro", publicado en *Caminos de bosque*, Alianza, Madrid.
Heidegger M. [2000] : "De la esencia de la verdad", en *Hitos*, Alianza, Madrid.
Husserl E. [1996] : Meditaciones cartesianas, FCE, México.
Kant I. [1998]: *Crítica de la Razón pura*, trad., P. Rivas, Alfaguara, Madrid.
Müller-Lauter W. [2000] : "Heidegger und Nietzsche", en *Nietzsche-Interpretationen III*, Walter de Gruyter, Berlin/New york.
Olasagasti M. [1967] : *Introducción a Heidegger*, Revista de Occidente, Madrid.
Platón[1999] : *Cratilo*, Gredos, Madrid.
Platón [1986] : *República*, Gredos, Madrid.

Pöggeler O. [1986] : *El camino del pensar de Martin Heidegger*, trad. F. Duque Pajuelo, Alianza, Madrid.
Rabade Romeo S. [1971] : *Descartes y la gnoseología moderna*, G. Del toro, Madrid.
Santiesteban L. C. [2009] : "Heidegger y Vattimo: intérpretes de Nietzsche", en *Diánoia*, volumen LIV, número 63, revista de la UNAM.
Vattimo G. [1986] : *Las aventuras de la diferencia*, trad. Juan Carlos Gentile, Península, Barcelona.
Vitiello V. [1999]: "Federico Nietzsche y el nacimiento de la tragedia" en *Secularización y nihilismo*, ed. Jorge Baudino-UNSAM, Bs. As.

# CAPÍTULO 11

## LA EXPLICACIÓN POR ANALOGÍA Y EL TIEMPO MUSICAL

Marianela Calleja

*Resumen.*

Según la teoría de la fundamentación[209] la analogía es considerada una regla de fundamentación imperfecta o de fundamento ínfimo. Estudiamos un caso en filosofía de la música que ejemplifica dicha teoría y reflexionamos sobre la posición de la analogía como esquema admisible de argumentación. El problema planteado es el de la analogía estructural entre el tiempo en general y en la música. Aquí analizamos argumentos rivales de la musicología teórica y empírica. Según la primera, sólo bastaría con demostrar teóricamente la analogía estructural entre las formas musicales y las diversas ontologías del tiempo; según la segunda, habría además que hallar un fundamento empírico a dicha asociación, cotejando la existencia de una relación directa entre una cosmovisión del tiempo determinada y la música realizada por la tradición en cuestión. Como conclusión, si bien la posición teórica podría hallar en los experimentos una fase subsiguiente a la fundamentación de sus enunciados básicos, se demuestra que ésta no se convierte en condición necesaria para la fundamentación. Por otra parte, se evalúan los resultados de la posición empírica, que arrojan conclusiones negativas en torno a la analogía mencionada, discutiendo el experimento realizado hasta ahora y mostrando la parcialidad que revela en su diseño.

*Palabras clave*: temporalidad musical, musicología empírica, musicología teórica, homología estructural, cognición.

11.1. *La analogía y la fundamentación de tesis en filosofía de la música.*

El uso de la analogía implica una comprensión de lo verosímil no como verdad inferior, sino como un género de certeza distinto al de la verdad y de distinto origen. Por otra parte, lo verosímil así entendido, no desde las categorías de error y verdad, sino como ampliación de contextos y posibilidades, como disparador de mundos, se encuentra en el núcleo de la experiencia estética.

La analogía como recurso para la explicación en filosofía de la música no se abordará en su sentido lógico más frecuente de razonamiento probable. Tampoco como una descripción metafórica, a la que se acude con el fin de lograr un efecto vívido en el discurso. En esta oportunidad, el uso de la analogía se aso-

---
[209] Roetti J. A, 2014, pp. 156-164.

ciará a explicaciones que amplían la argumentación en torno a un importante campo de experiencia que es la escucha musical, otorgándole coherencia y significado, y que desde un punto de vista lógico podremos identificar bajo la forma de un silogismo hipotético si *a* entonces *b* y si *b* entonces *c*, por lo tanto, *a* entonces *c*. Este silogismo sería equiparable desde el punto de vista de la teoría que discutimos al silogismo dialéctico de tipo 2 (*sd2*)[210] en el cual sus premisas están fundadas, pero la relación de fundamentación de la conclusión se encuentra menor fundada o es falible:

*Existe una relación entre formas del tiempo musical y ontologías de tiempo, puesto que presentan una misma estructura lógica*
*Esa misma identidad se da entre ontologías de tiempo y concepciones del tiempo*
*Por lo tanto, existe una relación entre formas del tiempo musical y concepciones del tiempo*

Una de las formas de ingresar intuitivamente al tema se halla en las siguientes preguntas. ¿Es el tiempo de la música clásica de la India (específicamente el diseño rítmico del *tala*) explicable a partir de su cosmovisión de un tiempo cíclico? ¿Y las formas teleológicas de la música occidental (como ejemplo sobresaliente la forma sonata) explicables a partir de una cosmovisión lineal? ¿Son, finalmente, las teorías de tiempos ramificados y paralelos en la filosofía y en la física, relevantes para la explicación de músicas de vanguardia compuestas de tiempos superpuestos?

De los múltiples usos que implica la música, una vez profundizamos en el fenómeno, hallamos que ésta no toca sólo aspectos emocionales sino también aspectos racionales u operaciones del pensamiento.[211] Evolutivamente, la música o es un excedente, aunque no parece estar en vías de extinción, o es una herramienta de comunicación más, aunque de características peculiares. Los siguientes estudios de neurociencia aplicada a la música se orientan en esta dirección.

*"La música bien puede ser un subproducto natural de la evolución del lenguaje humano. En esta evolución, que indudablemente fue un factor esencial para el desarrollo de la raza humana, se fue formando una red nerviosa capaz de realizar las ultracomplejas operaciones de procesamiento, análisis, almacenamiento y recuperación de información sonora necesarias para el reconocimiento fonético, la identificación de la voz y la comprensión del lenguaje".* [212]

---

[210] Ibid., p. 14.
[211] Young J. O., 1999.
[212] Roederer J. G., 1997, p. 22.

Estudios cognitivos basándose en datos de la neuropsicología revelan además que si bien el lenguaje, como la música, comparten sistemas del cerebro, sería erróneo equiparar sus potencialidades enteramente.[213]

*"La música parece imitar algunas de las características del lenguaje y transmitir algunas de las mismas emociones que transmite el lenguaje hablado, aunque de manera no específica o no referencial. Asimismo invoca alguna de las regiones neuronales que el lenguaje invoca, pero a comparación, la música accede a las zonas primitivas del cerebro involucradas con la motivación, la gratificación, la emoción [...] La música respira, se acelera, se ralentiza tanto como lo hace el mundo y nuestro cerebelo encuentra placer en ajustarse para estar sincronizado".* [214]

Estos últimos enfoques contribuyen a destacar la importancia de la *fundamentación* de los argumentos en torno a aquellas operaciones de pensamiento, inconscientes o implícitas[215], que se hallan detrás de la escucha musical. Esta analogía fundaría teóricamente una explicación para al menos un uso de la música, entre otros[216], que es el de enseñarnos algo sobre el tiempo. Una primera fase sería la de enseñarnos a movernos dentro de él, a manejarnos dentro de esa dimensión[217]; una segunda, estaría ligada a una tesis más fuerte, de valor estético a la vez que semiótico: argumentar sobre el modo que las formas del tiempo musical adoptadas recrean nuestras maneras de concebir el tiempo.

Desde 1980 se han desarrollado en la (etno)musicología teorías basadas en analogías estructurales. Estas teorías buscan explicar ciertos fenómenos en términos de otros. Las analogías operaban dentro de la música misma (por ejemplo el caso de la música imitativa) y en el discurso acerca de la música. Ejemplos de analogías simples en el discurso sobre la música son aquellas que homologan alturas y espacialidad (es decir, notas agudas se ubican espacialmente más arriba que notas graves), o *tempo* y velocidad, gravedad y tonalidad. Un salto mayor en

---

[213] Daniel Levitin desarrolla esta perspectiva sobre música y evolución en respuesta al famoso argumento de Stephen Pinker reduciendo la experiencia musical a 'una tarta de queso evolutivo', en el sentido de activar desde el punto de vista cognitivo lo mismo que haría un plato bien servido. Según Levitin, más que un sub-producto de la evolución del lenguaje, la música estimula y desarrolla capacidades mentales y emocionales a niveles, por un lado, más abstractos y por otro, diferentes. Ver Aultman M., 2011.

[214] Music appears to mimic some of the features of language and to convey some of the same emotions that vocal communication does, but in a nonreferential, and nonspecific way. It also invokes some of the same neural regions that language does, but far more than language, music taps into primitive brain structures involved with motivation, reward, and emotion [...] Music breathes, speeds up, and slows down just as the real world does, and our cerebellum finds pleasure in adjusting itself to stay synchronized. Ibid., p. 187.

[215] Ver Leibniz G., 1989, p. 212.

[216] Un primer uso es el de ejercer como vía para el reconocimiento de nuestros estados anímicos. Para un estudio sobre música y emoción, ver: Kania A., 2012.

[217] Recordemos que la primera aproximación al aprendizaje musical se lleva a cabo contando tiempos.

términos de explicación por analogía en el discurso sobre la música lo han llevado a cabo las explicaciones basadas en esquemas mayores como cosmovisiones y conceptos de espacio y tiempo.

Un primer enfoque que surge de la musicología teórica, histórico-sistemática, consiste en relacionar el estudio del tiempo con un determinado corpus musical. Lewis Rowell ha desarrollado un método de investigación que cuenta con varios niveles de análisis: historia de las concepciones de tiempo, análisis de la música, filosofías de la música en su eventual relación con filosofías del tiempo, el tiempo en la teorías y estéticas de la música.[218] Según Rowell, una vez escrutados todos estos niveles, tendríamos el retrato del tiempo musical propio del repertorio en cuestión.

Andrew McGraw, etnomusicólogo proveniente de la musicología empírica, por su parte, critica este método y analiza la cuestión de cómo *percibimos*, no tanto cómo *concebimos* dicha analogía. Argumenta que teorías basadas en analogías en este caso encubren una "simplificación bajo esquemas generales que son en realidad complejos" y que ello supone una "homogeneización de las culturas y un reflexionismo insostenible"[219]. El problema fundamental al que apunta McGraw es que dicha analogía no opera a nivel explícito, sino implícito. De acuerdo a este segundo enfoque, surge el problema acerca de cuál sería el método empírico para testear esta analogía, amenazando con la posibilidad de que la hipótesis sobre la relación tiempo en general/tiempo de la música quedara sin sustento.

A continuación se desarrollarán en I y II problemas inherentes a los dos enfoques introducidos. En la primera parte, se revisará críticamente un experimento proveniente de la musicología empírica; en la segunda, se sostendrá la defensa de la tesis sobre la analogía tiempo general–tiempo musical con base en los numerosos estudios musicológicos y filosóficos que avalan (aunque imperfectamente) la misma.

### 11.2. *Un experimento en la musicología empírica.*

Si bien se ha empezado a transitar en el campo de la experimentación con base en la cognición en relación al tiempo musical, dados los problemas que se esconden en los escasos experimentos realizados y en su diseño, ningún resultado todavía supera el estatus explicativo de la analogía estructural tiempo general–tiempo musical.

---

[218] Esta perspectiva de análisis múltiple está expuesta en Rowell L., 1996.
[219] McGraw A. C., 2008, p. 40.

Desde el punto de vista de la argumentación, McGraw propone un análisis novedoso. En vez de pensar como icónicos tiempo en general y tiempo de la música, compara nociones de tiempo en general con otras experiencias como por ejemplo la de la danza, para saber si es o no significativa dicha asociación. Para demostrar su punto de vista utiliza el conocido método de asociación implícita (MAI). Éste consiste en detectar el tiempo de latencia de las respuestas dadas por los participantes del experimento una vez expuestos a correlacionar términos provenientes de uno y otro dominio (música o danza). Si el tiempo de respuesta es breve, la asociación, en este caso tiempo general–tiempo musical es comprobada; si es mayor en comparación con términos provenientes de la danza, dicha asociación pierde validez.

McGraw diseña su experimento en torno a palabras sueltas, correspondientes primero a nociones de 'tiempo' o 'posición', y luego a categorías pertenecientes a 'música' o 'danza'. Los términos escogidos pertenecen a nociones de tiempo en general (hora, mes) y a formas, conceptos y términos relativos al dominio musical. Asimismo ubica términos de la danza, que describen pasos, posturas junto a términos relativos al espacio (arriba, abajo). En la tarea de alineación cruzada 1, 'T1', pide que el grupo de términos se aliñen bajo las columnas A) música o posición, y B) tiempo o danza. En la siguiente tarea de alineación cruzada 2, 'T2', deben agruparse bajo las columnas de A) tiempo o música, B) posición o danza. La menor latencia en responder a la T2, que asociaría tiempo y música, en relación a la T1, indicaría que la asociación implícita entre conceptos de tiempo y música es mayor. Por el contrario, la pequeña diferencia o ausencia de diferencia entre T1 y T2 sugeriría que conceptos de música y tiempo no son más fuertemente asociados entre sí que, por ejemplo, tiempo y danza o música y espacio.

Los resultados efectivos obtenidos por McGraw de este cruce de asociaciones fueron el de una leve correlación negativa entre el tiempo de la música y el tiempo en general o una ligeramente superior preferencia por asociaciones entre la danza y el tiempo en general entre T1 y T2. Según este experimento la analogía estaría sólo débilmente fundada.[220]

Sin embargo, el MAI aplicado a este caso no constituye una hipótesis rival, no compensa la fortaleza de la prueba de los desarrollos anteriores, y de los vigentes en temporalidad musical. Su valor radica en la búsqueda de una demostración más rigurosa, pero el defecto fundamental es que testea palabras y no música, es decir, no diseña sus experimentos en base al análisis o la escucha musical.[221]

---

[220] Ibid., p. 42.
[221] Básicamente éste es también el aspecto más criticado en el trabajo de Cross I., Gill S., Knight S. et al., 2008.

McGraw concluye que asociaciones inconscientes (implícitas) y conscientes (o explícitas) quedan demostradas como equiparables, sobre la base de que existe variabilidad de respuestas en caso de que los participantes reciban información extra antes de realizarse el experimento. Por ejemplo, se expone a los participantes un estudio sobre la influencia del tiempo en la música del repertorio en cuestión. Así, creencias implícitas y explícitas rivalizan a un mismo nivel, ninguna es más *real* o *verdadera* que la otra. McGraw sugiere que, para salvar esta situación, habría que distinguir entre asociaciones implícitas y explícitas y comparar, cómo se influencian mutuamente.

Podemos hallar en las palabras un lugar donde extraer resultados; Rowell por ejemplo, lo halló en términos propios de las diversas teorías de la música antigua de Grecia, India y China.[222] Su método también admite un lenguaje subconsciente, pero sus resultados son opuestos a los de McGraw. Rowell ratifica la hipótesis acerca de la conexión entre concepciones vigentes sobre el tiempo y la música. La etimología de las palabras pertenecientes a dichas teorías respectivamente, tales como *rhythmós*, *tala*, y *shih* expresan preferencias culturales tales como circularidad, linealidad, continuidad y reticulación, cuestiones centrales al problema filosófico del tiempo.

Un tercer aspecto problemático que surge del experimento descrito es que no invalidaría la iconicidad, menos aún derribaría estéticas que ya hace cincuenta años se basan en el tiempo como significado primario de la música *explícitamente*.[223] En todo caso, sólo respondería a una extensión de esa iconicidad al plano general de las artes (apliquemos la analogía también a la literatura, a la pintura), en sintonía con teorías como la de Susanne Langer, quien desarrolla conceptos de espacio y tiempo virtuales en su teoría general del arte.[224]

Raymond Monelle en su estudio sobre los diversos tiempos hallados en la música de Johann Sebastian Bach, señala claramente la complejidad del problema aunque sin anularlo:

*"Está claro que los cambios en la manera de comprender el tiempo, y los cambios en la temporalidad musical, están ligados de alguna manera, del mismo modo que la forma de comprender el espacio en Brunelleschi se reflejó en las pinturas de Uccello y Masaccio [...]. La manera más inteligente para un analista musical es comprender las temporalidades usadas en la parti-*

---

[222] Rowell L., 1979.
[223] Podemos citar a modo de ejemplo algunos de los compositores que trabajaron explícitamente con ideas de tiempo en su música: John Cage (1912-1992), Karlheinz Stockhausen (1928-2007), Elliott Carter (1908-2012), Morton Feldman (1926-1987). En Argentina, por ejemplo, Mariano Etkin (1943-).
[224] Langer S.K.K., especialmente su trabajo de 1953.

*tura, junto con el conocimiento de las prácticas musicales; los historiadores sociales podrán usar los resultados para una mejor comprensión de la temporalidad histórica.*
*[...]*
*Sin embargo, no es fácil, asociar las temporalidades de la música con aquellas identificadas por los historiadores y sociólogos. [...] Si la música es el arte del tiempo, deberían esperarse unos patrones altamente complejos en ella".* [225]

Por último, un punto a defender es el que se remarca en esta última cita acerca de resultados demasiado generales. Este problema sin embargo es tenido en cuenta en posicionamientos pragmáticos y análisis de contextos de uso de esas temporalidades en diferentes períodos y bajo diferentes lenguajes compositivos. Con este propósito justamente surgirán los trabajos que nos ocuparán en el apartado II.

En conclusión, el experimento de McGraw, buscando en sus propios términos, probar la *percepción* de la analogía tiempo musical–tiempo general, termina evaluando la *concepción* (en este caso a través de conceptos expresados por los participantes). Por su parte, teorías que tienden a una mayor especulación, es decir, parten de determinadas concepciones de tiempo, y cómo éstas influirían en la temporalidad de la obra, prueban sus tesis desde la percepción misma (aunque no en forma de experimentos concretos, sino hasta el momento a través del análisis musical y escucha musical del auditor competente promedio). Pasemos a analizar este segundo enfoque.

### 11.3. *La tesis de la homología estructural en la musicología teórica. Descripción de análisis.*

Con asumidas limitaciones, pero sin derribar la tesis misma, se encuentra en la musicología teórica la tesis sobre la analogía u homología estructural entre tiempo musical y tiempo en general. Esta vía que presentaremos en esta segunda parte es moderada, reconoce su 'estado de fundación mínima': es decir, admite que no podría en principio afirmarse una relación causal entre el desarrollo de la temporalidad musical y una cosmovisión determinada. En este sentido,

---

[225] It is clear that changes in the social apprehension of time, and changes in musical temporality, are linked in many ways, just as the new understanding of space that came with Brunelleschi was reflected in the paintings of Uccello and Masaccio [...]. It is probably wisest for the music analyst to describe the temporalities found in the scores, together with knowledge of performance practice; social historians may use the results to write a more comprehensive account of historical temporality.

[...]
It is not easy, however, to match the temporalities of music with those identified by sociologists and historians. [...] If music is an art of time, you would expect to find highly complex temporal patterns in it. Monelle R., 1998, p. 13.

supera al menos una objeción, aquella que analizamos proveniente de la musicología empírica, pero continúa siendo una analogía con toda la debilidad que ello supone.

Marvin Minsky, quien expresa líneas de desarrollo en torno al tema del tiempo y la cognición musical, presenta una contratesis de orden más general y de mayor penetración a la arriba mencionada, desarrollada por McGraw.

*"Un tipo de destreza musical involucra el poder armar estructuras musicales más complejas a partir de las más simples. Quizá el motor para armar esas estructuras musicales sea el mismo que uno utilize para comprender el mundo.*
*[...]*
*Cada niño se pasa días interminables de la manera más curiosa; llamamos a eso jugar. El niño apila y acumula todo tipo de bloques y cajas, los alinea y luego los derriba. ¿En qué cosiste esto? ¡Claramente, el niño está aprendiendo acerca del espacio! ¿Pero cómo aprende acerca del tiempo? ¿Puede caber un tiempo adentro del otro? ¿Pueden ir juntos? ¡Con la música lo aprendemos!"* [226]

El sentido escolástico de analogía[227] y sus diversas categorizaciones ofrecen todavía un marco teórico adecuado para comenzar. El problema en torno a la analogía en el medioevo estaba asociado al modo en que se concebía la proporción: ya sea como unívoca (posesión por varios seres de un elemento común) o como análoga (relación de seres distintos basada en cierta comunidad de aspectos). Aunque ya no en esta instancia, para teorizar sobre las relaciones entre Dios y sus criaturas, las distinciones escolásticas de analogía, sirven de punto de partida para la reflexión sobre el problema del tiempo en la música.

¿De qué manera son *análogos* el tiempo de la música y el tiempo de las cosmovisiones o filosofías en general? La analogía estaría dada entre nociones de tiempo 'real' y los tiempos 'virtuales' creados por la música. Un primer desarrollo en el campo de la musicología lo constituye la obra de Jonathan Kramer, quien través de la teoría de la jerarquía de temporalidades anidadas de Julius Fraser,[228] con sus distinciones de atemporal (simultaneidad), prototemporal (instantes separa-

---

[226] One kind of musical understanding involves building large mental structures out of smaller, musical parts. Perhaps the drive to build those mental music structures is the same one that makes us try to understand the world.

[...]

Each child spends endless days in curious ways; we call this play. A child stacks and packs all kinds of blocks and boxes, lines them up, and knocks them down. What is that all about? Clearly, the child is learning about space! But how on earth does one learn about time? Can one time fit inside another? Can two of them go side by side? In music, we find out! Minsky M., 1981, p. 34.
[227] Ferrater Mora J., 1994.
[228] Fraser J. T., fue el fundador de la sociedad internacional para el estudio del tiempo, que ha venido desarrollando desde los años 60' un estudio multi e interdisciplinario del tiempo.

dos ya pero sin conexión), eotemporal (sucesión pura aún sin dirección), biotemporal (direccionalidad), nootemporal (intencionalidad individual), y sociotemporal (intencionalidad colectiva), intenta una traducción para explicar las modalidades temporales musicales: vertical, tiempo-momento, multidireccional, lineal no dirigido, lineal dirigido, respectivamente. Kramer demostrará estas modalidades del tiempo musical basándose en análisis musicales del repertorio de la música clásica de Occidente, específicamente obras europeas y norteamericanas (1700-1990).

Una variación de la teoría del tiempo musical desarrollada por Kramer en los 80', la constituye la tesis de inspiración lógico-filosófica[229] que parte de concepciones de la filosofía natural acerca del tiempo lineal, circular y ramificado. La diferencia con la tesis anterior radica en el origen de la formulación, ya que toma como referencia las diferentes ontologías del tiempo formalizadas en la lógica temporal[230] (si bien se orienta a una aplicación más extendida de la analogía a músicas del mundo y dentro de la música occidental, se propone analizar un repertorio específico dentro de la música artística de Latinoamérica). Según esta segunda propuesta en torno al tema de la analogía entre tiempo en general y tiempo musical, cabe distinguir las siguientes temporalidades: linealidad progresiva y linealidad teleológica; circularidad estricta y circularidad amplia; ramificación potencial y ramificación actual, como modelos de análisis musical temporal que alcancen varios, los más relevantes usos temporales de la música. A continuación se describirán ejemplos.

*Linealidad progresiva*:
Los eventos de esta música se presentan como secuencias que pueden interrumpirse eventualmente en cualquier parte, o progresiones 'concéntricas'. Existe una dirección pura aún sin planificación. La analogía podría establecerse con la idea de un tiempo externo, objetivo, de secuenciación física, con el tiempo unidireccional y uniforme expuesto por Kant en la *Crítica de la Razón Pura*, I, 1ra Parte, 2da Sección: 5, 6, 7 y 8.

---

[229] Calleja M., 2013.
[230] Prior A, 1967. La idea de la música como lenguaje que comporta una forma lógica no es desarrollada aquí. En Rantala V. (1988, p. 105), por ejemplo, se aproxima una definición de lógica musical general, en tanto lenguaje que contiene una sintáxis y una semántica, con definición de constantes tales como de concatenación vertical y horizontal. Aquí sólo se destaca su aspecto analógico o metafórico; los segmentos sonoros no se comportan como fórmulas bien formadas, por ejemplo no puede hallarse similitud en cuanto a los conectivos de negación o el condicional. Ver Calleja M. (2013, pp. 138-139). Por lo tanto, aquí no se hace ni una comparación estricta, ni tampoco una aplicación; se escoge finalmente la definición de lógica musical partiendo de la tradición musicológica, cuando surge del concepto de música absoluta, en el sentido de coherencia y unidad de la obra en el tiempo (Dahlhaus C., 1999, pp. 106-107).

Ejemplo musical: Johann Sebastian Bach, *Allemande*, Suite francesa N 2 en Do m BWV 813 para clave.[231]

*Linealidad teleológica*:
El desarrollo temático, los recursos rítmicos y la armonía presentan una dirección a larga escala, un ordenamiento preciso o planificación y una relación de causa-efecto que implica una puesta a prueba de la memoria. La analogía podría establecerse con una concepción lineal que de cuenta de un tiempo habitado por una consciencia o tiempo subjetivo. Hallamos esta concepción del tiempo en el pensamiento de San Agustín, en *Confesiones,* XI, xiii-xxviii.

Ejemplo musical: Ludwig van Beethoven, Cuarteto de cuerdas en Fa Mayor, N 7, opus 59, Primer movimiento.

*Circularidad estricta*:
Esta música se caracteriza por la repetición de ciclos idénticos, particular omisión de gestos de inicio y final y sensación auditiva de estasis. En la filosofía

---

[231] Los análisis musicales se encuentran desarrollados, para el primer ejemplo en Monelle R., 1998, p. 19, para el segundo, en Kramer J., 1988, p. 26. Para el resto ver Calleja M., 2013, págs. 225, 229, 241 y 242.

hallamos desde Platón, en *Timeo*, 39, una versión astrológica del eterno retorno, más tarde en Friedrich Nietzsche, *La Gaya Ciencia*, fragmento 341.
Ejemplo musical: Steve Reich, *Electric Counterpoint* (1987).

*Circularidad en sentido amplio*:
La repetición de eventos similares (ya no idénticos), que se ordenan en forma espiralada, es otra forma de arreglo circular en música. En este caso, progresiones armónicas acompañan estructuras rítmicas repetitivas generando la sensación de avance conjuntamente con la de relativa inmovilidad o permanencia. En la filosofía hallamos una idea afín en Marco Aurelio, *Meditaciones*, Libro II, 14, también en Jorge Luis Borges, 'La doctrina de los ciclos' (1934) y 'El tiempo circular' (1943).
Ejemplo musical: Alberto Ginastera, *Malambo* op. 7 para piano (1940)

*Ramificación potencial*:
La postulación de un tiempo ramificante tiene su origen en Aristóteles[232], con el problema de los futuros contingentes. Este tiempo ramificado potencial se define por poseer varias opciones posibles para la acción de las cuales una será definitivamente la actual.

La obra *Momente* (1962-1969) de Karlheinz Stockhausen es una forma móvil en la cual el orden de los momentos 'M', 'K' y 'D' (segmentos musicales definidos por ciertas características melódicas, tímbricas, de duraciones) es arbitrario. Cada intérprete decide el orden que quiere darle a los momentos previamente definidos por el compositor en una ejecución dada.

---

[232] *De Interpretatione*, IX.

**MOMENTE** form-scheme

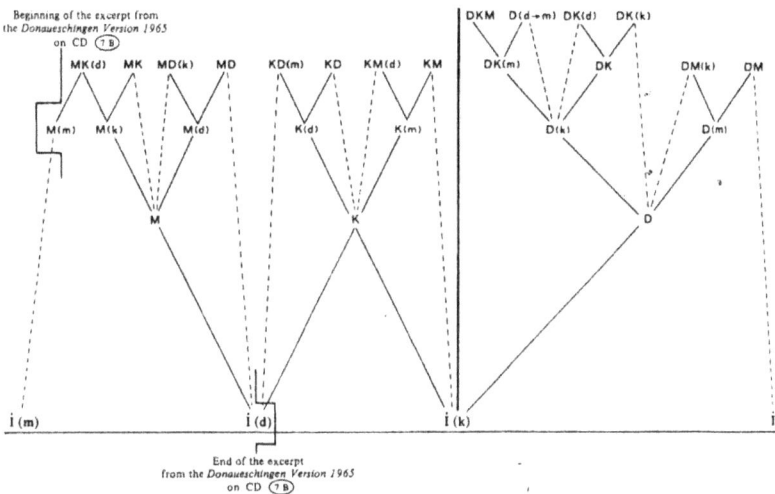

*Ramificación actual*:
El tiempo ramificado actual alude a una forma de concebir el tiempo en líneas paralelas, tal como el que concibe Borges en 'El jardín de senderos que se bifurcan' (1941).
El Cuarteto de cuerdas N3 (1973) de Elliott Carter explota la técnica de la modulación temporal métrica (utilizando un continuo de grados métricos) donde las diferentes líneas que conforman el cuarteto contrastan entre sí por sus *tempi* (ej. *tempo giusto* sobre *tempo rubato*) y por su carácter *scorrevole, leggerisimo* paralelo a *largo tranquilo* o *andante espressivo*.[233]

---

[233] Es necesario aclarar aquí la distinción entre potencial y actual, entre tiempos posibles y tiempos paralelos. En el primer ejemplo, la obra plantea diversas alternativas, de las cuales una se realiza en la interpretación o versión. En el segundo ejemplo, las alternativas se ejecutan simultáneamente, dentro de un mismo cuarteto se ejecutan dos dúos sonando de manera superpuesta. Para comprender mejor esta distinción, podríamos compararla con el clásico debate Rescher-Lewis en el marco de la teoría de los mundos posibles, acerca de la identidad transmundana de los sujetos, propuesta por el primero (con el primer ejemplo musical) y sobre la existencia de "contrapartes", todas existentes simultáneamente por separado, propuesta por el segundo (en analogía con el segundo ejemplo musical). El problema metafísico de fondo asociado a estas propuestas (la crítica de Rescher a la noción de contraparte de Lewis, sobre la suficiente similaridad entre mundos que conduce a la teoría a caer en un sinsentido) lo dejamos de lado, interesándonos aquí sólo la recreación musical de estas posturas. Para cotejar las posturas encontradas de este debate, ver Gutiérrez E. (2001, pp. 79-85).

Los ejemplos escogidos pertenecen visiblemente a épocas y lenguajes compositivos diferentes. Todos relacionados a la música de arte o bien con anclaje en músicas tradicionales. Las teorías sobre el tiempo a las que aluden no coinciden en tiempo y espacio con el momento en que surgieron las obras. Sin embargo, ello no derriba la hipótesis central sobre la relación de identidad de las formas musicales, las diversas ontologías y concepciones sobre el tiempo. Aunque tampoco cierta afinidad entre épocas y concepciones vigentes del tiempo debe descartarse completamente. Compositores clásicos recurrieron a una forma del tiempo que coincidía con su cosmovisión contemporánea, asimismo los compositores de vanguardia del siglo XX se han sentido cautivados por formas arbóreas. En el caso de Alberto Ginastera, su obra recurre a una estilización de la música indígena. Asimismo, Steve Reich exhibe los propósitos del minimalismo como corriente contemporánea cuya cosmovisión se identifica con tiempos míticos, que se vinculan al trance.

Desde ya, podríamos seguir en las analogías e indagar sobre tiempos continuos/discontinuos, finitos/infinitos, es decir, sobre otras dimensiones del tiempo como la de su *textura* y *alcance*, que no sean sólo su *forma* o *estructura*.
Pero aquí nos detenemos.

11.4. *Conclusiones.*

La analogía tiempo real-tiempo musical propone profundizar una tesis instalada por el formalismo musical por medio de la cual si el sentido de la música no radica en una escucha 'patológica' o sentimentalista, es entonces un libre juego formal.[234] Como consecuencia de este recurso a la analogía temporal, la música deviene una forma significativa, no vacía, una reflexión temporal que se sirve de medios sonoros. Lo que se logra es superar la tesis formalista, atribuyendo así sentido, significatividad a las formas, junto a su realización técnica. El recurso a la analogía acerca una mirada más completa sobre los objetos de arte, y reivindica en última instancia para los mismos un legítimo estatus cognoscitivo.

Concluyendo más allá de la tesis de Minsky, según la cual la música nos enseña, entre otras cosas, a movernos dentro del tiempo, podemos agregar que también la música nos enseña, a través de la sensibilidad, algo acerca de las diversas formas de pensar el tiempo como problema.

El tema de la recreación del problema del tiempo no es ajeno a otras artes. En la literatura, un ejemplo eminente lo encontramos en los ensayos y cuentos de Jorge Luis Borges sobre la temporalidad. Desinteresado de cualquier resultado positivo, Borges concluye acerca de las diversas formas de concebirla: "todas igualmente posibles y todas igualmente inverificables"[235].

Un tema para otra investigación en torno a la fundamentación de teorías de la filosofía de la música y el tiempo musical, lo constituye la comparación de teorías rivales, o paradigmas enfrentados en torno al tema del tiempo musical: la ontológica (parte del punto de vista del tiempo reloj, cronológico)[236] y la fenomenológica (que parten de una noción de tiempo conceptual, vivencial)[237].

De regreso al tema de este artículo, desde el punto de vista de la teoría de la fundamentación, arribamos a conclusiones sólo mínimamente fundadas. En este sentido, la tesis sobre la homología estructural se posiciona en un término medio entre desechar la tesis sobre cualquier tipo de analogía, o bien darla por demostrada sin un análisis que tome aspectos más complejos en su formulación.

## 11.5. *Referencias*.

Aultman M. [2011] : "Daniel J. Levitin: This Is Your Brain on Music: The Science of a Human Obsession". *KronoScope, Journal for the Study of Time*, **11**, pp. 170-175.
Borges J. L. [1936] : *Historia de la Eternidad*. Emecé, Buenos Aires, pp. 13-49.

---

[234] Hanslick E., 1854.
[235] Borges J. L., 1936, p. 14.
[236] Marsden A., 2000 y 2007.
[237] Los citados trabajos de Langer S., Kramer J. y el posterior de Christensen E., 1996.

Calleja M. [2013] : "Ideas of Time in Music: A Philosophico-Logical Investigation Applied to Works of Alberto Ginastera (1916-1983)". *Studia Musicologica Universitatis Helsingiensis*, **24**, Helsinki, 273 pp.
Carter E., String Quartet No. 3, New York/London, Associated Music Publishers, 1973.
Christensen E. [1996] : *The Musical Timespace,. A Theory of Music Listening*. Aalborg University Press, Denmark.
Copi I. M. [1992] : *Introducción a la lógica*. Eudeba, Buenos Aires, pp. 397-416.
Cross I., Gill S., Knight S. *et al*. [2008] : "Commentary on 'The Perception and Cognition of Time in Balinese Music' by Andrew Clay McGraw". *Empirical Musicology Review*, **3**, pp. 54-57.
Dahlhaus C. [1978], *La idea de la música absoluta,* Barcelona, Idea Música, 1999.
Ferrater Mora J. [1994] : *Diccionario de Filosofía*. Ariel, Barcelona, pp. 158-163.
Fraser J. T. [2004] : "Reflections upon an evolving mirror". *Kronoscope, Journal for the Study of Time*, **4**, pp. 201-223.
Ginastera A., *Malambo*, op. 7, Buenos Aires, Ricordi, 1947.
Gutiérrez E. [2001], *Borges y los senderos de la filosofía*, Buenos Aires, Altamira.
Hanslick E. [1854] : *Vom Musikalisch-Schöenen*. R. Weigel, Leipzig.
Hernández Sánchez D. [2001] : "Arte y verosimilitud: Teoría del arte como teoría de lo verosímil". En M. Vega Rodríguez & C. Villar Taboada (Eds.) *Música, lenguaje y significado*, SITEM-Glares, Valladolid, pp. 35-43.
Young J. O. [1999] : "The Cognitive Value of Music". *Journal of Aesthetics and Art Criticism,* **57**, pp. 41-54.
Kania A. [2012] : "The Philosophy of Music". En *The Stanford Encyclopedia of Philosophy* (online).
Kramer J. [1988] : *The Time of Music*. Schirmer Books, New York.
Langer S. K. K. [1953] : *Feeling and Form: A Theory of Art*. Routledge, London.
Leibniz G. [1989] : *Philosophical Essays: Principles of Nature and Grace*. Hackett, Indianápolis.
Marsden A. [2000] : *Representing Musical Time- A Temporal-Logic Approach*. Swets & Zeitlinger, The Netherlands.
Marsden A. [2007] : "Timing in music and modal temporal logic". *Journal of Mathematics and Music*, **1**, pp.173-189.
McGraw A. C. [ 2008] : "The Perception and Cognition of Time in Balinese Music". *Empirical Musicology Review*, **3**, pp. 38-54.
Minsky M. [1981] : "Music, Mind and Meaning". *Computer Music Journal*, 5, pp. 28-44.
Monelle R. [1998] : "Real and virtual time in Bach's keyboard suites". En E. W. B. Hess-Lüttich, B. Schlieben Lange (Eds.) *Signs &Time*, Gunter Narr Verlag Tübingen, pp. 13-24.
Prior A. [1967] : *Past, Present and Future*. Clarendon Press, Oxford.
Rantala V. [1988]: "Musical Work and Possible Events". *Essays on the Philosophy of Music,* Helsinki, Acta Philosophica Fennica, Vol. 43, pp. 97-109.
Reich S., *Electric Counterpoint*, UK, Boosey&Hawkes, 1987.
Roederer J. G. [1997] : *Acústica y Psicoacústica de la Música*. Ricordi, Buenos Aires.

Roetti J. A. [2011] : "Acerca del fundamento". En *Anales de la Academia Nacional de Ciencias de Buenos Aires*, **XLV**, pp. 39-69.
Roetti J. A. [2014] : *Cuestiones de fundamento*. Academia Nacional de Ciencias de Buenos Aires, Buenos Aires.
Rowell L. [1979]: "The Subconscious Language of Musical Time". *Music Theory Spectrum*, **1**, pp. 96-106.
Rowell L.[1996]: "El tiempo en las filosofías románticas de la música". *Anuario Filosófico*, **29**, pp. 125-168.
Stockhausen K., Gesamtausgabe/Complete Edition, Germany, Stockhausen Verlag, 1992.

# CAPÍTULO 12

## LA RAZÓN EN FILOSOFÍA. ALGUNOS EJEMPLOS

Jorge A. Roetti

12.1. *El cuadro general de la fundamentación.*

En un diálogo la victoria es *material* cuando el fundamento del proponente **P** para su tesis es aceptado por el oponente **O**, pero *trasciende* lo previamente concedido en el diálogo. Una victoria es *formal* cuando el fundamento no trasciende lo concedido en el diálogo, sino que reposa sobre lo concedido por el oponente, por lo que decimos que es inmanente.[238] La *homología formal* es una forma básica del fundamento suficiente de la epistéemee y la *homología material* del fundamento insuficiente o precario de la pístis. Entre estas dos formas de fundamentación nos movemos, desde que con Sócrates y Platón conocimos el núcleo esencial de la racionalidad con su estructura ternaria de tesis, crítica y fundamento.

El punto de partida de la razón es la *indigencia* en el saber, tanto en el saber sobre lo que es como sobre lo que debe ser. Y su objetivo es superar la persuasión y ceñirse a la *búsqueda de la verdad* sobre esos temas. Sus medios serán los adecuados para alcanzar – o al menos aproximarse – a ese fin. El indicio de que se ha alcanzado el fin de un diálogo es la homología, sea en su forma imperfecta y perfeccionable de la razón insuficiente, sea en su forma perfecta de la razón suficiente. La regla esencial de todo diálogo de fundamentación es la misma desde el siglo V antes de Cristo: partir de tesis dudosas y de sus críticas, buscar y proponer fundamentos, para alcanzar un reposo perdurable o transitorio en una homología formal o material.

En los últimos dos siglos hemos renunciado a la desmesura de una razón que pretendía que la ciencia fuese una completa epistéemee. Se ha reducido el dominio de la fundamentación perfecta, pero permanecemos en la búsqueda incesante de un fundamento al menos insuficiente. A la relación entre lo fundado y aquello que pretende fundarlo la hemos llamado con el término muy general de *'fundamentación'*, en tanto que a su forma suficiente la hemos denominado 'deducción' o *'demostración'*. De ese modo la demostración caracteriza a la ciencia en sentido estricto que le diera Aristóteles en sus *Analíticos* y la deducción al sentido lato que le diera Popper en su *Logik der Forschung*, pero no a aquellas actividades más amplias de la primera lógica aristotélica, la de los *Tópicos*, donde se podía hablar de fundamentos en un sentido más amplio de lo que llamamos fundamentación insuficiente. Advertimos así que podemos afirmar que toda

---

[238] V. Lorenzen 1987, 91.

deducción es fundamentación, pero que no vale la inversa. Esto se corrobora en capítulos recientes de los estudios lógicos, como los de la inteligencia artificial, de las lógicas no monótonas, etc., que son lógica sólo en un sentido amplio, como teoría de la fundamentación falible o rebatible.

Tanto en la dialéctica socrático-platónica como en los juegos dialógicos contemporáneos la regla de victoria, sea ésta *material* o sea *formal*, está esencialmente emparentada con la condición de *homología*, aunque su interpretación clásica incluye más claramente que su concepción moderna el principio general de razón y no sólo su forma de razón suficiente. Además la homología corresponde plenamente a los esquemas de axioma de los cálculos secuenciales. Esto explica por qué no puede faltar el principio de identidad en ningún sistema lógico, pues ese principio constituye la primera e inevitable condición de posibilidad de toda fundamentación.

"Dar razón" es el fin de toda actividad que se llame 'ciencia' o 'filosofía'. Y no solamente hay razón insuficiente en los dominios filosóficos del saber. En ellos hay también razón suficiente, pero lo que más abunda en la filosofía y las ciencias son los fundamentos insuficientes. Consideremos algunos ejemplos de argumentaciones filosóficas, algunos con fundamento suficiente, otros con fundamento insuficiente.

## 12.2. *Primer ejemplo: el test de Turing.*

¿Piensan las máquinas? Independientemente de que el verbo 'pensar' es excesivamente ambiguo, el famoso matemático inglés Alan Mathison Turing (1912–1954) ideó en 1950 un procedimiento con el que pretendía decidir si una máquina podía pensar, comparando la actividad de las máquinas con la de los seres humanos, de los que suponía, y generalmente se supone, que sí pueden pensar. Ese procedimiento se llamó desde entonces "test de Turing".

Según Turing se puede decir que un ordenador o computador piensa, cuando durante una conversación por escrito (lo que hoy muchos llaman un "chat") puede engañar a un ser humano para que piense que el ordenador es un ser humano. Se trata pues de un juego de imitación del que participan un sujeto humano H, una máquina M y un interrogador I, y tanto H como M son inobservables para I. El interrogador I interroga a H y a M con el propósito de descubrir quién de los dos es el ser humano y quién es la máquina. Por otra parte la máquina M está programada para comportarse como un ser humano, es decir, sus creadores *intentan engañar* a I y hacerle creer que M es un H. I propone a H y M los mismos problemas por resolver, e incluso intenta provocar en ellos reacciones emocionales. Si luego de haberse realizado un número "suficiente" de intentos con distintos sujetos H y M resulta que I alcanza aproximadamente el

50% de identificaciones falsas de la máquina, entonces Turing considera que no hay ningún fundamento para negar que la máquina tenga menos inteligencia que el hombre, o que ésta sea de una especie diferente. En tal caso la máquina M y el hombre H no serían discernibles. (Obviamente no se podría afirmar que M sea una mente, o sea intencional, o sea un *Dasein*, como lo es H.)

Dos son las tesis principales que tornan admisible el experimento de Turing:

(i) Que la inteligencia es una cualidad que tiene grados. Una entidad puede poseer la cualidad inteligencia en mayor o menor medida. Esta tesis es generalmente admitida.

(ii) Que la inteligencia no supone una base material determinada, por ejemplo orgánica. La base física sería entonces irrelevante para el pensamiento inteligente. Esta tesis no es tan compartida como la anterior, pero no es descabellada: por ejemplo, todo espiritualismo supone, desde la antigüedad, la existencia de inteligencias o consciencias sin base orgánica. Así Dios y las almas humanas separadas de sus cuerpos serían consciencias – e inteligencias – pero sin ninguna base orgánica. Además, y esto en favor de la tesis de Turing, aunque se pueda admitir que la inteligencia no requiera una base orgánica, es posible aceptar que haya inteligencia aunque no haya una mente, o intencionalidad, o un *Dasein*, porque la inteligencia se puede definir simplemente como una cierta capacidad para resolver problemas.

En teoría de la mente esta concepción de la inteligencia es funcionalista – es decir, no organicista –. En base a esto los defensores de la tesis de Turing afirmarán que en principio es posible lograr que una máquina realice cualquier tarea cognitiva o emocional funcionalmente equivalente a las de los seres humanos, con independencia de las diferencias de su "hardware". Por otra parte se advierte inmediatamente que asignar "inteligencia" en este sentido funcionalista a un ente difiere esencialmente de asignarle "vida interior" o alguna forma de conciencia. Un artefacto podría ser muy inteligente en sentido funcionalista careciendo absolutamente de conciencia, y especialmente de conciencia de sí mismo o autoconciencia. La máquina podría ser "muy inteligente" sin por ello "ser en el mundo" o "ser ahí" (*Dasein*), como caracteriza Heidegger a uno de los polos de su estructura ontológica fundamental, cuyo polo objetivo es el mundo en que se manifiestan los objetos y el otro yo, el cual tiene a su vez un mundo en el que yo aparezco, etc. En el caso de Brentano y Husserl habríamos hablado de "intencionalidad". Según la caracterización de inteligencia de Turing y los computacionalistas podríamos conjeturar que una máquina que gane el test propuesto por Turing es un objeto mundano inteligente, aunque no intencional. Por eso es perfectamente defendible la siguiente tesis:

(iii) La inteligencia es una cualidad que puede ser la de un objeto mundano que no sea "en el mundo", es decir, no sea una "mente", que no sea intencional.

Esta tesis es generalmente admitida y quienes lo hacen no identifican a la inteligencia con una cualidad del "sujeto", es decir de una intencionalidad o un "tener mundo".

El test de Turing es discutido por muchos. Tiene supuestos discutibles, que algunos admiten, pero no todos. Por otra parte es vaga la medida que hace que H y M sean indiscernibles: no hay criterios seguros sobre cuántos ensayos son "suficientes", ni qué apartamiento del 50% de errores es criterio de "inteligencia" para la máquina. Por otra parte puede ocurrir que la simulación de la máquina M sea tan perfecta que el interrogador I asigne a M la cualidad de "ser humano" muchas más veces que al propio ser humano H, entre otras cosas porque M sea funcionalmente más inteligente que H y resuelva más y mejor los problemas que se le presentan, aunque no sea una mente. De modo que el test de Turing presenta al menos dos problemas: (1) el de la defendibilidad de la tesis sobre la inteligencia de la máquina, y (2) el de la medida de la indiscernibilidad. El primer problema se puede resolver por definición, según qué decidamos entender por inteligencia, en tanto que el segundo continuará siendo una cuestión de vaguedad, es decir de fundamentación siempre insuficiente o imperfecta.

Los que consideran a la intencionalidad o al "tener mundo" como lo esencial de la conciencia son combatidos por el reduccionismo naturalista. Los reduccionistas sostienen que todos los fenómenos, incluida la conciencia y la intencionalidad, pueden ser explicados por la ciencia natural. Sin embargo un problema insoslayable para esos reduccionistas es que la conciencia, la intencionalidad o el "tener mundo", no es originariamente un fenómeno, sino que desde el principio es el correlato necesario, coetáneo y siempre presente de todo fenómeno. Un fenómeno lo es necesariamente en un mundo para un "ser ahí", conciencia o intencionalidad. Por otra parte, cuando el tener mundo, la intencionalidad o la conciencia es fenómeno, entonces ya no lo es en su forma originaria, pues se ha transformado en un tener mundo secundario, desnaturalizado, que es fenómeno del tener mundo original pleno.

12.3. *Un segundo ejemplo: el cuarto chino de Searle.*

Entre los que se han opuesto a un reduccionismo como el que hemos mencionado, sobresale el filósofo norteamericano John Rogers Searle (1932 – ...), quien refutó algunas tesis naturalistas. Para ello ejemplificó con el experimento mental más conocido para refutarlas, que es el del cuarto chino (*chinese room*) en Searle 1980. Éste experimento mental pretende mostrar que un programa no puede dotar de mente o conciencia a una máquina, por muy inteligente que sea, con lo que ataca al funcionalismo y al computacionalismo, que sostenían que la mente era reducible a un sistema de procesamiento de información. Por otra parte no era un ataque a las ideas que fundan la inteligencia artificial, porque no negaba que las máquinas tuvieran inteligencia. La cuestión que Searle buscaba resolver era la de si la máquina realmente entendía chino o si ella meramente *simulaba* entenderlo. La tesis de que los ordenadores o las computadoras realmente entienden chino es la que caracteriza a la llamada "inteligencia artificial fuerte" o "strong-AI", y la de que sólo simulan entenderlo es característica de la "inteligencia artificial débil" o "weak-AI".

La estructura del experimento mental es la siguiente: Searle supone encontrarse en un cuarto cerrado en el que hay una computadora que tiene un programa que le permite mantener por escrito una conversación inteligente en chino mandarín. Es decir, tiene un programa de instrucciones para transformar las sucesiones de caracteres chinos que recibe en nuevas sucesiones de caracteres chinos que entrega. Además de la computadora y su programa, Searle dispone para su trabajo de suficientes tarjetas de papel, lápices, borradores, etc. A través de una ranura le hacen llegar tarjetas con caracteres chinos, que transforma con el programa de instrucciones y escribe en una nueva tarjeta el resultado de su transformación y la entrega a través de la ranura.

Un observador chino fuera del cuarto tendría la impresión de que quien se encuentra en el cuarto, en este caso Searle, entiende chino. Pero Searle no entiende chino. Sin embargo lo que pasa en el cuarto chino no difiere estructuralmente de lo que hace un ordenador, por lo que, si sabemos que quien está en el cuarto chino no entiende chino, entonces resultaría que, *a fortiori*, el ordenador tampoco entiende chino. Esto mostraría, según Searle, que superar el test de Turing no alcanza para *comprender* el lenguaje. Un ordenador no hace algo diferente de lo que hace el cuarto chino: transforma sucesiones de caracteres en otras sucesiones de caracteres conforme a reglas de transformación. Si esto en el caso del cuarto chino no basta para comprender y por lo tanto para "pensar", entonces no se entiende cómo la operación de un ordenador podría ser una entidad pensante.

Para Searle la consecuencia del experimento del cuarto chino es que se debe abandonar la tesis de la inteligencia artificial fuerte y adoptar la de la inteligencia artificial débil. Esta última dice que los ordenadores *simulan* la conducta humana y resuelven problemas que los humanos resuelven con inteligencia. Este proyecto es completamente legítimo, según Searle. En cambio la tesis de la inteligencia artificial fuerte, que supone que se puede construir máquinas pensantes, en el sentido de que son mentes, es ilegítima para Searle.

La gran mayoría de los representantes de la inteligencia artificial solo sostiene la tesis débil. Por su parte, los que defienden la tesis fuerte, que los hay, rechazan el experimento de Searle, diciendo que el cuarto chino debería entenderse "como un todo", y no suponer que la posible comprensión sólo corresponde a una de las partes, el ser humano que no comprende chino. Tendríamos entonces la paradoja de que Searle en el cuarto no entiende chino, la computadora con el programa para conversar en chino tampoco entiende chino, pero la "totalidad" con él, el cuarto, el programa y los demás componentes, al recibir y responder con tarjetas, realmente entiende chino. Ésta es una solución al menos sorprendente. Es como decir "no sabemos cómo, pero aunque la parte – Searle, la computadora con su programa, etc. – no entiendan chino, el todo – con Searle, el cuarto, el programa, etc. incluidos – entiende chino. De todos modos se advierte que el todo del cuarto chino no presenta ninguna de las características que se le reconocen a una mente o intencionalidad, aunque se le pueda reconocer "inteligencia" en el sentido funcional de Turing.

La situación de los fundamentos en esta discusión sobre problemas gnoseológicos y ontológicos, entre los seguidores de Turing y los de Searle, es bastante clara. Para la cuestión sobre lo que es inteligencia podemos admitir una respuesta convencional: podemos recurrir a tanta psicología como queramos y reunir toda la argumentación sobre temas de inteligencia que esté disponible, pero eso no resolverá el problema; finalmente se necesitará un acuerdo sobre aquello que convengamos en denominar inteligencia. Por cierto nos podríamos decidir por una definición que suponga una base orgánica para todo lo que admitamos llamar una inteligencia, pero también podríamos preferir, como Turing, una caracterización funcionalista, u otra. De todos modos, si decidimos aceptar la versión funcionalista, entonces estará plenamente fundado decir que una máquina, u ordenador, puede ser inteligente, porque la inteligencia, como hemos decidido entenderla, no reclama una base orgánica, y esto parece una buena decisión.

Hay además algo igualmente importante: *un enunciado que, basándose en el test de Turing y su concepción funcionalista de la inteligencia, dijera que una máquina es inteligente, tendría un fundamento insuficiente pero bueno, porque no estaría más allá de todo cuestionamiento nuevo posible.* ¿Por qué? Porqué la decisión sobre si quien responde es un ser humano o una máquina puede fracasar siempre. Limitémonos a la solución usual de Turing entre quién es máquina y quién es humano. Si la máquina es muy primitiva y el humano muy inteligente, el interrogador difícilmente se equivocará, aunque le pueda pasar. Si en cambio la máquina es muy inteligente en el sentido de Turing y el humano muy tonto, entonces es posible que el interrogador se equivoque casi siempre y considere ser humano a la máquina y máquina al ser humano. Como vemos el experimento mental de Turing es falible. Sus juicios sobre los participantes del test pueden ser falsos y, en el mejor de los casos serán insuficientemente fundados.

Por otra parte la confusión entre inteligencia y mente por un lado, e intencionalidad por el otro debe ser evitada. Una vez que se ha aceptado que la inteligencia no tiene porqué tener una base orgánica o de una constitución ontológica determinada, y por ejemplo consiste y se mide como una capacidad de resolver problemas, entonces no exige tener una dimensión subjetiva, pues no supone una mente. Estos dos problemas son diferentes y el análisis nos aconseja mantenerlos separados. Por otra parte fantasear con que el todo del cuarto chino puede considerarse como el portador de la inteligencia presuntamente consciente es una ilusión que difícilmente se puede considerar un "fundamento". Si se agrega a esto que una analogía entre el ordenador y el cuarto chino sea la base, realmente débil, para transferir al ordenador un confuso carácter de mente inteligente que previamente se había adjudicado al cuarto chino como un todo, entonces estamos ante intentos de discusión que pueden presentarse como ingeniosos, pero que carecen de toda fuerza de convicción. La distinción entre inteligencia y mente por un lado, y entre el carácter no mental de las máquinas inteligentes y las mentes humanas inteligentes por el otro, son distinciones bien argumentadas que, si bien no se pueden considerar más allá de toda duda, se presentan al menos como bien fundadas.

12.4. *Un tercer ejemplo: El argumentum ad verecundiam y la existencia de Dios.*

Comencemos distinguiendo entre argumentos intrínsecos y extrínsecos. Llamaremos *argumento intrínseco* a aquél en el que los fundamentos que hacen defendibles las premisas y admisible la relación de consecuencia son interiores a la teoría vigente, es decir, consisten en un recurso a la teoría y la práctica científica disponibles. En cambio llamaremos *argumento extrínseco* a aquél en el que los fundamentos que hacen defendibles las premisas y admisible la relación de consecuencia son exteriores a la teoría vigente.

Un ejemplo de argumento intrínseco es el de afirmar una relación causal entre dos estados de cosas y sostenerla recurriendo a la teoría físico-matemática que regula esas relaciones causales en ese ámbito teórico. En cambio un argumento que afirmara la misma relación causal, pero la fundara en quien lo afirma, por considerarlo con autoridad para hacerlo, sería un argumento extrínseco a la teoría.

Una de las formas más débiles de fundamento extrínseco en todas las regiones teóricas es precisamente el tipo de argumentos que denominamos por autoridad o *"ipse dixit"* (él mismo lo dijo). Lamentablemente ese tipo de argumentos abundan, no sólo en la vida cotidiana y en las disciplinas llamadas filosóficas, sino también en las que dicen de sí mismas que son 'ciencias'. La experiencia nos enseña que la mayoría de los científicos creen en los dogmas más afianzados en sus disciplinas y que esto no ocurre sólo en las ciencias humanas, sino también en las ciencias naturales y técnicas. Por ejemplo, todos los físicos contemporáneos creen en que la materia es discontinua y está organizada conforme a algún sistema atómico, aunque esto no se pueda asegurar más allá de toda duda. Es cierto que las bases teóricas y empíricas para sostener el carácter discontinuo de la materia están bien corroboradas y, por el contrario, que hoy no hay una base equivalente para sostener su carácter continuo, pero eso no significa una demostración. Siempre puede surgir una objeción imprevista que pueda sugerir una nueva concepción continua de la materia. Agreguemos a esto que en la denominada "ciencia normal" no abundan los críticos de las bases mejor establecidas de una concepción del mundo, ni suelen tener mucha prensa en las revistas científicas las críticas a esos fundamentos. Un ejemplo contemporáneo es el del rechazo a la tesis del "diseño inteligente" (DI) que critica a formas contemporáneas de la teoría de la evolución, aunque sabemos que no sólo la teoría DI es insuficientemente fundable, sino que también las teorías evolucionistas son cuestionables y no pueden responder a ciertas objeciones. A continuación nos referiremos a ciertos recursos a la autoridad en cuestiones teológicas se surgieron de científicos que suelen ser legos en teología y metafísica. Comencemos con algunas tesis contradictorias:

Las dos primeras tesis aparecen en una entrevista periodística a un famoso físico y teórico de la ciencia, el argentino Mario Bunge:

Periodista: "*¿Cree en Dios?*"
Bunge: "*Claro que no. Yo soy físico. ¿Cómo voy a creer en Dios?*"
La periodista insiste, recordando que muchos físicos han creído o creen en Dios.
Bunge responde brevemente: "*Eso no lo entiendo.*"[239]

Esta intervención de Bunge contiene dos tesis: la primera afirma el ateísmo y la segunda no considera admisible que existan físicos teístas. Por cierto, es empíricamente falso que no hayan físicos teistas, pero la primera tesis se puede proponer como argumento por autoridad para personas de talante ateo que pretendan persuadir a otros en un diálogo entre legos, por ejemplo de la siguiente manera: "*¡Escucha lo que dice Bunge sobre la inexistencia de Dios! Bunge es alguien que sabe mucho más que nosotros*[240] *y es ateo. Por lo tanto convéncete: Dios no existe.*"

El segundo ejemplo es de Max Planck, creador de la mecánica cuántica y premio Nobel de física en 1918, quien, junto con Albert Einstein, fue uno de los principales causantes de la revolución teórica que reemplazó a la física galileano-newtoniana por la nueva física del siglo XX. Su hijo, Erwin Planck, fue una de las últimas víctimas políticas del socialismo nacional alemán a comienzos de

---

[239] Del diario La Nueva Provincia, Bahía Blanca, jueves 9 de enero de 1997, sección Ideas e Imágenes nº 180, p. 3, reportaje de Sandra Crucianelli.
[240] Específicamente de física y de otras regiones teóricas fenoménicas o mundanas.

1945, cuando concluía la segunda guerra mundial. En esa ocasión Max Planck respondió de la siguiente manera a una carta de condolencia que recibiera:

*"Ud me sobreestima cuando opina que poseo en mí fuerza suficiente como para no sucumbir al dolor. Ciertamente me esfuerzo seriamente por lograrla. No obstante, lo que me ayuda, y que considero una gracia del cielo, es la fe firme y nunca confundida en el Omnipotente e Infinitamente Bueno, que desde la niñez arraiga profundamente en mi interior."*[241]

Tenemos pues dos aparentes autoridades en tema metafísico-religioso. ¿Debemos creer a alguno, tomar los dichos de alguno como autoridad para sostener una creencia, o no creer a ninguno? Y en caso afirmativo ¿a quién creeremos? Una primera actitud consistiría en rechazar ambas autoridades por falaces. En muchos tratados de lógica se nos muestra que el argumento por la autoridad es una argumentación siempre sofística'. Aquí matizaremos esta afirmación agregando que es efectivamente sofística desde el punto de vista de la fundamentación suficiente, pero ¿podemos argumentar del mismo modo en el caso de la fundamentación insuficiente? No parece que sea siempre así, pero antes de considerar ese aspecto de la cuestión comparemos los dos "fundamentos".

Como vimos el argumento de Bunge es doble y muy fuerte: por un lado afirma que Dios no existe, y por el otro que ser físico (es decir conocer suficiente ciencia física y trabajar en su aumento y/o enseñanza) es condición *suficiente* para sostener la tesis metafísica 'Dios no existe':

'Si $x$ es físico, entonces $x$ no cree que Dios exista' o, lo que es equivalente,
'No existe un $x$ que sea físico y crea que Dios exista'.

Pero precisamente esta segunda tesis es la que resulta falsada empíricamente (en sentido popperiano) por el texto citado de Planck[242], pues éste fue físico (y de los más grandes que hayan existido) y sin embargo creyó a lo largo de toda su vida en un Dios omnipotente e infinitamente bueno, lo que testimonia además que el saber mucha física en general no permite concluir con seguridad una tesis metafísica acerca de cuestiones teológicas. Planck no dice ni que la física lo haya conducido a creer en Dios, ni lo contrario, como hace Bunge, sino que en el texto citado simplemente no conecta los campos de la física y los de la metafísi-

---

[241] "Sie trauen mir viel zu, wenn Sie die Meinung aussprechen, dass ich in mir die Kraft besitze, dem Schmerz nicht zu erliegen. Ich bemühe mich auch ernstlich, sie aufzubringen. Dabei kommt mir zu Hilfe, dass ich es als eine Gnade des Himmels betrachtet, das mir von Kindheit an der feste, durch nichts beirrbare Glaube an den Allmächtigen und Allgütigen tief im Innern wurzelt." Citado por Vollmert y otros, 1988, 4.

[242] Y por la de muchos grandes físicos teístas o trascendentalistas, como Heisenberg por ejemplo. Preferimos ejemplos de los siglos XIX en adelante, porque son los tiempos en los que la metafísica tácita y acrítica de la cultura occidental o de origen europeo es predominantemente un monismo materialista.

ca, la teología o la religión (aunque lo haya podido hacer en alguna otra ocasión).

La creencia en la existencia de un ser (no digo 'ente') personal omnipotente, omnisciente e infinitamente bueno puede ser "sugerida" por la física y otras ciencias empíricas, pero estas sugerencias no fundan *suficientemente* dicha creencia. Entonces nos preguntamos: ¿pueden al menos fundarla insuficientemente? Éste es el lugar en que aparece, entre otros, el argumento de autoridad o *"ipse dixit"*. Acerca de los límites de su carácter falaz proponemos aquí la siguiente tesis:

*El argumento por la autoridad es siempre falaz en el dominio del fundamento suficiente, pero no siempre lo es en el dominio del fundamento insuficiente.*

En el caso considerado nos encontramos en un dominio de razones o fundamentos insuficientes. La física actual es un conjunto de tesis, muchas de ellas discutidas, con teorías parciales más o menos deductivamente encadenadas, con varios modelos o interpretaciones, a veces parcialmente incompatibles, para muchas de ellas. En gran parte es una región teórica con fragmentos *bien* fundados, bien argumentados y defendidos (es *orthée dóxa*), pero que no constituye de ninguna manera un saber *suficientemente* fundado. Se puede defender que algunos fragmentos iniciales de la física sean un saber suficientemente fundado, por ejemplo la llamada 'protofísica', que tiene una porción analítica, que es el análisis dimensional, y una porción pragmática sintética *a priori*, que da reglas de construcción de la experiencia, para lo que produce un fragmento inicial de la teoría del espacio y del tiempo, de la masa inercial, de la carga eléctrica y la intensidad de corriente, y de las experiencias estadísticas (leyes de grandes números, etc.).[243] También algunos fragmentos de la mecánica tradicional, de la estática y la cinemática, son considerados por algunos *a priori* y por lo tanto suficientemente fundadas, pero basta moverse al dominio de la dinámica de masas para entrar en la región de la razón insuficiente.

A lo anterior se agrega que las relaciones de fundamentación extrínseca entre un saber hipotético insuficientemente fundado como la física (aunque pueda tener buenos fundamentos) y la teología racional, tienen al menos dos debilidades:

1. las propias de las premisas físicas y
2. la debilidad de las relaciones de consecuencia entre la física y la teología natural, que no son ni por aproximación suficientes sino, por decir lo menos, muy insuficientes.

---

[243] La bibliografía existente para la protofísica es grande. Algunos textos básicos se encuentran en la obra de Hugo Dingler y Paul Lorenzen y más específicamente en obras como Janich [2]1980 y Janich 1997.

Esto significa más exactamente que la fuerza de una fundamentación extrínseca de la física sobre una tesis metafísica o teológica no es mayor que la de un silogismo dialéctico doblemente débil (**sd1**) que estudiamos en el capítulo tercero, secciones 3.3 - 3.6, con debilidad en las premisas y en la relación de consecuencia. En estos casos sólo podríamos hablar de fundamentos que harían creíbles ciertas "sugerencias" metafísicas.

Si esto ocurre con cualquier intento de argumentación extrínseca desde la física u otra ciencia mundana hacia la teología natural, *a fortiori* ocurrirá lo mismo para los argumentos por autoridad, que son aún más *extrínsecos*, pues no tienen en cuenta las razones que permiten defender las premisas y la relación de consecuencia insuficiente con recursos teóricos y técnicos inmanentes a cada una de las disciplinas. En los casos considerados se trata de una relación extrínseca debilísima desde una ciencia particular a una tesis metafísica o de teología natural. La estructura general de argumentos como el que consideramos es la siguiente:

(i) "$x$ es un gran sabio de una ciencia fenoménica (mundana) $c$ y $x$ afirma la tesis metafísica (o teológica) $t$ ajena a esa ciencia mundana $c$ de su competencia. Luego podemos creer en la tesis metafísica (o teológica) $t$ afirmada por $x$."

Un argumento del tipo (i) es debilísimo como fundamento, tanto para los especialistas de una ciencia fenoménica, como para la metafísica o teología del caso; sin embargo en ciertas ocasiones se podría admitir. De hecho, el argumento por autoridad epistémica es constantemente usado en todos los dominios de la vida, también en los dominios teóricos. El recurso a argumentos extrínsecos – aquellos que no consideran ni los fundamentos que hacen defendibles las premisas, ni justifican una posible relación de consecuencia – es universal porque *todos, aun los más inteligentes y estudiosos, somos ignorantes en casi todo*. Ésta es una situación insoslayable en toda cultura compleja. Por eso conviene establecer algunas reglas para cuando el inevitable argumento por autoridad funcione como un fundamento, de modo que, aunque sea mediocre o malo, sea al menos tolerable. Para ello lo primero que haremos es generalizar la estructura del argumento por autoridad anterior y ponerle ciertas condiciones a su uso:

(ii) "$x$ es un gran sabio de la región teórica $c_1$ y $x$ afirma una tesis $t$ de la región teórica $c_2$. Luego podemos creer en la tesis $t$ de $c_2$ afirmada por $x$, bajo ciertas condiciones:

Condición 1. *Si existe un fundamento intrínseco, a un fundamento tal lo debemos preferir a todo fundamento extrínseco* (y como sabemos el argumento por la autoridad es típicamente extrínseco).

Supongamos que somos físicos o cosmólogos y que nuestro saber específico nos condujera a la apremiante tendencia a (no) admitir la existencia de algo que trascienda y sea fundamento del dominio de lo fenoménico, dominio al que se limita el estudio de todas las ciencias mundanas. En tal caso tendríamos un fundamento intrínseco que daría razón, aunque insuficiente, de una tesis metafísica (es decir transfenoménica o nouménica) del tipo de las de la teología racional. En este caso no parece aceptable recurrir a un argumento extrínseco como el de una autoridad epistémica, pues se cuenta con un fundamento intrínseco débil, pero admisible.

Otro sería el caso si se careciese de todo fundamento intrínseco y sólo se dispusiese de argumentos extrínsecos. Esta es sin embargo, la situación habitual de la humanidad, que no es sapiente en ninguna ciencia específica, ni en filosofía, ni en teología racional, o es sapiente – como los científicos o eruditos – en una o a lo sumo pocas disciplinas. De modo que para casi todos los seres humanos un fundamento extrínseco puede ser el mejor fundamento de que dispongan. Pero como sabemos por experiencia – como ocurre con el ejemplo de Bunge y Planck – hay muchos argumentos extrínsecos que pretender fundar tesis incompatibles. Nos encontramos así, en todas las disciplinas en mayor o menor medida, con una situación que es muy habitual en derecho, donde se suele decir que "media biblioteca está a favor de una tesis y otra media en contra".

Condición 2. *Si disponemos de varios fundamentos extrínsecos y éstos son incompatibles entre sí, debemos preferir, de entre ellos, el argumento por autoridad "más fuerte".*

Pero ¿cuál es el argumento por autoridad más fuerte? Alguien podría decir: "El que tenga más autoridad." Lo que es tautológico, pero pocas veces fácil de acordar. Habría muchos criterios, todos insuficientes y controvertidos: el más inteligente (¿cómo lo determinamos?), el que más ha estudiado (*ídem*), aquél cuya obra haya tenido más consecuencias para el conocimiento o la técnica, etc. De todos modos en algunos casos podríamos llegar a un acuerdo. Por ejemplo, si retornamos al ejemplo anterior de los físicos, pocos dudarían en preferir una opinión metafísica-teológica de un Planck a la de un Bunge, pues el sabio alemán fue una personalidad genial que junto con Einstein revolucionó el pensamiento físico como antes sólo lo habían hecho Galilei, Newton y pocos más, y a ello unía un pensamiento universal, no reducido al de su especialidad, como era típico del gimnasio y la universidad alemanes, y esas condiciones no parecen ser satisfechas por el otro personaje en el mismo grado.

Condición 3. *Los fundamentos de carácter extrínseco, como el "ipse dixit", se presentan con diversos grados de credibilidad, como los que explicamos abajo.*

**3.1.** *El grado más alto de credibilidad de un fundamento extrínseco como el de autoridad se da cuando un especialista ante un auditorio defiende tesis no controvertidas de su disciplina* (si es que la audiencia sabe que se trata de tesis no controvertidas).

Esto acontece frecuentemente en las ciencias simbólicas. Si un matemático afirma que la última conjetura de Fermat es verdadera pues ha sido recientemente demostrada como teorema, le creemos, aunque no podamos entender esa demostración. Y ese argumento extrínseco de autoridad es de la máxima calidad, aunque no se la pueda comparar con el fundamento intrínseco de la demostración suficiente, que es preferible pero inaccesible para los legos.

**3.2.** *Un fundamento por autoridad es de un grado menor, cuando el especialista expresa, ante el auditorio, sus opiniones sobre cuestiones controvertidas de su especialidad.*

Si algún matemático opina que la conjetura de Goldbach es verdadera, le podemos creer, aunque sepamos que no ha sido decidida aún, ni su demostración, ni su refutación. Sigue siendo un fundamento extrínseco para el oyente no especialista, pero su credibilidad ha decrecido bastante.

**3.3.** *Si además hubiese dos especialistas cuyas opiniones son incompatibles en un tema controvertido de su propia disciplina, tendremos el trabajo adicional de ponderar cuál de ellos nos parece el mejor especialista en ese tema, para tener así un criterio de preferencia, aunque muchas veces podamos ser incapaces de hacerlo.*

En algunos casos esto puede ser una cuestión de vida o muerte, como en el caso de la medicina. Supongamos que, ante determinado síndrome, un médico opine que es un problema menor que no requiere ningún tratamiento, en tanto que otro médico afirme que se trata de una enfermedad grave que puede causar la muerte del paciente. En tales casos, que existen, es decisivo que el paciente pueda encontrar un criterio de preferencia entre esos dos argumentos de autoridad contradictorios. Y es una cuestión de vida o muerte poder distinguir entre un médico bueno y uno malo.

**3.4.** *El grado de credibilidad de un fundamento extrínseco es más bajo cuando la opinión del especialista es sobre tesis de un dominio ajeno al de su especialidad, aunque aquí también se presentan grados.*

Por ejemplo, la matemática es una disciplina extrínseca a la física, pero poco extrínseca cuando se trata de los procesos deductivos en una región teórica de la física: tenemos serios motivos para creer a un matemático que opine a favor o en contra de un proceso deductivo realizado en un fragmento de la física, en cambio no serían dignas de ser tomadas en cuentas los aplausos o las objeciones de un agrónomo o un veterinario, y mucho menos los aplausos u objeciones de un psicólogo o de un pedagogo.

Las anteriores son condiciones, con sus grados, para la admisión de fundamentos extrínsecos como el de autoridad, que nos permitirán restringir los casos en que se los admiten y, de ser necesario, saber cuándo debemos preferir un argumento extrínseco a otro, también extrínseco, pero valorado como más débil entre las fundamentaciones insuficientes.

Hay muchas formas de fundamentación extrínseca además de la del fundamento por la autoridad. En general las argumentaciones sofísticas son fundamentos extrínsecos y todas ellas son rechazables cuando se presentan pretendiendo ser fundamentos suficientes. Pensemos en un *argumentum ad hominem* de cualquier especie para atacar la tesis de un oponente, o un *argumentum ad misericordiam*, etc. Sin embargo, como ocurría con el argumento por la autoridad, algunas falacias son admisibles como fundamentos extrínsecos insuficientes y derrotables. Pensemos en una falacia de causa falsa, como el *post hoc, ergo propter hoc*. Pensada como fundamento perfecto es completamente rechazable. En cambio pensada como hipótesis provisional heurística acerca de una posible relación causal, es perfectamente aceptable. En la búsqueda de soluciones para una posible atribución causal, una sucesión temporal reiterada entre una constelación de fenómenos y un fenómeno que queremos explicar es un fuerte indicio para suponer, al menos provisionalmente, que la constelación de fenómenos precedente es posiblemente la causa del fenómeno posterior.

Las distintas ramas de la filosofía son las disciplinas menos extrínsecas a la hora de proponer fundamentos en favor o en contra de una tesis de teología racional: la metafísica tradicionalmente la contiene y la ontología fundamental le está próxima. Y además, también el análisis de la filosofía práctica nos sugiere la defendibilidad de tesis metafísicas o teológicas determinadas. Entre las ciencias mundanas la física y la cosmología son las más conexas a los problemas metafísicos y teológicos, por lo que es fácil deslizarse de estos campos fenoménicos a hipótesis nouménicas, de modo que las opiniones de científicos sobresalientes en dichas regiones teóricas pueden ser un buen indicio para sostener una tesis por fundamentos extrínsecos. En cambio la economía, la geografía o el derecho no parecen tener un gran vínculo con los problemas metafísicos o teológicos, de modo que, si un reconocido geógrafo sostiene una tesis teológica no estaremos en general muy dispuestos a adoptar su credo metafísico o teológico: le podríamos asignar a su tesis un valor de creencia nulo. Lo mismo ocurriría si un jurista se declara teísta o ateo "militante", ya que su formación, sobre todo en países como los nuestros, deja mucho que desear en cuestiones filosóficas y teológicas y por lo tanto esas creencias están casi siempre vinculadas a ideologías con fuertes componentes emocionales.

Un caso interesante es el de la relación entre la matemática y la lógica por una parte, y la teología racional por la otra. Este tema lo trataremos en la sección siguiente donde retornamos al tema de la existencia de Dios específicamente en su forma de argumento ontológico en la presentación de Gödel y sus críticos.

## 12.5. *Un cuarto ejemplo: El argumento ontológico y la fundamentación suficiente.*

Entre los argumentos teóricos el de San Anselmo de Aosta es uno de los más asombrosos filosofemas de toda la historia de la filosofía, que aún cautiva a teólogos, filósofos y grandes científicos. Tal el caso de Kurt Gödel (*1906-†1978)), que dio una variante de la versión de Leibniz del argumento, que hemos analizado detalladamente en un trabajo publicado en 2004[244] y al que remitimos para los detalles. Aquí sólo discutiremos brevemente esa versión de Leibniz y Gödel del argumento y concluiremos con algunos comentarios.

### 12.5.1. *Algunas peculiaridades de la versión de Leibniz.*

Para Leibniz la prueba de la existencia de Dios a partir de su esencia dependía de la demostración previa de dos teoremas modales, que denominaremos L1 y L2 (con 'L' de 'Leibniz'):

(L1) Es posible que exista (al menos un) Dios (abreviamos: $\vdash \nabla \mathsf{V} x.Dx$)[245]

(L2) Si es posible que exista (al menos un) Dios, entonces necesariamente existe (al menos un) Dios (ésta es la famosa "pendiente modal invertida", que en el simbolismo de los cálculos modales abreviamos: $\vdash \nabla \mathsf{V} x.Dx \rightarrow \Delta \mathsf{V} y.Dy$).[246]

Según Leibniz, Descartes había demostrado L2, pero no L1, que es un "teorema de consistencia semántica" o "posibilidad de la existencia de al menos una instancia" de Dios. Puesto que Dios es el Ser perfectísimo, todas sus cualidades serán positivamente valiosas y, salvo las que no admitan grado (como la identidad $x = x$, si fuese considerada una perfección), serán superlativas absolutas:

---

[244] Roetti 2004: ver referencias.

[245] En esta notación '$\vdash$' es el signo de deducibilidad de Frege, '$\nvdash$' su negación, las modalidades elementales 'posibilidad' y 'necesidad' se simbolizan respectivamente '$\nabla$' y '$\Delta$', las otras constantes lógicas son las de Hilbert y Lorenzen (v. Lorenzen ²1969, en referencias). Las letras griegas minúsculas simbolizan predicados de primer orden, especialmente perfecciones. Abreviaturas adicionales se explican en el texto.

[246] Al menos se debe demostrar $\vdash \nabla \mathsf{V} x.Dx \rightarrow \mathsf{V} y.Dy$, la "propositio memorabilis" de Leibniz, que obviamente se deduce de L2. La unicidad de Dios se demuestra en otro teorema.

Dios será "omnisciente", "omnipotente", "infinitamente bueno", etc. Por eso tenemos al menos tres cuestiones:

(1) *¿Es posible fundar* – al menos persuasivamente – *que algo* (una propiedad, relación, objeto o acontecimiento, etc.) *sea positivamente valioso o no lo sea*?

No parece posible fundar suficientemente esto, pero hay un "consenso bien fundado" en que ciertos objetos son bienes con independencia de la estructura "contingente" del mundo, como por ejemplo lo que se designa con términos como 'ser', 'sabiduría', 'bondad', etc. Existe entonces una fundamentación afirmativa a la cuestión de que hay bienes, comenzando con el ser, pero esta parece inevitablemente *insuficiente*.

Se presentan entonces al menos otras dos cuestiones:

(2) *¿Es posible que algunas propiedades positivamente valiosas con grado* (como "sabio", "poderoso" y "bueno") *admitan un máximo, es decir, posean un "supremo", y que éste sea interna o absolutamente coherente?* (coherencia *interna* de la perfección).

Las propiedades, sin grado o con grado supremo, que sean positivamente valiosas con independencia de la estructura contingente del mundo, se llaman "*perfecciones*".

(3) *¿En caso de tener supremo y ser absolutamente coherentes, serán también externa o relativamente coherentes?* (coherencia externa de una perfección con otras perfecciones).

Dadas las propiedades positivamente valiosas de (1), la consistencia o posibilidad de existir de un ser perfectísimo dependerá tanto de la coherencia interna, como de la externa de las perfecciones. La cuestión (2) no es tan grave y se puede mostrar, como lo hace el propio Leibniz (*Discours de métaphysique*, 1686, I)[247], que estas perfecciones por separado no encierran contradicción, por lo que serían ejemplos de "buena infinitud". Pero aún entonces queda el problema (3), que es el más grave, pues dos o más perfecciones podrían ser *relativamente* contradictorias, como lo pretendían mostrar algunas argumentaciones de la historia de la teodicea. Una supuesta incompatibilidad relativa de perfecciones era la que presentaba la tríada "omnisciencia", "omnipotencia" y "bondad infinita". La teodicea clásica argumenta eliminando esa dificultad (incluso el propio Leibniz lo hace). Pero aún entonces perdura la cuestión general: ¿Por qué deben ser compatibles entre sí *todas* las perfecciones? Lo que equivale a preguntar: ¿Por qué debería ser consistente (o posiblemente existente) un Ser que poseyera todas las perfecciones? El camino leibniziano sigue la tradición de concebir a la esencia divina como una conjunción de (posiblemente infinitas) perfecciones.

---

[247] Ver Leibniz 1686 en Leibniz 1965 en las referencias.

Pero ¿cuáles son las *propiedades de segundo orden* que caracterizan a una perfección? Para Leibniz éstas son las siguientes:

1. son *propiedades absolutas*: para Gödel serán también relaciones complejas y articuladas como formas normales disyuntivas)[248],

2. son positivamente valiosas,

3. son *ilimitadas*, es decir, carecen de limitaciones o privaciones internas.[249]

Que sean valiosas y absolutas, independientes de toda estructura contingente del mundo, es una condición esencial que siempre consideraremos. Otra condición que ocasionalmente trata Leibniz es la *elementalidad* o *simplicidad*, pero ésta es redundante para la definición de la propiedad de segundo orden de ser una perfección: sólo se necesita lo establecido en *Monadologie* § 45. Pero esta propiedad sería importante en la a veces denominada segunda argumentación goedeliana.

El problema central que nos queda es entonces el de si la conjunción de todas estas perfecciones es compatible o externamente coherente, es decir, de si puede ser "*instanciada*". Leibniz discurre por reducción al absurdo: supongamos que dos perfecciones sean "incomposibles": ¿qué condición formal produce dicha incomposibilidad? Para Leibniz ello ocurriría sólo si una perfección $P_i$ contuviese al menos una negación parcial de otra perfección $P_j$ o, dicho de otro modo, si su conjunción implicase una contradicción:

$\neg \nabla (P_i \wedge P_j) \Leftrightarrow P_i, P_j \vdash f$ (donde "$f$" es el signo de *falsum* – o contradicción lógica – y "$\Leftrightarrow$" el de equivalencia metalingüística).

Ello es lo que parece implicar el problema de la teodicea acerca de la incomposibilidad externa de predicados como 'omnisciencia', 'omnipotencia' e 'bondad infinita' en el caso de la divinidad, problema que ha recibido numerosos proyectos de solución a lo largo de la historia. Por otra parte ¿qué pasaría si ningún par

---

[248] "I.e., the disjunctive normal form in terms of elementary properties contains a member without negation." Gödel 1995, vol. III, 404.
[249] Cf. Leibniz, Gottfried Wilhelm: Monadologie, 1714, § 44: "Car il faut bien que s'il y a une realité dans les Essences ou possibilités, ou bien dans les verités éternelles, cette realité soit fondée en quelque chose d'Existant et d'Actuel, et par consequent dans l'Existence de l'Etre necessaire, dans lequel Essence renferme l'Existence, ou dans lequel il suffit d'être possible pour être Actuel § 45: Ainsi Dieu seul (ou l'Etre Necessaire) a ce privilege, qu'il existe, s'il est possible. Et comme rien ne peut empecher la possibilité de ce qui n'enferme aucunes bornes, aucune negation et par consequent aucune contradiction, cela seul suffit pour connoitre l'Existence de Dieu a p r i o r i ." Ver también Leibniz, Gottfried Wilhelm: Essais de théodicée sur la bonté de Dieu, la liberté de l'homme et l'origine du mal, 1710, sec. 184-189, 335.

de perfecciones implicara ningún aspecto de negación externa relativa? Entonces parece correcto admitir que su conjunción sería consistente, como argumenta Leibniz:

$$\nabla (P_i \wedge P_j) \Leftrightarrow P_i, P_j \nvdash f.$$

Esto se generaliza para un número finito cualquiera de perfecciones y, si el sistema es *compacto* respecto del metapredicado de "perfección", también se generaliza para infinitas perfecciones. Pero ¿cómo nos aseguramos de que un par cualquiera de perfecciones no contienen ningún aspecto de negación y de que son por lo tanto completamente positivas? El camino leibniziano parece consistir en determinar un conjunto de perfecciones simples, es decir que no se pueden descomponer en "subperfecciones", y considerar a todas las perfecciones complejas como compuestas por conjunciones de estas perfecciones simples. Como las condiciones sintácticas que deben satisfacer estas últimas son las mismas de las complejas y como no contendrían ningún aspecto de negación interna ni externa, su compatibilidad sería necesaria. Por lo tanto, si las propiedades $\varphi_i$ y $\varphi_j$ son perfecciones, lo que abreviamos $P\varphi_i$ y $P\varphi_j$, su conjunción también sería una perfección: $P(\varphi_i \wedge \varphi_j)$. Por inducción sobre la clase de las perfecciones simples se obtendría que la conjunción de todas las perfecciones simples es una perfección:

$$P\varphi_1, ..., P\varphi_i, ..., P\varphi_n, ... \vdash P(\varphi_1 \wedge ... \wedge \varphi_i \wedge ... \wedge \varphi_n \wedge ...).$$

A partir de la simplicidad absoluta sería formalmente obvia la consistencia de las perfecciones de omnisciencia, omnipotencia e infinita bondad, aunque intuitivamente nos sea difícil comprenderlo. Y si el sistema fuese compacto respecto del metapredicado de perfección (en el sistema de Gödel esto se demuestra), extenderíamos esto a la consistencia transfinita para un conjunto infinito actual de perfecciones. Bajo las condiciones lógicas del caso se deduciría la condición de consistencia para la divinidad:

$$\vdash \nabla \vee x.Dx.$$

Por lo tanto parece compatible con la argumentación leibniziana que, si se pudiese determinar una "base" de perfecciones elementales o simples (pues podría haber más de una) que consista de propiedades positivas sin negación ni interna ni externa, y si la definición de Dios consiste en la conjunción de todas ellas, obtendríamos por inducción completa una perfección suprema plenamente compatible y, a partir de allí, una demostración de la posible existencia del *ens perfectissimum*. Pero en tal caso Leibniz debería probar en primer término la existencia de al menos una base de perfecciones simples. Pero "*elemental*" o "*simple*" es nuevamente una *metapropiedad suprema*. Entonces aparecería para Leibniz el problema de demostrar los siguientes teoremas adicionales L3 y L4:

(L3) Existen perfecciones simples.

(L4) Existe al menos una base de perfecciones simples a partir de la cual se puede construir el conjunto de todas las perfecciones posibles.

Estos problemas podrían ser tan difíciles de resolver como el de la posibilidad de la existencia de Dios. Y no consta que Leibniz se haya propuesto demostrarlos, y menos aún que lo haya hecho jamás.

12.5.2. *Una versión goedeliana del argumento ontológico.*

Gödel advirtió esas dificultades del argumento leibniziano. Por eso emprendió una vía diferente, que caracteriza formalmente las propiedades positivas, independientemente de su grado de complejidad, con una lógica subyacente que es extensión del sistema lógico modal (clásico) S5, más un conjunto limitado de predicados de segundo orden y algunos principios, reglas y definiciones materiales, relativos a la necesidad de los enunciados y la perfección de los predicados. Esta base le permite demostrar que el conjunto de las perfecciones es compacto respecto de la perfección de sus partes. El núcleo de la prueba requiere demostrar:

(i)   la consistencia de la existencia de Dios:  $\vdash \nabla \vee x.Dx$;
(ii)  la pendiente modal invertida para ese caso:  $\vdash \nabla \vee x.Dx \rightarrow \Delta \vee y.Dy$.
(iii) la unicidad de Dios:  $\vdash Dx \rightarrow \Delta \wedge y(Dy \rightarrow x=y)$.

La estructura de su demostración no requiere demostrar (L3) y (L4): su axioma A5, que veremos, hace innecesaria la existencia de propiedades elementales.

La semántica adecuada para el cálculo axiomático de Gödel es obligatoriamente S5, pues es la única que corresponde a las definiciones propuestas de Dios, perfección y existencia necesaria. Esta semántica se propone aquí como una semántica formal de mundos posibles, aunque esto no sea necesario.

La base axiomática adoptada (véase Roetti 2004) es la siguiente:

*Notación*:

(1) '$\Delta E\ldots$' es un (meta)predicado[250] que se lee '…existe necesariamente',
(2) '$P\ldots$' es un (meta)predicado que se lee '…es un predicado (de primer orden) positivo'.

*Definiciones*:

D1. $Dx \rightleftharpoons \Lambda\varphi(P\varphi \leftrightarrow \Delta\varphi x)$   ('$D\ldots$' $\rightleftharpoons$ '…es Dios' o '…es divino'.)

D2. $\text{Ess}(\varphi, x) \rightleftharpoons \Lambda\psi(\Delta\psi x \leftrightarrow \Delta\Lambda y(\varphi y \to \psi y))$   ('Ess…—' $\rightleftharpoons$ '…es esencia de—')

D3. $\Delta Ex \rightleftharpoons \Lambda\varphi(\text{Ess}(\varphi, x) \to \Delta\nabla x\varphi x)$   ('$\Delta E\ldots$' $\rightleftharpoons$ '…existe necesariamente')

*Axiomas*:

A1. $\vdash P\varphi_1 \wedge P\varphi_2 \to P(\varphi_1 \wedge \varphi_2)$[251],   (composibilidad de predicados positivos),

A2. $\vdash P\varphi \to \neg P\neg\varphi$,   (predicados positivos y su negación),

A3. $\vdash P\varphi \to \Delta P\varphi$   (necesidad de los predicados positivos),

A4. $\vdash P\Delta E$   (la existencia necesaria es un predicado positivo: "axioma anselmiano"),

A5. $\vdash P(\varphi) \to (\Delta\Lambda x(\varphi x \to \psi x) \to P(\psi))$ (posibilidad de la perfección plena).

### 12.5.3. *Comentarios al sistema axiomático propuesto.*

'$P\ldots$' ó '… es un predicado positivo' en la terminología de Gödel, es un predicado de segundo orden que afirma absolutamente, es decir, con independencia de la "estructura accidental del mundo"[252], que un predicado de primer orden es *valioso* "en sentido moral y estético". Sólo bajo esa condición sería posible defender la verdad de los axiomas propuestos por Gödel. La concepción goedeliana de "predicado positivo" es una *generalización de la noción de perfección leibniziana*, pues su forma es la de una forma normal disyuntiva $D_1 \vee \ldots \vee D_n$ ($1 \leq n$) de propiedades que *contiene al menos una conjunción* $D_i \leftrightarrow C_1 \wedge \ldots \wedge C_m$ que sólo consta de $m$ propiedades afirmativas sin ninguna negación o privación. Desde ahora utilizaremos el término "perfección" como abreviatura de "predicado positivo" goedeliano, aunque seamos conscientes de que la noción de Gödel es una generalización de la noción leibniziana.

Las definiciones Def. 1-3 de "es Dios" ($D\ldots$), "es esencia de" (Ess…---) y "existe necesariamente" ($\Delta E\ldots$) son obviamente predicados de segundo orden.

---

[250] Técnicamente es un metapredicado (v. Morscher 1982, 163-99), pero aquí está, como en San Anselmo de Aosta, "traducido" el lenguaje objeto, lo que en esta versión es formalmente correcto.

[251] Este axioma es inmediatamente generalizable a A1'. $\vdash P\varphi_1 \wedge \ldots \wedge P\varphi_n \to P(\varphi_1 \wedge \ldots \wedge \varphi_n)$.

[252] Gödel 1995, vol. III, 403.

La definición 1, '$Dx$', es la propiedad de tener todas las propiedades que son perfecciones. Ésta definición no implica que todas las propiedades de Dios sean perfecciones, sino sólo que sus propiedades esenciales lo son.

La definición 2, '$Ess(\varphi, x)$', es una relación binaria de segundo orden que precisa simbólicamente esa noción metafísica.

La tercera, también de segundo orden, define a la existencia necesaria "$\Delta Ex$" como una propiedad. Este es el punto central, que retoma la discusión de Frege sobre los cuantores: estos serían predicados de segundo orden que precisan de qué modo o en qué extensión se dice un predicado de primer orden de una variable de individuo. Esto nos recuerda el argumento de Kant al rechazar el argumento ontológico, por conceder sólo predicación "real" a los predicados *de tertio in adjecto*, pero no a los *de secundo in adjecto*, como la existencia.

La refutación kantiana es interesante porque, por una parte considera que sólo los predicados *de tertio in adjecto* son "reales", es decir, agregan contenido al sujeto, en tanto que los *de secundo in adjecto* no agregan ninguna información. Sin embargo su refutación del argumento ontológico se puede debilitar, admitiendo que Kant puede tener razón cuando dice que la existencia no es una propiedad "real", pero relativamente, es decir, no lo es de primer orden, pero agregando que se equivoca cuando lo niega absolutamente, pues es una propiedad real de segundo orden. La existencia, en sus diversas formas (lo que implicará, contra Kant, que tiene contenido informativo), se considera una propiedad de segundo orden que se dice, o bien del predicado, o bien del par ordenado sujeto-predicado. En su forma de existencia contingente 'Existe al menos un $x$ que es $\varphi$' la simbolizamos habitualmente '$\vee x \varphi x$', aunque esta notación no sea obligatoria.

El axioma A1. $\vdash P\varphi_1 \wedge P\varphi_2 \rightarrow P(\varphi_1 \wedge \varphi_2)$ es el de la versión de Gödel 1970, que afirma la composibilidad de las perfecciones, es decir, que la conjunción de dos perfecciones es también una perfección. Pero, como el mismo Gödel lo indica en su nota 1 (p. 403), su generalización es trivial para $n$ predicados:

A1'.    $\vdash P\varphi_1 \wedge \ldots \wedge P\varphi_n \rightarrow P(\varphi_1 \wedge \ldots \wedge \varphi_n)$.

El axioma A1 y su consecuencia A1' son "intuitivamente" defendibles, si se recuerda que la definición de perfección rechaza la presencia de toda negación, limitación o privación en al menos un disjunto $D_i \leftrightarrow C_1 \wedge \ldots \wedge C_m$. Éste y los restantes axiomas serán verdaderos sólo si las perfecciones lo son *con independencia de la estructura contingente - o "accidental"* (*como dice Gödel*) - *del mundo* (lo que equivale a decir, "en todo mundo posible"). A1, junto a la propiedad de compacidad del conjunto de las perfecciones, permite garantizar que la propiedad de ser Dios sea una perfección, aunque éstas sean infinitas. Dicha compacidad se demuestra.

El axioma A2 ($\vdash P\varphi \to \neg P\neg\varphi$) es similar al de la versión de ANDERSON 1990 y afirma que, si una propiedad es una perfección, entonces su negación no lo es, lo que se deduce constructivamente de un *tertium non datur* para perfecciones $\vdash \neg P\varphi \vee \neg P\neg\varphi$, que afirma que tanto una propiedad cuanto su negación pueden no ser perfecciones, como ocurre con las propiedades habituales.

El axioma A3 ($\vdash P\varphi \to \Delta P\varphi$) también se sigue de la caracterización de las perfecciones como *independientes de la estructura contingente del mundo* y afirma que, si una propiedad es una perfección, entonces lo es necesariamente. Esto recuerda al denominado 'segundo axioma de San Anselmo': 'si Dios existe, entonces existe necesariamente', en nuestro simbolismo '$\vdash \mathrm{V}x.Dx \to \Delta \mathrm{V}x.Dx$'. El paso de la mera aserción a la necesidad se justifica porque las perfecciones son independientes de la estructura contingente del mundo y por ello indiferentes al mundo posible considerado. Esto garantiza que Dios tenga las mismas propiedades esenciales en todo mundo posible o, dicho de otra manera, las perfecciones son propiedades esenciales de Dios.

El axioma A4 ($\vdash P\Delta E$) es el '*axioma anselmiano*', que afirma que la existencia necesaria es una perfección. San Anselmo sostenía que un ser que existe necesariamente es "mayor" que uno que existe contingentemente. Éste a su vez será "mayor" que uno meramente posible. La adopción de este axioma es una decisión teórica no sólo fundamental en la historia de la filosofía (no tanto en la de la lógica, sino primordialmente en la de la metafísica), sino además compleja:

En primer lugar supone la decisión afirmativa frente al dilema de considerar a la existencia como una propiedad o no considerarla como tal. Dicha decisión posibilita el argumento ontológico; una decisión negativa lo torna imposible. Y dicha decisión está teóricamente fundada, en contra de la argumentación kantiana, como ya vimos.

En segundo lugar introduce en la metafísica aspectos valorativos. Pero éstos son difíciles, si no imposibles, de evitar (aunque sean difíciles de fundar).

En tercer lugar afirma no sólo que la existencia necesaria es una propiedad, sino que además es una perfección. Esto es importante, pues, si la existencia necesaria no fuese una perfección, entonces, al poder Dios carecer de ella, si existiera, existiría contingentemente, lo que sería compatible con su inexistencia y con ello incompatible con la definición D1. Además el axioma es materialmente defendible, si recordamos el orden de los grados de los predicados de segundo orden relativos a la existencia de más arriba.

El axioma A5 ($\vdash P\varphi \rightarrow (\Delta\Lambda x(\varphi x \rightarrow \psi x) \rightarrow P\psi)$) nos dice que una perfección implica necesariamente perfecciones. Este axioma goedeliano es extremadamente importante, pues asegura que *la perfección plena es posible*.

No obstante la concepción más amplia del metapredicado '*P*' que propone Gödel, que es una forma normal disyuntiva de propiedades $D_1 \vee \ldots \vee D_n$ con al menos un $D_i = P_1 \wedge \ldots \wedge P_m$, asegura dicha perfección plena *aún si se admitiesen en Dios propiedades imperfectas* (como la mera existencia y la existencia posible, y otras propiedades contingentes que *se deducen* de las perfecciones y que por ello también deben predicarse de Él: si Dios es omnisciente es sapiente, si es omnipotente, es potente, etc.), lo que recuerda a autores como Hartshorne. Además este axioma es el arma que permite a Gödel resolver el problema de la consistencia de la composición de perfecciones *de modo deductivo* y no depender, como parece ser el caso en Leibniz, exclusivamente de las perfecciones elementales y de su contenido. No obstante Gödel retorna en alguna ocasión a esa concepción leibniziana que da un lugar decisivo a la "elementalidad" de las perfecciones como fundamento de la composibilidad de las mismas, como aparece en el último pasaje del texto de 1970, pasaje que no consideraremos aquí.

Este axioma A5 lo hemos presentado como una expresión de orden mixto. Otros, como el mismo Gödel y Anderson, prefieren una expresión de segundo orden puro:

A5'  $\vdash P\varphi \rightarrow ((\varphi \rightarrow \psi) \rightarrow P\psi)$.

12.5.4. *La demostración de Gödel.*

La lógica subyacente a la demostración es clásica, aunque algunos teoremas se pueden demostrar en lógica constructiva. Los teoremas decisivos sólo se deducen con medios clásicos, pero esto es adecuado para las propiedades que consideramos, especialmente las perfecciones, para las que vale el *tertium non datur*, la eliminación de la doble negación y otras reglas clásicas. Sin embargo motivos *materiales*, que tienen que ver con el *modo del conocimiento* que podemos tener de Dios, nos llevan a preferir una forma debilitada del teorema final. A partir de los axiomas se demuestran cinco teoremas triviales: que vale el *tertium non datur* para las perfecciones, que las perfecciones son propiedades necesarias, etc. Estas demostraciones, como también las de los teoremas fundamentales, se dan *in extenso* en el trabajo citado en ROETTI 2004, por lo que remitimos a él para los detalles, ya que lo que nos interesa aquí no es el aparato matemático de la demostración. Las variantes clásicas de los teoremas se indican con un asterisco y las constructivas sin él.

El primero de los teoremas fundamentales dice que:

T6*. *El conjunto de las perfecciones* Π *es compacto, es decir* P(Π) (dicho simplemente: *El conjunto de las perfecciones es una perfección*).[253] Su versión constructiva es:

T6. *El conjunto de las perfecciones* Π *es constructivamente compacto, es decir* $\neg\neg P(\Pi)$ (o bien: *No es el caso que el conjunto de las perfecciones no sea una perfección*).

T7*. $\vdash P\varphi \to \nabla \vee x \varphi x$   (Si una propiedad es una perfección, es posible que exista).

El teorema afirma que es posible que exista *separadamente* toda perfección, o que *lo absolutamente valioso es siempre posible*. Su versión constructiva afirmará la posibilidad de existencia débil: al no poder ejemplificar o construir su objeto, sólo dirá que no es necesario que todo $x$ sea $\neg\varphi$:

T7.  $\vdash P\varphi \to \neg\Delta\wedge x \neg \varphi x$.

T8*.    $\vdash PD$    (ser Dios es una perfección), y en lógica constructiva:

T8.    $\vdash \neg\neg P(D))$    (no es el caso que ser Dios no sea una perfección).

Por T6 (compacidad) la conjunción de todas las perfecciones es una perfección (o no es el caso que ser Dios no sea una perfección), pero dicha conjunción de perfecciones Π es la definición de Dios. Por lo tanto ser Dios es una perfección (o no es una no perfección).

T9*. $\vdash \nabla \vee xDx$   (este "*teorema de Leibniz*" reemplaza al primer "axioma" de San Anselmo: "*Deus est possibilis*"). La versión constructiva es algo más débil:

T9. $\vdash \neg\Delta\wedge x \neg Dx$    (no necesariamente no hay Dios).

Si Dios es posible, entonces es posible que exista (lo que es una variante de T7), y por T8 y *modus ponens* tenemos T9. Ésta es precisamente la primera parte esencial de la demostración: el teorema modal (L1) buscado por Leibniz, que

---

[253] La demostración del segundo caso no dependerá del axioma de elección, por ejemplo de ZFS, porque por la hipótesis del caso deberemos suponer la existencia de dos perfecciones a las que, por ser formalmente tales, se aplica el axioma A1.

dice que "es posible que exista Dios o la perfección *conjunta*", o que el concepto de Dios es (semánticamente) consistente.

T10*.   ⊢ $Dx \rightarrow \text{Ess}(D, x)$     (la divinidad es una propiedad esencial).

T11*.   ⊢ $Dx \rightarrow \Delta \bigwedge y(Dy \rightarrow x = y)$ (éste es el tercer teorema fundamental o teorema de unicidad: si hay Dios, entonces necesariamente hay un solo Dios).

T12*.   ⊢ $\bigvee x Dx \rightarrow \Delta \bigvee x Dx.$    (Si Dios existe, existe necesariamente).

T13*. ⊢ $\Delta \bigvee x Dx.$   Este teorema demuestra la existencia necesaria de Dios.

## 12.6. *La semántica de la demostración de Gödel.*

En el sistema S5 se deduce como teorema la llamada "ley de Becker":

$$\vdash \nabla \Delta A \rightarrow \Delta A,$$

una ley que cumple un papel esencial en la demostración de Gödel y es compatible con la definición gödeliana de "positividad" o perfección de los predicados: aquellos predicados *moral y estéticamente valiosos independientemente de la estructura contingente del mundo*, lo que en una semántica de "mundos" equivale a "*en todo mundo (posible)*". En S5 todos los mundos son mutuamente accesibles. Es decir la semántica sobre un conjunto M de mundos posibles tiene una relación de accesibilidad entre mundos R *reflexiva, simétrica y transitiva* exclusiva de S5. En una estructura tal los enunciados 'necesarios' y 'posibles' se caracterizan semánticamente como sigue:

*Necesidad*: $\Delta A$ en un mundo $m_0$ cualquiera del conjunto de mundos M syss *A* es verdadero en todo mundo posible $m \in M$ (incluso en aquél $m_0$ en que se enuncia $\Delta A$, pues la relación de accesibilidad $R$ es reflexiva, simétrica y transitiva).

*Posibilidad*: $\nabla A$ en un mundo $m_0$ cualquiera de M syss *A* es verdadero en al menos un mundo posible $m \in M$.

Sea $m_0$ "nuestro mundo" y sea verdadero decir en él que es posible que Dios, el ser necesario, exista (es decir $\nabla \Delta \bigvee x Dx$). Pero entonces, por la ley de Becker ⊢ $\nabla \Delta A \rightarrow \Delta A$, existe un mundo posible $m_i$ en el que es verdadero $\Delta A$. Pero esto significa que todos los mundos accesibles a $m_i$, que son todos y entre los cuales por lo tanto está también nuestro $m_0$, son tales que en ellos Dios existe. Pero en tal caso, puesto que todos los mundos son mutuamente accesibles y en todos existe Dios, entonces la existencia de Dios es necesaria en todos ellos. Es decir, en la semántica S5, de la simple posibilidad de Dios en un mundo cualquiera se sigue la necesidad de Dios en ese mismo y en todo mundo. Esquemáticamente podemos ejemplificar lo anterior de la siguiente manera:

$m_0 \quad\Rightarrow\quad m_i \quad\Rightarrow\quad m_j \text{ (si } m_j\in M) \quad\Rightarrow\quad m_j \text{ (si } m_j\in M)\wedge(m_0\in M)$
$\nabla\Delta\mathrm{V}xDx \qquad \Delta\mathrm{V}xDx \qquad \mathrm{V}xDx \qquad\qquad \Delta\mathrm{V}xDx$

Por supuesto, si debilitamos la relación $R$ de accesibilidad entre mundos, el teorema será semánticamente inválido. Por ejemplo, si $R$ fuera reflexiva y transitiva, pero no simétrica (es decir, cumpliera las condiciones semánticas de S4), tendríamos el siguiente esquema:

$m_0 \quad\Rightarrow\quad m_i \quad\Rightarrow\quad m_j \text{ (si } m_j\in M'\wedge(M'\neq M)\wedge(m_0\notin M')$
$\nabla\Delta\mathrm{V}xDx \qquad \Delta\mathrm{V}xDx \qquad \mathrm{V}xDx$
$\neg \mathrm{V}xDx$
$\neg\Delta\mathrm{V}xDx$

Esto asegura que Dios es necesario en algún mundo accesible a $m_0$ y que existe en todos los $m_j$ accesibles a $m_i$, pero no permite deducir que entre esos $m_j$ se encuentre $m_0$: se puede dar el caso de que $m_0$ no sea uno de los $m_j$ y que por eso en él ni sea necesaria la existencia de Dios, ni siquiera exista Dios.

En el caso de la semántica diseñada por Gödel a través de su caracterización de las propiedades positivas, que generalizan las "perfecciones" absolutas, independientes del tiempo, la relación y de todo aspecto contingente del mundo, permite que nos refiramos a la *necesidad simpliciter*, incondicional, que es precisamente la que corresponde a la semántica de S5. Todas las otras formas de necesidad son más débiles y dependientes de esta, que es la necesidad metafísica por excelencia. Desde este punto de vista la semántica modal de S5, que verifica la prueba de Gödel es la única adecuada.

12.7. *Las formas de la existencia en teología racional.*

Si ordenamos los "grados del ser" que pueden tomar los metapredicados de existencia, en dominios lógico-matemáticos o "simbólicos" y en dominios fenoménicos "no-simbólicos", obtenemos las siguientes sucesiones para dominios:

| Dominios simbólicos | (constructivos) | $\neg E < \nabla E \wedge \nabla\neg E \wedge \nabla\neg\neg E < \neg\neg E < E,$ |
|---|---|---|
| | (clásicos) | $\neg E < \nabla E \wedge \nabla\neg E < E.$ |

La sucesión superior corresponde a los sistemas constructivos y la inferior a los clásicos.

Dominios (constructivos)   $\neg\nabla E < \neg E < \nabla E \wedge \nabla \neg E \wedge \nabla \neg\neg E < E < \Delta\neg\neg E < \Delta E$
no-simbólicos (clásicos)   $\neg\nabla E < \neg E < \nabla E \wedge \nabla \neg E < E < \Delta E$

Como arriba.

En los dominios no-simbólicos cobran relevancia las distinciones modales, algo que los diferencia de los dominios simbólicos. A la izquierda tenemos la imposibilidad de la existencia '$\neg\nabla E$', que debe ser demostrada ($E \vdash f$). Por su parte la mera no existencia '$\neg E$' es fenoménica. La posibilidad trilateral de la existencia o contingencia '$\nabla E \wedge \nabla \neg E \vee \nabla \neg\neg E$' también debe ser demostrada ($E \nvdash f$ y $\neg E \nvdash f$ y $\neg\neg E \nvdash f$). Luego viene el predicado también fenoménico de mera existencia '$E$'. Por otra parte '$\Delta\neg\neg E$' y '$\Delta E$' son los grados supremos, débil y fuerte, de la perfección de la existencia en los dominios no-simbólicos, que deben ser demostrados y difieren de '$E$'. Cada una de estas formas de existencia *informa algo diverso* respecto del ser del caso. En un dominio no-simbólico es importante distinguir entre una existencia necesaria débil '$\Delta\neg\neg E$' y una fuerte '$\Delta E$'. A esta última forma la podemos definir así:

$$\Delta E \rightleftharpoons E \wedge \Delta\neg\neg E.$$

Puesto que cada uno de estos predicados de existencia dice algo distinto de su sujeto, esto constituye un fuerte argumento en contra de la argumentación kantiana y a favor del auténtico carácter predicativo *real* de estos enunciados existenciales de segundo orden, y por lo tanto a favor de la existencia necesaria como perfección en sus dos variantes en la sucesión no-simbólica constructiva.

Gödel no se ocupa específicamente de las otras formas de predicación de existencia, sino sólo de la existencia necesaria fuerte '$\Delta E$'. De ella dice (en el caso de Dios) que es una perfección que se deduce de la esencia, es decir, se trataría de un "*proprium*" divino en la terminología tradicional. Lo que afirma la definición goedeliana de '$\Delta Ex$' es que $x$ existe necesariamente si y sólo si cada propiedad de la esencia de $x$ es necesariamente real en algún ser.

Un motivo "material" – deducir la necesidad de la existencia, pero no poder mostrar el caso – aconseja admitir versiones más débiles del teorema T13, como las siguientes:

T13.'    $\vdash \Delta\neg\neg\nabla xDx$, *necesariamente no es el caso de que no haya Dios*,
         equivalente a:

T13."   ⊢ $\Delta\neg\Lambda x\neg Dx$,   *necesariamente no es el caso de que todo no sea Dios.*

Esta versión se alcanza reemplazando en las demostraciones anteriores la definición D3 de existencia necesaria fuerte por la siguiente de existencia necesaria débil:

D3'.   $\Delta\neg\neg Ex \quad \leftrightharpoons \quad \Lambda\varphi(\text{Ess}(\varphi, x) \rightarrow \Delta\neg\neg Vx\varphi x)$,   o bien

$\Delta\neg\Lambda x\neg Ex \quad \leftrightharpoons \quad \Lambda\varphi(\text{Ess}(\varphi, x) \rightarrow \Delta\neg\Lambda x\neg\varphi x)$,

que leemos '…existe necesariamente en sentido débil').

Ésta podría ser, para San Anselmo, Descartes, Spinoza, Leibniz y Gödel entre otros, una demostración puramente racional de la existencia de Dios, del que por definición no podemos tener experiencia fenoménica o espacio-temporal. Como ya indicáramos, en matemática podemos distinguir dos formas de existencia, conforme al modo de conocer: los teoremas de existencia fuerte corresponden a objetos para los cuales se pueden dar algoritmos de construcción. En cambio los teoremas de existencia débil corresponden a objetos para los cuales no se pueden encontrar tales algoritmos, pero para los que, sin embargo, se puede proceder de la siguiente manera: se supone su inexistencia y de esa hipótesis se deduce una conclusión falsa en la teoría. Entonces se concluye que *no es el caso que no exista*, aunque no se pueda "mostrar" el objeto. En general los teoremas de existencia en dominios simbólicos demostrados por reducción al absurdo son de existencia débil.

En dominios no-simbólicos parcialmente fenoménicos, como los de la ciencia empírica en general, hemos distinguido por un lado entre una existencia empírica contingente y una existencia necesaria fuerte, que correspondería a enunciados deducidos de la teoría y que hablan de objetos, acontecimientos o procesos, que se nos dan intuitivamente en el mundo de los fenómenos. Por otro lado, cuando en una ciencia empírica bien corroborada hemos deducido la existencia de un objeto o de un acontecimiento, pero ésta no se nos da – o no se nos puede dar – empíricamente, entonces hemos predicado una existencia necesaria débil. Esto se puede trasladar analógicamente a lo transfenoménico o "nouménico"[254] que se nos puede presentar por ejemplo en la metafísica.

Por definición lo transfenoménico o nouménico no se nos da en la percepción espacio-temporal. De ese mundo nouménico no hay posibilidad de intuición sensible pero, aunque negáramos toda posible intuición intelectual, si se pudiera

---

[254] Cf. Platón, Politeía, 508c y ss. Kant distingue entre uso negativo y positivo del concepto de 'noúmenon' y rechaza el último (ser dado en una intuición intelectual). Cf. Kant 1781-7, B 307 y 311 (citamos de la edición de W. Weischedel, Darmstadt: Wissenschaftliche Buchgesellschaft, 1975).

demostrar indirectamente la existencia de algo no fenoménico, entonces esa prueba de existencia sería débil. Eso es precisamente lo que ocurre en todas las demostraciones filosóficas de la existencia de Dios, incluida la del argumento ontológico. Por lo tanto ellas serán obligatoriamente de existencia débil. Esas demostraciones pueden ser de varias naturalezas. Una de ellas es la del argumento ontológico, que predicará por lo tanto una existencia *necesaria* débil: T13.' o T13".

Otros argumentos, que no fuesen demostraciones sino argumentaciones con fundamento insuficiente pero "bueno", muy persuasivas, nos proporcionarían creencias racionales bien fundadas de existencia necesaria débil. Algunos argumentos sobre la existencia de Dios parecen ser casos de creencias racionales bien fundadas de existencia débil, como alguno que nos permitiera asegurar:

**cr**($\neg \bigwedge x \neg Dx$)  (donde "**cr**" significa "creencia racional"), que también podemos escribir de la siguiente manera[255]:

**cr**($\neg \neg \bigvee x Dx$).

Recordemos aquí que la creencia racional puede ser de dos naturalezas, la creencia racional con fundamento extensionalmente comparable, que en la sección 5.3 nos da la definición *Def.* 16: **cr**($t_m$) $\leftrightarrow_d \bigwedge t_n(\mathbf{f}(t_m)_e \text{comp} \mathbf{f}(t_n) \to \mathbf{q}(t_m) \geq \mathbf{q}(t_n) \wedge (\mathbf{q}(t_m) \neq \emptyset))$ y la creencia racional con fundamento extensionalmente incomparable, aunque intensionalmente comparable que en esa misma sección nos da la *Def.* 17. **cr**($t_m$) $\leftrightarrow_d \bigwedge t_n((\mathbf{f}(t_m)_i \text{comp } \mathbf{f}(t_n)) \to \mathbf{q}(t_m) \geq \mathbf{q}(t_n) \wedge (\mathbf{q}(t_m) \neq \emptyset))$.

Todos los análisis indican que las famosas "cinco vías" de Santo Tomás de Aquino, y muchas variantes de argumentos similares de otros filósofos, tienen ese aspecto de discursos bien argumentados que son al menos una opinión bien fundada de la existencia de Dios, por lo que la creencia en la existencia de Dios puede ser considerada como una creencia racional. Se encontrarían entonces en el ámbito de una razón insuficiente, pero bien fundada.

Hay muchos otros tipos de pruebas de la existencia de Dios, que no vamos a considerar. Sólo mencionaremos una que es especialmente interesante: la prueba de la existencia de Dios que dio el obispo anglicano irlandés Berkeley con su metafísica inmaterialista, cuya tesis central es *"esse est percipi aut percipere"* (ser

---

[255] Ver sección 5.3, def. 16 y ss. Ciertamente un ateo podría presentar argumentos persuasivos sobre la no existencia de Dios, es decir: **cr**($\bigwedge x \neg Dx$). La consideración de esos argumentos dialécticos nos muestra empero un más alto grado de persuasión por parte de los argumentos dialécticos afirmativos de su existencia, pero esto nos desplaza al problema de los grados de la persuasión, problema que ya tratamos en el capítulo tercero.

equivale a ser percibido o percibir) ya hemos mencionado más arriba. Para el filósofo irlandés no existe la materia, pero sí los objetos físicos, como las manzanas, las casas, las montañas, los planetas, las estrellas, el universo entero.

La noción metafísica de materia no está desprovista de dificultades; puede ser contradictoria. Berkeley trata de mostrar su imposibilidad y luego de argumentar contra ella nos dice: *"No argumento contra la existencia de cualquier cosa que podamos aprehender, sea por los sentidos o por la reflexión. No cuestiono de ninguna manera que existan, realmente existan, las cosas que veo con mis ojos y toco con mis manos. La única cosa cuya existencia niego es lo que los filósofos llaman materia o substancia corpórea. En hacer esto no hay ningún daño para el resto de la humanidad, la cual, oso decir, nunca la echará de menos."*[256]

Como sabemos los dos conceptos centrales de la metafísica de Berkeley son el "espíritu" y la "idea". El "espíritu" corresponde aproximadamente a lo que hoy llamamos la "conciencia" o "mente", y la "idea" a la "sensación", la "experiencia consciente" o, en general, a un "estado de la mente". En consecuencia en la metafísica de Berkeley disminuye la distancia entre el hombre y Dios, ya que no existe la materia como realidad separada de la consciencia, como ocurría en la metafísica cartesiana. Y tampoco habrá, como en Newton, un Dios ingeniero que produzca las cosas, por ejemplo un árbol, en un mundo material, sino que mi percepción de un árbol en un espacio y tiempo determinado es una idea que Dios produce en mi mente. Y ese árbol continúa existiendo en ese espacio y tiempo cuando ninguno lo percibe, porque Dios es la mente infinita que percibe todas las ideas en sus respectivos espacios y tiempos.

Recordando los elementos de su metafísica podemos exponer su prueba de la existencia de Dios, que dice así: *"No importa cuál sea el poder que yo pueda tener sobre muy propios pensamientos, yo encuentro que las ideas realmente percibidas por el sentido no tienen una dependencia de mi voluntad. Cuando abro mis ojos a plena luz del día no está en mi poder elegir si veré o no, o determinar qué objetos particulares se presentarán a mi vista, y del mismo modo para mi oído y los demás sentidos; las ideas impresas en ellos no son criaturas de mi voluntad. Por lo tanto existe alguna otra Voluntad o Espíritu que las produce."*[257]

Lo que podemos preguntarnos a continuación es qué fundamento tiene esta prueba de Berkeley. En primer lugar podemos decir que la crítica a la existencia de la materia puede ser persuasiva y convincente, pero no es la única manera posible de resolver las dificultades que la existencia de la materia puede acarrear

---

[256] "I do not argue against the existence of any one thing that we can apprehend, either by sense or reflection. That the things I see with mine eyes and touch with my hands do exist, really exist, I make not the least question. The only thing whose existence we deny, is that which philosophers call matter or corporeal substance. And in doing of this, there is no damage done to the rest of mankind, who, I dare say, will never miss it.", Berkeley 1710, párrafo 35.
[257] Berkeley 1710, párrafo 29.

a una metafísica. Por lo tanto, si bien una metafísica sin materia es consistente y por ello concebible, no es la única metafísica consistente y concebible que podemos pensar.

En consecuencia podríamos decir que la metafísica de Berkeley es inmanentemente fundada, pero no lo es trascendentemente. En segundo lugar el argumento de la existencia de Dios de Berkeley parece ser un teorema dentro de su metafísica, pero esa metafísica no está tan precisamente construida como para que podamos asegurar sin dudas que sea un teorema inmanente en ella. No obstante podemos decir, al menos, que en ella está bien fundada inmanentemente la existencia de Dios. Pero lo que de ningún modo podemos afirmar es que sea un teorema metafísico trascendente. Hay otras metafísicas posibles, con sus teorías consistentes, y con sus teoremas y tesis inmanentemente bien fundadas. Y los criterios para la selección de una metafísica particular como sistema de creencia no están más allá de toda duda. Éste parece el sino más común del pensamiento metafísico de occidente.

## 12.8. *Referencias*.

Berkeley G. [1710] : *A Treatise Concerning the Principles of Human Knowledge*, Wikisource, versión 2013.
Gödel K. [1995] : *Kurt Gödel. Collected Works*, vol. III, Clarendon Press, Oxford (Colección de todos los trabajos de Gödel editados e inéditos en alemán e inglés. Editor Solomon Feferman y otros).
Janich P. [1980] : *Die Protophysik der Zeit. Konstruktive Begründung und Geschichte der Zeitmessung*, Suhrkamp, Frankfurt.
Janich P. [1997] : *Das Maß der Dinge. Protophysik vom Raum, Zeit und Materie*, Suhrkamp, Frankfurt.
Kant I. [1781-7] : *Kritik der reinen Vernunft* (ed. Weischedel, Wissenschaftliche Buchgesellschaft, Darmstadt, 1975, vol 3-4).
Leibniz G. W. [1684] : en Gerhardt, C. I. (ed.): *Die philosophischen Schriften von G. W. Leibniz* IV, 422, Berlin 1875-90 (reimpreso en Hildesheim, 1960).
Leibniz G. W. [1714] : *Monadologie*, en G. W. Leibniz: *Kleine Schriften*, Herausgegeben von Hans Heinz Holz, Frankfurt: Insel Verlag, 1965.
Lorenzen P. [1969] : *Einführung in die operative Logik und Mathematik*, Springer-Verlag, Berlin-Heidelberg-New York.
Lorenzen P. [1987] : *Lehrbuch der konstruktiven Wissenschaftstheorie*, Bibliographisches Institut, Manheim/Wien/Zürich.
Roetti J. A. [2004] : "El argumento ontológico: La variante de Gödel de la versión de Leibniz", *Diálogos* XXXIX, **84** (julio 2004), 77-105, Universidad de Puerto Rico, Puerto Rico.
Searle, J. [1980]: "Minds, Brains, and Programs". *Behavioural and Brain Sciences*, **3**, pp. 417-457.

Turing A. M. [1950] : "Computing Machinery and Intelligence". *Mind,* **59**, pp. 433-460.
Vollmert y otros [1988] : *Schöpfung,* Informationszentrum Berufe der Kirche, Freiburg.

# CAPÍTULO 13

## Algunos comentarios

Jorge A. Roetti

> *"Wir fühlen, daß selbst, wenn alle möglichen wissenschaftlichen Fragen beantwortet sind, unsere Lebensprobleme noch gar nicht berührt sind. Freilich bleibt dann eben keine Frage mehr, und eben dies ist die Antwort."*
> Ludwig Wittgenstein[258]

13.1. *Generalidades.*

Hemos visto que existe una simetría interesante entre el argumento ontológico en la versión de Gödel por una parte y algunos fragmentos bien construidos de teoría matemática por la otra, desde la aritmética de Peano y sus extensiones, hasta gran parte del análisis clásico, la matemática finita, fragmentos de estocástica, álgebras, etc. Un teorema en todos esos dominios está suficientemente fundado respecto de las condiciones de construcción, es decir, es *epistéemee* en el sentido griego de saber suficientemente fundado tanto en la base de entidades simbólicas construidas, como por su regla de paso.

Por otra parte una región de teoría física parcialmente fenoménica sólo está insuficientemente fundada, pues depende de modelos hipotéticos acerca de cuál es la estructura física del espacio, el tiempo y la masa, y en tales modelos muchos términos no son directamente empíricos, sino teóricos y, en el mejor de los casos, sólo accesibles mediante complejas mediaciones teóricas y muchas veces inclusive no mediadas completamente, sino sólo a través del formalismo. El saber físico es pues, en gran medida, sólo creencia racional, en muchos casos sólo muy bien corroborada, pero con importantes aspectos no empíricos, como lo testimonian los inevitables términos teóricos. Hoy nos encontramos pues muy lejos de la idea kantiana de la física como ciencia perfectamente fundada por construcción sintética *a priori* en las formas de la intuición sensible.

Como hemos advertido en el capítulo precedente, la prueba de Gödel sobre el argumento ontológico se puede considerar *epistéemee* y posee una semántica adecuada para sus definiciones de perfección, de Dios y de existencia necesaria, y para sus axiomas. Pero ¿qué es lo que demuestra? Parece ser que lo que de-

---

[258] Wittgenstein 2001: "Sentimos que cuando incluso todas las preguntas científicas posibles hayan sido respondidas, nuestros problemas de la vida no han sido tocados en absoluto. Entonces no queda ciertamente ninguna pregunta; ésta es precisamente la respuesta."

muestra es la necesidad racional de admitir la existencia necesaria de Dios en razón de las reglas internas de la fundamentación necesaria dentro de S5, que es la única semántica existente adecuada para la expresión del problema. Pero ¿cuál sería su "empiria"? Alguien podría considerar como tal a las restantes vías hacia Dios que parten de la consideración del mundo y en las que Dios es un término teórico metafísico nouménico, en tal sentido análogo a los términos teóricos de la física. Pero esas vías hacía Dios, como las de la física hacia la estructura esencial e incognoscible del mundo físico, podrían no superar el grado de creencias racionales (*pístis*), aunque no se pueda negar que puedan tener buenos fundamentos. Sin embargo es posible otro modo de entender su "experiencia".

Se puede considerar como acertada la crítica de Kant a la fundamentación de la metafísica, pero como hoy sabemos, el gran filósofo del criticismo se equivocó respecto del tipo de fundamentación que se puede alcanzar en buena parte de la física, en la cual no se obtiene nunca ciencia en el sentido de *epistéemee*, sino sólo una creencia parcialmente empírica, más o menos bien fundada, pero con fundamento siempre insuficiente, como también ocurre en la metafísica. Además, como hemos visto en el capítulo anterior, una parte de la crítica kantiana al argumento ontológico, la que le niega a la existencia el carácter de predicado informativo, es también forzada.

En consecuencia, la tesis de la superioridad del conocimiento físico respecto del metafísico, sostenida por Kant y difundida a partir de entonces, es hoy, tal como la conocemos, parcialmente insostenible, aunque ella le ha hecho un gran daño teórico a la filosofía al considerarla a lo sumo como un saber inferior al de la ciencia, a pesar de que la teoría de la ciencia del siglo XX destruyó el ya antiguo mito de que la física y la ciencia empírica eran saber suficientemente fundado.

Salvo algunos pequeños fragmentos de *epistéemee*, la ciencia empírica es sólo creencia racional. Y por su parte también la filosofía puede tener fragmentos de saber suficientemente fundado. Las regiones mejor fundadas de la filosofía están pues al menos en una situación de paridad epistemológica respecto de las ciencias empíricas contemporáneas mejor fundadas.

13.2 *Precisiones.*

13.2.1 En la literatura filosófica contemporánea para referirse a Dios se suele preferir un término latino que algunos tienen por más universal, el infinitivo '*esse*', en lugar del participio activo presente de ese verbo, que es '*ens*'. Esto es también discutible, pues el sentido de los términos es convencional y no está determinado de antemano. Podemos entender a Dios como *ens* en un sentido no restringido, *ipsum esse*, el que tiene *actualitas*.[259] De todos modos hemos adoptado la expresión '*esse*' para referirnos a lo que no es una región limitada del ser o del mundo, para lo que hemos reservado el participio '*ens*'.

13.2.2. Un aspecto poco mencionado en las pruebas sobre la existencia de Dios es el de las *especies de existencia*, tanto simple como relativa a nuestro conocimiento. Desde antaño se distinguió, por ejemplo, entre ser posible, ser *simpliciter* y ser necesario. Cuando discutimos el rechazo kantiano a considerar a la existencia como un auténtico predicado, presentamos un par de clasificaciones de las distintas formas de predicar la existencia. Ahora sólo queremos recordar algunas distinciones que introdujera Alexius Meinong. Éste distinguió en el ser *simpliciter* los siguientes modos de dársenos:

1. La "existencia" (*Existenz*), que se predica de los entes del mundo fenoménico espacio-temporal, como cuando se enuncia la proposición "el sol existe".

2. La "consistencia" (*Bestand*), que se dice de las entidades construidas en las ciencias simbólicas, pero también de los entes de la imaginación y del arte. Un ejemplo de las primeras sería el enunciado "2+2=4 consiste".

3. La "inexistencia" o el "estar fuera del ser" (*Außensein* según la expresión de Meinong). Ésta corresponde a las entidades que ni "existen" como las entidades del mundo de los fenómenos, ni "consisten" como las entidades que construimos en la matemática o en el arte o en la imaginación. Un ejemplo clásico de la matemática para estas entidades fuera del ser es el "círculo cuadrado" y cualquier otra entidad matemática imposible.[260] Esta categoría de "lo inexistente" o "lo fuera del ser" no tuvo mucho éxito en la historia de la filosofía del siglo veinte, aunque parece una aproximación verdaderamente interesante para el estudio de la metafísica contemporánea.

13.2.3. En el intuicionismo y el constructivismo matemático surgió otra diferencia que ya discutimos y aplicamos, tanto en las ciencias como en la filosofía. También en el argumento ontológico y las restantes vías para fundar la existencia divina vimos que la existencia fuerte o *sensu stricto* corresponde a la experiencia del objeto, y la existencia débil o *lato sensu* a la contradicción que implicaría suponer la inexistencia de Dios en la teoría. Nuestra única crítica a esa prueba de Gödel fue que en su demostración la existencia divina es fuerte. Pero hemos distinguido con el intuicionismo entre existencia fuerte y existencia débil, por lo que fue razonable debilitar la argumentación goedeliana y concluir débilmente con "necesariamente no es el caso que no exista Dios", o con su equivalente

---

[259] Ver Gilson 1948, 88ss.
[260] Cf. Meinong 1915, § 16, y Schmidt 1921, 91ss.

"necesariamente no es el caso que todo $x$ no sea Dios". Con eso logramos matizar la demostración goedeliana y concluir ese tema.

### 13.3. *Comentarios finales.*

13.3.1. Finalmente podemos preguntarnos qué es lo que realmente prueba Gödel con su versión del argumento ontológico, con el debilitamiento propuesto incluido. Hemos asegurado que la versión de Gödel del argumento ontológico es *epistéemee* y tiene una semántica adecuada para sus definiciones de perfección, de Dios y de existencia necesaria, como también para sus axiomas. Pero no pudimos menos que preguntarnos si no habría otra semántica adecuada que no fuese la de S5 y que no verificase el argumento. Hemos buscado otras semánticas que fueran adecuadas, pero no la hemos encontrado.

Todos los esfuerzos realizados por muchos filósofos y comentaristas sugieren que el argumento ontológico en la versión de Gödel demuestra que todos los dialogantes racionales admitirían la existencia de Dios porque las reglas internas de la fundamentación dentro de un sistema simbólico parece ser el único adecuado para el tratamiento del problema. De ese modo demostrar débilmente la existencia necesaria de Dios mediante un argumento ontológico significaría que la razón no puede concebir consistentemente la no existencia de Dios. O lo que es equivalente, que *Dios es una condición necesaria de la razón*. Esto afirma algo más fuerte que el mero carácter lingüístico del filosofema. Algo semejante afirma un autor como Fitting en un libro bastante reciente en el que dice: "*Los argumentos ontológicos tratan de establecer la existencia de Dios basados sólo en la lógica: los principios del razonamiento requieren que Dios sea parte de la ontología propia.*"[261] Ésta es una afirmación fuerte, incluso más fuerte que el criterio de existencia teórica que propone Hilbert y que reclama sólo la consistencia de la entidad en la teoría:

"*Se llaman matemáticamente existentes a las objetividades que pueden ser tema de una teoría matemática y que en esta teoría pueden fungir libres de contradicción.*"[262]

Por supuesto, en el argumento ontológico el paso faltante es el que va de la razón dialógica necesaria a la realidad extradialógica. Este hiato parece insalvable: de Dios como condición necesaria de la razón a Dios *extra rationem*. Este paso tampoco lo pueden dar otros argumentos como las vías tomistas, cuyos fundamentos pueden ser muy buenos, pero son de fundamento insuficiente, por convincentes que sean, ya que no alcanzan el carácter de prueba, sino sólo el de una buena *pístis*.

---

[261] Fitting 2002, XI. Ontological arguments seek to establish the existence of God based on pure logic: the principles of reasoning require that God be part of one's ontology".
[262] Cf. P. ej. Becker, Oskar, ²1973, 29, donde se encuentra una definición hilbertiana (Def. I) y una constructiva de existencia (Def. II).

Sin embargo es posible pensar un fundamento fuerte para la existencia de Dios. Sería la experiencia mística que, en caso de existir, es excepcional y no admite una transmisión clara de su contenido a quienes carecen de una experiencia tal, que somos multitud. Y menos en el lenguaje coloquial, que sólo es apropiado para lo mundano y su manipulación. De todos modos, por muy excepcionales que puedan ser los místicos, serían una comunidad espacial y temporalmente distribuida. Y si los místicos sólo muy oscuramente pudieran transmitir sus experiencias de Dios a los no místicos, se podría conjeturar que *entre ellos* esa transmisión de experiencias sería más fácil. La concordancia de la comunidad de los místicos significaría un consenso intersubjetivo universal de existencia fuerte de Dios, aunque sólo dentro de esa comunidad.

13.3.2. Un problema adicional sería el del pasaje de los dichos de una comunidad mística al resto de los humanos. Esa situación se puede comparar con la de los dichos de una comunidad de matemáticos o de una comunidad de físicos frente a un universo de legos en tales disciplinas. Supongamos que unos matemáticos nos cuentan que existen demostraciones para teoremas como el de Bolzano-Weierstraß o el del punto fijo de Brouwer, que son teoremas de existencia débil, y ponen esas demostraciones a disposición de cualquiera que haya alcanzado una habilidad matemática suficiente como para entenderlas. La mayoría de los mortales carecen de los conocimientos necesarios para ello, pero tampoco tienen motivos para sospechar que los matemáticos los quieran engañar. Por lo tanto, aunque no puedan seguir sus demostraciones, pueden sostener la creencia fundada en dichos teoremas, aunque su motivo sea la *autoridad epistémica* de que gozan esos científicos en su campo específico. El caso de la física empírica no difiere mucho. Los físicos no pueden demostrar sus hipótesis. Sin embargo sus consecuencias empíricas están bien corroboradas, de modo que todos los estudiosos del mundo con conocimientos suficientes las tienen por bien fundadas y comparten una creencia racional en sus hipótesis y consecuencias, mientras carezcan de motivos fuertes como para dudar. Y tales creencias racionales se consideran conocimiento científico empírico de la mejor calidad. Los legos no pueden comprender esas teorías por su complejidad, pero les creen a los físicos y, sin son racionales, adoptan esa creencia racional por motivos de autoridad epistémica (y aplicación técnica). Esto es lo que habitualmente ocurre entre los legos respecto de los resultados científicos efectivamente universales.

El argumento por autoridad epistémica es uno de los pocos buenos fundamentos de que dispone el lego para fundar una creencia racional. Lo cierto es que por estos fundamentos, y por otros más débiles, los científicos gozan actualmente de alta credibilidad entre los legos. Esto no debería ocurrir en la misma medida con teorías mal construidas, en las que no hay acuerdo acerca de principios, ni de métodos, ni de consecuencias. ¿Cuál sería la conducta racional de una comunidad científica en tal caso? El grado de fundamentación insuficiente de muchas tesis y teorías es relativamente bajo. Y la bondad de los fundamentos de diversas teorías suelen no ser comparables, de modo que no habría motivos teóricos para preferir una teoría $t_1$ a otra $t_2$. Si las creencias racionales fuesen incomparables, ¿a quién deberían creer los legos? En tal caso no habría criterios defendibles, por indiferencia en la autoridad epistémica y en las consecuencias corroborables.

Todas estas situaciones acontecen en dominios científicos. La situación de una comunidad de místicos respecto de la multitud de legos no sería diferente, es decir, no habría diferencia epistemológica entre la mística y la mejor ciencia, ni en sentido inmanente, ni en sentido trascendente. En sentido inmanente una comunidad de místicos será inevitablemente escasa. Pero muchas comunidades científicas – sobre todo en cuestiones de fundamentos de temas muy complejos – también lo serán. Además el procedimiento de información mutua y discusión de sus experiencias discurrirá según el mismo patrón de diálogo crítico. Los legos, que no pueden comprender ni las experiencias ni las teorías de científicos y místicos, reposan igualmente sobre el criterio de autoridad para fundar sus creencias racionales.

Una diferencia posible sería la de las aplicaciones técnicas, que la ciencia tendría y la mística no. Pero tampoco esto es tan sencillo, pues algunas partes de ciencias carecen de aplicaciones, ya que los núcleos más abstractos de las ciencias más arduas suelen ocuparse de cuestiones tan alejadas de la empiria que parece casi imposible que tengan consecuencias técnicas. Por el contrario la vida de los místicos suele presentar fenómenos intersubjetivamente intuibles por los legos, que pueden fundar sobre ellos una creencia racional.[263] De todos modos la comunidad de los místicos sería la única que podría alcanzar un fundamento fuerte e intuitivo de la existencia de Dios en este mundo. La teología natural en cambio sólo puede presentar pruebas de existencia necesaria débil para algunos argumentos, como la del argumento ontológico, y creencias más o menos bien fundadas en dicha existencia, para otras vías, pero siempre insuficientemente fundada. El estatuto epistemológico de la teología natural es entonces en parte comparable al de las ciencias simbólicas y en parte al de las ciencias empíricas.

13.3.3. Entonces se impone una pregunta: ¿Por qué hay hoy, en el mundo llamado occidental, tanta credulidad en algunas ciencias (especialmente en las poco fundadas, cercanas a las ideologías) y en las técnicas, y tan baja creencia en la teología natural, por una parte, y por qué hay tanto ateísmo y tan poco teísmo

---

[263] Uno de los fundamentos externos asociados a los místicos es el milagro; como decía Fausto: "Oigo bien el mensaje, sólo me falta la fe;/ El milagro es la criatura más amada de la fe" (Die Botschaft hör'ich wohl, allein mir fehlt der Glaube;/Das Wunder ist des Glaubens liebstes Kind), Goethe Johann Wolfgang: Faust, I, 765-766.

entre los ilustrados y las masas de ese mundo? Difícil y multicausal la respuesta. Entre ellas se encuentra el ateísmo trivial difundido entre muchos filósofos, científicos y técnicos, y también el escamoteo sistemático de las preguntas fundamentales que trascienden al mundo de los fenómenos. De todos modos, y modas aparte, las vías hacia la existencia de Dios, el argumento ontológico y muchos problemas de metafísica y ontología pueden presentar buenos fundamentos, a veces mejores que los que se pueden presentar para numerosas tesis de ciencias empíricas. Si Kant tenía parcialmente razón cuando negaba el carácter de ciencia a toda la metafísica clásica y se lo concedía a la matemática y a la mecánica newtoniana, eso era así porque pensaba – hoy sabemos que equivocadamente – que la última de esas disciplinas había alcanzado efectivamente la razón suficiente para sus tesis principales, y que la metafísica jamás lo podría hacer. Tenía razón en la segunda parte de esa conjunción, pero no en la primera. En efecto, hoy sabemos que las ciencias empíricas, salvo en reducidos ámbitos, no pueden alcanzar la demostración, con lo que su estatuto epistemológico no puede ser superior al de la metafísica y de la filosofía en general. Esto también se revela a partir de las reflexiones sobre teología natural, y especialmente de las consecuencias de la versión gödeliana del argumento ontológico que presentamos.

¿Pero cuál sería su "empiria"? En sentido estricto no hay ninguna.[264] En sentido lato se podría considerar tal a las restantes vías hacia Dios que parten de la consideración del mundo y en las que Dios es un término teórico metafísico nouménico análogo a los términos teóricos de la física. Pero esas vías hacia Dios, como las de la física hacia los fragmentos de la estructura hipotética incognoscible del mundo físico, son a lo sumo creencias racionales más o menos bien fundadas. El paso que nos falta es el que va de la razón dialógica necesaria a la realidad extradialógica. Este hiato parece insalvable: de Dios como condición necesaria de la razón a Dios *extra rationem*. Y este paso sólo lo pueden dar argumentos con fundamentos más débiles que, por muy convincentes que sean, como los de la mecánica relativista, no pueden alcanzar el carácter de prueba, sino sólo el de una buena opinión.

¿Cuál sería una condición inobjetable que permitiera dar el salto *extra rationem* del argumento ontológico a la "realidad nouménica"? Ello sería posible si fuera verdadera la tesis hegeliana de la identidad del "concepto" cuidadosamente desplegado y la "realidad", o, más popularmente, de que "todo lo real es racional", o bien el venerable fragmento III del poema de Parménides: *"lo mismo es pensar y ser"*.[265] Estas grandes tesis, aunque no podamos demostrarlas, parecen

---

[264] *Stricto sensu* podría se predicar la forma fuerte de existencia necesaria en el caso de la experiencia mística en la que hay conocimiento intuitivo de la divinidad, si es que la aceptásemos, sea la de las religiones occidentales o de metafísicas orientales.
[265] … tò gar autò noéin ésti te kai éinai.

ser al menos *éndoxa* persuasivos, porque su contradictoria carecería de "razón suficiente", como se exigiría en la metafísica tradicional, aunque una solicitud de razón suficiente sería rechazada por Kant, porque superaría el límite de lo fenoménico. Sin embargo sería una analogía persuasiva.

13.3.4. Las vías tomistas hacia Dios son razones insuficientes, en tanto que muchos argumentos ateístas aparecen, en general, como bastante deficientes. Puestos a elegir entre un argumento teísta bien construido y uno ateísta débilmente fundado, parece racional adoptar la creencia en la existencia y no en la inexistencia de Dios. Si ambas creencias incompatibles fuesen posibles, $\neg\neg \forall x.Dx$ y $\neg \forall x.Dx$, el fundamento de la primera parece mejor que el de la segunda, aunque no se presenten como fundamentos extensionalmente comparables. Si se establecieran escalas ordenadas para fundamentos intensionalmente comparables, se podría obtener para la creencia en la existencia de Dios fundada en argumentos insuficientes fuertes, respecto a la creencia en un ateísmo igualmente fundado, una relación como la siguiente: **cr**($\neg \forall x.Dx$) < **cr**($\neg\neg \forall x.Dx$), es decir, la creencia racional en la inexistencia de Dios podría tener un fundamento menor que la creencia racional en su existencia, aunque ambas fuesen insuficientes.

La mayoría de las discusiones sobre racionalidad de creencias se desarrollan ponderando y comparando la fortaleza de sus fundamentos insuficientes. Las discusiones en las ciencias empíricas no escapan a esta situación: esas ciencias no son un saber demostrado. Casi nunca pueden demostrar, sino sólo tornar creíbles en mayor o menor medida ciertas tesis más o menos organizadas deductivamente en la teoría. Como ya mencionamos, en algunas teorías físicas contemporáneas, como la relatividad generalizada y fragmentos de la mecánica cuántica, el grado de creencia racional alcanzado es altísimo (especialmente por su "contexto de aplicación"), pero no tienen fundamentación suficiente. En otras ciencias, como las ciencias humanas, a veces mal construidas y corroboradas (y con un contexto de aplicación débil), con fragmentos retóricos e infestadas de ideología, los fundamentos de algunas tesis incompatibles suelen ser deficientes pero incomparables, por lo que no sería posible establecer un orden de preferencias entre esas creencias y sería igualmente racional adoptar una u otra. Por ello la situación de grandes regiones teóricas de ciencia empírica no es esencialmente mejor que la de algunas regiones de la filosofía y de la teología natural en cuanto a fundamentos y credibilidad racional, sino que en muchos casos es más débil.

13.3.5. Volvamos a la definición de la verdad del filósofo neotomista austriaco Emerich Coreth, que mencionamos en el capítulo primero (sección 1.2.2). Como en Aristóteles y Santo Tomás este filósofo piensa la verdad como un "acuerdo entre el saber y el ser"[266], acuerdo que contiene al menos un núcleo de

---

[266] "Übereinstimmung zwischen dem Wissen und dem Seienden". Coreth 1961, p. 350.

identidad y por lo tanto un modo de conocimiento necesario del objeto. Coreth coincide con la concepción clásica de la relación de verdad consiste en una identidad básica de ser y saber. A esto agrega una tesis metafísica interesante, que parece ser de su autoría, y que dice que

*"Ser es originaria y propiamente un Saber-Se, un Ser consigo que se sabe en una realización espiritual.*[267]

Esta tesis de Coreth nos recuerda a la metafísica de Berkeley, que mencionamos en el capítulo anterior, aunque no coincida en su totalidad con ella. No parece exagerado interpretar que lo que dice Coreth es que no habría ser sin ser conocido. O dicho de otro modo, que no hay ser sin espíritu. Pero esto tiene un profundo aire de familia con el clásico párrafo de Parménides sobre la identidad del ser y el pensar, que también inspiró a Heidegger.

La tesis de Coreth, como la de Parménides y tantas otras de la historia de la filosofía es una tesis ontológica importante, porque proclama una originaria equivalencia entre ser y ser conocido. Y esta tesis está en la esencia de todo espiritualismo, que de este modo es incompatible con todas las formas de materialismo reduccionista del espíritu.

13.3.6. Una tesis con cierto aire de familia común, aunque limitada a la experiencia mundana, es la del *"Dasein"* o "ser ahí" de Heidegger, que es condición de posibilidad del objeto, del mundo, y de todo otro *Dasein*, con quien soy y para quien yo soy el otro. En esa estructura fundamental no hay nada sin el que es ahí y tiene mundo. El hecho de que el Dasein de la ontología fundamental no trascienda el mundo de lo dado, revela también la influencia kantiana, querida o no, consciente o no, de los límites de la razón y su sistema categorial al mundo de los fenómenos. Y éste parece un límite razonable para una razón que busca fundamentos indudables. Pero es un límite que podemos sobrepasar en el caso de una razón dialéctica que se conforme con buscar fundamentos insuficientes, dudosos pero al menos defendibles, como nos ocurre en la vida cotidiana, pero también en el mundo de la ciencia y la técnica. Por supuesto, el *Dasein* de la ontología fundamental no tiene por qué ser independiente de la materia, pero muestra un carácter originario que obliga a preguntarse por la fundamentación de los reduccionismos materialistas.

De modo que sin proponérnoslo venimos a parar a una de las antítesis más antiguas de la historia de la filosofía occidental: la contradicción entre materialismo y espiritualismo. En su núcleo la tesis espiritualista no sólo afirma que la

---

[267] "Sein ist ursprünglich und eigentlich Sich-Wissen, wissendes Bei-sich-Sein im geistigen Vollzug". Coreth 1961, p. 354.

organización de la materia no puede explicar el espíritu, lo que sólo se puede argumentar de modo insuficiente, sino que además muestra que toda experiencia de objetos espacio-temporales supone experiencia, es decir una consciencia del mundo material, un espíritu, y esto se puede argumentar de modo perfecto, porque todo darse de objetos, mundo u otras consciencias, es siempre un ser dado al que ya es ahí, al *Dasein*. Los objetos materiales y el mundo sólo se dan a ese que ya está ahí como su condición de posibilidad, el *Dasein*, que en ese sentido es una forma originaria del ser espiritual, aunque no podamos mostrar que preceda o suceda a su complemento inevitable, el mundo.

Por su lado el materialismo trata de mostrar cómo surge la conciencia mediante pasos sucesivos de complicación de la organización material, aunque nunca pueda demostrar más allá de toda duda ese surgimiento de la conciencia. Hay en el materialista siempre un acto de fe irreductible a prueba, lo que por cierto también acontece al espiritualista. Además otra debilidad de la argumentación materialista reside en que la estructura de la materia, a la cual se pretende reducir la conciencia, es siempre hipotética. Los modelos contemporáneos de la *physis* pueden tener un enorme poder explicativo, predictivo y técnico, pueden dominar el mundo, pero no dejan de ser conjeturas. De modo que las reducciones de la conciencia a la materia, por ingeniosas que sean, nunca traspasan el umbral de lo dudoso. Y a esto se agrega lo ya mostrado por la ontología fundamental: que el polo consciente, en la percepción y en el diálogo, es condición de posibilidad del darse de todo mundo, material o de otra índole.

13.3.7. La "cuestión primera" de Leibniz no está muy lejos de las cuestiones anteriores. Ella sigue al "gran principio" de razón suficiente – o de que nada acaece sin que sea posible a quien conozca suficientemente las cosas, dar una razón que determine por qué es así y no de otra manera. Leibniz expresa así la cuestión:

*"Puesto este principio, la cuestión primera que se tiene derecho a hacer será,* **¿Por qué hay más bien alguna cosa que nada?** *Pues la nada es más simple y más fácil que alguna cosa. Además, suponiendo que las cosas deban existir, es preciso que se pueda dar razón de por qué ellas deben existir así y no de otra manera."*[268]

A continuación propone el argumento que reproducimos aquí:

---

[268] Leibniz 1965, 1965, 414-439, párrafo 7: Ce principe posé, la premiere question qu'on a droit de faire, sera, **pourquoy il y a plustôt quelque chose que rien**? Car le rien est plus simple et plus facile que quelque chose. De plus, supposé que des choses doivent exister, il faut qu'on puisse rendre raison, pourquoy elles doivent exister ainsi, et non autrement. (La negrita es nuestra.) Leibniz, Gottfried Wilhelm: Principes de la nature et de la grâce, fondés en raison. (GP VI, 598, Philosophische Schriften, edidit Gerhardt, t.VI, p. 602. Reimpreso en Kleine Schriften zur Metaphysik – Opuscules metaphysiques, herausgegeben und übersetzt von Hans Heinz Holz, Frankfurt/Mn., Insel-Verlag,

*"Ahora bien, esta razón suficiente de la existencia del universo no se encontraría en la sucesión de las cosas contingentes, es decir, de los cuerpos y de sus representaciones en las almas: porque siendo la materia indiferente en sí misma a los movimientos y al reposo, y a un tal movimiento o a otro, no se encontraría allí la razón del movimiento, y aún menos de un movimiento determinado. Y si bien el movimiento presente, que es en la materia, viene del precedente, y éste aún de un precedente, no se ha avanzado un punto aunque se fuese tan lejos como se quisiese; pues queda siempre la misma cuestión. Entonces es preciso que la razón suficiente, que no tenga más necesidad de otra razón, esté fuera de esta sucesión de cosas contingentes y se encuentre en una substancia que sea la causa de ellas, o sea un Ser necesario que tenga en sí mismo la razón de su existencia; de otro modo no se tendría aún una razón suficiente en la que se pudiese concluir. Y esta última razón de las cosas se llama Dios."*[269]

El argumento es sumamente interesante. Por una parte recuerda a Aristóteles en que la sucesión de los movimientos no basta para explicar el movimiento. Toda explicación de la sucesión debe trascender a la sucesión y estar fuera de ella. Por otro lado, si nos preguntamos por qué debe haber una explicación, a ello nos viene en auxilio el gran principio, de que todo tiene razón. Según ese principio la razón del movimiento debe existir, y por el argumento anterior debe estar fuera de la sucesión de los movimientos de la materia. Y a esa razón la llama Dios.

Es difícil sostener que las cosas y el mundo no tienen razón, aunque no la podamos conocer. Se puede ser materialista, pues los argumentos como este de Leibniz y tantos otros autores, por convincentes que sean, no fundan más allá de toda duda, ya que siempre se puede dudar. Hasta podríamos argumentar que el absurdo y el sin sentido están en la base del mundo. Pero tampoco los argumentos materialistas convencen más allá de toda duda.

13.3.8. Llegamos así a que los fundamentos de ambas doctrinas, espiritualismo y materialismo, por elaboradas que sean, son siempre insuficientes. Pero el "sabor" que nos dejan los argumentos materialistas es el de un mundo asfixiante, sin sentido, que invita a la desesperación. Eso mueve a algunos seres humanos a

---

[269] Idem, ibidem, párrafo 8 : "Or cette Raison suffisante de l'Existence de l'Univers ne se sauroit trouver dans la suite des choses contingentes, c'est à dire, des corps et de leur representations dans les Ames: parce que la Matiere étant indifferente en elle même au mouvement et au repos, et à un mouvement tel ou autre, on n'y sauroit trouver la Raison du mouvement, et encore moins d'un tel Mouvement. Et quoyque le present mouvement, que est dans la Matiere, vienne du precedent, et celuy cy encore d'un precedent, on n'en est pas plus avancé, quand on iroit aussi loin que l'on voudroit; car il reste tousjours la même question. Ainsi il faut que la Raison suffisante, qui n'ait plus besoin d'une autre Raison, soit hors de cette suite des choses contingentes, et se trouve dans une substance, qui en soit la cause, ou qui soit un Etre necessaire, portant la raison, de son existence avec soy; autrement on n'auroit pas encore une raison suffisante, où l'on puisse finir. Et cette derniere raison des choses est appellée Dieu."

tomar el camino de la fe – la pístis – en que el mundo, la existencia, tienen algún sentido y alguna realización desconocida, más allá de la finitud de este mundo. Que hay alguna plenitud de la existencia que nos aguarda. Que no todo es la espera de la nada.

Si no podemos demostrar, ni siquiera fundar insuficientemente más allá de los bocetos que grandes filósofos como Leibniz nos dieron, nos podemos preguntar al menos por las *decisiones* teóricas que se nos abren, que son tres: la del agnosticismo, la del espiritualismo y la del materialismo. El escepticismo es una actitud racional que suspende el juicio, porque no puede alcanzar una razón suficiente. Pero si no optamos por él, nos quedan las otras dos formas de fe contradictorias del espiritualismo y del materialismo. ¿Pero cómo decidimos?

13.3.9. Un criterio de decisión posible es el de la apuesta de Pascal. Respecto de ella comenta Romano Guardini: "De modo que es posible traducir la situación teórica del juicio ante el problema de la existencia de Dios, en la situación práctica del riesgo que se corre en el juego de azar, y es posible emplear para su solución aquellos conceptos con que se intenta resolver lógicamente la situación del jugador, es decir, el cálculo de probabilidades, uno de cuyos creadores fue Pascal. […] El pro y el contra son equivalentes desde el punto de vista lógico. […] No se tiene la libertad de eludir toda decisión. La vida del hombre es de tal manera, a causa de su naturaleza, que se ve forzada a tomar partido. Rehúsas adoptar un partido, la verdad es que al adoptar así has tomado una decisión; ciertamente una decisión mala que es la de no decidir. La cuestión no es no decidir, sino saber qué partido tomar. Y, por lo tanto, partiendo de la naturaleza de estas dos magnitudes y de lo que está en juego, después de lo que demuestran las reglas de la teoría de la probabilidad, hay mayores posibilidades de ganar apostando a favor que en contra; puesto que, en última instancia, lo infinito está en relación con la nada. Así, es razonable sobrepasar los límites de la razón."[270]

El argumento de Guardini es interesante, especialmente cuando dice que quien rehúsa decidir, ya ha decidido mal. De modo que la suspensión del juicio, que es la decisión escéptica, sería una mala decisión. Al menos para Guardini. Se puede acordar con Guardini con que, si no me decido, no otorgo un sentido a mi vida, y eso puede ser una mala decisión vital. Pero la vía escéptica no parece definitivamente una mala decisión teórica, aunque no me tranquilice el espíritu. Pero dejemos aquí el argumento. Permanecer en la actitud escéptica sería obligatorio, si estuviésemos siempre obligados a fundar nuestras creencias sólo con fundamentos perfectos. Pero podemos abandonar la actitud escéptica en caso de admitir creencias con fundamentos imperfectos, como conjeturas. Entonces podríamos decir que tenemos motivos para sospechar que el mundo y la con-

---

[270] Guardini, 1962.

ciencia puedan tener un sentido que trascienda al mundo. Entonces la finitud de la existencia disminuye su valor.

### 13.4. *Epílogo.*

El propósito principal de este trabajo fue presentar con cierto detalle una generalización de la doctrina de la ciencia de Paul Lorenzen, que es la de la razón en su forma débil de fundamento insuficiente, y mostrar que ella es un instrumento insoslayable de la tarea de filósofos y científicos. Los problemas más acuciantes de nuestra existencia carecen de respuestas satisfactorias. Nos quedan sólo conjeturas más o menos fundadas. Según la cita de Wittgenstein, con que comenzamos este capítulo, "*entonces no queda ciertamente ninguna pregunta; ésta es precisamente la respuesta.*" Pero esta decisión de Wittgenstein en el juego de la vida parece una renuncia a la razón. Otra decisión posible es decidir con fundamento insuficiente. Renunciar a la razón en su versión mínima del fundamento insuficiente no parece decoroso para la condición humana, cualquiera sea la decisión teórica que adoptemos. Por ello terminamos estas líneas con un recurso típicamente retórico, pero más sabio que el que podemos dar: repetimos lo que de mejor manera dice Dante Alighieri en su Convivio:

"*En el hombre vivir es usar razón ... así privándolo de la última potencia del alma, a saber la razón, no resta ya un hombre, sino una cosa con alma sensible solamente, es decir un animal bruto.*" [271]

### 13.5. *Referencias.*

Alighieri D. [1303-1307] : *Convivio.* También se puede leer en versiones castellanas como la de C. Rivas Cherif, Calpe, Madrid-Barcelona, [1919].
Becker O. [1973] : *Mathematische Existenz. Untersuchungen zur Logik und Ontologie mathematischer Phänomene*, Max Niemeyer, Tübingen.
Berkeley G. [1710] : *A Treatise Concerning the Principles of Human Knowledge*, Wikisource, versión 2013.
Coreth E. [1961] : *Metaphysik: Eine methodisch-systematische Grundlegung*, Tyrolia, Innsbruck/Wien /München.

---

[271] Alighieri, Dante, Convivio, IV, vii, in fine: "Vivere nell'uomo è ragione usare ... cosi levando l'ultima potenza dell'anima, cioè la ragione, non rimane più u o m o , ma cosa con anima sensitiva solamente, cioè un animale bruto." (versión castellana p. 207-208). Que cierto "odio a la razón" (Misologie, Haß der Vernunft) se da también en la razón cultivada cuando se ocupa con el propósito del placer de la vida, lo testimonia Kant en su Grundlegung zur Metaphysik der Sitten, BA5-6.

Fitting M. [2002] : *Types, tableaux and Gödel's God*, Kluwer, Academic Publ., Amsterdam.
Gilson, E. [1948] : *L'Être et l'Essence*, Paris.
Gödel K. [1995] : *Kurt Gödel. Collected Works*, vol. III, Clarendon Press, Oxford (colección de todos los trabajos de Gödel editados e inéditos en alemán e inglés, editados por Solomon Feferman y otros).
Goethe J. W. [1972] : *Faust – Der Tragödie erster und zweiter Teil – Urfaust*, editado y comentado por Erich Trunz, Verlag C. H. Beck, München.
Guardini R. [1962] : *Pascal o el drama de la conciencia cristiana*, Emecé, Buenos Aires.
Hartshorne Ch. [1944] : "The formal validity and real significance of the ontological argument". *Philosophical Review*, **53**, pp. 225-45.
Hartshorne Ch. [1962] : *The logic of perfection*, Open Court Publishing Co., La Salle, Illinois, esp. cap. II.
Hartshorne Ch. [1965] : *Anselm's discovery. A re-examination of the ontological proof for God's existence*, Open Court Publishing Co., La Salle, Illinois.
Janich P. [1980] : *Die Protophysik der Zeit. Konstruktive Begründung und Geschichte der Zeitmessung*, Suhrkamp, Frankfurt.
Janich P. [1997] : *Das Maß der Dinge. Protophysik vom Raum, Zeit und Materie*, Suhrkamp, Frankfurt.
Leibniz G. W. [1965] : *Principes de la nature et de la grâce, fondés en raison.* (GP VI, 598, *Philosophische Schriften*, edidit Gerhardt, t.VI, p. 602. Reimpreso en *Kleine Schriften zur Metaphysik – Opuscules metaphysiques*, herausgegeben und übersetzt von Hans Heinz Holz, Insel-Verlag, Frankfurt/Mn.
Meinong A. [1915] : *Über Möglichkeit und Wahrscheinlichkeit. Beiträge zur Gegenstandstheorie und Erkenntnistheorie*, Leipzig, y Schmidt R. [1921]: *Die Deutsche Philosophie der Gegenwart in Selbstdarstellungen*, Leipzig, p. 91ss.
Meschkowski H. [1978] : *Richtigkeit und Wahrheit in der Mathematik*, Bibliographisches Institut, Mannheim, Wien, Zürich.
Meschkowski H. [1981] : *Problemgeschichte der Mathematik*, Bd. I und II, Bibliographisches Institut, Mannheim/Wien/Zürich.
Morscher E. [1982] : "Ist Existenz immer noch kein Prädikat?". *Philosophia Naturalis,* **19**, pp. 163-99.
Nozick R. [1993] : *The nature of rationality*, Princeton University Press, Princeton, NJ.
Nubiola J. [2000] : "La abducción o lógica de la sorpresa en Ch. S. Pierce". *Anales de la Academia Nacional de Ciencias de Buenos Aires,* XXXIV, Buenos Aires, vol. 2, pp. 543-560.
Roetti J. A. [2004] : "El argumento ontológico: La variante de Gödel de la versión de Leibniz", *Diálogos,* XXXIX, **84**, pp. 77-105, Universidad de Puerto Rico, Puerto Rico.
Roetti J. A. [2005a] : "Logik, Vernunft und klassische Prinzipien", ein Abriss, en Dürr, R., Gebauer, G., Maring, M. y Schütt, H.-P. (Eds.) *Pragmatisches Philosophieren* (*Festschrift für Hans Lenk*), Lit Verlag, Münster, pp. 113-129.
Roetti J. A. [2005b] : "Some topics on insufficient reason". *Existentia – Meletai Sophias*, XV, fasc. 3-4, pp. 295-314, Szeged/Budapest/Münster/Frankfurt am Main.
Roetti J. A. [2011] : "Acerca del fundamento". *Anales de la Academia Nacional de Ciencias de Buenos Aires*, tomo XLV, Primera parte, pp. 39-69.
Roetti J. A. [2014]: *Cuestiones de fundamento*, Academia Nacional de Ciencias de Buenos Aires, Buenos Aires.

Schmidt R. [1921] : *Die Deutsche Philosophie der Gegenwart in Selbstdarstellungen*, Leipzig.
Searle J. R. [1980] : "Minds, Brains, and Programs". *Behavioural and Brain Sciences*, **3**, pp. 417-457.
Turing A. M. [1950] : "Computing Machinery and Intelligence". *Mind*, **59**, pp. 433-460.
Vollmert y otros [1988]: *Schöpfung*, Informationszentrum Berufe der Kirche, Freiburg.
Wittgenstein L. J. J. [1921]: *Tractatus Logico-Philosophicus*, editado en *Annalen der Naturphilosophie* de W. Ostwald. Una traducción española es la de Enrique Tierno Galván, Revista de Occidente, Madrid [1957]; hay varias reediciones en Alianza Editorial, Madrid, 1973, 1975 y 1979.

www.ingramcontent.com/pod-product-compliance
Lightning Source LLC
Chambersburg PA
CBHW071619170426
43195CB00038B/1449